雅正！

殷昂書甲骨文"幸福王"
與讀者諸君共勉
辛卯年夏於北京

幸福王

中国人的幸福品牌

殷昱山 著

当代世界出版社

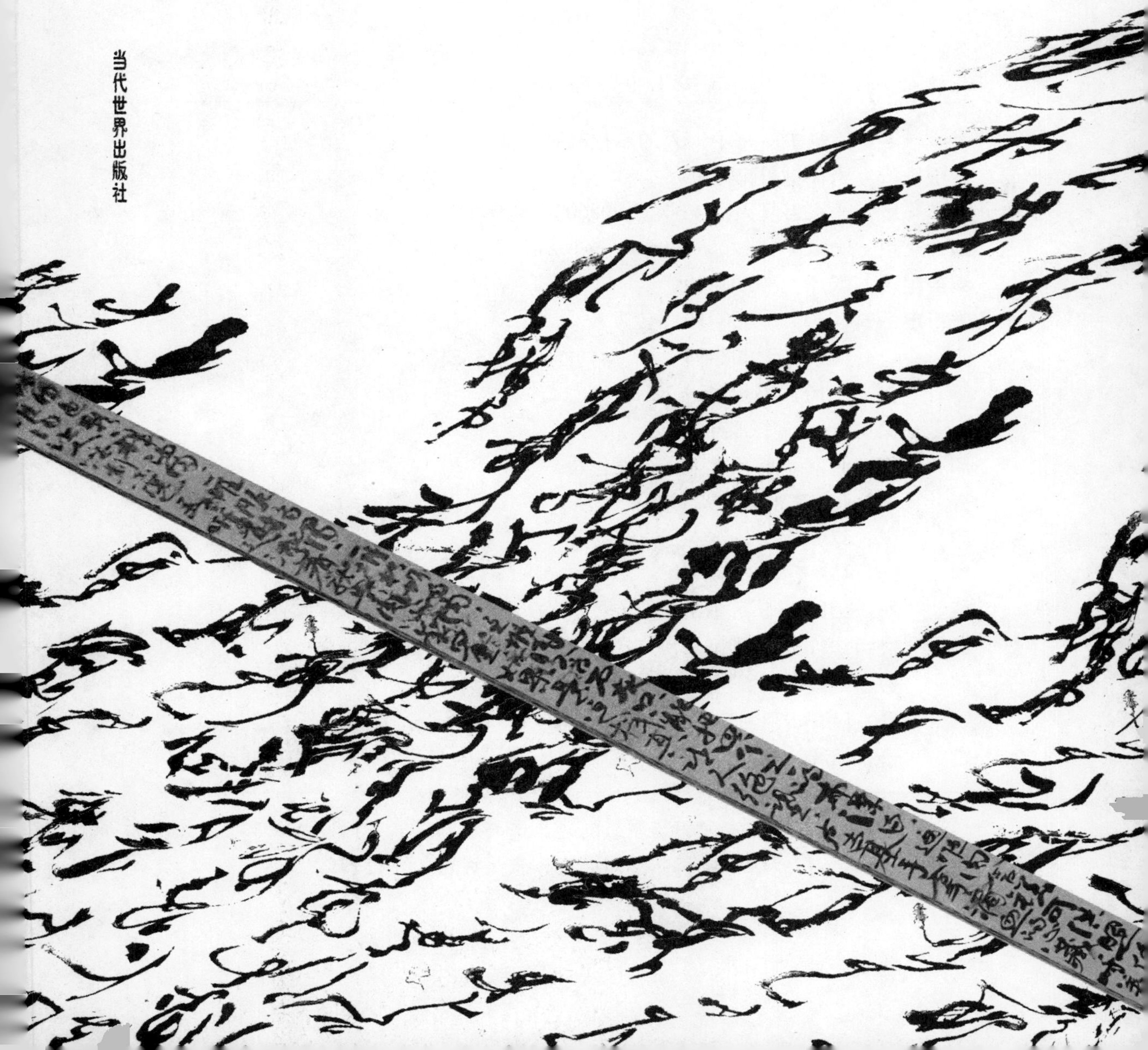

图书在版编目（CIP）数据

幸福王：中国人的幸福品牌／殷昆著．—北京：当代世界出版社，2011.7

ISBN 978－7－5090－0496－8

Ⅰ．①幸…　Ⅱ．①殷…　Ⅲ．①幸福—通俗读物　Ⅳ．①B82－49

中国版本图书馆 CIP 数据核字（2011）第 140543 号

书　　名： 幸福王——中国人的幸福品牌
出版发行： 当代世界出版社
地　　址： 北京市复兴路 4 号（100860）
网　　址： http：//www. worldpress. com. cn
编务电话：（010）83908400
发行电话：（010）83908410（传真）
（010）83908408
（010）83908409
经　　销： 全国新华书店
印　　刷： 北京天宇万达印刷有限公司
开　　本： 787 毫米×1092 毫米　1/16
印　　张： 27. 125
字　　数： 458 千字
版　　次： 2011 年 8 月第 1 版
印　　次： 2011 年 8 月第 1 次
印　　数： 1－10000 册
书　　号： ISBN 978－7－5090－0496－8
定　　价： 58. 00 元

PREFACE

前言

一

谁是幸福王？

上下几千年来，一代代自强不息、厚德载物的中国人，都是幸福王。

换句话说：幸福王，是中国人自强不息、厚德载物的文化品牌。

一部神话小说《西游记》，就是这一品牌最全面、最权威，也最生动的“说明书”。

本书则是对这一“说明书”的再说明和再衍生。再说明，是对孙悟空这一神话人物的重新认识；再衍生，是对中国人传统幸福观念的重新评估——《西游记》开篇一段写到“天地人三才定位”，第二段开始写孙悟空的出生，说明人与天地并列，得一人生是第一大幸运；贯穿全书的主轴，是孙悟空一生中幸与不幸的曲线图，说明人生的幸与不幸、喜与悲、失败与成功相伴相随，相生相依；结局时孙悟空功成行满，说明幸福的最高境界，是得一大自在和真自由。

本书以《西游记》解释《易经》，以《易经》解读人生，以笔者的人生体悟描述人生的幸福感受。

二

谁是中国人这一品牌的形象大使？

他，是早已家喻户晓的花果山美猴王孙悟空。中国人几千年来的幸福憧憬和追求，一一体现在孙悟空幸与不幸的人生之中。比如：

人人都想吃好、喝好

孙悟空吃尽人间、天上的美味佳肴、野果仙桃、玉液琼浆——这是他的幸；但也吃过铁丸，饮过铜汁——这是他的不幸。

人人都想住好

孙悟空在花果山上住的水帘洞，是人间的福地洞天，是天地造化；上天后住的“齐天大圣府”，是玉帝为他专造——这是他的幸；但拜师时，也住过七年的廊庑——这是他的艰辛。

人人都想穿金戴银

孙悟空穿的是锦衣，戴的是花帽，都是观世音菩萨亲手所送——这是他的幸；但他从五行山下被救出来时，则是“赤条条”、“赤淋淋”——这是他的不幸。

人人都想健康长寿

孙悟空一生不生病，不吃药，太上老君炼丹房里的生丹和熟丹，全被他吃了（这种福报，连神仙和皇帝也享受不起）。他又去冥王府消了所有猴类的生死簿，阎王爷也无奈他何——这是他的幸；但他也几次险遭厄难，几乎丢了性命——这是他不幸中的万幸。

人人都想钱多、财旺

孙悟空走遍天下四大部洲，人间天上广交贤友，从来不带钱，但是想什么有什么。要兵器，只需到龙宫去借。要房子，地上有自然造化，上天有玉帝为他造——这是他的幸；但他也遇到过取经时拿不出“人事”钱的尴尬——这是他的拮据。

人人都想有地位，有权力

孙悟空不但做了水帘洞和花果山的美猴王，而且做了天上的“齐天大圣”，还想夺玉帝的大位——这是他的幸；但他也做过管马的弼马温——这是他幸运中的一个小插曲，无所谓幸与不幸。

人人都想聪明、智慧

孙悟空拜须菩提为师时，显示出无穷的智慧；西行路上，与各路妖魔斗法，既斗勇又斗智，最后成为斗战胜佛，得大智慧，大彻大悟——这是他的大幸；但他在如来佛面前，又显得愚顽之极——这是他一时忘了自己的本性。

人人都想有本领，有神通，有法宝

孙悟空有七十二般变化、十万八千里筋斗云，还有如意金箍棒——这是他的幸；但他却跳不出如来佛不满一尺的手掌心——这是他的痴迷所致。

人人都想结交高朋贤友

孙悟空在花果山时，“日逐腾云驾雾，遨游四海，行乐千山。施武艺，遍访英豪；弄神通，广交贤友。”在天上居住齐天大圣府时，“闲时节会友游宫，交朋结义。见‘三清’，称个‘老’字；逢四帝，道个‘陛下’。与那九曜星、五方将、二十八宿、四大天王、十二元辰、五方长老、普天星相、河汉群神，俱只以弟兄相待，彼此称呼。”——这是他的大幸；但也与昔日的好友牛魔王有过“借扇”的过结——这是他西行路上的权宜。

人人都想拜高师、名师

孙悟空的师父须菩提，是当年释迦牟尼佛讲《金刚经》时的课代表，是佛的十大弟子之一，号称“解空第一”——这是他的荣幸。但他又遭到师父的驱逐，不准日后相认——这是他的无奈。

人人都想有自己的发展空间

孙悟空上天入地、入海，四大部洲、东方、西方任驰骋，云路本路，周行无碍——这是他的幸运；但他也被压在五行山下五百年，只有呼吸运气、手儿爬挣的狭小间隙——这是他的不幸。

人人都希望有幸福的感情生活

孙悟空一生不贪恋女色，元阳未泄，所以修行功夫最易圆满——这是他的幸；但他没有谈过恋爱，没有夫妻生活的经历——有人认为，这是他的遗憾。我认为：既然是他个人的选择，也许他自我感觉这也是一种幸福。

天有灾，人有难，人人都想遇难呈祥

孙悟空即使被压在五行山下五百年，受无间地狱之苦，五百年后终于有了出期，而且被重用，最后成了正果。大难不死，果然有后福——他的不幸也是大福。

人人都想洪福齐天

孙悟空做了一百多年“齐天大圣”。第七回有诗云：“齐天大圣非假论。”古人云：“寿与天齐”，“心比天高”，“洪福齐天”。常人有这种愿望，很少有人享受到这种福报。孙悟空想到了，也得到了——这是他的洪福。

如上所述，孙悟空一生中几乎享尽了常人梦寐以求的幸福，而且每一项都达到了意想不到的极至。即便是不幸，也能吉而免凶，遇难呈祥，大难不死，果真有“山大的福缘，海深的善庆”。

孙悟空为什么能做到这些？我们常人能做到吗？请听他自己是怎么说的：他不远万里学得七十二般变化、十万八千里筋斗云，众师兄问他

“是那世修来的缘法?”他回答：“一则是师父传授，二来也是我昼夜殷勤。”他做到了“君子自强不息”；西游路上，他除妖降魔，“尽殷勤保护取经人”，取到了三十五部真经，径回东土，劝化众生。被如来佛加升为斗战胜佛，达到了幸福的最高境界：大彻大悟大自在——他实践了“君子厚德载物”。

如是重新认识孙悟空，我们怎能不由衷地赞叹：孙悟空，是中国人幸福品牌的形象大使；幸福王，是孙悟空当之无愧的另类名片。如果说人类是由猿猴进化而来的，那么，我们人人都是美猴王，个个都是幸福王。

三

“幸福王”的寓意是什么?

寓意之一：“天行健”，是日月运行、昼夜交替的天道；“自强不息”，是天天随着日出、日入而循环“西游”的人道。一部神话小说《西游记》书名的寓意正在于此——幸福首先要遵循天道，恪守人道，这才是幸福之道。

寓意之二：十万八千里筋斗云，是孙悟空的“云路”（云路寓意：思维、理论、规划和理想等）。如今的高科技，早已使古人的梦想变成了现实，常人也能坐在飞机上观看云卷云舒；“昼夜殷勤”，是孙悟空的“本路”（本路寓意：行为、实践、运作和现实等）。中国的“大学之道”早已揭示了一条真理：“致知在格物”，“知所先后，则近道矣”——幸福需要知行合一，理论与实践相结合。

寓意之三：孙悟空在花果山有充分的自由，但那种自由并不自在，既有人生无常的忧虑，又有惊动人王、禽王、兽王，兴师来犯的担忧；他被招安住进“齐天大圣府”，“只知日食三餐，夜眠一榻，无事牵萦，自由自在。”但这只是一种没有尊严的假自由、假自在；直到保护取经人，功成行满，头上的紧箍圈“自然去矣”时，才是得大自在、真自由——真正的自由自在，才是幸福的最高境界。

四

这本《幸福王》是怎样展示孙悟空的人生的?

全书分为五卷：《卷一 · 时乘六龙的幸福王》。所谓六龙，是《易经》对乾卦☰六个爻位的比喻，即潜龙、田龙、乾龙（勤龙）、或龙、天龙和亢龙。孙悟空的一生中，经历丰富，轰轰烈烈，时而“潜龙”在百兽之中，时而“见龙”在水帘洞前（一跳），时而“勤龙”拜师求法，时而“亢龙”大闹天宫，时而“潜龙”被压在五行山下，时而“勤龙”终日保护取经人，最终“见群龙无首”，大彻大悟，成就了佛的果位——这种人生中，既有“时来大运通”的幸运，也有被压在五行山下的不幸。但最终能“吉而免凶”。

《卷二·神通广大的幸福王》。孙悟空有无穷的本事，种种神通。而如来佛的神通更大，孙悟空十万八千里筋斗云，却跳不出如来佛不满一尺的手掌心。《西游记》告诉我们的是什么样的神通？因为八卦炉只能代表个别，而手掌心则人人都有，代表的是普通；人类直立行走以后，由于手的解放，在日常劳作中逐渐掌握了自然万物的客观规律，规律是普遍的。正如《易经》所说的“民咸用之谓之神”，比如今日的手机，普通民众都会使用；“阴阳不测之谓神”，一阴一阳是日月运行、昼夜交替的普遍现象。可见，《西游记》所揭示的神通，是普普通通的人民大众，掌握了无穷变化的普遍规律——幸福也需要理性的思维和科学的思辨。

《卷三·昼夜西游的幸福王》。吴承恩开卷就从《易经》的天地之数入手，首先展示出一幅“宇宙年谱”，从宏观上的“元会运世”（银河系的年谱）、年月日时（太阳系的年谱），到一天的十二个时辰。时间谱系衬托的是空间，为读者拓开一种新的思维。有了这种时空合一的思维平台，才能以一种全新的感受和观念，去体验幸福，理解幸福和创造幸福。

《卷四·齐家治国的幸福王》。格物、致知、诚其意、正其心、修其身、齐其家、治其国、平天下，原本是《大学》中所展示的理想人生。孙悟空的人生，放在这“八目”的每一节点上，竟然一一吻合，展示出又一幅人生幸福图。“八目”与“六龙”从不同的侧面描述人生，双图比翼，使“幸福王”的形象更丰满，更光彩，更能提升常人的幸福境界。

《卷五·因果律中的幸福王》。其实，万事万物的普遍规律就是因果相续的链条，前因后果，环环相扣。比较一下中国四大名著中的结局和主要人物的命运，《水浒传》、《红楼梦》和《三国演义》都是悲剧结局，宋江、刘备和宝玉、黛玉，都是吉而不能免凶。唯有《西游记》的结局是大圆满，孙悟空的人生是功成行满。这其中有没有潜在的因果呢？《说文解字》曰：“幸，吉而免凶。”幸福的本义，就是幸与不幸之间追求幸福的常态化、日常化。而这种常态化，就像心电图上的曲线，曲线象征生命的持续和活力，直线则表示生命的静止和终结。在这条幸与不幸的曲线背后，是世俗的因果链在不断“变脸”。明白了因果，才会感受常态中的幸福，珍惜幸福中的点点滴滴。

最后还有一个《总结语》，结合现实的人生和个人的体验，阐述了幸福与尊严、幸福与安定、幸福与理性、幸福与信仰，等等。如果说，孙悟空的七十二变化、十万八千里筋斗云，常人做不到，但是，他的有胆有识、忧患意识、昼夜殷勤和知悔、知恩、知法等，我们每个人都能做到。所以说，孙悟空是中国人幸福品牌的形象大使，是当之无愧的幸福王。同时，我们每个人都可以实现自强不息、厚德载物的幸福人生。最后归结为一句话：常态化的幸福，是一种无序的稳态。

五

这里还要说明一点：《西游记》的结构很特别，开卷以《易经》中的“天地之数”点题，结尾以佛教的回向文首尾呼应，中间还穿插有道家的外丹学和内丹学，以及各种民俗传说等等。这种结构，如果放在今天来出版，编辑们一定会给出如下的判词：又是《易经》，又是佛教，又是道教，天上地下，头绪太多，结构不整齐，主题不突出，甚至会说主题太多，等于没有主题。如果这样，不但《西游记》不能出版面世，连法国雨果的《悲惨世界》也会胎死腹中，因为书中的主要人物冉阿让迟迟没有亮相，而让一位主教首先出场，占去了大量的篇幅，喧宾夺主。也许还有人会问：吴承恩为什么把深奥难懂的《易经》中的“天地之数”放在开篇呢？今日人们普遍认为《易经》难懂，古代经典难懂，到底难在哪儿呢？难在文言文上吗？难在文辞层面吗？最近我询问了十几位年轻人同一问题：“你见过稻花吗？闻到过稻花香吗？”包括70后的年轻人都回答：“没有。”再问：“见过稻谷吗？”回答同样是：“没有。”没有见过，没有闻过，怎么理解“十里稻花香”的诗句？怎么理解“地秀”的“秀”字原创本义？吴承恩开篇讲的《易经》中的“天地之数”，其实是日月运行的日常现象，我们细心观察过吗？体验过吗？没有亲身的观察和体验，《易经》中描述的“日月运行，一寒一暑”、“通乎昼夜之道而知”，又怎么能理解呢？看来，今日年轻读者难懂的不是书本知识，而是生活中的常识。不了解昼夜的道理，怎么知道呢？不知道，其余则全靠背书了。

那么，怎样才能“通乎昼夜之道”呢？怎样去观察、体验日常生活中的常识呢？这也正是《幸福王》要与读者讨论的主题。在讨论这一主题的同时，书中对原著中的传统概念做了不同于以往的通俗解读。比如：何谓天地之数？何谓天真地秀、日精月华？何谓六神通？何谓潜息？何谓五行（并对今日科学发展中如何运用中国人这一五行思维提出了建议）？何谓还丹？何谓八十一难？何谓报身？何谓云路、本路？何谓归一、皈依？何谓三世？何谓西游？……书中所有的解读和观点，都欢迎批评和指正！并愿意在互联网上继续讨论，接受种种的质疑。

作者与读者之间的交流和互动，是一件十分愉快的事。本书出版之前，这种互动已经开始了。北京的冰建女士是我多年的读者知音，我们常常谈起书稿内容，并将书稿内容发给她，请她提意见。谁知她在万忙之中，读了一遍又一遍，给我多次发来邮件。这不仅是对书稿的肯定，对我的鼓励，同时也是对广大读者的启发。于是，我请她作些修改后，放在正文之前，代为“序”。我想，这比专家的“序”更实在，与读者更贴近。

六

《西游记》像一扇幸福的窗口，透过她观赏传统文化的靓丽风景；传统文化像一方幸福的平台，展示中国人幸福的文化积淀。本书借鉴孙悟空的传奇人生，细诉着生活中的幸福感受。

也许有读者会问：全书究竟要告诉我们什么？这里作一个东、西方文化的对比：西方人想像的“天使”，像鸟一样长了翅膀；中国人想像的孙悟空，能在云端行走，脚下腾云。尽管二者都是祈求平安和幸福，但思维方式却有微妙的差异。本书所描述的幸福品牌，正是中国人独有的想像和愿景，告诉我们的是：不同的思维方式，便有不同的幸福感受；不同的幸福感受，走出了不同的人生路径。

附：

孙悟空“幸福人生”简历

时 间	事 件	幸与不幸
出生时	“每受天真地秀，日精月华。”	先天幸运
一天	大胆响应同伴们的呼号，跳进水帘洞，为群猴找到了一个“福地洞天”，被推举为美猴王。	后天幸运——“时来大运通”
一天	“与群猴喜宴之间，忽然忧恼，堕下泪来”，担心日后“年老血衰，暗中有阎王老子管着”。	享乐生忧患，以防不幸（这是“幸福观”的重要内容）
离家二十年	拜师求道，得了姓名，学了七十二般变化，十万八千里筋斗云。当众师兄问他“是那世的缘法?”他答道：“一来是师父教授，二则也是我昼夜殷勤。”	殷勤带来的幸运
二十年后	学成归来，回到花果山，成了七十二妖洞的山大王。刚刚整治好一个长治久安的局面，不料一日被幽冥府索去性命。	幸福需要安全感
三百四十二岁之后	第一次被招安做了弼马温，他“昼夜不睡，滋养马匹”。第二次被招安，又做了“齐天大圣”，无职无权。	有福享，没有尊严
蟠桃盛会年	大闹蟠桃宴，吃了仙桃，喝了玉液，吞了仙丹。	可谓三生有幸
事后	被天兵天将擒拿，穿了锁骨，不能变化。	遭遇不幸
被擒拿后	灵霄殿上，刀剁斧砍，电闪雷劈，毫发不损。后被推进“八卦炉”，炼了四十九天。他不但逃出了八卦炉，而且炼就了火眼金睛。	因祸得福，幸免于难
如来佛来了	不听如来佛劝说，被压在五行山下受五百年无间地狱之苦。	自遭不幸
五百年后	知悔、知恩、知法，被唐僧救出，收为大弟子。	大难不死，必有后福
西行路上	一路遇妖逢难，即不幸。降妖化险，即幸免。如此反复，在不幸与幸免之间渐渐觉悟。	揭示人类日常生活的幸福常态
到达西天	保护唐僧，终于取到了真经，带回到东土大唐，唐太宗作《圣教序》中云：“圣教缺而复全，苍生罪而还福。”	天下苍生得幸福
返回西天灵山	受封大职，成就了斗战胜佛，头上的紧箍圈“自然去矣”。	得自在者真幸福也

读者感言
（代序）

因喜欢读好书而结上了好缘，四年前相识了殷旵老师，从《老子为道》、《我在北大讲易经》到《易经的智慧》，每一本书我都细细读过，书如其人，我也从书迷而成了殷老师的好友。殷老师自称为平民学者，而我是平民读者，我们的交往添加了几分平淡和真诚。每次殷老师的新书他都送我，我也买来送朋友，可惜最近三年没有新作，我在默默地等待……

今年春暖花开的时节，好消息终于来了，殷老师把一本《幸福王》样稿送给我，我急切地读了一遍，又读了一遍，不知不觉《幸福王》成了我的枕边书。我深感殷老师全家为这本书付出的辛勤劳动和汗水，他对书稿的精益求精，我也能从中体会一二。书中引述相关易经、儒道释、历史人物故事和中外史话，寥寥数笔，信手拈来，没有深厚的文化底蕴是不可能做到的，也不可能写出这样耐看的好书。多年来的知识沉淀终于迸发出来，他在借《幸福王》写意人生，其实，这就是他一生中幸与不幸、自强不息的自我写照。殷老师博览群书，旁征博引，把历史和现实，经典和生活，神话与人话展示在我眼前，我读得很投入、很兴奋，也很受启发。

我读完这本书，静下心来思考这部书深刻的文化内涵，给我带来什么样的启示？带给一个普通读者什么样的改变？给社会和国家又带来了什么新的思路？殷老师是没有“头衔”的国学专家，专家的知识高度、角度不同，看问题、分析问题和解决问题的境界是不一样的。我们所受的教育是以时间为长度单位的教育，小学六年、初中三年，高中三年，大学四年，相比之下，在空间上的深度和高度确实是不够的。读了《幸福王》后，我没有想到，《四大名著》和《易经》可以这样解读，真是外行看热闹，内行看门道啊！如果我们有《幸福王》这样的精品作为日常为人处事的教材，中国的教育何苦去折腾孩子和千千万万孜孜求学的读者！钱学森先生一直在思考中国为什么出不了杰出人才，作者在书中给出了答案。

须菩提对孙悟空因材施教、因人施教，这不是我们要走的路吗？人人可以通过一个“勤”字，获得一生的幸福；一个民族通过一个“勤”字，可以获得民族的和谐、平安和兴旺；一个国家通过一个“勤”字，可以屹立于世界幸福之林，绵绵几千年，源远而流长。

这本书信息量大，知识点多，作者详细诠释了经典中的原话，颠覆了神话，打破了鬼话，消除了气话，道出了真话，将一个活泼可爱、惟妙惟肖的“幸福王”展现在我们面前。幸福有捷径吗？幸福有方法吗？幸福有秘籍吗？幸福有规律吗？读了《幸福王》后，我有几点感言。

感言一：幸福与《易经》

幸福与《易经》有关系吗？一个人追求幸福、享受幸福是自己的权利。人人都希望趋吉避凶，逢凶化吉，遇难呈祥；人人都希望获得幸福，把握幸福的规律。《幸福王》将孙悟空的一生，用《易经》的辩证思维进行了详细解析，告诉我们获得幸福的方法和路径。书中描述的先天八卦和后天八卦图，就是一张中国人大家庭的幸福合影，一幅中华民族的全家福，非常温馨，寓意也非常深刻。先天八卦图中，八方相对的排序为父与母、长子与长女、中男与中女、少男与少女；相邻的位置也非常有意思，父亲身边是长女和少女，母亲身边是长男和少男。相对和相邻的排序，体现了父母与子女们长、中、少之间微妙的关系。相对，体现的是平等和平衡；相邻，体现的是保护和关爱。我思考先天八卦图，父亲身边为什么不是少女和中女，而是少女和长女？母亲身边为什么不是少男和中男，而是少男和长男？贴近父母身边的子女，一定是父母期望值比较高的，也许是出于保护、呵护和爱护。现实生活中父母亲对儿女的疼爱，与先天八卦是有对应关系的。而后天八卦图中，就更加渗透了两种不同的疼爱方式，一种是呵护在身边，一种是放手任其发展，这更加体现了充满人性关爱的家庭之美。少女身边有父母呵护（西边），是父母的天使，天之娇女；少男有长男和中男保护（东北方位），有兄长的帮助和指导一定能够茁壮成长；与少男相对的则是母亲的瞭望和牵挂。其中有一点辛酸的就是父亲对面是长女，也许是女儿长大出嫁了，只能遥远地挂念，是舍不得的割舍。我觉得后天八卦是美妙的幸福大家庭的合照，是成长、扶持、关爱的全家福。理解这层关系，先天八卦和后天八卦图是不需要死记硬背的，因为它就是每一个幸福家庭的写照。先天八卦和后天八卦图一定是来自生活、来自身边，不是空想的。是亲情的真实再现，是真感情的流露，更是所有幸福家庭的写照。一个家庭如此、一个企业如此、一个国家和社会更是如此。这样去解读，先天八卦图和后天八卦图，不正是13亿中国人幸福的全家福吗？

感言二：幸福与儒道释

中国传统文化绵延几千年，儒道释对于中国人的影响是深远的。《幸福王》这本书给我们展示了幸福人生与传统文化的关系。修身、齐家、治国、平天下是每一个中国人的安身立命的根和本，是幸福人生的不二法门。“格物而后知至，知至而后意诚，意诚而后心正，心正而后身修，身修而后家齐，家齐而后国治，国治而后天下平”。作者借《幸福王》详细阐述了“修、齐、治、平”的过程，让我们在空间和时间上畅游幸福人生，在享受幸福的过程中不断提升自己，将中国传统文化的幸福基因根植于肌肤上，流淌在血液中，刻录在骨子里。作者引用大量历史与现实、东方和西方的文化经典，给我们展示出一幅幅幸福情境图，从中可以透视作者深厚的文化修养和内涵。我认为：殷老师是中国为数不多的能够将易学、儒道释经典打成一片的人，是真正能够融会贯通的少数学者之一。

感言三：幸福的时间和空间

幸福离我们有多远？幸福在哪里？幸福什么时候到来？生活在现代社会的读者，也许觉得获得幸福很难，也许觉得幸福王孙悟空离我们很远很远。我们是普通人，没有十万八千里筋斗云和火眼金睛……他会本路，又通云路，是常人所不能及的。不过，我们回过头来看看今天的社会，科技发展让世界变小了，我们借助飞机和航天器实现了过去只有神话人物才能走“云路”的本事；我们通过光纤通信，用“光路”把世界连接起来，使通讯交流没有障碍；我们通过“云平台”实现了人人之间的“云路”沟通，使得人们沟通没有距离。现代人，人人都可以通过“云路”和“光路”与远隔千山万水的亲人和朋友交流。孙悟空一个“筋斗云”十万八千里，我们能够以每秒三十万公里光速与人沟通，遥控宇宙飞船，真正做到了足不出户而知天下事。其实每一个普通人现在都有千里眼、顺风耳，走本路、通云路，我们生活在这样的社会里，难道是神话世界吗？幸福之路就在脚下，幸福就在我们身边，“幸福王”不就是我们自己吗？这之前，我从未体验到自己也有神通，今天的生活比孙悟空要幸福多少倍。幸福生活是劳动创造出来的，幸福的感受是比较出来的，幸福的价值观是在感受中总结出来的。读过《幸福王》，我越发感到：幸福是一种感受，一种朴实，一种情调，像缕缕阳光和滴滴雨露。在幸福的空间和时间里，距离和时间不是问题，我们要时常提醒自己，让幸福多一点，让快乐多一点，时时刻刻感受幸福。

《幸福王》一书给出了幸福的种种思考和路径，让我们到书里、书外去迎接幸福王的亲吻和拥抱吧！

2011 年冰建写于北京水木清华

感受幸福王

再读殷昆老师的《幸福王》书稿，有一种冲破重重迷雾而豁然开"悟"的感觉。过去一直认为启蒙教育与我无关，我有双眼睛，有思想，有主见，几十年的教育和社会阅历还需要新的启蒙吗？此时，突然想到培根《论读书》中有一段名言："读史使人明智，读诗使人灵秀，数学使人周密，科学使人深刻，伦理学使人庄重，逻辑修辞之学使人善辩；凡有所学，皆成性格。"读好书确实能够培养人的性格和习惯。《幸福王》一书从一个朴实无华文化人的视角，借助作者深厚的国学功底，用《易经》的哲学思维，破译《四大名著》中的"谜"中之"谜"，解读现代人的"难"中之"难"，还原著以本来面目，是一本难得的好书。

我们今天过得幸福吗？一个引起老百姓兴趣的话题，在网络上被广泛热议。广东省委书记汪洋最近推荐阅读两本阐述幸福的书：《幸福的方法》和《对我们生活的预测——为什么 GDP 增长不等于社会进步》。广东要率先建立一套完整的幸福指标评估体系，体现了政府对民生的关注，不仅在物质上要让老百姓住得好、吃得好、穿得好；精神上也要睡得好、玩得好、活得好。

幸福指标体现了一个国家的软实力和巧实力，使得国民经济转型升级从实体经济向智慧经济真正地落地生根，必将绽放出幸福之花，结出幸福之果。为什么改革开放三十年，物质丰富了的人们对于幸福的追求反而成了一种奢求？当前的"快餐文化"渗透到政治、经济、文化的各个角落，人们"赚快钱"、"吃快餐"、"开快车"，已经静不下心来工作、学习和生活，因为"速成"的文化和教育正在让中国经历一场考验，考验政府的决策力、企业的执行力和公民的理解力。

一本《幸福王》可以帮助我们改变思维、改变困境，最终改变人生。正如培根所说："人之才智但有滞碍，无不可读适当之书使之顺畅，一如身体百病，皆可借相宜之运动除之。”人生观决定幸福观，中国人的人生观受到传统文化熏陶。纵观东西方几千年的更迭变化，从原始的农耕社会到今天的网络信息社会，四大文明古国之一的中国仍然保持着活力，皓首穷经探寻其究竟，也许是传统文化深深地根植于我们身上，使得中国人的幸福基因与众不同。

文化传统是一个国家的灵魂，《幸福王》一书围绕着中国的文化历史，借《西游记》中的孙悟空神话故事，用中国传统《易经》思维，以及儒道释经典，去探索幸福文化的源头活水，还原孙行者“幸与不幸”、“普通与神通”、“本路与云路”、“历经九九八十一难而修成正果”等辩证关系。作者引用大量古人原创的汉语思维，让我们见到了“古人”的思想和智慧。作者借孙悟空之名，寓意成现代社会的幸福王，结合传统文化阐释了眼下热门的幸福话题，把“幸福与尊严”、“幸福与安定”、“幸福与理性”、“幸福与道德”、“幸福与信仰”等话题进行了深入的剖析，是“神话了”今天的中国人，还是“人话了”中国人的心中偶像“幸福王”？作者让我们既见到了古人，又见到了“来者”。《幸福王》一书带给我们的是深刻的反思，“物在知中，知在意中，意在心中，心在身中，身在家中，家在国中，国在天下中”，作者妙笔生花，把幸福人生的路径娓娓道来，阐述了幸福人生常识、常理和常道，这不正是13亿中国人民要走的幸福大道吗？

幸福不是梦想，不是侥幸，也不是施舍。幸福是一种共同创造，一种分享，一种关爱。让我们怀着一种大爱心，去做生活中每一件小事，一步一个脚印地跟随幸福王去西游，一起去见证，去美化，去体验我们的幸福家园。

冰　建

2011 年 6 月

Contents 目录

卷三　昼夜西游的幸福王

卷四　齐家治国的幸福王

卷五　因果链中的幸福王

卷一

时乘六龙的幸福王

孙悟空肘乘六龙幸运图

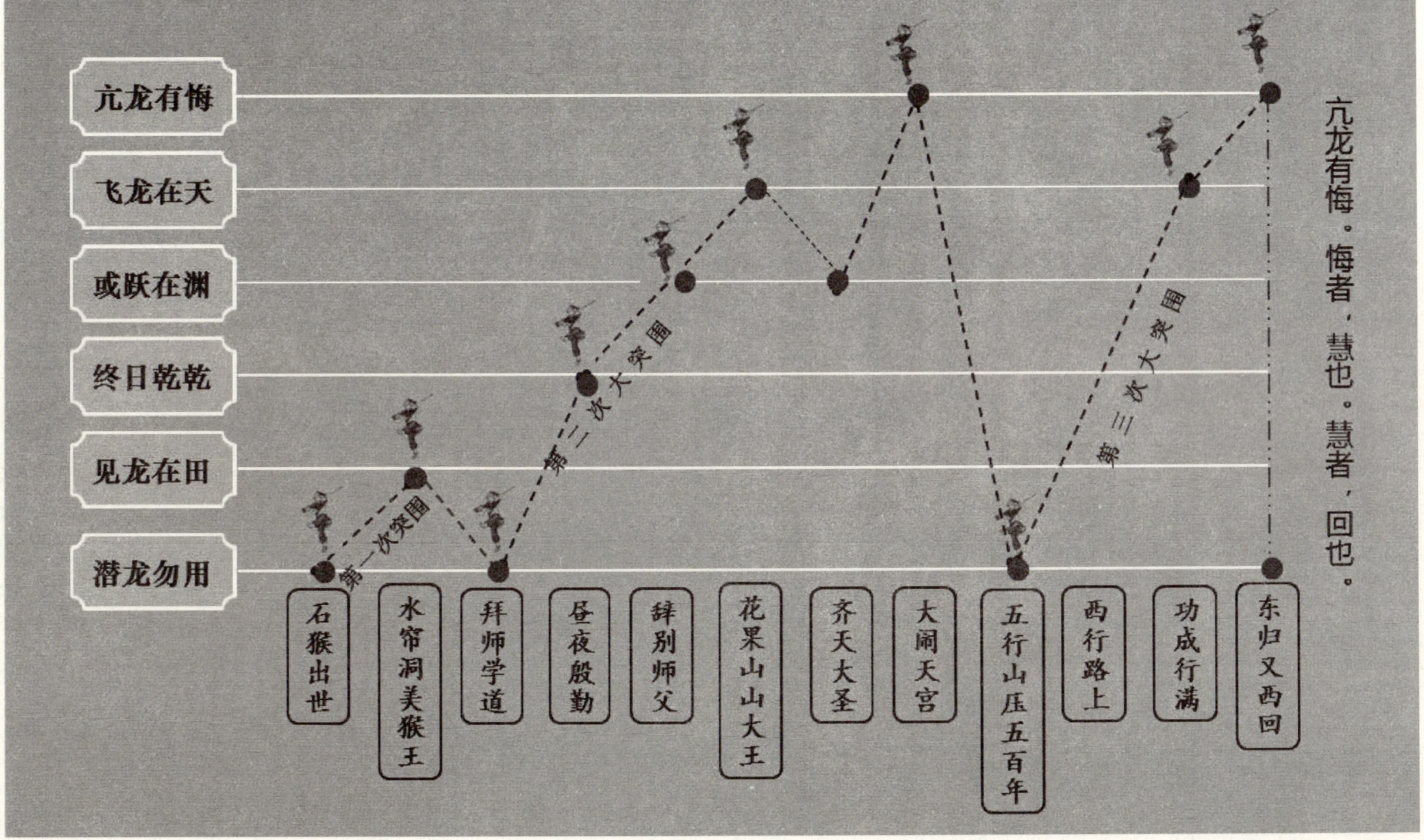
亢龙有悔
飞龙在天
或跃在渊
终日乾乾
见龙在田
潜龙勿用
第一次突围
第二次大突围
第三次大突围
石猴出世
水帘洞美猴王
拜师学道
昼夜殷勤
辞别师父
花果山山大王
齐天大圣
大闹天宫
五行山压五百年
西行路上
功成行满
东归又西回
亢龙有悔。悔者，慧也。慧者，回也。

卷首语

此时你是哪条龙？

“前言”中认定孙悟空是“幸福王”，是中国人幸福品牌的形象大使，所以本卷便要从孙悟空幸福的人生历程中，去见证中国人传统的幸福观与价值观，去追寻人生的幸福憧憬。如果把孙悟空的人生比作“龙”，那么，他的人生历程就是《易经》所描述的“时乘六龙，以御天”。

“时乘六龙，以御天”，是《易经》“乾卦”中的一句“彖辞”（孔子语）。如果把孙悟空的七十二般变化比作“时乘六龙”，那么，他的十万八千里筋斗云就象征着后一句——“以御天”。有人会问：“以御天”是不是利用《易经》来算卦呢？

时乘六龙	七十二变化
以御天	十万八千里筋斗云

2011年4月22日，《光明日报》上有一篇短文，记者问鲍鹏山教授三个问题，一是“教授，你研究过《易经》吗？”二是“孔子算卦吗？”三是“我们老师说，孔子不但算卦，而且很神。”鲍教授首先回答自己没有研究过《易经》。理由是孔子“五十而学易”，自己还不到五十，不能超过孔子。接着，又用两个非常肯定的语气回答，一是“不算”，二是“假的”。鲍教授开头就表示自己没有研究过《易经》，那又凭什么“非常肯定”回答孔子不算卦呢？孔子《系辞传》第九章说“《易》有圣人之道四焉”，其中之一就是“以卜筮者尚其占”。第十章则专讲卜筮的方法，说明孔子算过卦，并且算起来很熟练，也很神。否则，他怎么把算卦（卜筮）列入圣人之道呢？这里我们也要问一句：《西游记》开卷讲《易经》，是不是也讲算卦呢？我也可以肯定地回答：算！而且很神！但是，有一点

必须讲清楚：吴承恩的算卦方式正是孔子的卜筮法，运用的是天地之大数，这个大数必须从“时乘六龙”说起。

何谓“六龙”？又何谓“时乘”呢？先从《易经》中“六龙”这个数说起吧。《易经》有六十四卦，每一卦有六个爻，爻分为阴爻⚋和阳爻⚊两种。三个爻组成的卦为八卦。八卦是怎么来的？《易经·系辞传》曰：“易有太极，是生两仪，两仪生四象，四象生八卦，八卦定吉凶，吉凶生大业。”

“太极生二仪”，二仪，即一阴、一阳。

“二仪生四象”，在“⚊”下面添一“⚊”，为太阳“⚌”；在“⚋”下面添一“⚋”，为太阴“⚏”（即纯阳和纯阴）；又在“⚊”上面添一“⚋”，为少阴⚍；在“⚋”上面添一“⚊”，为少阳“⚎”，于是，⚌、⚏、⚍、⚎即为四象。

“四象生八卦”，在⚌、⚏、⚍、⚎下面再分别添上一阴爻、一阳爻，组合成八种图形，分别为乾☰、坤☷、震☳、巽☴、坎☵、离☲、艮☶、兑☱，名为八卦（见下图）。

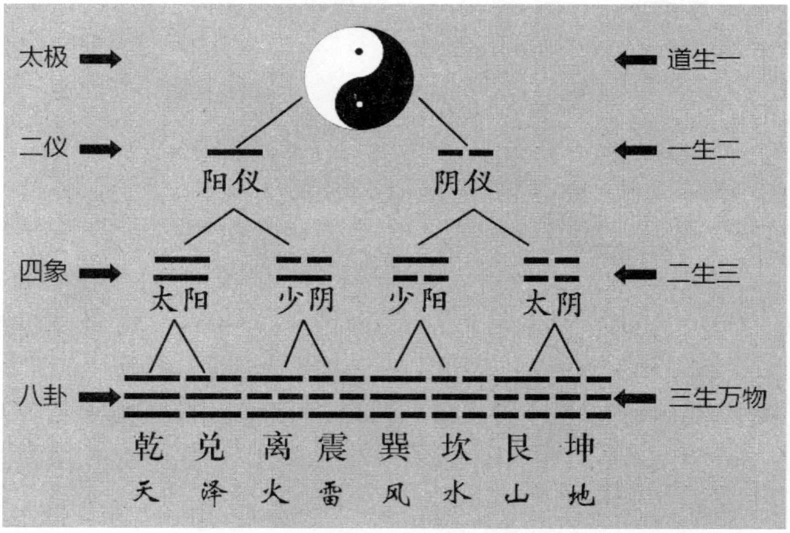

可见，上图是根据孔子这段描述而绘制的。

四象是两爻阴阳组合的结果，八卦是三爻阴阳组合的结果。这种组合形式，今天的初中生也会演绎，这是数学中的排列组合。而我们的古圣先贤，却运用它来演绎事物的变化规律和社会变革的潜规则。对此，孔子和老子分别有不同的表述：

孔子说：太极生二仪，二仪生四象，四象生八卦（如上述演绎的）。老子则说：“道生一，一生二，二生三，三生万物。”老子所说的“道”，也就是孔子所说的“太极”，一者是用图形表示，一者是用文字表示，都是指宇宙生成的原生形态和宇宙万物发展的客观规律。二者所说的“生”，都是指衍生、演绎。但二人所说的数字所代表的却有区别。孔子所说的二、四、八，都是偶数，是衍生的结果（即二仪、四象、八卦）；老子所说的一、二、三，则是指衍生的次第。也就是说，“道”第一次衍生名为“道生一”（一个混沌之象），演变为二仪（阴阳符⚊、⚋）；再衍生一次为“一生二”（二爻相重），演变为四象；又衍生一次为“二生三”（三爻相重），演变为八卦。那么，八卦再衍生呢？八卦分别代表了八种自然现象：乾卦象征天，坤卦象征地，震卦象征雷，巽卦象征风，坎卦象征水，离卦象征火，艮卦象征山，兑卦象征泽。天、地、雷、风、水、火、山、泽这八种自然现象代表了天地万物，所以说“三生万物”。可见，孔子和老子的说法是“殊途而同归”。其实，二者还有一点相似，二者都可以顺向演绎，也可以逆向归纳。由万物可以归纳到三，由三可以归纳到二，由二可以归纳到一，由一可以归纳到道。事物是变化出来的，道理是演绎和归纳出来的。先有前者，然后才有后者。

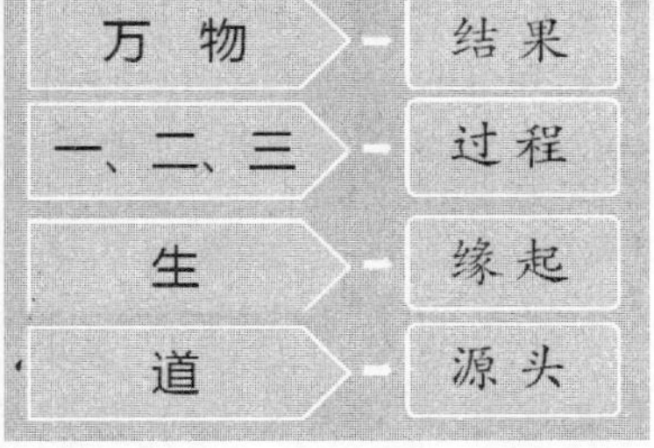

有人会问：老子这段话是描述“易象”的吗？我们再来读读这段话的后一段。老子讲到“三生万物”后，接着说：“万物负阴而抱阳，冲气以为和。”这句话正好是描述太极图阴阳鱼合抱的形态的。大家仔细品味品味，是不是这回事？

那么，什么叫“八卦定吉凶，吉凶生大业”呢？八卦代表八种自然现象，这八种现象是处在不断变化的动态中。事物变化都会引起两种不同的结果。譬如水，既有水利的一面，又有水害的一面。人们习惯把对自己有利的称为吉，把对自己有害的称为凶，所以叫“八卦定吉凶”。由于万事万物的变化有利与害的双重性，而人们的主观愿望和努力总是要趋利避害的，于是就有事可做了，有事业了。

大家知道：事物、事物，物是客观存在的，而事是人为的，没有人就没有事。《说文解字》解曰：“事，职也。”字形从史（叓），“史”也是一种职业（记事者）。纵观人类历史，人类每天所做的事，几乎都是围绕趋利避害而忙忙碌碌的。这就是“吉凶生大业”。“幸”字的含义，不就是“吉而免凶”吗？幸福也就是趋利避害的结果呀。《西游记》开篇有诗云：“欲知造化会元功，须看《西游释厄传》。”“释厄”，不就是趋利避害，吉而免凶吗？人们喜欢算卦，目的不也是为了“释厄”吗？如何才能“释厄”？必须读一读《西游记》。

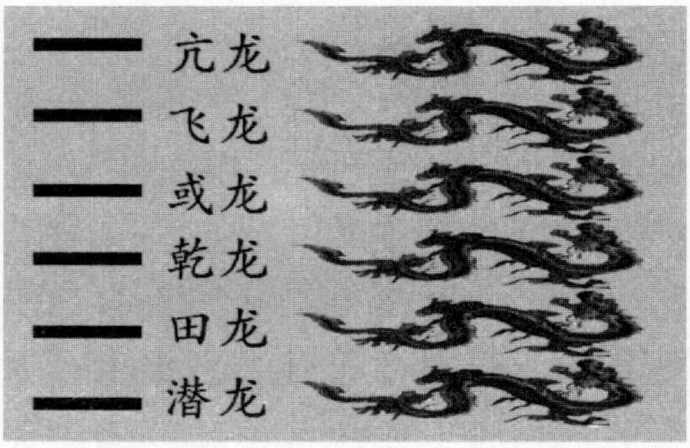

八卦生成的过程、原理和意义搞清楚了。每两个八卦相重，又能组合成八八六十四卦，每卦有六爻，共计三百八十四爻（阴爻和阳爻各一百九十二）。显然，六十四卦、三百八十四爻所代表的事物更多，也更具体。所以，乾卦中的六个爻，分别代表了六种“龙”的形象特征和物象特性。

下面请看“乾卦”六爻爻辞是怎么描述的。在看下面这幅图之前，先要作一个说明：根据《易经》的规则，必须由下往上看，依次为初、二、三、四、五、上。为什么呢？这是古人对事物的认知：植物和人的生长过程，都是由下而上。这是东、西方对事物认识上的文化差异。初、二、三、四、五、上为爻位的序号，即指第几个爻位。但第一爻和第六爻，又分别称为初爻和上爻，这是古人对事物次第的一种认知：事物发展过程中，以初为始，以末端为终。《大学》中说：“物有本末，事有终始。”《易》曰：“大明终始，六位时成。”所谓“时成”，意思是依事物

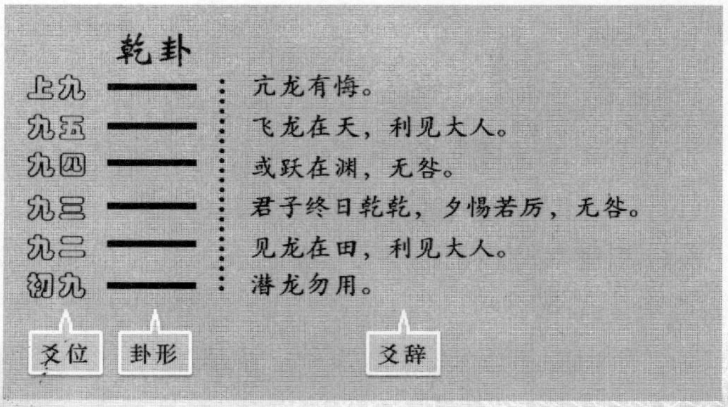

发生的先后而一一呈现，当始与终，以及中间每一个环节都呈现出来时，就是一幅“六位时成”的画面。

“初九”、“九二”……的“九”，是阳爻的代称，阴爻的代称为“六”。为什么用“九”代称阳爻，用“六”代称阴爻呢？八卦由三爻组成，被三整除的为九和六，九为奇数，六为偶。古人认为，奇数为阳，偶数为阴。所以，六爻中的“九”表示阳爻之位，“六”表示阴爻之位。当然，关于“九”与“六”的解释还有多种，这里只是说法之一。“乾卦”为纯阳卦（象征天、父、阳、刚、健……），所以六爻都以“九”来命名。

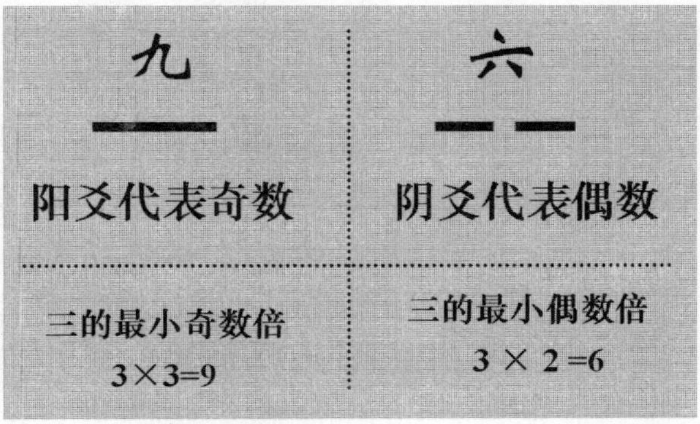

九
六
阳爻代表奇数
阴爻代表偶数
三的最小奇数倍
3×3=9
三的最小偶数倍
3 × 2 =6

“乾卦”中有两句彖辞很有意思，一曰“六位时成”，一曰“时乘六龙”。这两句都是描述六爻形态的，两句中都有一个“时”字。意思是说，六爻之位代表了六种空间形态，这种空间形成了，时间也随之产生了。因为，人有主观能动性，所以能抓住不同的时间，驾驭不同的空间，把握各种物态、事态和时局的势态，进而决定采取不同的方式、方法和决策。

如何把握呢？我们不妨再来看看六爻的爻辞所表示的时和空。

从下面这幅图中可以看出：

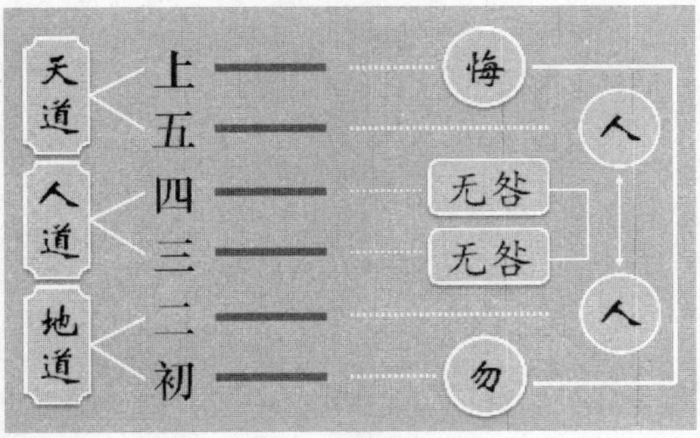

一、初、二两爻为地道，三、四两爻为人道，五、上两爻为天道。

二、“人”在天、地之间，上顶天，下立地。

三、初为“勿”，上为“悔”，这是两个极端的位置，也可以比作道德和法律两条人生底线。

四、居于人道的三、四爻均有“无咎”一词。所谓“无咎”，相对为有咎。有咎为害、为凶；无咎为利、为吉。说明人为的事才有这种善与恶、利与害、吉与凶的区别。所以，人们习惯称呼那种不正经做事的人为“不三不四”。那种人处事为人，既不遵守三爻的本分，也不遵守四爻的本分，其结果只能是“咎害”。天道、地道并未给他“咎”，而是他不遵守天道、地道，也不遵守人道，这叫咎由自取。

六爻中每爻都有爻辞。爻辞是对本爻的特征、特性和功能作出的解读。这种解读今天读起来很抽象，有必要作一个简要的解释。

“初九，潜龙勿用。”

“初”为开始，阳气初动，犹如男女刚刚开始进入发育期，性尚未成熟，故曰“勿用”。也好比学生求学期间，或事业开始筹备阶段，所以不能急功近利，不能过早行动。但是，“勿用”不是不用，只是暂时“勿用”，目的是为了培植内力，为了日后大用。所以，失败之后需要重新调整，这也是潜龙阶段。而那种失败了就灰心气馁的人称不上龙，也就谈不上潜龙了。潜龙也有潜龙的幸福感，因为潜龙也是龙，龙的幸福感也有阶段性。

“九二，见龙在田，利见大人。”

九二，阳气上升到了地面。譬如禾谷，穗头刚刚抽出叶鞘，开始灌浆。禾谷未灌浆时曰“英”，正灌浆时曰“秀”，已灌满时曰“实”。

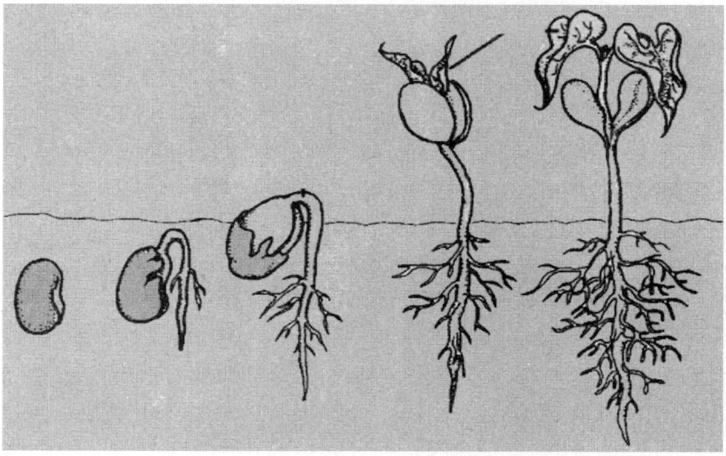

植物生长过程示意图

“见龙”，应读作“现龙”。从上古至唐代，古文中的“见”通常读作“现”。这里包涵了呈现、发现、表现、展现等义。譬如男女青年性开始成熟时，男子开始长青春痘，男性的生理特征开始显现。又如年轻人大学毕业，走上了社会，这叫“九二”阶段。在工作上干出了成绩，才华初露，这叫“见龙”。但此时展示的空间还小，只是在一个单位、一个行业、一个地区，所以叫“在田”，而不是“在天”，表示范围和空间有限。由于做出了成绩，所以有利于大众、众人，同时也得到了大众和众人的认可和赞扬，叫作“利见大人”。也就是说，开始有一定社交圈子，有一定人脉了。见龙时期的幸福感就是这种阶段性的成就感、骄傲感。年轻人的骄傲也有含金量，不要认为是缺点，只是骄傲不要太过，不要太张扬。骄傲也是一种动力。

“九三，君子终日乾乾，夕惕若厉。无咎。”

九三，阳气在上升阶段。好比禾谷正在灌浆，但此时还是华（花）而不实，故为“秀”。还要加强田间管理，要追肥。“君子”，指有理想、有志向、有道德修养的人。《论语》中，孔子喜欢用“君子”和“小人”对比，甚至将“儒者”也分为“君子儒”和“小人儒”。是不是“君子”可敬，“小人”可恶呢？这完全是误读了孔子的本义。其实，“君子”与“小人”是先秦时期的日常语境，含义很广泛。所谓“儒”，是指以六艺为谋生的职业。六艺，是“礼、乐、射、御、书、数”。在当时社会里，这六种职业与其它从事简单体力劳动的职业相比，显得有文化、有能力、有面子、也有地位。所谓“小人儒”，是指单纯以六艺为谋生的手段，养家糊口而已。而“君子儒”，则在谋生的同时，眼光看得远一些，思想境界高一些，志向、抱负大一些，所以，对社会大众，乃至于对历史的贡献也大一些。孔子和他的学生就属于“君子儒”，而他母亲家族（颜氏）那些以“六艺”谋生养家的人，只能算作“小人儒”。对二者，不要褒此贬彼，只是各人的志向和选择，谋生养家的“小人儒”是大多数，是组成社会的基层大众，无可厚非。不过，当这种“谋生养家”的手段伤及了他人利益，破坏了社会安定时，便触犯了法律和道德准则，堕变成一种为人所不耻的“小人”，这种小人也就称不上“儒”了。

《周礼注疏》云：有六德、六艺为贤者，有六艺为能者。郑玄注：“贤者，有德行者。能者，有道艺者。”贤者即君子，有艺有才又有德行的人才能称为贤者，只有艺的人只能称为能者。以此为参考，就不难理解古人所说的君子和小人的区别了。

这里所说的“君子”，所代表的对象很普遍，可以说代表了千千万万勤劳、正直的人民大众，因为接下来的爻辞说的是“终日乾乾”。乾乾，即健健，或曰勤勤，也就是“乾卦”所说的“天行健，君子以自强不息”。日月运行不止（天行健），勤劳的人们“日出而作”，终日勤勤恳恳、兢兢业业，所以“天道酬勤”。到了晚上呢？“夕惕若厉”，夕阳西下了，“日入而息”，休息的时候还要“吾日三省吾身”，对一天中的过错或不足自我检讨，并以此惕厉自己。这样的“君子”风范和作风，当然没有咎害——既不会危害自己，也不会危害他人和社会。

这一爻的爻辞在本书中显得很重要，可以说贯穿了孙悟空的一生，因为“西游”这一书名，就含藏有“君子终日乾乾，与时偕行”的喻意。所以，后文中还要不断地提到。“自强不息”这种幸福感，是所有成功者共同的感受，而且是终身感受。本爻的含义在于一个“勤”字，每个人的幸福都要以“勤”为本。

“九四，或跃在渊。无咎。”

九四，阳气又在上升。禾谷虽已灌满了浆，已经结实（颖），但是收获还要等待时机，甚至还要对天气作出预测。禾谷已经成熟，如果收获的时机适宜，天气良好，当然是五谷丰登；如果收获的时机不适宜，天气不好，便是丰而少收。故曰“或”，或者有利，或者有害，不确定。“或”，又可理解为困惑的“惑”。譬如一个人的成长，已经经历过“潜龙”、“田龙”阶段，又经过了“勤龙”阶段的努力，此时可以说羽翼已经丰满，可以升迁了，只是等待时机而已。但此时各种困惑也都来了。所以，问占的人中，这类人问得最多。

这一爻所象征的情境，可以用“瓶颈”来比喻。时机适宜，并且把握住了机会，可以跃上“飞龙”之位；如果时机不适宜，或没把握住机会，怎么办？也不要沮丧，不要灰心，不要消极地自堕“在渊”，而是要积极主动地“在渊”。为什么这样说呢？甲骨文“在”与“才”通用。“在渊”，可以理解为“才渊”。有才者为龙，“才渊”就是再做一次“潜龙”，潜入渊底，寻找一个着力点，待机再跃，一跃“飞天”。“在渊”，就是重新选择着力点。着力点在哪里？一是自身潜在的“才”；一是“利见大人”，继续有利于大众，获得大众的认可和拥戴，也就是平常积累的人脉、业绩以及道德风范。自己的“才气”和群众的拥护（人气）就是再跃的着力点。这样做便无咎害：既不会危害自己，也不会危害他人和社会。客观因素是不确定的“惑”，但主观上的自信和努力是可以确定的。以自身主观能动上的确定性，去化解客观存在上的不确定性，便可变“或”为“在”（才）。心里自在，便能把愿望变成实实在在。这样，自然没有咎害。现实生活中，经常出现一种与机会擦肩而过，或功亏一篑的情况。但不要怨天尤人，要检讨的是自己，问问自己：我还是不是一条龙？是龙，就一定会有机会，一定会成功的。只要心中的困惑解开了，“或跃”与“在渊”都是一种幸福感，都能获得幸福。

“九五，飞龙在天，利见大人。”

九五，为中正之位。这一爻为上卦的中间一爻，故为“中”；这一爻为奇数（五），奇数之位为阳爻之位，这一爻正好为“九”（阳），故为正阳位，“九五”即又中又正。所以，古人把帝王、国君比作“九五之尊”。国君为一人独尊，但现实生活中不可能人人都做国君。其实，“九五”之位是一种象征：既可象征帝王、国君之位，又可以象征社会上种种理想的行业和自我定位，更确切的象征则是每个人心中的理想、愿望和人生目标。譬如我上初中时，新来的教导主任特约全校六位同学到他房间，让每个人把自己的理想写在小纸条上，我写的是“人民教师”四个字。后来，我走上了小学、中学讲台；今天，我又走上了大学讲台，并得到了认可和尊敬。从这个意义上说，我已达到心目中的“九五之尊”位。这个“尊”位，首先是自尊，有自尊才能得他人的尊重。可以说，每一个平凡的岗位，只要敬业，有所奉献，都是人生和社会上的“九五之尊”位。

所以，这一爻名为“飞龙”，也可以称为“天龙”。此时名利双收了，理想实现了，美梦成真了，展示的空间不是“在田”而是“在天”，可以说是志得意满。但是，仅仅以个人的标准量化还不行，个人的丰收不足以象征“飞龙在天”，重要的量化指标是“利见大人”，是有利于社会大众，并得到社会大众的认可和拥戴。就像我们儿时在打谷场上听大人们常说的：丰收不忘国家。再说得通俗些，就是我们日常交往的人脉、人际关系。真正的人脉是共享的，是互利共赢的，这才叫“利见大人”。

也许有人认为，只有“飞龙”阶段的幸福感才是真实的。别忘了，此时的幸福是前面的幸福所累积起来的。真实的幸福感是一步一个脚印的踏实感受。

“上九，亢龙有悔。”

上九，阳气已经远离地面。是不是去了太空？不是，其实又返回到了地下。秋末冬初，霜、雪降临时，阴气与阳气交接班，叶落也要归根。阳气要去地下滋养根系，叶落在地面保养根部。阳气自春天上升到地面这半年多来，根部一直在兢兢业业地为地上部分的枝、叶、花、果输送水分和营养，此时也该休养生息了。

亢，极的意思——极高，极远，极盛。一般解释都很直白：亢，指飞得太高。所以人老了，也谨慎了，惟恐变成亢龙了。许多读者闹不明白了：到底有多高？高到哪里去了？难道高不好吗？其实，这是一种误解。亢，极也。不是射线的无限延长，而是圆圜上的无限循环。用《易经》自身的话说，就是"原始反终"，也就是周而复始的意思。"亢龙"就是一条变化无穷的活龙，而不是一去不复返的抛物体。这样理解，"有悔"一句也就有了注脚。

悔，回也。知悔者，即回心转意，回头是岸。上古音，悔、回音相近。根据同源词的定义：音义相同或相近的字，原创时都有同一来源。再说，回者，慧也。回、慧二字同纽双声。从字义上分析，知悔而能回头，必然是一种智慧。现实生活中，经常有这种人，明知是错就是不知悔，回不了头，无论怎样教育，就是屡教不改，或改了又会重犯，根本的原因就是执迷不悟。不悟，就是自身的智慧被迷住了，被遮障了，被捂住了心窍。孔子曰："过而不改，是谓过矣。"所以说，有过不改，结果就会错过。没有智慧就不会知悔，也回不了头。所谓良心发现，其实是智慧发现——有智慧的心，才是良心，所以又叫良知。

"亢龙有悔"四个字，首先是"亢"字不要误解了。亢，极也。《易传》曰："亢龙有悔，与时偕极。"科学界自爱因斯坦以来，逐渐认识到：时间可以弯曲。可以弯曲就可以回返。所以，亢龙是一条"与时偕极"的游龙，而不是一去不复返的抛物体；"有悔"，有回，有慧也。"亢龙"，是有智慧、来回自由的龙。"亢龙"也有亢龙的幸福感，许多人的幸福正是因为知悔、回头而实现的。

以上是"乾卦"六爻的爻辞，从初九到上九，分别是潜龙→田龙→勤龙→惑龙→飞龙→亢龙。潜龙是潜藏待用，田龙是初露锋芒，勤龙是继续努力，惑龙是升迁的瓶颈，飞龙是功成行满，亢龙是原始反终。所以，"乾卦"还有一句辞：

"用九，见群龙无首，吉。"

"用九"，就是用阳、用刚。由此推论，"用六"，就是用阴、用柔。六十四卦中，只有"乾卦"中有"用九"，"坤卦"中有"用六"。其实，卦卦都有"用九"和"用六"。逢阳爻即"用九"，逢阴爻即"用六"。《易经》是为人所用的，不是作摆设的。"乾卦"纯阳爻，"坤卦"纯阴

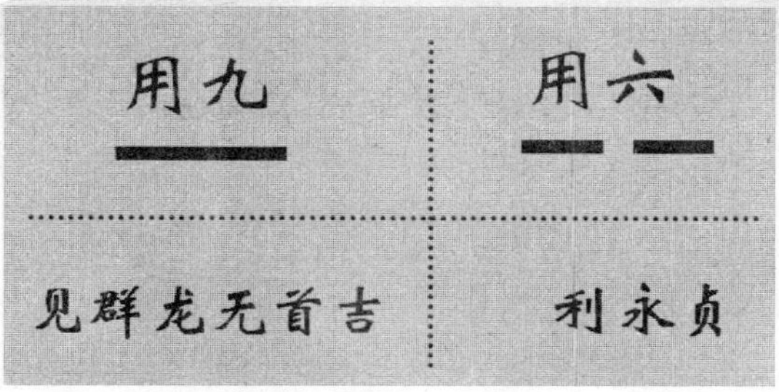

爻，这两个卦都说了“用”，其它卦就不需要重复了。卦到用时即辨阴、辨阳，何以要卦卦都重复呢？现实生活中，无时无刻不在“用九”和“用六”，即用刚、用柔，只是“百姓日用而不知”而已。懂得了“用”，就能“见”。

“见”，前文讲过。见，现也——发现，展现。从认识上说是发现，从方法上说是展现、表现。发现了什么？展现了什么呢？

所谓“群龙无首”，即六条龙像一群龙，无始无终，无头无尾，其形迹变化无常。譬如“或龙”，暂时跃不上去，又回去做一次“潜龙”，找到了着力点了，像鱼跃深渊，一跃跳龙门，从“潜龙”跃为“飞龙”。这样自然吉祥。

从“乾卦”六爻爻辞中看，无一个“吉”字，这就不可思议了：乾，象征天，象征父，象征刚健、光明，竟然连一个“小吉”都没有。原来并不奇怪，作易者告诉我们：吉祥的结果不是凭主观愿望就可以得到的，而要遵循客观规律，客观上有一个“用”和“见”（现）的过程。善于“用九”，才能发现“群龙无首”，才能自我展现“群龙无首”，遵循这种过程才能得到吉祥。吉，是结果；“用”和“见”，是过程。

见，又有二义：一是认识上的发现，由于认识而有所发现。是如何认识的呢？是在“用”中认识的，也就是说，是在实践中认识的，所以“见”之前是“用”；二是方法上的表现、展现和实现。如何表现、展现和实现呢？仍然离不开实践，离不开一个“用”字。应该说，有两个“用”字，“见”之前的“用”是实践，“见”（认识）之后还有一个“用”，这是再实践。这就是毛泽东在《实践论》中描述的：实践→认识→再实践→再认识。所以，《易经》，每一卦每一爻都讲一个“用”字，

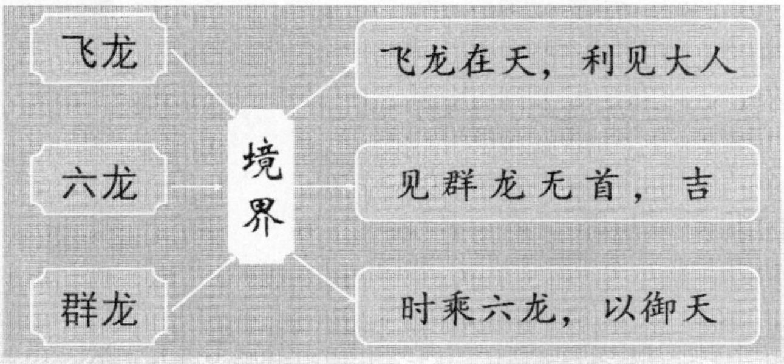

吉、大吉、元吉都是“用”的结果，是实践的结果，是敬业的结果。一个“吉”字终于出现了。有了“吉”就能“免凶”，这就是幸，就是福。这种幸福是在“用”中创造的，在“见”中认识和感受的。

“时乘六龙”

何谓“时乘”？先从“时”字的原创之义说起。“时”字的原创之义有三种形态：一为“是”；二为“待”；三为“候”。

先说“是”。《尔雅》曰：“时，是也。”注疏又曰：“是，此也。”是，从日、正。什么意思呢？古代以竹竿测量日影来计时。譬如祭祀活动中，何时开始，何时献贡，都有一定的时间规定。有专人立竿观测日影，标竿下有刻盘，日影正到某一刻度，即为某一规定的时刻，此时刻为“是”。再譬如今日发射卫星，指挥部发布命令：几时几分点火发射。到了这一时刻，即为“是”，说明正是这个时间点。后来又引申到对万事万物的判断，是与不是，不是则非，故曰是非。所以，是，又为适，即合适、适当、适宜。后来用于判断动词的“是”，就是由此引申的，原本为根据日影判断规定的时刻适与不适，是与不是。所以，《诗经》中“时”与“是”通用。

再说“待”、“侍”。《说文解字》：“待，竢也。”竢，读“寺”，但南方方言读“挨”（āi），意思是挨次排序，一个挨一个地等待。等待什么呢？等待日影适、是的那一刻。怎么等待呢？一是一个竢一个地排班（立着），一是侍候、侍奉，或曰伺候。《说文》：“侍，承也。”又：“伺，候望也。”侍与伺都是等待，等待是一种承诺，而且承受着某种职责和义务，同时，不时张望、企盼，心里也有一份期待和希望。譬如今日，每年3月份“两会”结束后的总理记者招待会，规定几时几分正式开始。在此（是）之前，几百名记者提前赶到抢位，做准备，怀着激动和期待的心情等待。等待是需要耐心和时间的。所以说，待、侍、伺，即为“时”。

接下来说说“候”。候，与“时”和“等待”的“等”都可以组词，曰时候、等候，还有火候、气候、物候等。侯，甲骨文写作矦，下为箭，上为靶（古代以张布为靶，名为矦）。古代帝王考核诸侯，以射为题。射箭之前，必须做好准备，还要听候考官的口令，这也是一种等待，叫做等“侯”，也叫时侯，或曰侯时。古代考核时，即时亮出靶子。这种靶子，或为野兽皮被张开的形状，或在布上绘画出狼、豹等，临时出题。这种靶子叫侯，所以射者等待为等侯（候）。

《礼记·射义》说："内志正，外体直，然后持弓矢审固，然后可以言中（zhòng）。此可以观德行矣。"为什么要耐心等候？第一要调整好心态，做到"内志正"；第二要调整好状态，做到"外体直"。这样才能稳定地张弓搭箭和用力拉弦，才能准确地射中靶的（dì）。从射发的状态中，可以观察射手的德行。什么德行？仅仅是中了几环吗？重要的德行是"候"时的心态——内志正和状态——外体直。再如炼丹、熬糖等工艺，都要看好火候。农民要四时观测气候和物候。候鸟的迁飞规则几万年不变。所以说，候也是时。

上述讲了"时"字的原创本义，再来说说《易经》中的"时"。因为"时乘六龙"是《易经》上说的，这里必须回到《易经》上来。《易经》中有没有"时"的概念？《易经》又是怎样描述"时"的呢？

"时"字在孔子写的《易传》中出现的频率很高，如："与时偕行"、"与时偕极"、"六位时成"、"与四时合其序"、"随时之义大矣哉"……而在《易经》经文部分，唯有《归妹》卦"九四"曰："归妹愆期，迟归有时。"这一爻辞的"象辞"说："愆期之志，有待而行也。"说明这里的"时"有等待、等候的意思，同时也包含了"是"与"适"，归妹（昧）要等待合适的日期，即为合适的时间——是。

再从《易经》经文布局谋篇的结构上来看，六十四卦以"乾"为首卦，开篇的卦辞曰："元亨利贞"；最后又以"未济"卦为末卦，结尾的爻辞曰："有孚失是。"有意思的是：《易经》以"元"字开篇，以"是"字结尾。那么，首尾是否照应呢？又是如何照应的呢？

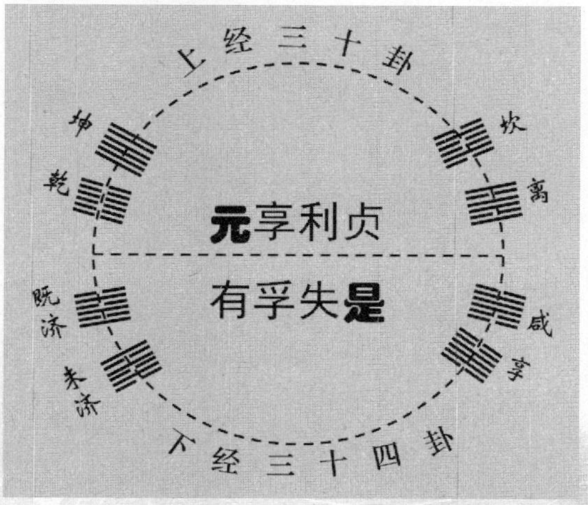

《说文解字》："元，始也。"《尔雅》："时，是也。"《易经》以"元"和"是"首尾照应，即以时间首尾呼应。元，开始了。开始做什么呢？等待、等候。待、候的这段时间，无论多长，无论大事小事、国事家事，都有一个共同的特点：为既定的那个"是"（目标）的到来做好一切准备，创造有利条件，把握有利时机，尽可能做到“适”。可以说，自“乾卦”开始，六十四卦、三百八十四爻所描述的大事、小事，千言万语，一句话：就是等待、等候。当然，这不是消极地等待，而是积极地创造条件。这是一个漫长、艰难、曲折的时间段。幸福不是等来的，也不是坐享其成。这里一个“候”字，不是消极地等候，而是积极、主动地等候。幸福的感受是一种积极的“候”的心态。当“是”这一刻来临时，目标达到了，理想实现了，又暂时告一段落了。但“是”与“适”不是终了，下一步又有新的目标、新的任务、新的期待和希望。所以第六十四卦名曰“未济”。

什么叫“有孚失是”？失是，指规定的时刻已经过去了，既定的目标已经达到了。从时空合一上来说，六十四卦、三百八十四爻的空间已经消失了，时间也就随之消失了。有孚，指有约，有承诺，有规律。《说文解字》：“孚，信也。”此时的“失是”，不是随意性，也不是偶然性，而是恪守一种信诺，也就是遵循一种自然规律。譬如2008年北京奥运会，宣布闭幕的那一刻为“是”和“适”：本届运动会圆满结束了，同时下一届运动会的准备工作又开始了。这是一种共同的承诺和共同的信守。所以说，这里的“失是”（时失），是自然规律。由“元”到“是”，是一种规律；再由“失是”回归到“元”，同样是一种规律。按照这一规律，下一步则是由“失是”到“元”了，新一轮的等待、等候又在进行了。

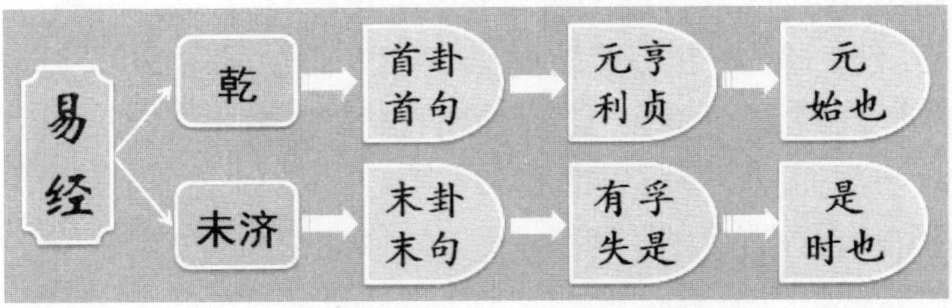

现在又要回到“时乘六龙”这句上来。如何时乘？从前文讲过的“乾卦”六爻的爻辞来看，有三个“在”字：

“九二，见龙在田”；

“九四，或跃在渊”；

“九五，飞龙在天”。

在，表示空间和时间上的同时存在，是一个状态副词。其实，六爻都有一种存在的状态。如：

初九，“阳在下也。”

九三，“上不在天，下不在田。”在人，在人道的九三爻位。

上九，亢龙在回。

时乘，表示时时都是一种存在的状态。问题是：何时、何种状态适宜？何时状态最佳？全在于对时机、时候的把握和掌控。所以，《诗经》中“尔肴既时”的“时”字又有“善”和“佳”的意思。指火候把握到最佳状态。再如前文讲过的“九四，或跃在渊”，这是人生升迁的瓶颈时期，也是最难等待的时间段。或（惑），是跃上去，还是沉入渊？全靠时机（候）的把握，既不可操之过急，又不可稍有懈怠。要在过急和放松之间找一个平衡点，这个平衡点找到了，便可以轻松地等待。放松到什么程度呢？心态和状态都在“待”和“候”中。今日时尚语说：善待自己，实际就是指善于待机。

《孟子·尽心上》曰：“君子引而不发，跃如也。”“引而不发”，是一种“待”的状态；“候”到了，“跃如也”，即为是、适也。孟子强调“君子”，何为“君子”？前文讲过，指有“内志正”的心态和“外体直”的状态的人。所以，古代帝王以“射”时的“心志正，外体直”来观察诸侯和大臣的德行。其实，这也是今日用人、识人的领导们大可借鉴的。

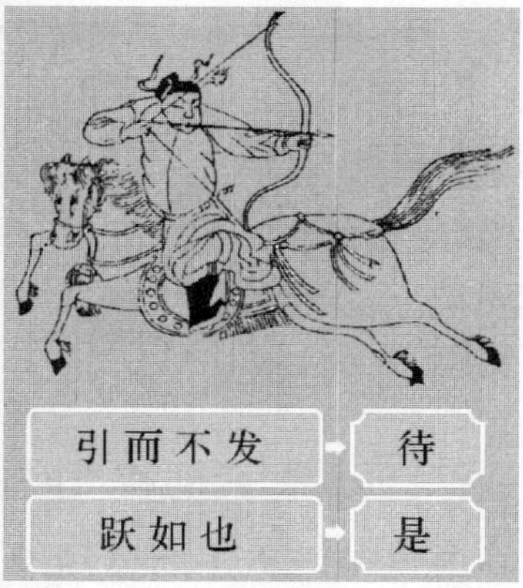

“以御天”一句，有待正文分析时，从孙悟空的三次命运大突围的案例中去体验。

从上述“时乘六龙”的描述中，我们能体会到什么呢？当然各人有各人的体会。如果从本书的主题来说，我个人体会到：“时”，既是时候，又是时机。“六龙”，则是不同的人生节点。在人生每个阶段上，都需要一种耐心和敏锐。所谓耐心，就是耐心地等候，兢兢业业；所谓敏锐，就是及时地抓住时机。从“幸福”的角度来说，耐心地等待，在敬业中等待，一定会有幸福感，这种幸福感从耐心中来，从敬业中来，一旦抓住了机会，获得了阶段性的业绩和成功，一定会有一种成就感和幸福感。可见，幸福的感受在“时”中。“时”又作何解释呢？请看本卷各个章节中的具体内容。

第一章

石猴出世——潜龙勿用

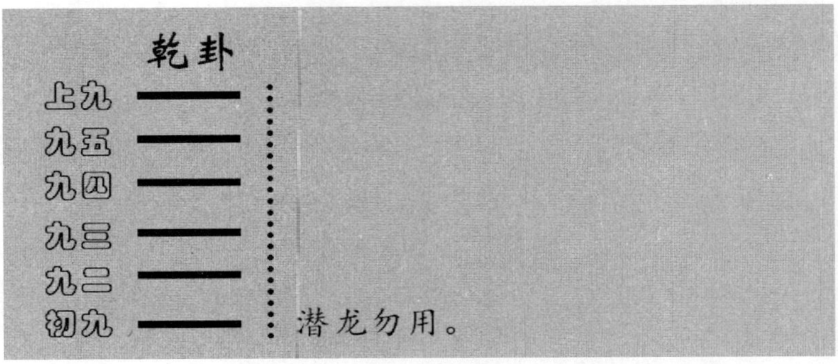

《西游记》的前八回是关键。前八回主要写孙悟空；第九回到第十三回写玄奘；第十四回到第九十八回写西天取经的经过，具体说来，是写孙悟空保护取经的经过；最后两回写取经后径回东土，然后又回西天缴还金旨的经过。读者大多把着眼点放在孙悟空大闹天空和捉妖降魔上。其实，这只是读出了表面的一层——热热闹闹的一层。这是一个故事框架，是故事的表面，甚至可以说这只是一个包装。打开包装，里面又有一层一层的精包装，就像考古学家考古，打开一层地宫，下面又有一层地宫。

《西游记》前八回是讲孙悟空的。孙悟空这个人物不是真有其人，而是作者塑造的一个人物。《西游记》最初的版本，是玄奘取经回来以后，与他的弟子翻译、整理经书，同时把他去西天取经沿途的经历和所见所闻讲述给他的弟子听，由他的弟子将他的口述记录下来，编辑成一本书，叫《大唐西域记》。这是《西游记》的底本，是一个实实在在的记实文本。再往后，就变成了一种艺术的话说形式，就像今天的评书、民间流传的说书，但与一般的聊天、讲故事有所不同，带有艺术色彩。每一位艺人的讲述，都有他新的构思、新的发挥。再后来，为了让故事传神，又塑造了一个人物形象，开始叫猴行者，曾经考过秀才，让他保唐僧取经。以后，猴行者逐渐演变成美猴王，又给他取了一个法名，叫悟空。《西游记》第一回的卷首诗中就有交待："欲知造化会元功，须看《西游释厄传》。"（这是《西游记》早期版本的书名）。释厄，消灾禳祸的意思。《说文解字》对"幸"字的解释是："吉而免凶也。"释厄，就是免凶的意思，免凶而得吉，释厄而得福，这就是"幸福"的含义。

到了元代，《西游记》这个书名才开始形成。在宋代只是话本，到了元代就演变为杂剧，杂剧的名字就叫《西游记》。吴承恩就是根据杂剧《西游记》和民间流传的各种话本，再采纳《大唐西域记》以及《易经》原创思维和佛教故事等写成了这部小说，孙悟空这个人物就和唐僧取经这件事再也分不开了，让大家都信以为真了。这是一种艺术的魅力。

《西游记》的作者不仅仅是吴承恩一个人，还包括宋代话本里面塑造"猴行者"这个人物的原作者，以及多少说书人一代、一代地演绎。这是一种集体创作的智慧，到了吴承恩笔下，他以小说为体裁，用文学虚构的笔法再次加工升华。

孙悟空是何许人也？他出生在哪里呢？在东胜神洲。从亚洲来说，当时大唐的国都在长安。往东是海边，东胜神洲是在一个海岛上，"名曰傲来国。国近大海，海中有一座名山，唤为花果山。此山乃十洲之祖脉，三岛之来龙，自开清浊而立，鸿蒙判后而成。"

按大唐的位置来推测，大唐往东，沿海一带的大陆都是东部，都可以称为东胜神洲。今天江苏连云港有云台山，云台山有花果山，那里面临大海。如果说"海外"，跨过海洋，那边的岛屿最大的就是台湾岛了。我曾经与台湾学者闲聊过，今天的台湾还是以水果而出名，因为台湾是海洋气候，气候适宜，所以台湾的水果比大陆的水果好。据说，以前台湾岛与大陆之间还有一条陆地连着，我想：也许毗连台湾宝岛的此岸就是连云港吧。否则何以名为"连云港"呢？可惜这条与大陆的链带以后逐渐消失了。

花果山的山顶上有一块仙石，那可不是一般的石头，"其石有三丈六尺五寸高，有二丈四尺围圆"。它的高度，与周天三百六十五度相吻合；它的围圆，又与二十四节气相吻合。"上有九窍八孔"，九窍即九宫，八孔即八卦。石头上面没有树木遮阴，但是左右有芝兰相映衬。芝兰，即芷与兰，都是香草。诗人常以芝兰比喻优秀子弟，这里显然是用来映衬石猴的。因为这个石头从开天辟地以来，"每受天真地秀，日精月华，感之既久，遂有灵通之意"。

“天真地秀”作何解释？真，金文写作[illegible]或[illegible]，从匕（化），从贞（鼎字的省笔），本义是古代大型祭祀时，以大鼎烹饪，鼎上汽化，如蒸蒸向上的蒸汽，象征气化而登仙。古人认为，轻清之气（阳气）上升，实际上是从蒸汽中得到的启发。所以，又把成仙者称为真人。秀，禾谷尚未灌浆时名曰英，已成熟下垂名曰穗，中间灌浆将实（乃）时名曰秀。如果从“秀”字的字形上分析，上为“禾”，下为“乃”，“乃”可理解为“奶汁”的“奶”字的省笔。其实，字形就形象地告诉我们：“秀”的意思，是指禾谷正在吸奶，或正在长奶（即灌浆）。所以，天真，形容轻清之气上升之状；地秀，形容重浊之气下沉将实之状。人与万物每时每刻都在呼吸，每天都要饮食，呼吸如气化为天真（蒸），饮食如灌浆为地秀（奶）。用通俗话说，人与万物吸的是“天真”之气，吃的是“地秀”的奶。

“日精月华”又作何解释？传说太阳里面有三足乌，月亮里面有玉兔。三足乌，又名金鸡、金乌，金鸡报晓的来历即源于此。金鸡属阳，玉兔属阴，所以日里含藏元精，月里含有一种花蕊（华）。今天我们经常讲取其精华，去除糟粕，精华在哪里？在日、月之中——日精月华。我们天天都能得到日月的精华，因为我们天天沐浴阳光，也沐浴月光。万物都能得到精华，我们喝的水，呼吸的空气，吃的食物……都能得到精华，都有日精月华。我小时没奶吃，只是吃一种米浆，就是将米粉蒸熟后，日晒夜露四十九天，可以代替母乳。也许日晒是为了取其日精，夜露是为了取其月华吧。今日生产“代乳粉”的厂家，能不能受到某种启发？

日中有金乌，月中有玉兔。

——《淮南子·精神训》

再譬如一块玉石上纹理的形成，它在地底下的时间，不是按万年计算，而是按亿年计算，需要多少亿年才能形成。那么，地面上的石头常年经受天真地秀，吸取日精月华，也就逐渐有了灵气，石头变成活生生的石猴。如果从科学角度来说，地底下能够形成翡翠、玛瑙，那么地上的石头，即使不能成为石猴，在人的心目中它也是活的，这块石头已经长成为一种有生命的猴子。

由中共中央文献研究室主编的《毛泽东传》开篇第二段中，有这样一段描述：“一八九三年十二月二十六日（清光绪十九年十一月十九日），韶山冲农民毛贻昌家出生了一个男孩，取名泽东，字咏芝（后改润之）。他们家的头两胎婴儿都在襁褓中夭折了。母亲生怕他也不能长大成人，便抱他到娘家那边的一座石观音小庙，叩拜一块巨石，认作干娘，还取了个小名，叫石三伢子。”其实，这种自然崇拜的意识，在中国传统中早已根深蒂固。今日，我们不能一概而论都当成迷信。

广东韶关丹霞山，是世界级的地质公园，那里不但有五彩缤纷的奇山异石，而且有天然造化的阳元石和阴元石。那不是人为的，而是地面上自然形成的，它也是得了天真地秀和日精月华。如果不相信这些，把它当成神话，那你去丹霞山看看阴元石和阳元石你就知道。我是亲眼去看过的，而且和十几位中山大学的同学们在那里合过影。面对那种自然之物，你不能不相信，惊叹之余自然觉得并不神秘。

这个石头“内育仙胞（怀孕了），一日迸裂，产一石卵，似圆球样大。因见风，化作一个石猴。五官俱备，四肢皆全。便就学爬学走，拜了四方。”你看，这里面有一个过程，得到天真地秀、日精月华以后，形成了石猴。开始是仙胎，仙胎里面迸出一个石卵，石卵以后再变成一个石猴。石猴的五官具备了，刚刚学爬学走，便拜了四方。拜四方，就是拜父母，天地、日月就是他的父母。参拜时，目光如炬，直射斗、牛二星。

一只石猴的出生，竟然惊动了“高天上圣大慈仁者玉皇大天尊玄穹高上帝”，这十八个字是玉帝的全称。玉帝便驾座金阙云宫灵霄宝殿，聚集仙卿，并派千里眼和顺风耳开南天门去察看。连天上都感到惊奇，可见这个石猴得了日精月华以后有一种天地之灵气。

千里眼和顺风耳下界去观察、调查以后，回来禀报说：发出金光的地方是东胜神洲海东边的傲来小国，那个地方有一座山叫花果山，“山上有一仙石，石产一卵，见风化一石猴，在那里拜四方，眼运金光，射冲斗府”，由于他喝了世间水，吃了世间的食物，所以他的金光逐渐、逐渐地潜息了。

所谓“潜息”，不是完全熄灭了，而是又潜藏于内了。这个“潜息”

很重要。孩子出生时，是“人之初，性本善”，长大后，“性本善”的天真便潜息了。常言说，食了人间烟火，仙气便没有了。其实是被污染了，被遮盖了。佛教讲遮蔽，指人的灵性、本性被遮蔽了。什么东西“潜息”了？正是那种来自天真地秀、日月的精华，这些天地造化的东西被遮蔽了。所以，我们称孩子为“天真”，从来不称大人为“天真”，因为大人们的“天真”早已“潜息”了。如果大人能保持一种孩提时代的天真和单纯，能保持一颗赤子的心态，在许多场合下确确实实能“吉而免凶”，甚至有幸免于难的奇迹。这样的例子很多，我相信每个人的身边都发生过。

玉帝垂赐恩慈，说：“下方之物，乃天地精华所生，不足为异。”调查清楚了，也解释清楚了。

我们看了孙悟空的来历。仔细去读这一段文字，我们不能把它当作一种神话，简单地一读而过，不是！这里面有东西，值得我们去思考，同时也为《西游记》后面埋下了伏笔。

我们再来看看作者是怎么描述孙悟空的：

孙悟空开始只是一个普通石猴。“那猴在山中，却会行走跳跃，食草木，饮涧泉，采山花，觅树果”，这与其他猴子没有两样。“与狼虫为伴，虎豹为群，獐鹿为友，猕猿为亲。”你看，他有好多的伙伴，不仅仅与猴子为亲，与其他的狼、虫、虎、豹、獐、鹿、猕、猿都能为伴、为群、为友、为亲，他是动物群体中的普通一员。可见，花果山上是一个和谐的动物世界。

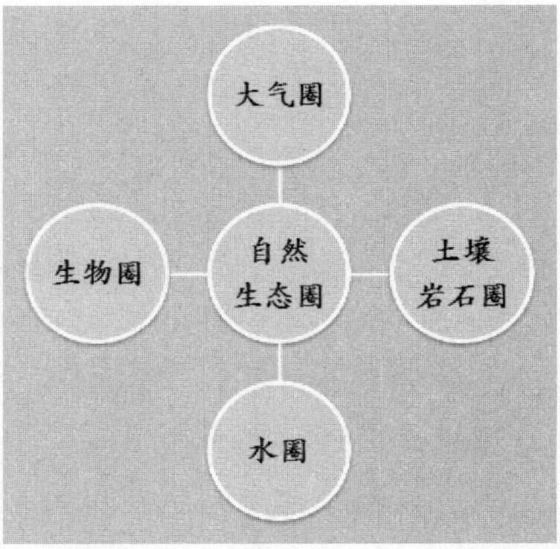

这是大自然，这是一个生态圈。自然环境有四个生态圈，一是土壤岩石圈，孙悟空就是从岩石里面生出来的。二是水圈，孙悟空也离不开水，他也要喝山涧的泉水。三是生物圈，包括植物、动物和人。孙悟空与各种群类为伴、为友、为亲，形成花果山上的生物圈。四是大气圈，这里讲日精月华，精华是如何吸纳的？就是通过大气传递的。植物要进行光合作用，就是通过大气作为媒介的。如果是真空，就不能进行光合作用了。

“夜宿石崖之下，朝游峰洞之中。”如此看来，他的生活也是很普通的。真是“山中无甲子，寒尽不知年”，古代以“六十花甲子”作为纪年的年表。山中没有甲子，不知道过了多少年。我们人类知道，每一天有昼夜交替；每一月有朔望盈亏（月圆月亏）；每一年有寒暑往来，六十年为一个甲子周期。但是动物不知道，它们没有这个概念。“寒尽不知年”，它们不知道年月日时、冬天到了、气候寒冷，表示一年将要结束。不过，动物也有候鸟迁飞、昆虫蛰伏等应时现象，说明动物有动物的计时方法，这是生存的需要，计时也是一种生存法则。

我们把此阶段比作孙悟空“潜龙勿用”。这种比喻不是主观上的臆测，而是有原著作依据。譬如原著中有“潜息”、“山中无甲子，寒尽不知年”等句。因为金光“潜息”，便与其它野兽没有异样；因为“潜息”，所以连时间概念都没有，这正是“潜龙勿用”的形态。

潜龙阶段有没有幸福感？有。主要体现在天真、自由，各种类群共享自然生态的平衡；同时还体现在“潜”、“无”和“不知”的混沌之中。应该说，这是一种原朴的幸福感。人们常说，孩提时代无忧无虑，是人生中最美好的一段幸福时光。这种幸福，就是人生原朴的幸福，“潜龙勿用”的幸福。

第二章

水帘洞美猴王——见龙在泉

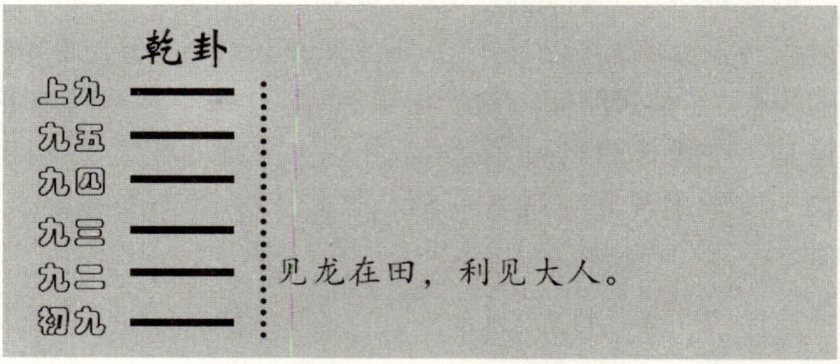

“一朝天气炎热，与群猴避暑，都在松阴之下顽耍。”一朝，就是有一天——开始讲故事了。天气很炎热，大家都在那里避暑，在那里玩耍，玩过以后就到山涧里洗澡。洗过澡以后，它们看到那山涧里的瀑布飞泉非常奇妙，所以众猴拍手称扬道：“好水，好水！原来此处远通山脚之下，直接大海之波。”

前面讲孙悟空还是一个普通的石猴，过着普通的生活。生活了多少年？不知道。写到此处，便点出了某一天，发现了这么一个瀑布飞泉。大家都说：“好水，好水！”认为从山上通到山脚，是水的源头，“直接大海之波”，源远流长，流到大海里去了。这时有猴子提议：“那一个有本事的，钻进去寻个源头出来，不伤身体者，我等即拜他为王。”进去能“寻个源头出来”，这是第一个条件；能出来并不伤身体，这是第二个条件。如果达到这两个条件，我们便拜他为王。这是一个许诺。“连呼了三声”，没有人应喏，说明这并不是一件容易的事。

“忽见丛杂中跳出一个石猴”，“丛杂中”就是杂猴中间。“应声高叫道：‘我进去，我进去！’”你看，自告奋勇，脱颖而出了，不平凡就在这个地方。很久很久以来，这个石猴还是那么普普通通、平平凡凡，看不出他的优异和杰出，跟大家一样，过了多少时间都不知道。这个时候机会来了。机会是给谁的？是给大众的，这个机会对所有的猴子都是平等的。但是没有本事不行。石猴有这个本事，机会到了，就要抓住机会。是该他来显示自己的时候了。但是，抓住机会并不容易呀。他说："我进去，我进去！"不是说："我试试看。"就是说，他已经有把握了。这里有一首诗：

"今日芳名显，时来大运通。有缘居此地，天遣入仙宫。"

"时来大运通"，人人都喜欢命运亨通：哎呀！我什么时候走好运呢？有人想请《易经》大师算一算，把自己的命交给别人去算。算命的目的，就是想知道：我什么时候走好运？

"时来大运通"，这一句有玄机，只有敢于实践、勤勉敬业者才能透悟。从主观上说，命运亨通的愿望人皆有之；从客观上说，"时来"、"运通"的机会也时时有之。但是现实中，这二者只有巧遇，而没有常遇。怎样才能巧遇呢？就看你有没有心理准备，能不能稳稳地抓住。孙悟空是自己给自己算命，自己把握自己的命运。他是怎么把握的？是他有勇气，不是匹夫之勇，从他"瞑目蹲身"就看得出来，所以他能抓住机会。

孙悟空讲："我进去，我进去！"他这么有把握？他是随随便便、轻率地就跳进去吗？不是！"你看他瞑目蹲身，将身一纵，径跳入瀑布泉中。"这里有四个字——"瞑目蹲身"。他不是盲目地往里跳，一点准备没有，不是！你看，他不干没有准备的事，不干没有把握的事，他很内行。他知道先把眼睛眯上（瞑目），眯上眼睛做什么？使心平静下来，屏住呼吸。"蹲身"，蹲下去找一个着力点，这样才能跳起来，就像跳高、跳远，开头有一个三步跳（起跳），是不是呀？从这就看得出来，他很内行，他不是逞匹夫之勇，不是意气用事，不是莽撞，而是很理性，有章法。"我进去，我进去！"自告奋勇，显示他有胆魄；"瞑目蹲身"，表示他有卓识。即有胆有识——胆识。

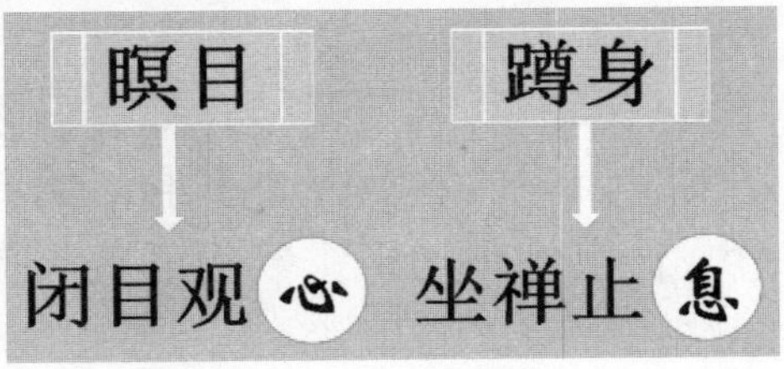

从这里可以看出来：孙悟空不但有胆、有勇——"我进去，我进去！"而且有谋、有识——"瞑目蹲身"。也就是说，他有勇有谋，有胆有识。

他进去以后，看到里面是怎么一种景象？

真个好所在。但见那——翠藓堆蓝，白云浮玉，光摇片片烟霞。虚窗静室，滑凳板生花。乳窟龙珠倚挂，萦回满地奇葩。锅灶傍崖存火迹，樽罍靠案见肴渣。石座石床真可爱，石盆石碗更堪夸。又见那一竿两竿修竹，三点五点梅花。几树青松常带雨，浑然像个人家。

进去以后，大家一见有这么好的所处，当然要兑现诺言，推举他为美猴王——他称王了。

这一情境，与《易经》中“乾卦”九二爻正好吻合：“见龙在田，利见大人。”九二，是初露头角、展现才华的阶段。在田，此时的美猴王只是水帘洞的美猴王，孙悟空的胆识（见龙）只是在群猴中显示而已。此时利见的“大人”，也只是一群猴子；并为群猴找到了安身的家——这就是利。起头，有人喊“谁进去?”即“时来”，机会来了；他被推举为美猴王了，为“运通”。何谓“大运通”呢？又要看后面的。所以，“见龙在田”虽为“时来”、“运通”，但还算不得“大运通”。

石　猴	先天心猿，无善无恶
美猴王	后天心猿，知善知恶

孙悟空当了美猴王，做了水帘洞的头领，他就知足了吗？又有这么一段描写：

美猴王享乐天真，何期有三五百载。一日，一群猴喜宴之间，忽然烦恼，堕下泪来。

群猴们天天摆宴席，吃吃喝喝，本来是欢欢喜喜的事，美猴王为什么还要落泪呢？这么一个石猴，他竟然有忧患意识，有危机感，懂得居安思危。什么忧患意识？猴王道：“我虽在欢喜之时，却有一点儿远虑，故此烦恼。”

众猴又笑道：“大王好不知足！我等日日欢会，在仙山福地，古洞神洲，不伏麒麟辖，不伏凤凰管，又不伏人王拘束，自由自在，乃无量之福，为何远虑而忧也?”众猴这话说得也有道理。

猴王道：“今日虽不归人王法律，不惧禽兽威服，将来年老血衰，暗中有阎王老子管着，一旦身亡，可不枉生世界之中，不得久注天人之内?”你看，他想到了这一层。孔子说：“不知生，焉知死?”孙悟空明白人总有一死，于是想到了求长生不老。

前一次“见龙”群猴看得见，所以大家推举他为“美猴王”。这一次“见龙”现在内心意识里，群猴看不到，也想不到。“众猴闻此言，一个个掩面悲啼，俱以无常为虑。”无常，世事无常。众猴不同的地方是什么？事先想不到，只是快乐无忧；而美猴王呢？他想到了。众猴一听，认为有道理，但是只知道哭，拿不出解决办法。

当然这里面也有高手，“只见那班部中，忽跳出一个通背猿猴（今日武术界还有人在传授一种通背功），厉声高叫道：‘大王若是这般远虑，真所谓道心开发也！如今五虫之内，惟有三等名色，不伏阎王老子所管。’”为什么通背猿猴比其他的猴子要高明？《易经》“艮卦”的卦辞第一句就是“艮其背，不获其身”，也许“通背”就是“艮其背”吧。

猴王道：“你知那三等人？”猿猴道：“乃是佛与仙与神圣三者，躲过轮回，不生不灭，与天地山川齐寿。”这里讲了长生不老，不归阎王老子管的，按照经典上说，他这个说法不对。佛教的说法：本来有十法界，圣者有四法界，凡者有六法界。凡者六界，又称六道（下三道和上三道合称为六道）。阎王老子只管这六道，六道之外的圣者四法界他管不了。

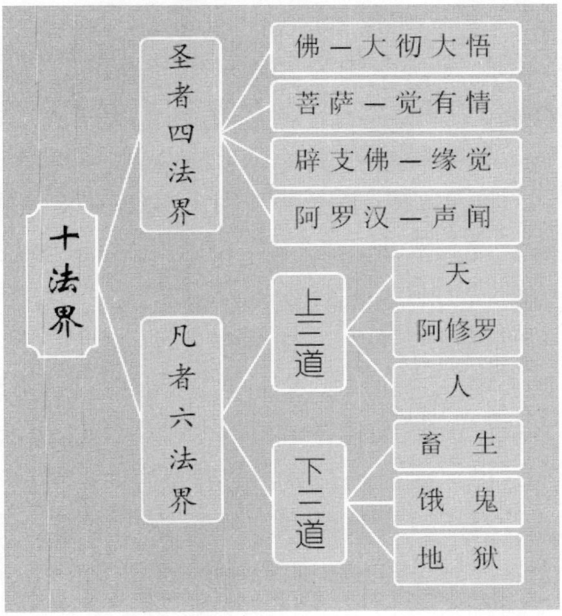

哪六道呢？下三道是地狱道、饿鬼道、畜生道，上三道是人道、阿修罗道、天道。阿修罗道就是妖魔世界，天道就是神与仙的世界。神与仙有区别，神是有任务的，例如，雷神管雷，水神管水，火神管火，门神管门……神有具体的职务，就像现在带“长”字的长官。仙是什么呢？按今天来说，如专家、学者、诗人、老师……像李白是诗仙，他没有具体职责，也没有具体任务，但是到处有饭吃，有“粉丝”。这六道是归阎王老子管的。这六道众生在生死中轮回，像轮子，轮过来，轮过去——做了恶事，就会堕入下三道；做了善事，就能升到上三道，是这么轮回的。即便是天上的神仙，只要干了恶事，也会堕落到下三道。

那么，哪四种人阎王老子管不了呢？声闻觉者，是阿罗汉果位；缘觉者，是辟支佛果位；再往上就是菩萨，是觉有情；最高的果位就是佛，大彻大悟的觉者。这“四法界”为“圣法界”，阎王老子管不了。相反，这“四界”是阎王老子的老子。中国儒家主张入世，就是进入人道的最高阶层，即士大夫、君子阶层；中国道家主张出世，就是进入天道做神仙；佛教主张先入世再出世，先学做好人再学做佛。这个出世是出离生死，出离六道轮回。猴子信息灵通，能懂得这么多，虽然不太准确，已经不错了。

猴王道："此三者居于何所？"猿猴道："他只在阎浮世界之中，古洞仙山之内。"猴王闻之，满心欢喜道："我明日就辞汝等下山，云游海角，远涉天涯，务必访此三者，学一个不老长生，常躲过阎君之难。"

这里有两句诗有意思："顿教跳出轮回网，致使齐天大圣成。"寓意他第一次命运大突围。这两句诗为后文大闹天宫埋下了伏笔：他既想出世——"顿教跳出轮回网"，又想入世——"致使齐天大圣成"。不是想成佛，而只是想与天齐，想夺玉帝的位置，岂不又堕入"轮回网"了吗？孙悟空不懂得这些，众猴更不懂。众猴鼓掌称扬，都道："善哉，善哉！我等明日越岭登山，广寻些果品，大设筵宴送大王也。"

孙悟空已经做了水帘洞的美猴王，成了群猴的首领，并且天天吃喝玩乐，按照常理而言，有欢乐时尽享欢乐，此时不享受更待何时？果如此，也就没有日后的孙悟空了，这条"田龙"或许会堕落成"懒龙"了。

孙悟空不是这种性格，他有忧患意识，他能居安思危，可见他今后的发展空间还很大，今日的"田龙"一定会成为"天龙"。"田龙"阶段的幸福感，不仅仅是"才华初露"，已为众人所认可，而是众人快乐无忧时有忧患。为什么生出忧患？他不为眼前的乐而乐，而是为了长远的乐而忧。有近忧才有常乐。他把幸福寄托在更长远的快乐上，寄托在不老长生上。这种幸福感对于年轻人更为重要。孙悟空日后之所以能"大运通"，这种忧患意识是关键的起步和人生的元点。

第三章

渡海拜师求法——潜龙闻妙音

	乾卦	
上九	▬▬▬	
九五	▬▬▬	
九四	▬▬▬	
九三	▬▬▬	
九二	▬▬▬	
初九	▬▬▬	潜龙勿用。

美猴王的求法“长征”

由“田龙”升华到“天龙”，并非一帆风顺，需要真功夫、真本领，所以他要远道拜师求法。

孙悟空发愿去寻找三种人参学，目的就是要了脱生死、长生不老——寻求长远的幸福和快乐。他往哪个地方去求学呢？目的地是哪个地方？目的地是南赡部洲。他出生在东胜神洲，现在要往南，到南赡部洲去，要渡海，要走水路，所以众猴为他用竹竿作篙，用枯松制作了一个小筏子，他只身往南赡部洲去。这不是一天、两天就能到达的，走了多少路？中间经过了多少险难？可想而知。南瞻部洲在哪里？是不是今天的海南岛？有人说，海南岛今天还有儋州市（儋、瞻可以通用）。当然，这种说法与佛祖的说法不一样。

回过头来我们分析一下。孙悟空是个很有头脑的人，他与众不同的地方是：在欢乐的时候，他有忧患意识；在忧患的时候，他不是悲观，而是想办法，寻求解脱。其他猴子有忧患只知道哭，他不是，他必须要找到解决的办法。快乐的时候有忧患，就能免去忧患，就能得到长久的欢乐。佛教讲极乐世界，为什么有极乐世界？修行人修什么？修行人不是在快乐中修，不是在享乐中修，而是在忧患中修。道理很简单：出离苦海，出离忧患，出离烦恼，要在忧患和烦恼中出离。出离了烦恼的此岸，必然是幸福的彼岸。如果在幸福中出离，在快乐无忧中出离，那么到达的彼岸就是苦海。

孙悟空要“不伏阎王老子所管”，这不仅仅是怕死的问题，不仅仅是一个生死之间的矛盾，还有许多说不清的东西。有的人一辈子都是在基层工作，一辈子都是普通员工；有的人能够升迁，区别在哪个地方？不仅仅是能力问题，不仅仅是他学了多少知识，有多高的学历，有多硬的后台，口袋有多少钱，家庭有多大背景……关键在于每个人的思维方式：在快乐中有没有忧患意识？在烦恼中有没有乐观向上的心态？有了这种心态，才能积极地去想办法，千方百计地寻找机会，抓住机会，区别在这个地方。这里所说的不是感性认识的幸福感，而是理性认识的幸福观。

一天，孙悟空到了南赡部洲地界。这里说的南瞻部洲，应该是指中国的岭南地界，即大庾岭以南的广东、广西，包括海南岛一带。他一人“持篙试水，偶得浅水”，便上了岸，看见有人捕鱼、打雁、挖蛤、淘盐（海南岛有大盐田）。这与东胜神洲不一样了。他到处访问、打听，而且学人说话，“一心里访问佛仙神圣之道，觅个长生不老之方”，他寻找到了吗？

猴王参访仙道，无缘得遇，在于南赡部洲，串长城，游小县，不觉八九年余。忽行至西洋大海，他想着海外必有神仙，独自个依前作筏，又飘过西海，直至西牛贺洲地界。登岸遍访多时，忽见一座高山秀丽，林麓幽深。他也不怕狼虫，不惧虎豹，登山顶上观看。正观看间，忽闻得林深之处，有人言语，急忙趋步，穿入林中，侧耳而听，原来是歌唱之声。美猴王听得此言，满心欢喜道：“神仙原来藏在这里！”即忙跳入里面，仔细再看，乃是一个樵子，在那里举斧砍柴。猴王近前叫道：“老神仙！弟子起手。”

孙悟空登上了南瞻部洲，又要渡海去西牛贺洲。这里是小说中的地理概念，而不是佛教经典中的地理概念，如来佛所说的西牛贺洲是指西天。作者吴承恩的地理知识有限，也许他指的是广西地区。一是从海南去广西要经过北部湾海峡，二是广西有贺州。当然，这只是一种推测。

这个时候听到有人说话，原来是有人在那里打柴，他向那打柴的打听，一开口就称：“老神仙，弟子起手。”他把人当成神仙了。为什么呢？

他本身是个猴子，觉得人了不起，所以他觉得人就是神仙。看到一个砍柴的，都觉得他比自己高明。

我们看到，作者在写孙悟空的时候，他完全是以猴子的眼光来看人，如果说“狗眼看人低”，那么这里是“猴眼看人高”了。在这个时候他才开始说人话。可以想像到，当时的傲来国没有人，到了这里他才看到人，才开始学人说话。

“我拙汉衣食不全，怎敢当‘神仙’二字?”那人一见他那猴子模样，开始吓了一跳，这叫“人眼看猴怪”了，说：我只是一个打柴的，怎么能称神仙呢？猴王道：“你不是神仙，如何说出神仙的话来?”樵夫道：“我说什么神仙话?”猴王道：“我才来至林边，只听的你说：‘相逢处，非仙即道，静坐讲《黄庭》。’《黄庭》乃道德真言，非神仙而何?”樵夫笑道：“实不瞒你说，这个词名做《满庭芳》，乃一神仙教我的。那神仙与我舍下相邻。他见我家事劳苦，日常烦恼，教我遇烦恼时，即把这词儿念念，一则散心，二则解困，我才有些不足处思虑，故此念念。不期被你听了。”樵夫说，念经是为了消除烦恼。说得好！烦恼消除了，灾难也就消除了。孙悟空第一次听人说话，竟然听出这是“道德真言”。

猴王道：“你家既与神仙相邻，何不从他修行？学得个不老之方，却不是好?”其实，他在试探着打听求法的去处。樵夫道：“我一生命苦。”意思是说，家里没有这个条件。猴王要他指路，樵夫就告诉他应该怎么走。

过了一个山坡，走了七八里，看到有一处洞府，洞门紧闭。美猴王终于找到洞府了。洞府的名字叫什么？上面写着“灵台方寸山，斜月三星洞”。与他的水帘洞石碣上的大字相似，那里是“花果山福地，水帘洞洞天”。同有一个“山”字，一个“洞”字，同是写在石碣上。这是两个字谜：“灵台方寸山”的谜底即“意”字，“斜月三星洞”的谜底即“心”字。

再来看看美猴王拜师的心态。“美猴王十分欢喜道：‘此间人果是朴实（这个人没有说假话），果有此山此洞。’看勾多时，不敢敲门。”前面描述的孙悟空胆大，敢当敢为，这时候他连敲门都不敢，一下子变得惶恐、谨慎起来了。看来，一个有本事的人，历来天不怕地不怕的人，当他一心想拜师的时候，他的胆子就小。真是胆小吗？不是！是谨慎，是虔诚，是真想学，不是假想学。他有一种虔诚的心态，只有这样的人才能学到真东西。别看这个“不敢敲门”，其他的描写可以一带而过，但是这个关键的字眼不能放过。

美猴王得了姓名

这时候门洞开了，一位童子出来了。那童子一出来就高声叫："什么人在此搔扰？""猴王扑的跳下树来，上前躬身道"，见了一个童子就上前躬身，他又是怎么称呼的？"仙童"，称他是"仙童"。孙悟空对一位小孩子都这么恭敬，并且行礼。"我是个访道学仙之弟子，更不敢在此搔扰。"你看，他跟童子都称弟子。

仙童笑道："你是个访道的么？"猴王道："是。"童子道："我家师父正才下榻登坛讲道，还未说出原由，就教我出来开门，说：'外面有个修行的来了，可去接待接待（须菩提知道有人来了）。'想必就是你了？"猴王笑道："是我，是我（高兴了，有缘了）。"童子道："你跟我进来。"这个缘份是轻易来的吗？从东胜神洲出发，历尽千辛万苦，到了南赡部洲，又来到了西牛贺洲，八九年时间到处访问，他不放弃，不气馁，说明这个缘份来之不易呀。

猴王见到童子都躬身行礼，现在要见师父了，他又是怎么样呢？"整衣端肃"，整理自己的衣服，端正自己的行为——言行举止都严肃起来。

我们每个人都曾有过这样的体验，走进"三院"，心情不一样：一是进法院；一是进医院；一是进寺院。与一般场合不一样的是，都不敢大声喧哗。这三个不敢大声喧哗，又有不一样之处：到法院打官司，涉及的是严肃的法律问题，不敢喧哗；生病了，进了医院，病人需要安静，不敢喧哗；进了寺院，谁管你呢？进哪个寺院都没人管你。有人在外面还说着脏话，说着粗话，大声喧哗，但是一进寺院，自然而然恭恭敬敬，小声说话，那种放肆的心态、张扬的行为都端肃起来了，这是什么原因？寺院是净化之地——灵台方寸之地，斜月三星之所——一下子找到了心的依归。

法院是用法律来约束人的，医院是用医和药来给人治病的，寺院是什么？是净化人的心灵的，是端肃人的行为的。所以，这里用"端肃"一词值得玩味。当然，能净化心灵的地方，不仅仅在寺院。惠能祖师说："佛法在世间，不离世间觉。"真正要净化心灵，还要在纷纷扰扰的生活中自净其心，"止于至善"。

猴王进去以后见到了师父，这位师父是谁？名须菩提。须菩提是何许人？是释迦牟尼佛的十大弟子之一，名须菩提尊者。须菩提出生那天，家里突然皆空，他父母非常惊异，请来了相师。相师说这是吉相，所以为他取名为空生（译名）。在佛陀的十大弟子中，他是“解空第一”，意思是：不与物争，见空得道。传说释迦牟尼佛到忉利天为他的母亲摩耶夫人说法（说《地藏菩萨本愿经》），三个月后回到人间时，弟子们都争先恐后地去迎接。其中有一位比丘尼叫莲花色，在比丘尼中她是神通第一，她第一个见到佛。佛却说：迎接我的第一人不是你，是须菩提。此时，须菩提正在灵鹫山石窟中观照诸法空性。见空即见佛，所以佛说，须菩提是第一位见到他的人。可见，孙悟空算是遇上高人了。

猴王见到了这位师父，怎么样呢？“倒身下拜，磕头不计其数。”看得出来，一是他非常的虔诚，再则是他不懂礼数，不知道磕多少好，只能多多益善。这就看出美猴王真正是猴的心态。

口中只道：“师父，师父！我弟子志心朝礼，志心朝礼！”这里是称“师父”，而不是“师傅”，师父和师傅不一样。学艺者称师傅，学法求道要称师父。一日为师，终身为父，这是中国人的传统。师道和孝道是合一的，所以叫道统。父母也是子女的老师，老师也是学生的父母。

祖师问：“你是那方人氏？且说个乡贯姓名明白，再拜。”意思是，你的籍贯在哪？你叫什么名字？你说清楚了再拜吧。猴王道：“弟子乃东胜神洲傲来国花果山水帘洞人氏。”他连门牌号码都报出来了。这里他没有讲他是美猴王，只讲是洞里的人氏。他也懂得低调，没有自称猴王。在这里他不敢放肆。祖师喝令：“赶出去！他本是个撒诈捣虚之徒，那里修什么道果！”这是试他的。猴王慌忙磕头：“弟子是老实之言，决无虚诈。”祖师道：“你既老实，怎么说东胜神洲？那去处到我这里，隔两重大海，一座南赡部洲，如何就得到此？”你是怎么来的呢？就是说，你是撒谎的。猴王叩头道：“弟子飘洋过海，登界游方，有十数个年头，方才访到此处。”他说出了缘由。

看来须菩提对猴王的回答还满意，于是又问道：“既是逐渐行来的也罢。你姓什么？”猴王又道：“我无性。”这一问一答有意思。师父问姓什么，是“女”字旁的“姓”，是姓名的“姓”。孙悟空回答：“我无性。”是人性、性格的“性”。他说：“人若骂我，我也不恼，若打我，我也不嗔，只是陪个礼儿就罢了，一生无性。”应该说是无心，性是所有生物都俱足的，有性才有生，人的本性是善的。这里的“无性”，应指没有性情，没有脾气，也就是不起嗔恨心。问他姓什么，他不知道姓名这回事，还以为是问性情。这个很有意思，这就看得出来他那一种天真、那一种本善。这一句又为后面埋下了伏笔。

祖师道："不是这个性。你父母原来姓什么？"猴王道："我也无父母。"祖师道："既无父母，想是树上生的？"猴王道："我虽不是树上生，却是石里长的。我只记得花果山上有一块仙石，其年石破，我便生也。"

祖师闻言暗喜道："这等说，却是个天地生成的，你起来走走我看。"猴王纵身跳起，拐呀拐的走了两遍。祖师笑道："你身躯虽是鄙陋，却像个食松果的猢狲。我与你就身上取个姓氏，意思教你姓'猢'。猢字去了个兽旁（犭），乃是个古月（胡）。古者老也，月者阴也。老阴不能化育，教你姓'狲'倒好。狲字去了兽旁，乃是个子系（孫）。子者儿男也，系者婴细也，正合婴儿之本论，教你姓'孙'罢。"原来"胡"和"孙"字还有这么一番来历。须菩提本是印度人，却懂得汉字训诂学和音韵学，给人取名字先来一番考证，有意思。其实，"胡"字从月（肉），而不从月，指牛项下垂部分，俗语为"项皮"（项下之皮囊），是储存营养的，所以有"颐养"的意思。因为颐养，所以"胡"字本身也有养育生息的含义。牛，为"坤卦"之象，坤卦又有"月亮"之象，称古月"胡"也说得通。

猴王听说，满心欢喜，朝上叩头道："好，好，好！今日方知姓也。万望师父慈悲，既然有姓，再乞赐个名字，却好呼唤。"祖师道："我门中有十二个字，分派起名（中国姓氏宗族修谱时，都要承接祖先的排行，向后起字排行，并且押韵，朗朗上口），到你乃第十辈之小徒矣。"

猴王道："那十二个字？"祖师道："乃广、大、智、慧、真、如、性、海、颖、悟、圆、觉十二字。排到你，正当'悟'字。与你起个法名叫做'孙悟空'，好么？"猴王笑道："好，好，好！自今就叫做孙悟空也！"须菩提为什么给他取名为"空"？这个"空"字本来是须菩提的"专利"，他出生时家室皆空，故取名"空生"；做了佛的弟子，又为"解空第一"，说明须菩提一见面就喜欢上了这个猢猴，把自己的"专利"赐了他。姓与名都有了，猴王就像获得重生那样高兴。

孙悟空的启蒙日课

美猴王得到了师父给他取的姓和名，非常高兴，所以对须菩提作礼致谢。须菩提叫大众"引孙悟空出二门外，教他洒扫应对，进退周旋之节"。须菩提并不是马上就教他长生不老法，而是让他先去学一些日常洒扫应对、相互交际、周旋的礼节。孙悟空并没有提出异议，也没有产生急躁的情绪：我是来学长生不老之法的，这些东西我不学。他甚至没有半点犹豫。

过去练武功要拜师，先不是教一招一式，而是担水劈柴，让你在日常生活中练出基本功，磨练耐力，然后再教一招一式。这样，每一招、每一式都带着真功夫。如果一开始就教一招一式，则是招招无力、无功，那就是花拳绣腿——打给自己看的。旧时工匠学艺，学木工、瓦工、裁缝……开始做什么？按行规是给师傅做家务。从这里我们看得出来，孙悟空还是遵守了这个传统，他没有嚷嚷，没有闹情绪，没有提出非议，而是很高兴地接受了。

众人带他一起出来。孙悟空走出门外，又拜了各位师兄，便在走廊和房子之间的小套间里安排寝处。从第二天早晨起，便与众师兄学言语礼貌，讲经论道，习字焚香。这些东西不是跟师父学，而是先跟师兄学。闲空的时候呢？"即扫地锄园，养花修树，寻柴燃火，挑水运浆。"学习的主要课目是：学言语，学礼仪，讲经论道，学写字（习字），还要学焚香、礼拜……这些都是每天的主要课目。闲暇的时候呢？自己生活上的事情都要自己做。"凡所用之物，无一不备"，凡是有日常应用的，样样都要学。这里不是说有用的都具有（备），而是有用的都要学，先学日常所用的。这样，不知不觉在洞中过了六七年了。

同时，从这一句话也看得出来，孙悟空在这六七年中都做些什么。"每日如此"，四个字就概括了：主课做哪些事，闲暇时做哪些事——与师兄们在一起，自我管理，自我约束，自我修习。闲暇时不是玩耍，不是睡大觉，与水帘洞"独自为王，不胜欢乐"的生活完全两样。尽管如此，也没听孙悟空闹过情绪，也没有摆过美猴王的架子！他心安理得，他认为这些都是有用的。"凡所用之物，无一不备"，凡是能用上的他都学。这就看得出，孙悟空有一种良好的心态。

在这种环境下，孙悟空有没有幸福感呢？下面叙述的情形告诉了我们。

"妙音"孙悟空

何以见得他有一种好心态呢？他心里就不闹情绪吗？"一日，祖师登坛高坐"，须菩提过了六七年才出来。"唤集诸仙，开讲大道"，祖师说些什么呢？"说一会道，讲一会禅，三家配合本如然。"有道家，有禅（佛家），讲三家，那肯定还有儒家——开坛讲大道嘛。孙悟空临行前，就是要寻访三等人学长生不老法。这三等人，实际上就是指中国传统中的儒、释、道。须菩提虽是释迦牟尼佛的弟子，但是三家的学说他都能融会贯通，都能讲。孙悟空有基础吗？不能说完全没有，因为他听师兄们讲过。这些东西他到底基础有多深呢？拜了师父六、七年了，他还没听师父讲过道，这是第一次听师父讲道。

那么，孙悟空听得怎么样呢？有三个问题：第一，他听得懂吗？第二，他听得进去吗？第三，他心里惦记着一件事：我是来求长生不老法的，你讲这些有用吗？他会不会着急呢？我们看看。

“孙悟空在旁闻讲”，他是在旁听席上，只是列席而已，是旁听生，还不是正式弟子。他在乎这个吗？这会不会影响他听课的情绪？

“喜得他抓耳挠腮，眉花眼笑，忍不住手之舞之，足之蹈之。”这一段话个个字都要看清楚，很关键，描述了孙悟空的心态。六、七年了，第一次听师父讲道，还是做旁听生，还没有正式位置，是不是有情绪？有牢骚？有先入为主的东西？什么都听不进去？他到底听进去没有？

听进去了：一个“喜”字，一个“笑”字，还有一个“手之舞之，足之蹈之”。这就叫“学而时习之，不亦悦乎”。他这个动作被师父看见了。其他人都是规规矩矩在那里听，唯有他不守规矩，而且有大动作：“手之舞之，足之蹈之”。像我们今天老师讲课，往往喜欢规规矩矩的学生，不喜欢调皮的学生，为什么？他只考虑这个课好不好讲，课堂纪律好不好。他只考虑自己这一方面，不考虑学生的发展前途、智力的开发。要求学生整齐划一，甚至于束缚孩子，要学生把双手放在背后。我认为这种教法有点不妥。我们来看看，须菩提的教学方式是怎样的？他是怎么看待孙悟空的？

他首先问孙悟空：“你在班中，怎么颠狂跃舞，不听我讲？”这是试探性的提问，而不是责备。悟空道：“弟子诚心听讲，听到老师父妙音处，喜不自胜，故不觉作此踊跃之状。望师父恕罪！”“妙音”这个词是哪来的？在《佛说大乘无量寿庄严清净平等觉经》里面，最后一品有一句“妙音如来”。原文是这样的：

“今始初发，种诸善根，愿生极乐，见阿弥陀佛，皆当往生彼如来土，各于异方次第成佛，同名妙音如来。”

净空老和尚说，今天的皈依弟子都是妙音居士，今天的法师都是妙音法师。这个妙音是什么？一句“阿弥陀佛”就是妙音，今天的人们都是念一句“阿弥陀佛”的因缘才闻到佛法，才得以解脱，妙音有这么一个来历。谁能听出如此妙音，谁就是妙音听众。孙悟空听出来了，所以他也可谓妙音悟空。

说“阿弥陀佛”这句宏名圣号就是妙音，为什么称它为妙音？有什么说法？

“阿（e）”，按语音来说，也叫“阿（a）”。人一出生，嘴一张开，就发出“啊”的声音。“啊”，是一种喉音，不是舌音，人类初始舌头的功能还未开发，称为元音，是自然发出的声音，动物也能发出“啊”的声音，这是宇宙的天籁之音。所以，“阿”称之为发语词。“弥陀”，“弥”是指时间，“陀”是指空间。

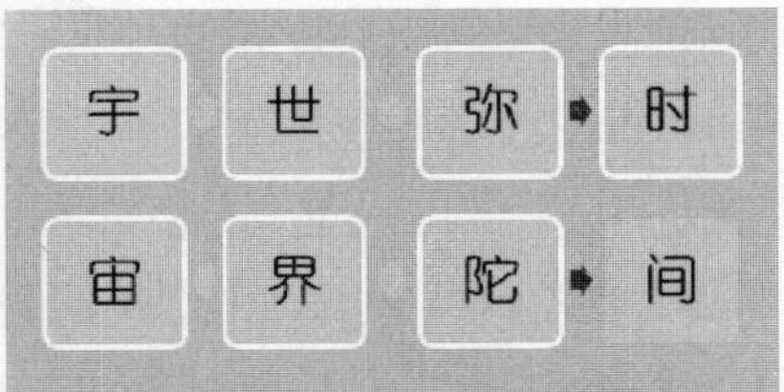

时空合一的不同表述

时间，从久远的过去到无限的未来；空间，则是尽虚空，遍法界。宇宙是什么时候开始的？它的始和终在哪里呢？似乎看不见。只能说，弥陀就是宇宙的概念。宇宙里面发出的声音，当然就是妙音了，那是自然之音，是天籁之音。佛，梵文音译。如果意译，即是“觉者”——已经觉悟的人，是觉悟到宇宙与万物规律的人，是大彻大悟的人，而不是神。有人说“求神拜佛”，把佛与神并列——有误，明白了佛是觉悟的人，而不是神，就不再这样称呼。既然是传统的，就要遵照传统的本义。

孙悟空听到了妙音之处。“说一会道，讲一会禅”，这个禅和道里面有妙音。他听出味道了，他也开始觉悟到宇宙之妙音了，所以他“喜不自胜”，所以他“手之舞之，足之蹈之”。这是原始先民日常生活中常有的情形。《易经·系辞传》说：“鼓之舞之以尽神。”尽什么神？不是神仙，不是神通，而是指精神，也就是今天常说的鼓舞精神，或曰精神受到了鼓舞。

祖师的考题

祖师道：“你既识妙音，我且问你，你到洞中多少时了？”这是一个考题，这里面有两个问题。须菩提不问别的，意思是说，你真的识得这个妙音吗？我教了多少弟子，识得这个妙音的不多。你第一次听我讲道，就能识得这个妙音？是真识得，还是假识得？先考考你。于是问：“你到洞中多少时了？”为什么这么问？这个试题难吗？这个里面有一个关键的字眼——“时”：你到这里来了多少年？意思是说，如果你没有时间概念，那你怎么识得妙音呢？这是用时来考问他，有时间才有空间。刚才讲过，妙音即“阿弥陀佛”圣号，“弥”代表时间——弥久；陀代表空间——空中旋转的陀螺。

孙悟空怎么回答呢？时间是无形、无色、无味的，看不见，摸不着，怎么计算时日？你看，他懂得以空间为标识。就像飞行员在天上飞，起降时，他要在地面上找一处对应物作地标。时，是看不到的。今天，我们用手表或者挂历这些东西，作为记时的标识，但是在当时可没有这些东西呀。那么，孙悟空在空间上找到什么样的标识呢？如果依据日出日入，依据日影移动，只能计算一天的时间；依据月圆月缺，只能计算一月的时间；那么，年的时间又如何计算呢？这就要考验孙悟空了。这是一道很有价值的考题，不是随便问的。老师就是老师，好厉害呀！

我们来看看学生是怎么回答的。悟空道："弟子本来懵懂，不知多少时节。"他这是实话实说：我不知道时节。但是他找到了一个标识，"只记得灶下无火"，就是灶下没有柴的时候，"常去山后打柴，见一山好桃树，我在那里吃了七次饱桃矣。"这就是标识。桃是一年一熟。吃了七次，就是七年。依此推算，他已经来了七年了。

祖师道："那山唤名烂桃山。你既吃七次，想是七年了。"为什么叫烂桃山？当时不像今天，可以把桃子摘了去卖，那时候果熟蒂落，满山都是，就烂在山上了。这种社会形态、自然生态与今天大不一样。所以，我们读书时的思维方式也要不一样。

既然你吃了七次，就说明你来了有七年了。师父这句话说得很轻松，为什么很轻松？嗯，这个弟子的确不错，不糊涂。刚才你说你听出了妙音，不是讲假话，你还真的听出了妙音。为什么？你心里有数（七年）。一考问，你马上就找到了一个标识。如果按节气计时，那是他人定的，我们今天的手表、挂历都是前人定好的东西，就这样我们还经常犯糊涂。他不懂这些，但是他心里有一本账，他有自己的记时方式。

你看，这就是妙音了。什么是妙音？弥陀就是时间和空间，空间是尽虚空，遍法界，时间是从久远的过去到无限的未来，这是一个大的时空。回到小的时空，他也能找到标识——以桃子成熟为标识，妙啊！师徒之间，师父就是师父，考题出得妙；弟子就是弟子，答题恰如其分。如果要打分，你们认为应该打多少分？有没有标准答案？今天的出题老师们能不能给个计分方法？如果他讲一套理论上的时节、节气，师父就知道你这个弟子未必听出妙音了，因为你是在背标准答案。答案是他人定的，而不是自己悟出来的。

今天，很多东西都是概念，没有创新的思维，原因是什么呢？碰上问题，脑子里反应的是书本上的概念，是定义，是标准答案，是书本上的一套理论性的东西。但是你自己的东西呢？没有。为什么？如果有考生即兴答题，老师怎么评分？标准答案成了一道紧箍圈。你看这个地方，“不知多少时节”——孙悟空不知道，他脑子里面没有那些先入为主的概念，也没有背熟的概念，但是他有自己的计时方式。他没有讲“我来有七年了”，而是把这一件事说出来。

“不学，不学！”

接着，祖师又问了一句很关键的话：“你今要从我学些甚么道?”记得七年前你第一次来，说要来求道，那你今天要从我学什么道呢？你看，须菩提知道机缘成熟了：你和师兄们学了七年，今天你又听出“妙音”了，现在可以跟我学了，我可以教你了。这几句话是一环扣一环，扣得非常紧：为什么手舞足蹈？听出妙音了。你听出什么妙音了？那你说说看，你来了多少年了？用一个时来考他。回答说：“我吃了七次桃。”哦！你来了七年了。你能计时，你有你自己计时的方式：嗯！成熟了，有悟性，我可以直接教你了，那你要学什么？

悟空道：“但凭尊师教诲，只是有些道气儿，弟子便就学了。”孙悟空说话很有特点，先来一句客气话。“但凭尊师教诲”，文辞很有讲究。后面说出来的话又很有意思，“只是有些道气儿”，只要沾一点点道气，我都学。这句话说得又很俗，同时又说明他非常渴望学道。他也并不是想一口吃个胖子，不是想一下子就学到大道，而是只要有一点道气就学，沾一点边就行。他这句话说得很实在。

从前面的话能看得出来，他有时候说话讲究措辞，有时候说得又有些粗野，在文和野之间。《论语》里面讲“文质彬彬”，文是指文辞、修辞，质就是指本质（野性）。这里是又有文，又有质。既有野性，又有修辞，妙不可言。

孙悟空表了态，这个表态是两句话：第一句话是，“但凭尊师教诲”——我听师父的；第二句话是，只要有些道气儿我都学。这两个表态已经讲明了，回答得很恳切。再看下面的。

祖师道：“‘道’字门中有三百六十旁门，旁门皆有正果。不知你学那一门哩?”

悟空道：“凭尊师意思，弟子倾心听从。”

祖师先征求意见了，说清楚：有三百六十门，每一门都能成正果，那你学哪一门？悟空道："凭尊师意思，弟子倾心听从。"这是第二次表态：我完全听师父你的。师父为什么问两句？他知道这个弟子的性格，所以追问两句，要他做两次表态。这个里面很有意思。

祖师道："我教你个'术'字门中之道如何？"

悟空道："术门之道怎么说？"

祖师道："术字门中，乃是些请仙扶鸾，问卜揲蓍，能知趋吉避凶之理。"

悟空道："似这般可得长生么？"

祖师道："不能，不能！"

悟空道："不学，不学！"

还要问怎么个说法？刚才不是说有点道气儿都学吗？如果按照刚才的表态，这个时候应该说："好！我学，我学。你教什么，我就学什么。"怎么又要问一句说法呢？

祖师道："不能，不能！"悟空道："不学，不学！"非常果断地否定了。这不仅仅是否定师父，首先是否定自己：刚刚讲了"但凭尊师教诲"，有点道气儿都学，这三百六十门都是术门之道，为什么又说不学呢，而且说得非常果断？这个时候师父发脾气了吗？

祖师又道："教你'流'字门中之道，如何？"悟空又问："流字门中，是甚义理？"又要问是什么义理。

祖师道："流字门中，乃是儒家、释家、道家、阴阳家、墨家、医家，或看经，或念佛，并朝真降圣之类。"悟空道："似这般可得长生么？"还是问这句话。祖师道："若要长生，也似壁里安柱。"在墙壁里面安一根柱子，这不是多余吗？意思是说，也没有什么作用。

悟空道："师父，我是个老实人，不晓得打市语。怎么谓之'壁里安柱'？"这句话说得很有意思。祖师道："人家盖房欲图坚固，将墙壁之间立一顶柱，有日大厦将颓，他必朽矣。"墙壁一倒，它也就烂了。悟空道："据此说，也不长久。不学，不学！"

你看，师徒之间的关系很有意思。那么，祖师生气不生气？

祖师又说："教你'静'字门中之道，如何？"悟空又问能得到什么正果？祖师道："此是休粮守谷。"就是今天养生学讲的辟谷，不吃五谷杂粮。"清静无为，参禅打坐，戒语（就是止语）持斋，或睡功，或立功，并入定坐关之类"，这与佛教闭关相似，不但要持斋，而且要止语。

悟空直接问道："这般也能长生么？"祖师道："也似窑头土坯。"悟空笑道："师父果有些滴汰。一行说我不会打市语。怎么谓之'窑头土坯'？"你看，孙悟空说话很有意思，竟然当面说"师父果有些滴汰"。其实，"滴汰"也是一句市语（俗语）。

祖师道："就如那窑头上，造成砖瓦之坯，虽已成形，尚未经水火锻炼，一朝大雨滂沱，他必滥矣。"悟空道："也不长远。不学，不学！"一连说了三遍。那祖师发火了没有？是不是不耐烦了？接着往下读。

祖师道："教你'动'字门中之道，如何？"祖师依然很有耐性，心平气和地询问、解释。悟空道："动门之道，却又怎么？"刚才是"静"字，现是"动"字（一动、一静）。他还要问，开始是"凭尊师意思"，这里是句句都要问清楚，一句都不拉，半个字都不含糊。

祖师道："此是有为有作，采阴补阳，攀弓踏弩，摩脐过气，用方炮制（中药里面有炮制），烧茅打鼎，进红铅，炼秋石（就是炼丹），并服妇乳之类。"悟空道："似这等也得长生么？"他还是问这一句，他的原则不变，初衷不改。

祖师道："此欲长生，亦如水中捞月。"悟空道："师父又来了。怎么叫做'水中捞月'？"这句特别有意思：我是个老实人，你又给我打市语了。意思是说："师父你又来了。"

祖师道："月在长空，水中有影，虽然看见，只是无捞摸处（捞不着），到底只成空耳。"悟空道："也不学，不学！"

祖师眼中的孙悟空

从这几段对话中，分析得出以下结论：

首先，他并没有遵守自己的承诺。他已经重复了两遍，表了两次态：第一个表态是，"但凭尊师教诲"、"凭师父意思"；第二个表态是，"只是有些道气儿，弟子便就学了。"

祖师开头已经讲了，这个道有三百六十门，虽然是旁门，也能成正果，这就与道沾上气了。问你学哪一门，由你自己选择，你说听师父的意思。现在我报了四次，介绍了"术"、"流"、"动"、"静"四个字的门道，任由你选择，你都讲"不学，不学！"而且回答得都很干脆，反而说师父说话"打市语"、"果有些滴汰"，而你自称"是个老实人"，那师父就不是老实人了？那你违背了前面的承诺，这是哪种老实人呢？你孙悟空不是表里不一，出尔反尔，当面不认账吗？

其次，孙悟空已经来了六七年了，他还是牢记当初来的初衷——求长生不老法。虽然表了态，但是表态归表态，他的目的还没有达到。所以，师父几次给他打市语，都蒙不住他，他非要搞清楚，并且自我表示：我是个老实人。他确实是个老实人，怎么老实？不管怎样，我就是要学当初我想学的。七年了，他一点都没有动摇。

但是孙悟空出尔反尔，当面不认账，是不是又该受到批评呢？

两个人面对面，一位是师父，一位是弟子。这位师父不是一般的师父，是当年释迦牟尼佛的十大弟子之一。《金刚经》里面的第二段，就是由须菩提起身向佛请教开始的：“时，长老须菩提，在大众中，即从座起，偏袒右肩，右膝着地，合掌恭敬而白佛言。”经中称须菩提为长老。这部《金刚经》，佛是对谁说的？佛每说几句，叫一声须菩提，说几句法，又叫一声须菩提，句句都是对着须菩提说的，都是针对须菩提的问题来解说，须菩提是佛讲《金刚经》的课代表。可以看出，须菩提是什么样人物。

须菩提发火了没有？他是不是不耐烦了？他是用什么心态、用什么眼光、从什么角度来看待孙悟空的？从前面几段文字能看出，须菩提没有发火，没有生气，没有不耐烦，他是越来越喜欢孙悟空了。如果孙悟空真的言听计从，他还认为：你这个泼猴看来不行——你自主的意识不强，你唯我独尊的意识不强，我无法教你真功夫。在我们俗人眼里，孙悟空是出尔反尔。但是在祖师眼里，孙悟空有自尊，有原则性，不改初衷，所以须菩提没有起烦恼，而且越发地喜欢他。何以见得？

打破盘中谜

祖师闻言，咄的一声，跳下高台，手持戒尺，指定悟空道：“你这猢狲，这般不学，那般不学，却待怎么？”走上前，将悟空头上打了三下，倒背着手，走入里面，将中门关了，撇下大众而去。唬得那一班听讲的，人人惊惧，皆怨悟空道：“你这泼猴，十分无状！师父传你道法，如何不学，却与师父顶嘴！这番冲撞了他，不知几时才出来呵！”此时俱甚报怨他，又鄙贱嫌恶他。

从现象上看，须菩提发火了，而且还动手打了孙悟空。众人认为师父发火了，但是在孙悟空眼里则不然。这里有一个比较。众人认为：你把师父惹火了，你敢和师父顶嘴，师父生气了吧？从这里就能看得出众人的心态——不同的境界，不同的心灵世界。所以六祖慧能说：一念悟即佛，一念迷即众生。这里是佛与众生的两种心态的比较，非常鲜明。看须菩提一番作为，说了几句话，打了悟空三下，然后背着手走了，所以众师兄个个都怨他，都厌恶他。这个时候，孙悟空是不是耷拉着脑袋说“我知悔了”？或者跟师兄们吵起来？

“悟空一些儿也不恼（不恼火），只是满脸陪笑。”他的本性还是如如不动，还像当初一样——“无性”（没性情，没脾气）。“原来那猴王已打破盘中之谜，暗暗在心，所以不与众人争竞，只是忍耐无言。”他明白了什么呢？他打破了盘中谜，盘中谜是什么呢？原来，“祖师打他三下者，教他三更时分存心（就是记住这个）；倒背着手走入里面，将中门关上者，教他从后门进步，秘处传他道也。”是这个盘中之谜呀。常人听一句夸赞便有优越感，但是智者、有悟性的人，能打破盘中之谜便有一种幸福感。能得师父真传，这可是一大幸事。

这种写法，实际上是模仿了《六祖坛经》。当年禅宗五祖弘忍大师看到慧能写的偈子以后，用鞋把它擦掉。那是一首脍炙人口的偈子，是针对神秀那首偈子而写的。

神秀的偈子是：

“身是菩提树，心为明镜台。时时勤拂拭，勿使惹尘埃。”

慧能的偈子是：

“菩提本无树，明镜亦非台，本来无一物，何处惹尘埃。”

禅宗门人们认为：神秀的偈子讲的是渐悟的过程，惠能的偈子讲的是顿悟的境界。所以，五祖一眼就看出了两位弟子的根机。二人根是相同的，但机却两样。惠能偈子显示的机，可是大机呀，是大机大用。机缘成熟了。

第二天早上，五祖遁入碓房，问慧能：“米熟也未？”慧能回答说：“米熟久矣，犹欠筛在。”祖师问米熟了没有？徒弟回答米熟了，只等着用筛子了。二人这么一问、一答。五祖用拐杖在碓头上敲了三下，然后背着手走了。慧能明白了祖师的意思，三更天来到祖师房间。祖师果然在等他，当夜就教他《金刚经》，传他禅宗衣钵。这可是具有划时代意义的大事。

本书是一种模仿，还是一种不谋而合？我们不能肯定是哪一种。也许是作者模仿了《六祖坛经》，也许在现实生活中师父与弟子之间有某些契合的地方，这些都不能否定。我们不要执著于哪一种，这样我们思维的空间就宽一些。但是我们要抓住一个主要的东西，是什么？心态，境界，对事物判断的标准。这就是师父和弟子之间心照不宣的默契。

这个时候，孙悟空有这么好的脾气，他不但不发火，还满脸陪笑，因为他心里已经明白了。先是师父对孙悟空不生气，后是孙悟空对大众的埋怨不生气，这是一个对比。从这里我们也看得出来：师父就是师父，弟子就是弟子。有这样的师父，没有这样的弟子不行；有这样的弟子，没有这样的师父也不行。再好的师父，要得到这样出色的弟子也很难。

有人说，弟子求师父，要缘分。师父要找这样的弟子，也要缘分。并不是说，每一位拜他为师的弟子都是得意的弟子。达摩祖师面壁九年，也收了好多弟子，但是衣钵呢？只传给慧可大师。弘忍大师的弟子有一千多人，而且有首座弟子神秀，但是只有谁明心见性了？只有慧能已经明心见性，所以衣钵传给慧能。

这一段对话，要从头到尾反反复复地去看、去思考。这里面师徒之间，心心相印，心照不宣。这种悟性，这种默契，这种境界，首先是一种超脱，超越了世俗的观念。为什么俗人容易生气？什么叫得道高人？唯其心量之异同啊！我们再回忆一下刚才的情景：须菩提祖师与孙悟空之间一问一答，有雅言、有市语、有承诺、有否定……最后师父发火了，孙悟空反而很高兴……这样一番心照不宣，妙语禅言，可惜众人听不懂，大好的机会当面错过。试想：如果把这一场景、这番对话搬上舞台，搬上屏幕，师徒二人心照不宣，众人却只是看热闹，这不正是一种喜剧效果吗？不要担心观众看不懂，首先是编导者自己要懂。对原著的真义理解到了，艺术的手段就能做到，关键是对原著的理解。

这二人之间的默契心照不宣，都不是表面化的东西，而需要一种彼此间的共识和悟性。什么叫默契？譬如，中国书画“文房四宝”（笔、墨、纸、砚）之间的关系，讲究的就是这种彼此默契。研墨时，墨与砚之间要达成默契。砚与研二字同源。砚石开墨必须适中，不可太粗，不可太细；磨好的墨与笔之间要达成默契，墨要养毫；毫与纸之间要达成默契，纸要润毫；笔与人之间要达成默契，这又是手感与心意之间的默契，意识流象电流通达于手，手感又传递反馈到脑和心，心意与手感协调统一，才能达成彼此间的默契。对名人字画的鉴赏，首先看着墨处是否适润。中国水墨画着墨只是黑色一种吗？不是，有五种颜色，即：渴、润、浓、淡、白。所以，平面的字画却有立体多维的美感。其实，中国的书法艺术正是在这种默契中自然形成的。今日书法可以临帖，可以拜师，而书法之初，既无帖，又无师，笔、墨、纸、砚之间的默契即为“帖”，心意与手感之间的默契即为“师”。

再看“默契”一词。“默”与“墨”上古音同音，字义也相近；契，古代指文书之类，又指兵符，所以契合又可以叫符合（兵符相合）。总之，契与文书和纸张有关。汉字原创时，往往意相同或相近，则音也相同或相近，王力教授称之为“同源字”。默与墨显然是同源字，契与书（纸）虽然没有这种同源关系，但按物象所指，则相似。这又是一种造字的默契。

你们说，孙悟空与师父须菩提之间的默契中，是不是有一种悟性的东西在相互传递？现实生活中的工作配合，朋友间的交往达到了这种默契，一定是愉悦的，也是最成功的。你们有没有这种体会？

这段拜师求道是孙悟空第二次做“潜龙”。他已经做了花果山的猴王，却甘愿去做弟子，与众师兄一起修习，从日常生活起居和礼节学起，学了七年，从不疲厌。再看现实中，书画者、求学者、学艺者，三百六十行都是如此，学到师徒之间有了默契时，练到心与手默契时，就是得“法”、得“道”了，此时，则不知疲厌，而是愉悦和享受。孔子曰：“学而时习之，不亦说（悦）乎！”做学生、学徒，乃至员工，一开始容易疲厌，只要坚持、坚持、再坚持，持之以恒，便能得到一种默契。此时，自然只有快乐和享受，而不是疲厌。不信，你也试试。

试试就是实践，人生真正的幸福感是从实践中来的。这一章虽然讲的同样是“潜龙”，但所获得的幸福感却不一样，这种感受已经升华到一种默契、妙音阶段。这种幸福感真是妙不可言啊！

妙在哪里？妙在生活中。有人天天上班，月月如此，年年如此，觉得枯燥、单调，甚至感到一种心理的压抑和苦恼，也就谈不上幸福感了。其实，同样的阶段，同样的过程，当心态与外界达成了某种默契时，感受便不一样了。这种不一样的感受，日渐升华，达到某种默契时，就没有压抑感了，也不会感觉单调，而是一种愉悦和轻松。其实，这正是一种日常生活中的幸福感受，关键看你用什么样的心态去体验和享受。

第四章

昼夜殷勤——勤龙修来的缘法

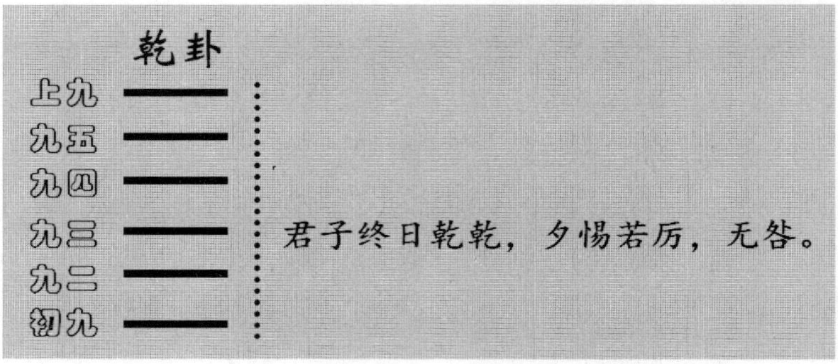

夜半传妙诀

前面讲孙悟空听不懂师父的市语，这里讲他能打破师父的盘中之谜，这又是一个对比。孙悟空为什么听出了盘中之谜呢？他明白，师父一而再、再而三地问他，说明师父不是真生气，如果真生气早就不是这样了。他们两个人在言谈之中，在一问一答之间，早已形成了心心相印的默契了，所以他不与众人计较。“当日悟空与众等，喜喜欢欢，在三星仙洞之前，盼望天色，急不能到晚。及黄昏时，却与众就寝，假合眼，定息存神。”你看，他有一套呀。他与众人一起睡觉，其他人都不知道他心里想什么，他假装合上眼。

前面说过，孙悟空第一次跳进水帘洞的时候，他是“瞑目蹲身”，实际上就是这里所说的“定息存神”。这个息，又叫作息，也叫休息，禅宗叫守息、养息，达摩祖师的功夫叫胎息。人在一呼一吸之间，有一个临界点，有一个转型的环节，就是这个息。由呼转为吸，由吸转为呼，这里有一个转型。“定息”，就是把鼻孔出入之气（一呼一吸）调定。“存神”，实际上就是聚精会神。那么，他“定息存神”是为了什么呢？

“山中又没打更传箭，不知时分”，这山中又没有打更的，也没有传箭的，朝廷里面还有滴漏，他这里什么都没有，不知道时辰。如何才能知道什么时候是三更时分呢？这又是一个如何计时的难题。那他有没有办法计算时间呢？有！“只自家将鼻孔中出入之气调定”。陆游有诗曰：“一坐数千息。”这就是我们今天讲的数息（数数）。有人失眠了，就数数。有人数呼，有人数吸，就是呼一气数一下，或者是吸一气数一下，但是要把握好：一呼一吸，长短必须均匀。不过，数息也有讲究：凡是营养过剩、血压高者，失眠或杂念过多、欲火过旺的人，要数“呼”息；反之，身体衰弱、血压低、神经衰弱的人，则要数“吸”息。所以说，先将息调定了。不定息不行呐。他根据这个来判定时间。“调定”，就是调息——调整自己的气息。他用的是自身的“生物钟”。这种生物钟人人都有，问题是你会不会用。参禅打坐就是开发自身这个“生物钟”。

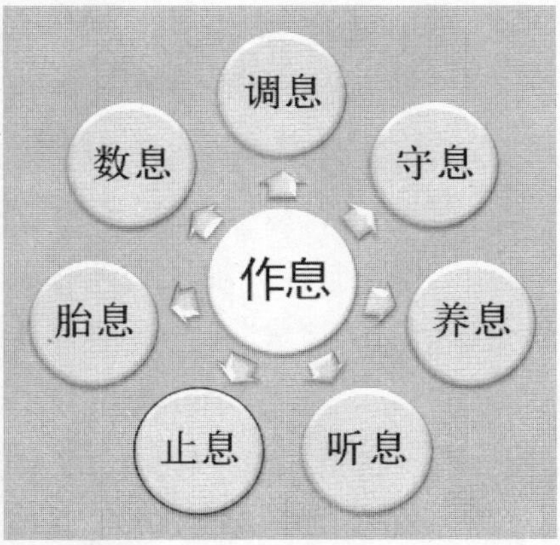

孙悟空是怎样运用自身这个“生物钟”的呢？“约到子时前后”，他知道到子时（三更天）了。什么时候到子时？没有其他的标准，就是自己把握、自己调整、自我感悟。他“轻轻的起来，穿了衣服，偷开前门，躲离大众，走出外，抬头观看”，抬头看看天，他知道已经到了三更天。

“你看他从旧路径至后门外，只见那门儿半开半掩”，孙悟空一看“半开半掩”，悟空喜道：“老师父果然注意与我传道，故此开着门也。”那祖师不多时觉来，舒开两足，口中自吟道：

“难，难，难！道最玄，莫把金丹作等闲。

不遇至人传妙诀，空言口困舌头干！”

“难，难，难！”他这个“难”，是说难得有好弟子呀。就像达摩祖师面壁九年，等待理想的弟子——衣钵传给谁呢？《金刚经》是给谁说的？《金刚经》是“为发大乘者说，为发最上乘者说”。须菩提要把妙诀传给谁？只能传给大乘者，传给最上乘者。没有遇到大乘者，没有遇到最上乘者，就没法传了，所以连说三个“难”字。

我每次给企业家们讲课，都感受到这一点：那些听得非常认真的，很专注的，带着喜悦的，就是用悟性来听的。须菩提这三个“难”字说给谁听的？他真的是自言自语吗？他这四句诗、三个“难”字，是说给孙悟空听的，也是说给自己听的。从这句话看得出来，他早就认可这个弟子了，他早就在等了。他带了多少弟子！送走了一批又来一批，好不容易才得到一个理想传人，可以传道了。

“悟空应声叫道：‘师父，弟子在此跪候多时。’祖师闻得声音是悟空，即起披衣盘坐，喝道：‘这猢狲！你不在前边去睡，却来我这后边作甚？’悟空道：‘师父昨日坛前对众相允，教弟子三更时候，从后门里传我道理，故此大胆径拜老爷榻下。’”这个听起来很奇妙、很玄，其实这又是师徒二人之间的默契。

现实生活中，人与人之间，有的亲密，有的则很疏远。其中一个很大诀窍，就是配合默契，双方话不明说，但相互心照不宣，这样的朋友才有味道。有人见他人的人际关系好，读了这一段，就不会生出那么多的猜疑和误会了，嫉妒是没有用的；只要多一点默契，就会多一份友情和知音。

这里还有一点，师父出语非常严厉，前面也有两处，似乎是呵斥，实则是一种真正的疼爱。但这种严厉的语气，又需要一种悟性和默契才能听得出来，因为一般俗人听了会生反感，认为师父是在训斥。俗人只听得进好听的，而分不清话里有话。

“祖师听说，十分欢喜”，你看，十分欢喜——难得呀：弟子遇这样的师父难，师父遇上这样的弟子也难。难得呀，得到了当然欢喜。须菩提暗自寻思（心里想）道：这厮果然是个天地生成的，不然，何就打破我盘中之暗谜也？这就看得出来，前面他为什么不烦恼，不生气。他心里不生气，只是表面上生气。只看到表面上的东西，就走不进他心里。

悟空道：“此间更无六耳，止只弟子一人，望师父大舍慈悲，传与我长生之道罢，永不忘恩！”两个人只有四只耳朵，再加一人，那就是六只耳朵。他的意思是，这里没有第三个人，你快传法给我吧。孙悟空说话很有意思。我们经常这样说：这里没有第三个人。他说没有六耳，他也学师父打起市语来了，说话也喜欢嘀哒。

“祖师道：‘你今有缘，我亦喜说。既识得盘中暗谜，你近前来，仔细听之，当传与你长生之妙道也。’悟空叩头谢了，洗耳用心，跪于榻下。”一个是有缘，一个是喜悦，“悦”和“缘”这两个字很有意思，因为喜悦而有缘，因为有缘而喜悦。

“此时说破根源，悟空心灵福至，切切记了口诀”，孙悟空把这个口诀记下来了。“对祖师拜谢深恩，即出后门观看。但见东方天色微舒白，西路金光大显明。依旧路转到前门，轻轻的推开进去，坐在原寝之处，故将床铺摇响道：‘天光了，天光了！起耶！’那大众还正睡哩，不知悟空已得了好事。”

这又是一种戏剧性呐。要用什么样的心态，才能看出其中的戏剧性？就像我们看话剧、看京剧、看越剧、看豫剧、看黄梅戏……看这些传统戏剧里的东西，特别是看喜剧，你要静下心去听，去看，去品味，那才有一番味道呀。有些剧目，我不知道看了多少遍。譬如看豫剧和京剧《穆桂英挂帅》，特别是听马金凤老师那段唱，听一次，感动一次。大宋江山的安危，竟然只有杨家才能顶得住！杨门的女将都是国家的脊梁！民族的脊梁！能不感动吗？有一种好的心态去听、去体会，这里面就有戏剧性。这时孙悟空已经得了好事，师兄们还在睡大觉，二者的心态和状态一对比，戏剧性就出来了，乃至喜剧效果也就有了。

当代有位著名的喜剧编导王宝社先生，他的《让你离不成》、《托儿》、《独生子当兵》、《独生女当兵》等喜剧作品中，都是一群善良的人在做一件善良的事。但他笔下的善良，不是用恶来衬托，而是善良与善良之间的碰撞、摩擦，这种摩擦不是阶级之间、善恶之间的斗争，而是理性与非理性、觉悟与误会等等微妙之间的差异，碰撞出生活的火花。剧场里的笑声和掌声，都是在这种默契共鸣中油然而起的。没有媚俗、没有低俗，只有引人入胜、启人心扉的积极和向上。其实，这种喜剧创作，是至善、至真、至美，也是至难的。我同样是看一次，感动一次。

特殊计时法

孙悟空时时都在用自身的“生物钟”，你看他“当日起来打混，暗暗维持，子前午后，自己调息”。师父教了一个口诀，他自己就会用。师父引进门，修行靠个人。你看，“暗暗维持”。怎么维持？把握两个时间，“子前午后”（午时、子时）。子时，是阳气初动，阴气转阳气；午时，是阴气初动，阳气转阴气。前者是阴消阳长，后者是阳消阴长。把“长”字换成“息”字，就是阴消阳息、阳消阴息——消息。这个“消息”，是天地之间的

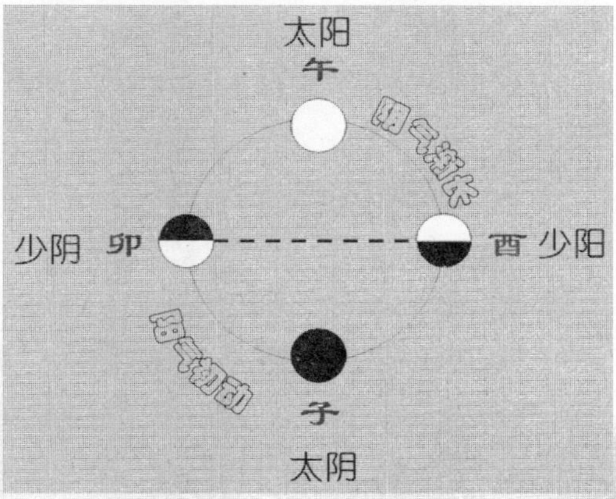

消息，又是体内的消息，所以要“自己调息”。怎么调？就按这个口诀来调，从一呼一吸之间，把握好阴阳往来的消息，这消息是日月运行的消息，练功之人首先必须与天地相应，正如《易经》所说的“易与天地准”。所以，人要“与天地合其德，与日月合其明，与四时合其序”。参禅打坐时，开始就要守住自身的“生物钟”。这种功夫纯熟时，便与天地万物的“生物钟”合一了、相应了、打成一片了。最优秀的农民掌握农时，就具备了这种功夫，他的“生物钟”与一年四季的“生物钟”达到了一种默契的程度。其实，各行各业、三百六十行都是如此。

这里看起来是一带而过，里面却写了很多关键的东西，如果读的时候只追求那些好玩的、表面的、带感官刺激的东西，那就与里面的精华擦肩而过了。

很多东西都包含两个要素：一是时间，一是空间，时与空要合一。有没有悟性？如何悟？从时空上去悟。从这个地方能够看出，孙悟空他时间把握得很准确：第一个，是吃桃子；第二个，晚上什么时候到三更天呢？他用调息。现在他利用这个“时”诀，按“子前午后”，掐准一个子时和午时，就是在阴阳消息的关键节点上来调息。他在把握时，把握自身这个“生物钟”。把握了时，才能应合这个空间。应合了空间，才能得到时空的合一；得到了时空的合一，才能达到天人合一，才能真正得道。得什么道？实际上这个道就是宇宙间的消息。消息对每个人都是公开的、公平的、公正的，能不能得到这个消息，能不能把握这个消息，关键在于各人。其实，这也是一种默契。

把握了消息，便懂得人生的作息：“日出而作，日入而息。”这就是天地的作息。昼夜交替，这是一日的作息；寒暑往来，这是一年的作息。天地在作息，自然在作息，万物在作息，人呢？也在作息。每个人的一呼一吸与天地万物的一呼一吸相应了，达到一种默契，浑然一体了，打成一片，天人合一了，那你就得道了。否则，你得什么道？不沾边。别说沾边，你连影子都没看到，还谈

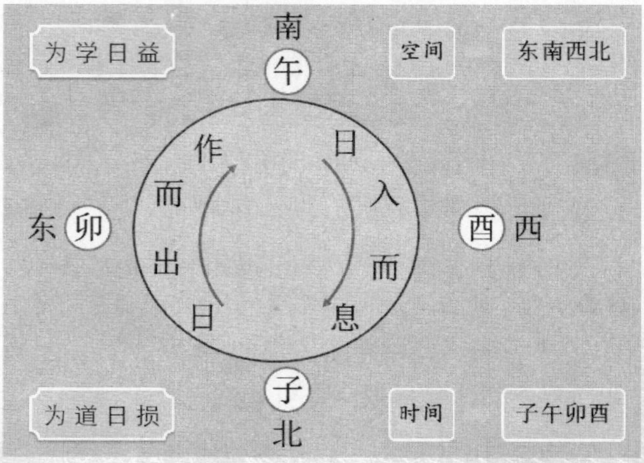

什么道？有的人，道理上明白了，讲得头头是道，你不去体验，仍然不行，连一个普通的农民都不如。一到关键的时候，叫你调整一下呼吸，你调整不好，那不行呐。

我们自己也要检查自己。我自己经常犯这种错误：该要睡觉的时候睡不着，该要醒来的时候醒不过来，该要起床的时候不想起来，该要吃饭的时候吃不下，不是吃饭的时候又饿了……是不是呀？

我们平时思考问题、分析问题，我们的思维方式、行为方式与道相应不相应？那就看与天地间的阴阳消息相应不相应，与天地万物的规律相应不相应，就是一个“息”字。从孙悟空出生时那个“潜息”开始，从头到尾扣住一个“息”字，这个息是很关键的。想一想，那时候没有打更的、没有传箭的、没有滴漏、没有手表、没有钟……他凭着一个调息、一个呼吸，出来望望天，就知道已经到了三更天，到了子时前后。他凭着这个能够掐准时间，凭着到山后去吃桃子他知道过了七年，这就是与天地相应，与时空相应，这就真正得道了。《老子》开篇说：“道可道，非常道。”道是凭嘴上说说的？坐而论道，那不是常道。常道是什么？“日出而作，日入而息，凿井而饮，耕田而食”——作息、饮食，这才是人之常道——日常生活之道。

什么是道？没有标准答案，但有一条评价标准。什么标准？一个“常”字。常，日常——天天都离不开。《中庸》曰：“道也者，不可须臾离也，可离非道也。”而这条标准的依据又是什么呢？日月运行，每天日出、日入，这是天之常道；“日出而作，日入而息”，天天跟着日月作息，这是人之常道。如是做，如是观，如是思维，自然能得到天地间的消息。消息灵通，判断就准确；判断准确，行为就正确，就能成功。《易经》泰卦的初爻说，春天来了，什么时候播种适宜呢？出门去拔一棵茅草，看看茅草根部萌动的情况，并以此推测其它物类，由此判断出播种的农时，适时播种，果然获得了丰收，吉利呀。

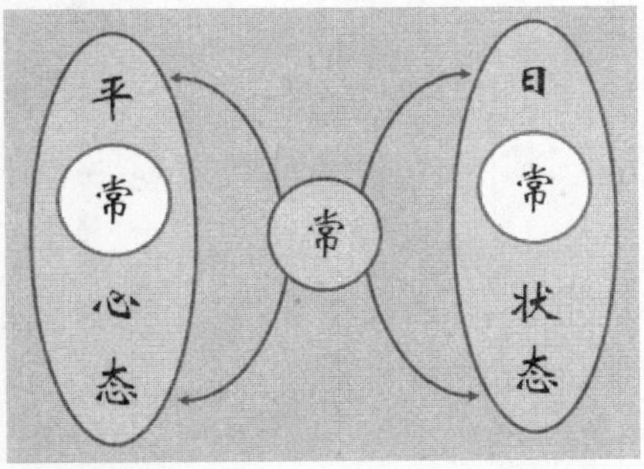

孙悟空之所以能得到须菩提的认可，正是孙悟空有自己独特的思维方式——他善于把握自身的“生物钟”，有自我计算时间的方式：用吃桃来计算年，用一呼一吸（数息）来计算时。也就是说，他能把握住时间，所以他也就能把握住空间；他能把握生活中的微观（这个时就是微观），

所以他以后就能撑起事业上的宏观。虽然“山中无甲子”，但是他心中有甲子。这个甲子，不是千篇一律的甲子，不是人家制定的甲子，而是他自己的甲子。他能听出须菩提祖师讲的妙音，是因为他本身有这个慧根。这个慧根的具体表现，就是在他对时空的把握上、对微观的把握上，他能够自己调息，就能够得到消息——就是得到了常道。

这个调息是调什么呢？就是调时空，就是调生活中的微观。调好了生活中的微观，就能撑起事业上的宏观。这个调，从什么入手？从呼吸入手。“息”字上面这个自己的“自”字是指鼻子，鼻子是管呼吸的；下面的“心”字很关键，这个心是什么心？我的拙作《在北大讲易经》一书里已经讲得很详细，这里用一句话来说，就是我们常说的“小心”，是小心谨慎、小心翼翼的“小心”，也就是一颗平常心。呼吸协调，作息有常，才会有这种平常心。

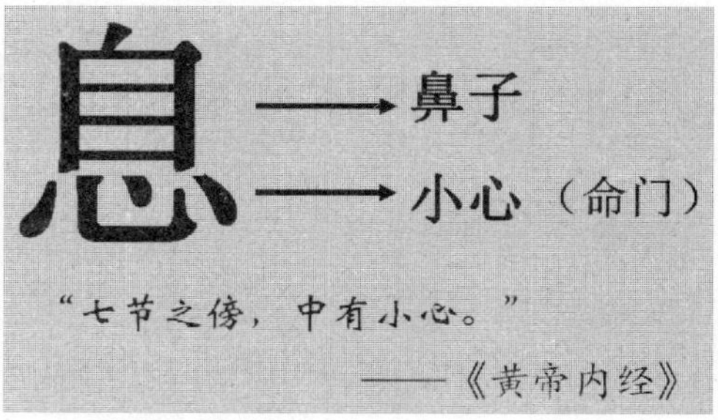

再传妙法

却早过了三年，祖师复登宝座，与众说法。谈的是公案比语，论的是外像包皮。

“祖师复登宝座”，这个“复”字，是承接前面那一次登座说法来说的。其间相隔了三年。这一次“与众说法。谈的是公案比语，论的是外像包皮。”也就是说，讲的是禅宗的公案。“比语”就是比喻。“外像包皮”是指事物的表面现象，从这个地方能够看出，这一次是从现象入手，而不是讲事物的本质。那么，能不能透过现象看事物的本质呢？那就要看每一个人的悟性了。

须菩提讲着、讲着，突然要提问了。问谁呢？问孙悟空。忽问：“悟空何在？”悟空近前跪下：“弟子有。”祖师道：“你这一向修些什么道来？”悟空道：“弟子近来法性颇通，根源亦渐坚固矣。”他倒是很自信，自认为法性通了，根源也坚固了。祖师道：“你既通法性，会得根源，已注神体，却只是防备着‘三灾利害’。”这个“体”与前面讲的那个“外像包皮”是相对应的。这里讲到体，还没讲到心，只是讲到表象。“却只是防备着‘三灾利害’”，你只能防备三灾的利害，只是防备而已，还不能真正躲避过去。要躲过去，那还差得远。能不能躲得过呢？这又是另外一回事了。

水火既济

“悟空听说，沉吟良久”，这是个认真的悟空。“师父之言谬矣”，他敢跟师父顶嘴了，跟师父挑战：你话说得很荒谬。他不是随口说话，而是“沉吟良久”（想了一会）。“我尝闻，道高德隆，与天同寿，水火既济，百病不生，却怎么有个‘三灾利害’？”这里讲到，他只是听说。什么意思呢？只是听说，自身没有体验过。这里面有东西了。“道高德隆，与天同寿”，是说达到了“水火既济，百病不生”的境界，那为什么说还有个“三灾利害”呢？这要从“既济”与“未济”两个卦上来说了。

《易经》的最末两卦，第六十三卦是既济䷾卦，第六十四卦是未济䷿卦。济，是指渡水。既济，表示已经渡过来了——成功了，成熟了，有结果了。那么，未济呢？是不是说成功了又失败了呢？不是！未济不是失败，而是说这种成功只是阶段性的成功，所以还要继续努力。从事物发展的规律来说，它是循环的，是周而复始的。

我常想：未济是《易经》的末卦，为什么古圣先贤不以“末”命名，而以“未”命名呢？一天，当有人问及“世界末日”一事时，我突然联想到了“末”与“未”的关系：末者，了也。末了，末了。主观上视为好的东西都了了，客观上存在的东西，无论是好的还是不好的，一样都了不了；未者，来也。有未就有来，故曰未来。末了，是一种无望和绝望，未来则是一种希望。可见，古圣先贤给卦取名很有讲究。

孙悟空只懂得水火既济。既济，是水与火在变化、运动中达到某种平衡，达到某种融洽，达到某种和谐、协调。但是，从时间上来说，这是相对的，它不是永恒的既济。就像煮米饭，饭煮熟了，热气腾腾，香喷喷的，可以吃了。但是，这个热气腾腾是不是永恒的呢？不是！随着时间的延长，这个热气腾腾、这个香喷喷又会起变化，这就是未济的意思——它又在变化，又在朝它本身规律的另外一个方向发展。孙悟空只知道既济，把既济看作是永恒的，所以他认为是百病不生。也就是说，看问题只看到表象，只看到局部。既有空间上的局限性，又有时间上的局限性，把阶段性的成功看作是永恒的成功，这就误大事了。前面为什么讲表象？它每一字都是扣着的，前后是连起来的，我们读的时候一带而过是不行的，这里面有很深的含义。

祖师是怎么回答的？祖师道："此乃非常之道。"这不是常道，而是非常之道、异乎寻常之道。什么是常道？我们平常人用肉眼能够观察到、能够体验到的东西，都是一种日常之道，从时间上来说它是一个阶段。从时间周期来说，有小周期，有大周期。周而复始这个大的时间周期你看不到，你只是看到其中的一小段；从空间上来说是一个局部。所以，人身上有小周天，也有大周天，与宇宙自然的周天相似。

太阳系里面的时是什么时？是年、月、日、时这四个时。那银河系里面的时呢？是元、会、运、世这四个时，也就是《西游记》开篇所讲的。十二时等于一天，三十天等于一月，十二月等于一年；又三十年等于一世，十二世等于一运，三十运等于一会，十二会等于一元（后文还要专题分析）。

也许我们只看到了有局限性的常道，只看到了年、月、日、时，有时候甚至于看不到年，只看到这一月，只看到这一天，这就形成了我们人主观感知上的日常，人能看得见的日常规律，叫做常规。而这种"常规"、"日常"并不是客观世界的常规和日常，而是我们人感知、认知上的常规和日常，是有局限的。尽管如此，这些常规已经约定俗成，我们人主观上的常规也就成了客观上的常规了。那么，非常之道呢？也就是非常规吗？常规情况下，人们只能感知到既济，而感知不到未济。

就像日影一样，日影在移动，但是日常看到的似乎没有移动，你看不出它在动。你把它看作是常，是既济，似乎是静止不变的，实际上它在移动——在潜移默化中变化。为什么会移动？这个里面有非常之道了。为什么说是非常道？它是超越了人们感知的、常规的、日月运行的规律。其实，日月运行的规律就是常道，就是常规。而非常之道则是人主观上的区别而已。譬如：地球上人观察月亮，月有阴晴圆缺，其实月亮本无圆缺。所谓"阴晴圆缺"，是人感知上的局限性，仅凭主观上认知而已。又譬如"日出日入"，实际太阳本无出入，这种出与入只是人在地球上观察的局部现象。但是，你用概念、用一大堆理论去解释的话，它又很复杂，又很深奥，认为这是非常之道。这个非常，是人们的观念、日常习惯的认知所造成的。

其实，自然界的种种变化都是常道。比如，时间是可以弯曲的，由于弯曲而形成了周而复始的时间势态。但人们日常所感觉到的时是线段，甚至是射线、抛物线。人的主观意识上的“时”，如一天、一月、一年都是线段；未来时便成了射线、抛物线。其实，自然“时”是圆的，月球绕着地球转一圈为一月，地球自转一周为一天，地球绕着太阳转一周为一年，是这种周而复始的圆。应该说，圜圆之道是自然的常道，而人的意识上的道则是非常道，但是人们往往误解了。这里讲的“非常道”，其实是自然的常道，只是人们难以想像、难以理解，总认为是非常之道。杨利伟、翟志刚从“神州”飞船上观察日、月、地球，看到的是“日月运行”、地球运行的常道和常规。那种常规中，“日”本无朝升暮落，“月”本无阴晴圆缺。但他回到地球上，所感知到的日常、常道、常规又有“日出”、“日入”，又有“阴晴圆缺”了。他有亲身的体验，我们只能靠想像。这就是常与非常的区别，其实又是客观与主观上的误区。

日影移动以为时
昼夜交替以为日
朔望盈亏以为月
寒暑往来以为年

天地造化

“夺天地之造化，侵日月之玄机。”什么叫造化？就是创造与演化、变化，自然界自身具有发展繁衍的功能。《金刚经》上讲，有胎生、有卵生、有湿生、有化生……都是“生”，到底是怎么生的呢？前面讲过日精月华，又是怎么得到的呢？这里面很微妙。“侵日月之玄机”，这个“侵”实际上是一种浸透——沉浸在里面，沐浴在里面；是一种熏陶，是一种陶冶，是一种融合——融入在里面。怎么样才能得到这个玄机呢？从外面你得不到，只听人家说说也是得不到的。悟空刚才讲，他是闻说——是听人家说，是从外面得到的，这个玄机不是真实的。

读书，只是在文字层面上读一读，没有联系自身的体验，没有联系自身的悟性，只是从书本上、概念上，或者道听途说中得到，就像一个没有生过孩子的女人，讲十月怀胎的感受，那是从外面得到的，不是从里面得来的，不是从本质上、从自身体验中得到的东西。所以，这个“玄机”要浸润在里面，要融合在里面，使自己成为其中的一个元素。

我讲《老子为道》的时候，引用了西方一个盐的寓言，这是一种形象的比喻。有人对盐说：你是海水里面的一分子，你是从海水里面来的。盐觉得：我有这么伟大吗？我是从海水里面来的？我也是海水的一分子？它不敢相信。它只是从外面去体验，它不知道自身的玄机是什么。无论你怎么讲，它得不到其中的玄机。当你把一粒盐融入大海里，它一下子就体验到了，它一下子体悟到了自己的伟大，知道伟大之处在哪个地方——玄机得到了。

丹成之后

“丹成之后”这一句，如果展开，便是一部“内丹学”。“内丹学”也是“国学”中一个不可忽略的学科。有内丹，必然有外丹，二者都是指炼丹。炼丹的目的，是为了长生不老。

炼外丹，必须具备三个条件：一是鼎炉，又名丹炉，这是炼丹时不可或缺的设备；二是药物，即炼丹的原料，如丹砂（朱砂）、雄黄、雌黄、铅等；三是火候，又名还丹。如何把握火候？我们常说，某人的品德修养、学问或技艺到了炉火纯青的境界。炉火纯青，就是指道家炼丹将要成功时，炉火发出纯青色的火焰。所谓纯青色，即蓝色。《荀子·劝学》曰：“青，取之于蓝而青于蓝。”“蓝”与“丹”，上古音相近。蓝（纯青）是丹的本色。丹是一种矿物质，未出土之前为蓝色，名为丹砂；出土之后为赤色，名为朱砂。后来，两个名字混同为一个，都名朱砂，而忽略了出土之前的本色。“青”字的篆体写作青，“从生，从丹”，意思是青生于丹（蓝）。用朱砂作原料炼丹，炼到呈现蓝色火焰时，表明火候已到，就是说它已还原成蓝的本色了。所以，又把这种火候叫做还丹（还原成了蓝色）。服用这种丹，便能长生不老，叫做返老还童，正是取其还丹的喻意。“青，取之于蓝而青于蓝。”青生于丹而还于丹。青，为东方之色。日落西，一夜之间又回到东；青，又为春天之色。万物秋收、冬藏，然后冬去春来、大地回春、万象更新。所以，炼外丹只是取其喻意，却从未有服丹真能长生的。今日许多长寿村的百岁老人，从未服过丹，也未见过丹。台湾人热衷于保健品，这与古人热衷于仙丹相似。有没有效果呢？五六十年过去了，台湾怎么没有成为“长寿岛”呢？这是一个现实的例子。

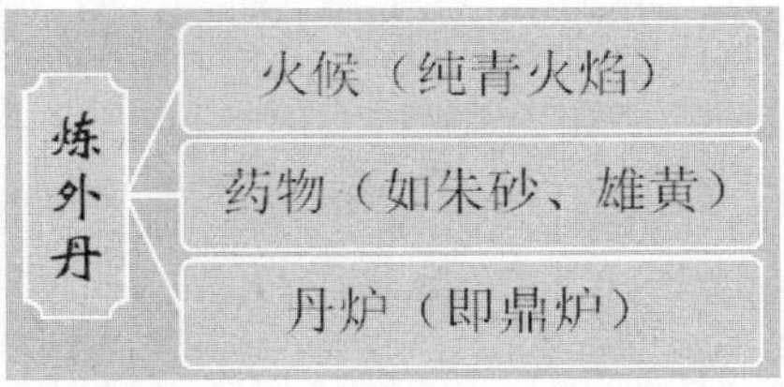

所谓“内丹”，也是取其还丹的喻意。炼内丹的三个条件同样是鼎炉、药物和火候，不过比喻形式有所区别。人体内，上、中、下三个丹田比作鼎炉（关键是下丹田），精、气、神比作炼丹的药物，还息比喻为火候。还息是指呼吸随意念调整到胎息状态，如同胎儿在母体内只靠脐带呼吸，复归于先天元气。这里所说的“丹成之后”，显然是指炼内丹的火候，因为后面有一句“鬼神不容”。

炼内丹的过程，就是炼精化气，炼气化神，炼神还虚。炼精化气，是内丹修炼的初级阶段。人体的先天元精，至三十六岁以后便逐渐耗损，先天精血不足，需用后天之气来温煦它，使它充实并还原先天的元精。这一阶段的“丹成之后”，便可达到祛病延年的效果。

炼气化神，这是炼内丹的第二阶段。初级阶段炼精化气，只需要气行小周天，在下丹田气海及二肾之间运行。而炼气化神则要行大周天，气血要贯通八脉，不只是任、督二脉。任、督二脉打通了，只是一个基础。八脉全部打通了，就能使全身十二经、十五络皆通，所以称作“九返七还”，这是炼气还神的运行线路图和运行态势。这一阶段的“丹成之后”，便可以返老还童。

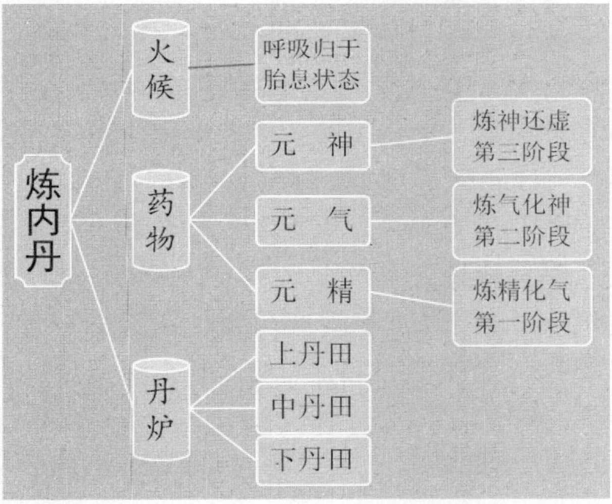

第三阶段是炼神还虚，这是修炼内丹的最高阶段。《还真集》卷上：“上关炼神还虚，乾元运化，复归坤位而结丹也。”所谓坤位，在先天八卦图上，坤居北，名曰地；乾居南，名曰天，叫做“天地定位”。北方属水，又是肾之所藏，肾水养元精，水枯则精枯，水旺则精旺。坤卦这个位置，又代表一天的开始——子时。子时，一阳复始，即坤卦☷初爻变阳爻为震卦☳，震卦居东北位，代表一年初春，比喻此时阳气初复，大地回春，东风解冻，万物复苏，一番生机勃勃的景象。这一阶段的“丹成之后”，不仅仅是还童，而且是到了青春期，是人体活力最旺盛的时期。道家比喻为羽化而成仙，常人则称为第二次生机，故以震卦（象征雷）来比喻。有人大病初愈时就是这种感觉。所以，“慧”字的本义是，指病愈后身轻体爽、神清气爽的感觉。有智慧的人超过常人，在众人之先。所以，道教称，炼就了炼神还虚的上关功夫，便可得慧而成仙。这就是“丹成之后”的成果。

鬼神难容

“鬼神难容”，这句话又怎么理解呢？首先，要搞清楚鬼与神是怎么回事。世俗观念中，鬼是鬼，神是神，人是人。其实，鬼、神、人、妖魔，乃至菩萨与佛都是一体，可以说都是人——佛是大彻大悟的人，神是超凡脱俗的人，妖、魔、鬼则是泯灭了人性、丧失了良知、做恶造孽的人。

青、蓝、赤、黄、黑、白都是由光波组成的光谱，是物质的颜色。青取于蓝，丹本色也是蓝，所以青与蓝、纯青与赤色、丹与砂，乃至朱砂与还原的丹砂，原本都是一物，本体并没有变。

炼精化成的气，炼气化成的神，炼神复还的虚，同样统摄在人的体内，化来化去、周而复始、原始返终，依然在同一个循环圈内——所以名曰“小周天”和“大周天”。

这样说来，是不是人人都可以炼丹呢？甚至有人要问：是不是人人都可以长生不老呢？答案应该是既否定，又可以肯定。为什么这样说呢？

如果说像道教中炼丹道人那样，炼仙丹，求长生，这只是极少数人的试验而已，绝大多数人是做不到的。即使是在古代，也只有晋代的葛洪写了一本书，叫《抱朴子》，系统地介绍了炼外丹的方法和过程，但葛洪老人家早已不在人世了。如果说像道家炼内丹而求超凡脱俗，企求羽化成仙；或借此修身养性、保健养生，同样只有极少数人可能做到，而社会大众却做不到。即使在古代，这种丹成而得道者也只是寥寥几人，且都存在传说中。

但是有一个共同的标准：这两种人（炼外丹者和炼内丹者）清净无为，从不危害社会，不伤害他人。如果以此炼丹术招摇撞骗，蛊惑人心，甚至聚众闹事，扰乱了社会的安定，蛊惑了人心，酿成恶果，同样会堕入地狱，变成鬼域。世间的地狱便是监狱，世间的鬼域便是生活中的烦恼和贪欲。

炼丹者为什么也会堕落为鬼域呢？因为炼丹修炼者容易走火入魔。有两种情况：一种是怀有异心，心术不正，动机不纯，另生恶念、邪念。这种人肯定把握不住火候，不是火候不够（急功近利），便是火候太过（太贪），这叫“走火”。何谓入魔呢？由于火候不当，炼出来的“丹”，或未成熟，或炼过了头。这种状态肯定是极不正常，这种人的心态肯定被扭曲——这就是入魔。在正常人看来，这种人神经有问题，整天神秘叨叨，卖弄神通。这种人的话不要轻信。

还有一种人，虽无“异心”，但由于杂念和欲望的时时干扰，同样把握不住火候，同样会走火入魔。这种人虽然不会直接危害社会，但会危害家庭和自身。因为这种人走火入魔后，或抑郁、或亢奋、或消沉、或轻举妄动。在两个极端的边缘，必然会造成对人、对己的伤害，同样不是正常人，失去了正常人的理智，所以，同样可怕，同样可悲。

这里所讲的“丹成之后，鬼神不容”，显然是指炼成者，已成真丹，杂质没有了，人心中的杂念没有了。人无杂念、邪念，鬼、神便没有容身之地。其实，即使到了这种“外丹”和“内丹”层面，同样不能长生不老，同样还不能出离六道轮回，还未与鬼、神划清界线。一旦走火入魔，便是非鬼、非神、非人。这种人的思维方式、生活方式、处世方式，乃至话语方式，都与人难以合群，与社会不合时宜。这种人生活在狭小的空间里，与世隔绝、怪异、孤僻，间或与社会接触，也处处与众不同，显示神通，卖弄特异功能，蛊惑人心，甚至以神通和怪异骗取世人的信任，借此敛财。

佛、菩萨，神、仙，以及妖、魔、鬼、怪等，虽然都是依据人的观念描述的，但是描述不同，而且对待也不同。譬如：人们常说学佛、敬神、降妖、除魔、驱鬼、捉怪等都是动宾词组，不同的名词配上不同的动词。不同的对待，不同的方法。但是有一点是相通的，《周礼注疏》云：“鬼神享德不享味”。意思是说：人们祭祀时，以三牲、供品请天地、神仙、祖先享受，这只是人们的一厢情愿。正如孔子说过的，祭神时，心里敬神如神在；祭祖时，心里怀念如祖先音颜宛在。

所以这段话中，须菩提反复提醒孙悟空：要“预先躲避”，否则便有“三灾利害”，“就此绝命”。如何才能做到“预先躲避”呢？

驻颜延寿

“虽驻颜延寿”，虽然已经七十岁、八十岁了，但是你还红光满面，甚至活到一百多岁还显得很年轻。

“但到了五百年后，天降雷灾打你”，这种长生不老有阶段性，有局限性，佛教称之为分段生死——没有彻底地了脱生死。从时间上看有阶段性，从空间上看有局限性，这个非常微妙。“五百年后”，这也是一个概数，是举一个例子，不能说这是一个准确数字。“天降雷灾打你”，雷灾属于天火一类，离卦☲象征火。这也是举一个例子，不是确切的。

这时候怎么办？“须要见性明心，预先躲避。躲得过寿与天齐，躲不过就此绝命。再五百年后，天降火灾烧你。这火不是天火，亦不是凡火，唤做阴火。自本身涌泉穴下烧起，直透泥垣宫，五脏成灰，四肢皆朽，把千年苦行，俱为虚幻。”这里讲到了雷，讲到了火。“须要见性明心，预先躲避”，所以孙悟空在八卦炉里预先就躲避到巽宫里面去了。因为“预先躲避”，所以他能逃避火这一劫，这里就埋下伏笔了。

炼丹，从哪个地方入手呢？“见性明心”。这个心，是指心脏这个心吗？不是。我们常说用心、用心，这个心你看得到吗？这个心你看不到，也无法拿来用，是微观上的东西。我们经常讲物理上的微观：原子、电子、量子、质子、光子……这些东西用肉眼是看不到的。同样，这个心你也是看不到的；而心脏的心是物质的，是看得见的，可以触摸的。心里活动产生一种能量，你看得见吗？明心见性是禅宗的一个术语，怎样才能明心见性呢？我在北大讲“太易自主管理”系列讲座中已经讲过（见笔者拙作《在北大讲易经》第六讲，这里不重复）。所以，“躲得过寿与天齐，躲不过就此绝命”。

再过五百年呢？还有火灾。这个火是阴火，不是凡火。火有一个特点，凭空是不能燃烧的，它必须依附于一种附着物：或依附于柴草来燃烧，或依附于油来点燃，或依附于灯芯来点燃……它必须附着一种物，这种火是凡火。那么阴火呢？它不需要依附，不需要附着物，它是一种肉眼看不见的能量，故为阴火。今天从科学上来说，处处都有能量，甚至70%多是暗能量。

怎么去体验这种能量呢？我们今天使用的能源，如煤炭、石油里面有什么？为什么能燃烧？因为它含有一种能量，这种能量附着于煤炭、石油，但是它没有形成明火，没有燃烧，它是一种阴火。一旦燃烧起来，就叫阳火，阳火就是凡火，肉眼看得见，而能量肉眼看不见。区别就在这里。

涌泉泥垣

我们每个人身上都有阴火。如果把人比作能源（犹如一块煤炭）也是可以的，因为人是有体温的，这种体温其实就是一种体内的能量。这种能量“自本身涌泉穴下烧起”，涌泉穴在脚心处。“直透泥垣宫”，从下而上。泥恒（有的称为泥丸）在哪里呢？就是上丹田，指眉心（也叫命宫，人中为命门，居于鼻子上下两端。上为宫，下为门）。

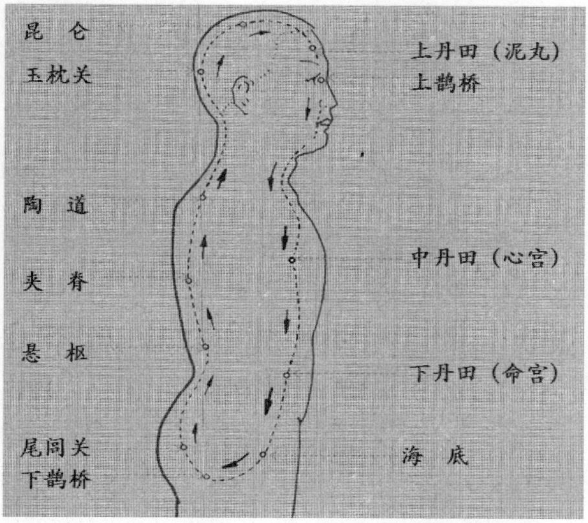

《说文解字》中有一个“丨”字，读若滚（gǔn）：“丨，上下通也。”如何通呢？“引而上行读若囟，引而下行读若退。”囟，即囟门；退，即脚踵。这里讲的也是上下通。引而上行至命宫（与囟相通），引而下行至涌泉（与踵相通）。“中”字从丨，从口（“回”字的省笔，象回匝之形）。口，表示平面四维展开，丨表示从内上下贯通。这是人体能量上下循环的路线图。所以，健身和养生都强调早起早睡。早起接阳气，躺着睡懒觉，阳气无法上下通行，阳气不调，身体当然会出毛病。早睡，子时前，阳气处于养息状态，所以人也要处于静态，以利于体能的恢复和生息。

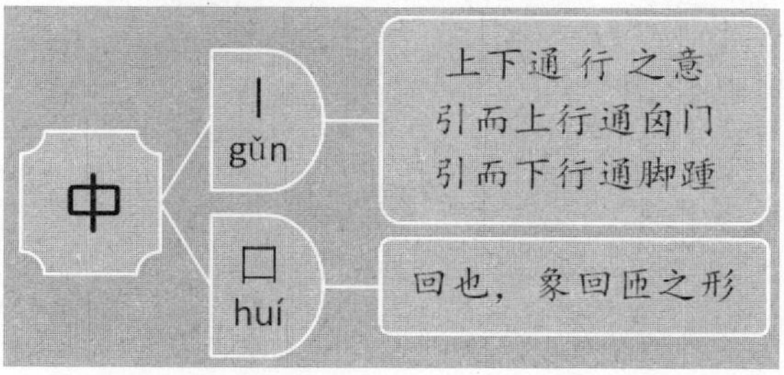

“五脏成灰，四肢皆朽，把千年苦行，俱为虚幻。”这个里面的阴火有两种：一种是由于走火入魔，就像烦恼时生起的无名火气，会影响人的身心健康。这种火是被动的、无奈的，防不胜防，自毁其身；还有一种叫三昧真火，像禅宗三祖僧璨站在那里立化，他是用自己修行的三昧真火把

僧璨祖师的立化塔
（在安徽天柱山下的三祖寺）

身体化为灵骨舍利的。据传说记载，他不需要用火化炉火化，他用的是自己身上的内火，而不是用外火。像殡仪馆的火化炉，那是用外火，即凡火。僧璨祖师用自己的三昧真火，那是一种真功夫。他是主动地燃起自身的三昧真火，把自身焚化了。他不是被动的，不是自毁其身。这是一种主动的、积极的、成道的高境界，这是一种升华，是一种身心的转化，是进入一种涅槃状态。这是不能模仿的。有人用凡火自焚，那是邪门外道，是鬼域、是地狱。也许有人会认为这样说是一种偏激，其实也是实话实说。这里要讲清楚二者的区别：体内的三昧真火自化，灵魂会得到升华；体外的凡火（明火）自焚，灵魂则会堕入灰烬，混入污浊，变为垃圾。因为真火上行通囟门，神识从囟门出而上升；凡火下行通脚踵（涌泉），神识从此出而堕落。

须菩提对孙悟空讲的，实际上是指那种走火入魔的阴火。所以，虽然修了一千年，仍然是一场空。但是僧璨立化以后，他得到了正果，因为立化后有三千粒真身舍利，后人修建三祖舍利塔于天柱山下。所以说，阴火有两种：一是邪恶与虚妄；一是能得到正果，进入涅槃。这是两种境界，虽然同样是火，但一者是主动，一者是被动；一者是积极的，一者是消极的；一者是正，一者是邪。这是修行的道力问题。也就是说，你真正把握了既济，同时又把握了未济。真正把握了时空，就不会走火入魔，就能得三昧真火。如果只是停止在既济的状态，不懂得未济，那是被动的，就会走火入魔。哪种人容易走火入魔？事事执迷于神通，追求神通，脱离了常道的人，往往最容易走火入魔。真正的修行人，真正的得道者，不讲神通，反而是平平常常、普普通通，天天生活在常道中，生活在百姓日用中，生活在理性中，这种人不会走火入魔。那种神秘叨叨、显示神通的人都是假的，修行功夫只在既济阶段。

还有一种区别，无论哪种修行方法，真修行人首先不危害他人，不危及社会，他们修行的目的，就是为了净化自身、净化社会、利及于他人的。否则，就是邪门歪道。

真修行与假修行，还有一种区别：真修行，是从亲身实践、亲自体验入手，同时教他人也从体验入手；假修行，是从主观意识入手，或者是迷信他人，用一句口号迷惑人，规定一种模式，要求他人去模仿。另外还有一种区别：真修行者，得自在、得法喜、得禅悦；假修行者，则郁郁寡欢、不自在，因为自我被封闭了，故不自在、不开心。

赑风季风

“再五百年，又降风灾吹你。这风不是东南西北风，不是和熏金朔风，亦不是花柳松竹风，唤做赑风。”这个“赑”字是三个“贝”字。如果“尸”字下面加一个“贝”，则是“屃”字。赑屃（bì xì）是什么东西？像北京的广济寺，大雄宝殿前面有两座大碑，碑下是一只“龟”，龟背上驮着碑。其实这不是龟，叫赑屃，也是一种动物。这种赑风不是凡风，不是空气流动而形成的那种风，也不是和风（春天为和风），不是熏风（夏天为熏风），不是金风（秋天为金风），不是朔风（冬天为朔风），也不是东西南北风。因为，季风和方向风虽然你看不到，但是你能感受得到。

赑风是什么风？不但看不到，而且感受不到。我们经常讲，身体上火了，这个火是一种阴火，实际上也是一种风。中医有一种病，叫中风。这个风是什么风？这也是体内的风。风湿、风寒、风热也是一种风，特别常见的是风湿，人最怕的就是风湿病，很难治。这个赑风与我们讲的风湿的风，还不是一回事，只能说是相似。这种风“自囟门（脑门）中吹入六腑，过丹田，穿九窍，骨肉消疏，其身自解。所以都要躲过。”

要躲过，说明还有一种情况是躲不过。话里面都有话，这话里面的话是什么？为什么说要躲过？如果躲不过会怎样？赑风从囟门向里吹，“吹入六腑，过丹田，穿九窍”。人身上有九窍，眼耳鼻是六窍，都是偶数：两只耳孔、两只鼻孔和两只眼睛，这三种感觉器官加起来是六窍，再加口是一窍，大、小便出口是两窍，合起来就是九窍。

“骨肉消疏”，消是消散、疏通。骨肉的外表是什么？是皮毛。这个

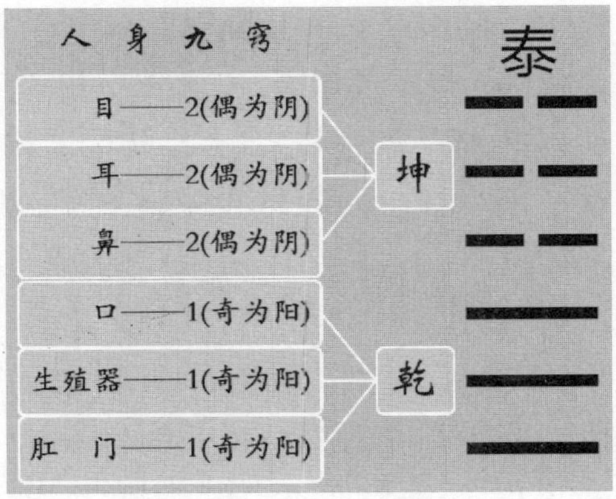

飚风通过骨肉渗透到皮毛（毛孔），再通过人身上八万四千个毛孔向外渗透。这里没有直接讲毛孔，但是讲到骨肉。身上疼是什么原因？骨肉疼、肌肉疼，就是毛孔没有张开，体内的风和液体不能通过皮毛向外消散、向外疏散，飚风瘀积在里面，不能流动。为什么讲皮毛与脾胃相通？脾胃弱，皮毛的功能就弱，散风的功能也就弱了。如果室内不通风，现在是用空调疏散，如果空调出故障了，浊气排不出去，就会在室内流通，人就会受到伤害，这个道理很清楚。“其身自解”，身体内部自消自解，这个解是解脱、解放、解散、排解……不靠外在的东西，靠自身。

可以看出，这种飚风在人身体上有两种：一种是身体自行排解；一种是靠呼吸排解。消疏不通畅，那就有害，就会伤害身体。如果消疏通畅，便能排解、能疏通，它该往哪个地方去就往哪个地方去，它要在里面运行就在里面运行，要向外运行便里外疏通。就像水，不疏通就会成灾，就是水害；疏通了，就不是灾，就成为水利。风也是这样。

这里面有清浊之别（清清之气和浊气），中医称为营、卫二气。营气在血管内引导血液运行，为轻清之气；卫气在血脉外，支撑各个器官之间的平衡，为重浊之气。身体内部需要轻清之气运行，轻清之气能养血，轻清之气能养精，轻清之气能养神。如果浊气没有排除，头脑就会发晕、发昏。头脑缺了气是不行的，这叫缺氧，氧气是轻清之气。如果是浊气多了，身体就会出现气血瘀积。体内不能没有气，但是要看是什么气。所以，最关键的是靠自身的功能，自我解脱。

中医的“中”是什么意思？就是自身平衡：内与外要平衡，表与里要平衡，轻与重要平衡，清与浊要平衡。靠什么平衡？靠自己——人本身有这个功能。中医不像西医，西医是水里按葫芦。那么，中医呢？它是靠自身疏通、消散，是保持平衡，是治本，而不是治表。根据中医理论，人体内气血失去了平衡，也就失去了自身抵抗力，就要生病。中医治疗，便是调整气血平衡，恢复自身的抵抗力。人自身抵抗力增强了，病自然去矣，不是吃药去的。感冒的原因是什么？就是身体疏通不顺畅，排出来的不是浊气，相反是轻清之气外泄，而浊气淤塞在里面。感冒了，身上有病毒，西医呢？吃药、打针——杀灭病菌，但是浊气淤积在体内。所以，中国人感冒了是喝姜汤。上次青海玉树地震之后下大雨，灾民的帐篷进水了，灾民受冻了，解放军马上烧大桶大桶的姜汤送去，预防感冒。姜汤一喝，浑身浊气一发散，周身就疏通了，非常简单。

再譬如治疗白血病，一般研究途径是西医常用的化疗，直接杀死白血病细胞，但是这会给病人带来极大的痛苦，而且无法根治。最近荣获2010年国家最高科学技术奖的王振义教授，他的研究则是诱导分化，实际上就是引导病人体内的生理机制自我转化。这是一种原理，中医就是根据原理治病。

现在有人从各种门径研究人身，研究健身、养身，而且各有成果，但是有一点很重要，就是要考虑科学性。什么是科学性？就是普遍的规律——普遍性。例如，有人说："最好的医生是自己，最好的医院是厨房，最好的医药是五谷杂粮。"听起来似乎有道理，但是这道理太绝对，古今中外都没有这种绝对的肯定和绝对的否定。

再譬如，有人说，原始人类没有一日三餐的习惯，一日三餐不是规律，而是规则。听起来似乎也有道理，但是仔细分析也是有违常理的。一日三餐是人类几千年来的习惯和规则，是根据每天日出、日旦、日中和旦暮（没）这一自然规律来的。人们已经习惯成自然了，连人类的遗传基因也随之形成规律了。如果突然要打破它，身体功能就紊乱了，整个社会也会乱套。因为这种规则一变，随之改变的则是生活、生产、工作、学习等一系列问题，甚至是社会秩序问题。个别人可以做到，只有特殊性，没有普遍性，所以说不符合科学。如果拿这些东西到公共媒体上炒作，就不正常了。无论是演讲人还是媒体，都是不负责任的。

所以，任何事都不要盲目，什么事都要从原理出发。原理搞不清楚，那些方法是不起作用的，甚至于会起反作用。不从原理出发，运用不当，运用相反会走火入魔。何为原理？很简单：原理都带有普遍性，符合常理、常道。所以，身上的水也好，火也好，风也好，都是双刃剑：不适宜就是剑，就有害；得体、适宜才是好的，才能有益。

养生之道在《易经》里面能找到，原理是什么？后面我还要讲《我读〈易经〉》，到时再讲详细的东西。

躲避三灾之法

"悟空闻说，毛骨悚然，叩头礼拜。"你看，孙悟空听了须菩提这番话后，大惊失色、毛骨悚然。从这里也看得出，他的思维还停留在水火既济这个阶段，思维还没有打开。为什么？他本来很有悟性。人就是这样，一个婴儿、一个小孩，他什么都不懂的时候什么都有，他不怕。婴儿是赤子，恶兽不伤害他，猛禽不伤害他，毒虫也不伤害他（老子言）。但是他长大以后，形成了主观意识上的东西，反而容易受到伤害。不仅是身体容易受到外部的伤害，甚至于在人与人之间也会受到伤害，会受骗上当，会被人蛊惑。其实，最容易受到伤害而又容易被忽略的，是精神上的伤害，心灵上的伤害。

孙悟空没有学法之前，不是有忧患意识吗？不是能把握微观上的“时”吗？现在怎么回事？就是因为他有先入为主的、有意识的东西在作怪。你看他自以为“法性颇通”了，“根源日渐坚固”了，其实他又迷在“既济”里面了。他自己得意这个东西时，这个东西便成了一个包袱，成了一种障碍，成了一个痼疾，把自己禁固在里面了。这就是隐形的精神伤害。为什么？没有真正学通。什么东西都要打通，就像练气功一样，没有打通就会走火入魔。没有练气功之前，不会受到这些伤害。练了气功之后，气脉没有打通，练功的气不畅通，就走火入魔了。学东西也是这样，读书也这样。读书，要真正读通，读不通也会受到伤害。

知识就是力量，这个力量是双刃剑。同样的知识，有人用来利益大众，有人用来伤害他人、伤害自己。所以，知识也是双刃剑。

须菩提这一段话里面，每一句话都有其两面性，都是对立统一的，不要片面看。孙悟空以前是根性大利，现在突然有障碍了，执著于自己所学的功夫了。再好的东西，一执著就会成为障碍，所以师父又来点化他、打破他。孙悟空这时候才知道还有这等事，所以叩头礼拜：“万望老爷垂悯，传与躲避三灾之法，到底不敢忘恩。”

这个里面有一句话，“传与躲避三灾之法”。当初，师父说的“术”字门中之道，就是“趋吉辟凶”之法，可他一心想的是求长生不老之法，其它的一概“不学，不学！”可见他此时的心态，是头痛医头，脚痛医脚了，不但没有全然贯通，反而有了严重的障碍。到底是什么障碍了他呢？

今天人学东西就有这种心态：你赶紧把这个法教给我，三灾八难我就不怕了，马上就能躲避了。给企业家讲课，有人就在那里等着你后面一句话：什么时候能赚钱？能赚多少钱？怎样赚？他就等着这个答案，而且要求一定是标准答案，其他的他不听。你想要慢慢打通他的悟性，打通他的气脉，他不干。他的眼睛就盯着票子——马上就要赚钱，马上就要成百万富翁。他就是等着那个结果：我马上有好的楼房，有好的汽车，有好多票子……他就是想这些东西，其他的他都不想（急功近利）。这种心态就是一种心理障碍。视野不开阔，心胸不宽广，只有眼前利益。即使教他赚大钱的神通，他也玩不转。这叫心窄不能载福，量小不能载财，德薄不能载物。一定要先明白这个道理。

孙悟空想学：你赶紧教给我吧，所以他说“不敢忘恩”。祖师道：“此亦无难，只是你比他人不同，故传不得。”悟空道：“我也头圆顶天，足方履地，一般有九窍四肢，五脏六腑，何以比人不同?”我的头是圆的，也是头顶着天；我的脚是方的，也是脚踏着地；我有九窍，有四肢，有五脏六腑，我与其他人有什么不同呢？祖师道：“你虽然像人，却比人少腮。”原来那猴子孤拐面，凹脸尖嘴。悟空伸手一摸，笑道：“师父没成算。我虽少腮，却比人多这个素袋（下巴），亦可准折过也。”前面讲过，牛的索袋叫做“胡”，猴也有这种“胡”，所以，须菩提第一次见他时，说他像个“猢狲”。孙悟空太会应答了，主意来得快，不过只是小聪明。这里讲“故传不得”，其实并不是指他“比人少腮”，而是指他的灵性大利（锐利），但未打通。未打通时清与浊不平衡，欲念重，念头杂，容易起异心。异心一起就会惹乱子，害人害己。

传授七十二变化

祖师说：“也罢。”与人相比，虽然缺一样，但是又比人多一样，两下一折，这个就是有成算了。所以说，孙悟空会答对。“你要学那一般?”师父见他有这种聪明，也就顺着他。“有一般天罡数，该三十六般变化；有一般地煞数，该七十二般变化。”悟空道：“弟子愿多里捞摸，学一个地煞变化罢。”哪个多些，我就学哪个。

你看，孙悟空就是这种心态，与前面相比心态已经发生了变化。前面写孙悟空说“只是有些道气儿，弟子便就学了。”那时心态很清净、很单纯，现在他的心态呢？因为有障碍，打不开，所以有局限性。他说话已经不单纯了，所以说出来的话不仅很俗，而且表现出一种贪婪，像小孩子那样贪多。

祖师道：“既如此，上前来，传与你口诀。”须菩提是顺其自然，耐心地、循序渐进地调教孙悟空。他看得很清楚，知道孙悟空的心态已经变了，但是他也知道孙悟空的这种心态变化也很正常，这是一个过程，所以还是教他。

一个孩子，小时候很听话，到了七、八岁，到了十来岁，有一个逆反期。父母就急了：这孩子变了！怎么变了？我的朋友中间也有人在那里抱怨，甚至跟孩子斗气。不要急，你要把它看成是一个过程。看孩子的成长，只看到既济过程，看不到未济过程，那不行。你知道，孩子成长，从小学、初中、高中，再上大学，毕业后参加工作还有一个试用期，这都是过程。事物的每一个过程，都有既济和未济的阶段性，你用时空的境界和眼光来看待事物、看待孩子，就会明白：不是孩子逆反，而是你逆反了。逆反了什么？你认为是孩子逆反了父母，不是！是你逆反了孩子成长的规律。孩子成长有这么一种规律，你要让他去经历。只有他体验过了，经历过了，他才会逐渐成熟。相反，你不让他体验，一旦释放出来就会出问题。这是既济和未济的发展规律，用变化的眼光，用既济、未济的眼光去看待一切问题，你就很坦然了，烦恼也少了。我们看待所有的社会问题都要这样。

须菩提教给孙悟空口决，“遂附耳低言，不知说了些什么妙法”。什么妙法？妙在哪个地方？什么诀？他不说这个口诀是什么。我们前面已经分析了，这个妙法就是看问题的理性。你看，须菩提把握了两面，都把握得很好。他看到了孙悟空的境界在哪一个阶段上（还是一个表层），所以今天只讲外像包皮。第一次升座说法的时候，须菩提跟他们讲了妙音呐，孙悟空听懂了，但是现在不能讲妙音了，只能讲外像包皮，因为他心理上已经有障碍了。须菩提既看到了障碍，同时又看到了这是一个阶段性，这个障碍要一层一层地破，而且要让他自己去破。以前孙悟空没有障碍，很单纯；现在学了一点功夫了，他有障碍了，他被这个知识、这个法障碍了，执著于这个法了；以前是无，现在是有——执著于有了。这个破，一下子破不开，要慢慢破。

你看，须菩提对事物的把握多有分寸！妙就妙在这个地方。什么时候应该教什么，怎么教？须菩提心里很清楚：我现在只能教你一个什么法，慢慢地来破你的障碍，慢慢来引导你（因势利导）。就妙在这个地方。

一窍通时百窍通

“这猴王也是他一窍通时百窍通。当时习了口诀，自修自炼，将七十二般变化都学成了。”这里面有东西了。“一窍通时百窍通”，前面讲打通，是不是全打通了呢？从聪明这个层面来说是打通了，但是从智慧层面来说还没有打通。

为什么这样说？聪明，有大聪明和小聪明。什么叫小聪明？小孩子就是小聪明。为什么？一个小孩子，刚刚懂事就会分辨颜色：这是红的，那是绿的……他用眼睛分辨；听到音乐，他喜欢听哪种音乐；他能认人——这些东西都是凭着自己的感觉器官反应出来的，这只是小聪明，是一种感性认识。所以我们对小孩子要求很低，不是说要他懂得什么大道理，不是！他能分辨出颜色，能分辨出远近，能分辨出大小，说明这个孩子聪明。为什么是红的？不要求他知道。不能说孩子不知道为什么是红的，这个孩子就不聪明——没有这回事。他能分辨出红的，你就觉得：好聪明呀！大家都赞叹、夸奖，为什么？他是在感性认识阶段，他能感觉出来，而且很机敏，这就可以了。随着年龄的增长，逐渐上升到大聪明，大聪明就是理性阶段：不但能分辨出形色、声音、高低、远近、冷热……还懂得其所以然，能够做出判断，做出理性的推理，开始用逻辑的思维去分析问题。这是大聪明，也就是理性思维。

《易经》中《观》卦讲到了童观。童观是什么意思呢？就是儿童观察问题、认识问题的方法。《易》曰："童观，小人无咎，君子吝。"吝，是指有小的伤害，有小的过错。童观，为什么是小人无咎？小人与君子的区别是什么？生活中人们常说：别跟孩子一般见识。童观就是孩子的见识。孩子认识问题，仅仅是凭着感觉器官，只是感性认识。这对孩子来说没有问题，孩子懂得这个就可以了，他没有过错。大人认识问题、处理问题跟孩子一般见识，那就有吝了，就有小错了，原因是什么？大人不能用童观，大人应该"观人生进退"，从微观上、宏观上都能观得很清楚，从时空上也都观察得比较全面，要上升到一种理性上。

但是，这种理性是不是智慧呢？还谈不上。什么时候才能叫智慧呢？当这种理性打成了一片，绵绵不断，而不是间断的，不是偶尔的，不是患得患失的。此一时有理性，彼一时又突然失去理性，这不叫智慧。真正的智慧，无论身处何时何地何事，是顺境还是逆境，与己是有利还是无利，都能保持理性，都在理性之中，而且是一种无意识的、自自然然地在理性中，不需要思考，不需要想怎么做、怎么说，但是怎么做、怎么说都不错，"从心所欲而不矩逾"，这才叫智慧。我们常说：让我再考虑考虑。一考虑，个人的意识、干扰的东西就来了。所以说，这里的一通百通，只是聪明层面的通，最多只能说是大聪明层面的通，而不是智慧层面的通。

这三个层面的通，层次不同、境界不同。这里还以一种夸赞的口吻说，连作者也看得出这是一个阶段性：在这个阶段，你把七十二变化学好就行了。

霞举飞升

“忽一日，祖师与众门人在三星洞前戏玩晚景。祖师道：‘悟空，事成了未曾？’”就像《坛经》中，五祖问慧能：“米熟也未？”又提问他了。这不是讲经说法的时候，只是在观赏晚上景色的时候，为什么又要提问？又在试探孙悟空到了哪一个阶段。这就看得出，须菩提在循循善诱、因势利导、一步一步地教他：你这个功夫炼得怎么样呢？

悟空道：“多蒙师父海恩，弟子功课完备，已能霞举飞升也。”为什么叫海恩呢？孙悟空已经有成就感了，他已经感觉到师恩深似海了。前面他有一种阶段性的成就感，这一次又有一种阶段性的成就感，须菩提要的就是他有这种阶段性的成就感。我觉得，这对于我们今天教育孩子，教育学生，制定教法，编制教材，以及领导对下属的管理等，都很有启发。须菩提既需要他有这种成就感，但又不能让他停留在这种成就感的层面上。

“祖师道：‘你试飞举我看。’悟空弄本事，将身一耸，打了个连扯跟头，跳离地有五六丈，踏云霞去勾有顿饭之时，返复不上三里远近，落在面前，扠手道：‘师父，这就是飞举腾云了。’”乍一看，似乎他比师父高了——“扠手道”。他认为，这已经是最大的本事了，这已经是顶天的本事了，师父你不一定有这个本事，因为师父从来没有表现过嘛。他不知道师父有多大本事，但是他认为自己已经有天大的本事了，所以他双手叉腰，用这种口吻说话。看来，他心理上的障碍更多了。

祖师又要打破他。祖师笑道：“这个算不得腾云，只算得爬云而已。”一个腾，一个爬，有区别了——及时地打破他，但不要提前打破。提前打破，他就会失去自信。但是这个时候不打破，他又会成“亢龙”了。在自信和自卑之间，在教与学之间，须菩提始终把握这种平衡感：让他自信，不能让他自卑；让他自信，又不能让他自信过头。教与学之间有很多名堂，值得我们学习呀。

须菩提说：“自古道：神仙朝游北海暮苍梧（就在朝暮之间）。似你这半日，去不上三里，即爬云也还算不得哩。”你看，连爬云还算不得，这个差距太大了。这就是针对孙悟空的：你认为你已经顶天了，你认为你有天大的本事了。这一下子就把他打破了——及时地打破。

悟空道："怎么为'朝游北海暮苍梧'？"祖师道："凡腾云之辈，早辰起自北海，游过东海、西海、南海，复转苍梧。苍梧者，却是北海零陵之语话也。将四海之外，一日都游遍，方算得腾云。"哇！这一下子不得了，使孙悟空目瞪口呆了，一下子全打破了。

破了还要立，只破不立，学的人还不知道是怎么回事。有人只会指三道四：你这也不对，那也不对。那么，对的在哪里呢？你不应该这么做。那么，我应该怎么做呢？这叫只会破，不会立。

教者要教得恰如其分。学生做不到怎么办？不要提前破，但立不能迟误，要及时，要适宜。破了还要立，这个破和立都要及时、适宜，这就是时和空的把握，既济和未济的把握，很微妙。听祖师这么一讲，孙悟空又是怎么样呢？"这个却难，却难!"他自卑了，把他难住了，刚才那种自信被一瓢冷水浇没了，刚才叉腰的那种神态、那种心态一下子被打破了。难！他觉得难。可见，须菩提及时打破的是他那种自负自高的心态，这就是禅宗的"直指人心"。

世上无难事

孙悟空不是个怕难的人呐。他漂过两重大海，八九年时间里到处寻师求法，他都不怕难，今天他是第一次叫难了，而且连叫两个"难"字。为什么叫难？因为他觉得，自己已经是天大的本事了，自认为本事大过天了，思想境界也就顶上天了，成"亢龙"了，所以猛一打破，便一落千丈，认为天外再没有天可以突破了。被师父这么一说，周游四海只是一天的时间，你半天才三里远，那差远了，他一下子觉得难了（差距出来了)。这叫突然打破，自信很难一下子立起来，这又是一个过程。教与学之间很微妙，我们看看祖师是怎样来重新树立他的自信的，破了以后又怎么去立？

祖师道："世上无难事，只怕有心人。"又是直指人心，直接针对他这个"难"字而来，首先从思维方式上铺一个"立"的台阶。先教他怎么想，然后教他怎么做。悟空闻得此言，叩头礼拜，启道："师父，为人须为彻，索性舍个大慈悲，将此腾云之法，一发传与我罢，决不敢忘恩。"一听这话，孙悟空的信心又来了，又说奉承话了，又来求了，他又不怕难了，也不讲难了。所谓为人要彻底，你干脆教给我腾云吧。这里有一个玄妙之机：孙悟空刚刚还在叫"难"，被师父一句"世上无难事，只怕有心人”，又激励起自信心了，说明他还是个有心人。有哪种心呢？这就是玄妙之机，值得慢慢地体味。

师父一句话打破，同时又一句话点悟，这正是禅宗的即破即立，大机大用，妙哉！须菩提这种教育方式，真是到点、到位，时和空都掐得很准，掐得到位。怎么去破？怎么去立？教这么一个弟子，不容易呀。有的老师，听话的学生他喜欢，调皮的学生他不喜欢，因为调皮的学生难教。实际上这不是学生的问题，而是教育方法、教育方式的问题。那年，我送我小儿子上幼儿班。孩子们先在操场上玩耍，各班班主任都站在旁边观察，乖孩子一个个被领走了，最后剩下几个调皮好玩的孩子没老师领，我小儿子是最后被一位赵老师领走的，她喜欢上他了。一位领导，怕下属的本事超过他，只能说明他没有本事。真有本事，就应该像须菩提这样。作老师的、作家长的、作领导的，都要学学须菩提，对下属、对子女、对学生怎样去破，怎样去立，怎样去引导。这个里面掐得很微细、很微妙：既要让学生有信心，又不能让他自信太过；既要破，又要立，而且是从思维方式上立，从心态上立，然后再从行为方式上立，让他在自卑和自信中间不断交替进步。这种进步不是说，今天考了 90 分，明天要考 91 分，后天要考 93 分……这不是进步。进步，是在一进一退之间进步，在一破一立中进步。进步不是射线向前，不是抛物线，而是螺旋式循环上升，周而复始，既济、未济，有阶段性，这样的进步才踏实，才稳妥，才有后劲。要掐准阶段性，这才真正是教和学的微妙法门，这才是真正的妙处。不允许学生退步，就不能引导他再向前进步。其实，退步正是进步的机，也是教者的法，随机教法才是妙法。优秀的体育运动员，都要经历这种一进一退的成长模式。

因材施教与有教无类

孙悟空信心来了。祖师道：“凡诸仙腾云，皆跌足而起，你却不是这般。我才见你去，连扯方才跳上。我今只就你这个势，传你个筋斗云罢。”须菩提看出了微妙之处：诸仙腾云是怎么腾的？为什么说你是爬云？须菩提不是去纠正他的动作，不是教他要领——按常规的程式去教他如何腾云，而是根据他这个势，教他一个筋斗云。一般人的教法是：跟诸仙一般模式，我教你一个腾云之法。刚才你那样做不对，我把你的动作纠正过来吧。一般人是去纠正，去调整，按一般模式去教，按一种程式去教。但须菩提不是这样，他是顺着他这个势，是借他这个势。他这个势（连扯）

看起来不合理，不得要领，但是这个“不得要领”是他自己的势，是他的长处，是他的特色。我就根据你的势，教你一个筋斗云。这样，劣势就转化为优势。前文须菩提给孙悟空取姓名，也是根据他自身的特点，“你身躯虽是鄙陋，却像个食松果的猢狲。我与你就身上取个姓氏……”其实，这种教法正是今天常说的“个性教学法”。这种教法有利于人才的个性发现、个性发挥和个性发展。我们的老师、我们的教法如果是这样的话，那太厉害啦！你看，势——一种顺其势，因势利导的教育模式。《论语·子罕篇》曰：“夫子循循然善诱人。”这就是非常道，是异乎寻常的教法，其实又是遵循了常道，顺乎了常规。

我觉得，我们要考虑一个问题。今年“五四”青年节，温总理到北大和同学们一起过节，同学们怀着一种尊敬的心情问总理：钱学森这位大科学家每次都问你，我们的教育发展了，为什么培养不出真正杰出的人才？这似乎是个难以解开的症结。其实，这个问题的答案就在这个地方：为什么我们培养不出真正杰出的人才？因为我们的教法老是在纠正，老是在按一种模式教人，而不能就势（就你这个势）。就势，是因势、顺势。为什么要就势？势，是每一个人的特性，每一个人的特长，每一个人的优势。今天呢？普遍是按一个标准来教学生。整个教育系统，从小学到大学，就像一条生产流水线——一个教学模式，重视了“有教无类”，却忽略了“因材施教”，这怎么可能出杰出的人才呢？

恩格斯晚年回答英国《泰晤士报》记者的提问，用这样一句话高度概括马克思主义学说，即：“每个人的自由发展是一切人自由发展的条件。”

这里面有两个东西：一是个人的自由发展，需要的是因材施教；二是一切人的自由发展，需要的是有教无类，二者不可偏废。“每个人”离不开“一切人”，“一切人”是“每个人”的社会空间。这就是《易经》所说的“见群龙无首”。任何有本事的个体都离不开社会空间，就像孙悟空的发展壮大离不开花果山上的众猴、众兽一样。马克思主义学说的核心是科学社会主义。社会主义的根本宗旨，就是逐步构建“一切人自由发展”的社会空间。我国目前还处在社会主义初级阶段，教育的重点是普及，是“有教无类”。但在拓展“有教无类”的教育空间时，“因材施教”又凸显出来了，这是经济发展的历史必然。走到这一步，就要想到这一步。所以，国务院及时制订了《国家中长期教育发展规划纲要》。

《白虎通》里面就讲了："五人曰茂，十人曰选，百人曰俊，千人曰英，倍英曰贤，万人曰杰，万杰曰圣。"杰，杰出。要独特、独立呀。什么叫独特、独立？他有独自的特点、优势和特长，你要顺势让他立。刚才破了，现在让他立。立，不是普通的立，不是常规的立，不是按一个模式去立，而是独特、独立。这个独特，既有个人的特色，更有民族的特色。其中，中华民族的特色本身就是一个巨大的教育资源，就像孙悟空那个"势"。这种资源要开发，要像须菩提那样去开发。这需要有高瞻远瞩的境界和心量，又要有一定实力，这里不可忽略的是十三亿人的合力和执政党的凝聚力。

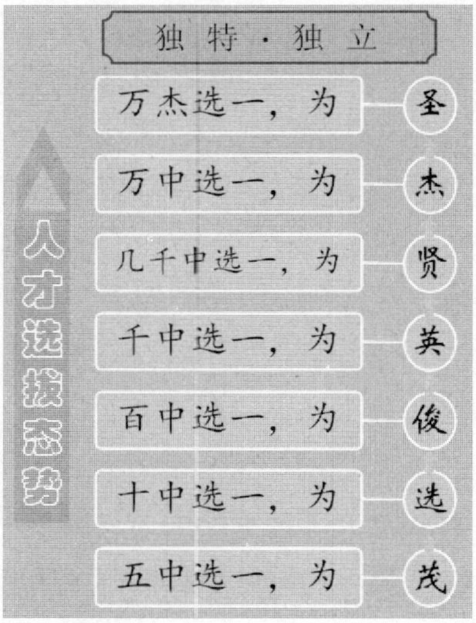

我觉得，我们的教法、我们的教育方针很关键。现在呢？老是有一个东西：学生不能有缺点，不能有瑕疵。我们用人，这个人有缺点就不敢用，只看到他有缺点一面，看不到他有独特的一面。如果能顺着他独特的这个势去让他立呢？给他一个发挥的空间呢？给他一个施展的机会呢？我们没有这样做，而是用一种模式：只喜欢听话的，只喜欢老实的。不错，人人都要老实，人人都要听话，但是，听什么样的话？怎样听话？怎样才叫老实？上世纪六十年代倡导"做老实人，办老实事。"但"老实"一词的含义很模糊，模棱两可，所以实践中让人无所适从。我觉得这里面有东西。孙悟空就有他老实、听话的一面，也有他不老实、不听话的一面。许多贪腐的官员就是利用了这种盲目的"老实"，而我们这种"老实"也帮了贪腐的忙。今天的贪官屡打不止，就是因为部属太老实了。这种老实，只是忠于某个人，而不是忠于党，忠于人民。这种老实，其实是一种滋生腐败的土壤。

这里面有很多东西呀，每一个字都值得玩味。本讲座为什么原名"我读"？这是思维方式的问题，大家都用这种思维方式去读经典、读名著，会读出很多好东西来。我们的文化做来做去，只是一个万里长城，只是一个"四大名著"，只是一个孙悟空；玩来玩去，"四大名著"又再拍一次：《三国演义》要重拍，《红楼梦》要重拍……问题是，拍出原著中的妙味了吗？上海世博会中国馆的总设计师说：天安门现在谁都说好——

它本身就很好。如果你再来仿造一个天安门，大家可就有议论了——简单的模仿总是滞后的。

还有一个教育思维问题。现在强调教育资源要公平，要解决学生择校问题。我认为问题不在这里，而在办学思维上：教育资源绝对平均，也要有阶段性，不要绝对化；既要有模式化的教育法，也要有特殊化的教育法。应该考虑开办各种有特色的班或学校。这种学校，不是有钱者就可以上，家长有门道就可以上，而是学生有特长、有悟性才可以上。须菩提第一次登坛说法，发现只有孙悟空一个人听出了妙音，所以深夜单独教授；发现他腾云不得要领，不是去纠正他的动作，而是就他的势，教他一个“筋斗云”。因势利导，因材施教，哪有不出杰出人才的道理呢！关键问题是：杰出人才要有杰出的教法。

真言与心态

再看“捻着诀，念动真言”，这个看起来是做不到的事，这很难。什么叫真言？什么叫真？这与那个动作要领、运动方式是相关的。动作是讲行为方式，真言是讲思维方式，是讲心，而不是讲表面的。真言，真在哪个地方？在心里。是什么心？就是《心经》中讲的“观自在”，时时观照自在不自在。自在，即自性在做主，就是真我在当家，而不是假我在当家。一句“观自在”就是真言。有了这句真言，十万八千里做得到吗？做得到，玄奘大师就做到了。为什么？玄奘大师只身一人，长途跋涉，经过了那么多无人区，经历了多少艰难险阻！对我们常人来说，这比十万八千里还要遥远，还要难，是不是呀？做不到嘛。有多少人能做得到？所以，一个筋斗云十万八千里，只有孙悟空能做到；西行取经，也只有玄奘大师能做到。

二者相比，是孙悟空的筋斗云难，还是玄奘西天取经难？譬如有人要写一部科普文学作品，想像人类遨游宇宙；而又有一人拟订人造卫星登月规划，二者孰难孰易？显而易见，后者比前者不知要难几百倍、几千倍，乃至几万倍，因为这是真正的科学。前者可以随意虚幻，无须对谁负责。而后者必须保证准确无误，甚至要做到零误差。中国人已经做到了：神五、神六、神七已经遨游太空了，翟志刚太空行走了，嫦娥一号、二号也成功发射了。

什么叫真言？我们读书的目的是什么？我觉得，就是为了一个“真”字来的。首先要读原著的真味道，才能启迪你的真自性、真聪明（真聪明就是智慧），打开自己的真思路，开创自己的真事业，释放自己的真能量，这样才真正是梦想成真。这个真，并不是像我们念《大悲咒》这样去简单的诵读："南无喝啰怛那哆啰夜耶南无阿唎耶……"这是一个引导的东西。念《大悲咒》的时候，你要静心念。你静心了，这个咒就是真言；如果你念的时候，心里是杂念，还在胡思乱想，那就不叫真言，那是假的。道理非常简单，就是这样：静心念就是真言，有杂念就不是真言。同样的念法，还是在于"世上无难事，只怕有心人"这个"心"字上。

为什么玄奘大师能做到？关键在他的心态，他求经、求法的心非常坚定。为什么遇到妖魔就念《心经》呢？为什么说《心经》就是真言？观世音菩萨教他，遇到妖魔就念《心经》。有一次，玄奘大师在一个寺庙里面住宿，遇到一个癞和尚，生了一身癞疮，玄奘大师恭恭敬敬地为他护理，治好了才重新上路。实际上这个癞和尚是观世音菩萨的化身，教了他《心经》。以后，玄奘大师每碰上妖魔，他就念《心经》，妖魔就散了。这个《心经》就是真言呐。它是一种比喻，实际上就是有一种好的心态，有良好的心理素质。心里有杂念、有恐惧时就会生魔，就会生恐惧；《心经》一念，心清净了，杂念没有了，魔也就无影无踪了。这种心理态势，既有打不退的初心（愿望），又有打不垮的决心、信心和恒心，也就是自性和自信。

保持这样一种好的心态，你就能得到一种觉悟：觉悟到世间，觉悟到世事，觉悟到自然（掌握了规律）。那么，一般人办不到的事，你能办得到。难和易的辩证法就在这里面了。上个世纪，我曾在一本书的"前言"中写过这样一句话：什么叫难中之难？什么叫易中之易？什么叫易中之难？什么叫难中之易？全在乎一心（"总结语"中有详尽的表述）。做事，做到这种境界也是一种其乐无穷。读书，读出这个味道就有意思了。

两种求法动机

大众听说，一个个嘻嘻笑道："悟空造化！若会这个法儿，与人家当铺兵，送文书，递报单，不管那里都寻了饭吃。"

你看，这是众人的看法：你学了这个筋斗云，给人家通风报信，无论到哪个地方都有饭吃了。大众只是把这个筋斗云当作一个养家糊口的饭碗，学法就是为了讨一个饭碗而已。这是世俗的看法。作者又写到了世间法，世间人读书就是为了找一个饭碗。以前只要上了大学，当了官，就有铁饭碗，所以那时常批“读书作官论”。其实，读书为作官谈不上论，只是世俗的见识而已。现在铁饭碗打破了，但是更想要银饭碗、金饭碗。有什么样的求法动机，就有什么样的心态；有什么样的学习目的，就有什么样的学习动力和效果。

须菩提对其他弟子与对孙悟空不一样。这里面有两个传统教育观念：一是因材施教，一是有教无类，这两者实际上是一个对立统一的矛盾体。因材施教：对不同的人才、不同的弟子、不同的根基，施行不同的教育方法，授予不同的教育内容。对孙悟空可以教筋斗云，但是对众人就不能教，原因是什么？这与有教无类不是有矛盾吗？实际上并不矛盾，因为有教无类是指所有人只要你愿意来学，都可以教。但是，是不是对每个人都可以用同样的方法来教？用一种模式来教？学一样的内容？作一样的要求？不是这样，这又要因材施教，这二者的关系要搞清楚，要处理好。

我们今天普及教育，在教育公平、有教无类这方面做得还不够，不过有时候做得又过了一点——千篇一律，因材施教则太不够了。我们都在呼吁教育公平，却很少去呼吁因材施教。须菩提对孙悟空的那种跨越式的教育方式，我们应该呼吁。只求有教无类，不求因材施教，还是出不了杰出人才。我认为，有教无类，是所有人都享有受教育的权利；因材施教，是教育的方法、教育的手段。只强调某一面是不够的，是偏颇的。因材施教，不是不公平，不是不平等，不是！如果因为绝对的平等和公平而浪费了杰出的人才，便造成了另一种意义上的不平等和不公平。当初须菩提升座说法，对每个弟子都是公平的，是“有教无类”，为什么只有孙悟空这样的一个旁听生听出了师父讲的“妙音”？仅仅是孙悟空聪明吗？这里有了答案，关键是学习的动机。即使教育资源的分配是公平的，也不能保证教育的效果是一致的。由于过分强调“有教无类”，而使那些真想学、学习目的明确的学生被埋没，同样是一种不公平。

“师徒们天昏各归洞府”，这里不多说了，已经很清楚了。众人的心态是什么心态？师徒之间的交锋怎么样？心心相印。众人的心态对不对？都是须菩提的弟子，那须菩提去呵斥他们了吗？批评他们了吗？没有，他不批评。为什么？这就可以了——众人都是为了寻一碗饭吃。人人都去寻求大道，有多少人有这种根性呢？你想去纠正，但是纠正不过来呀。

有些东西（如境界）是从自性中来的，不是教出来的。所以，众人的这种心态表现为一种社会众生态，不要呵斥，不要纠正，不要批评。物质不要互相攀比，境界和悟性上的东西也不要一刀切，为什么呢？这是人之常情，不要违背。违背了，人们会无所适从，无法理解，也无法接受：我做什么好呢？他没有到这个境界。但是到了关键的时候，他根性显现，自然就上升到那种境界，自然就能做到。不要急，不要人为地去纠正，不要拔苗助长，否则会适得其反。不要这样！这里面讲得很清楚，我们要读出这里面的东西，里面有很多的机关呐。

“这一夜，悟空即运神炼法，会了筋斗云”，一夜就学会了。“逐日家无拘无束，自在逍遥，此亦长生之美。”

由此读出了什么？读出了须菩提与孙悟空之间教与学有玄机，有妙处，同时与众师兄作对比。孙悟空与众师兄的区别在哪个地方？孙悟空：我要求长生不老之法；而大众呢？就是讨一碗饭吃——今天有饭吃，我就能生存；没有饭吃，我就不能生存。很简单，就是求一个生存，过一种普通人的生活。孙悟空呢？我要生活得更好，而且要长生不老地生存下去——二者的境界区别就在这个地方。《论语·宪问篇》曰：“君子上达，小人下达。”《朱熹集注》：“君子循天理，故日进乎高明；小人徇人欲，故日究乎污下。”孙悟空与众人不也是“上达”与“下达”的区别吗？所以，同样是自己的弟子，须菩提对不同的弟子有不同的要求，有不同的教法。

值得我们学习的是，不仅仅要看到须菩提对独特的人才给予独特的教法，同时对大众（一般的弟子）也有他的一种教法：众人有众人的思维方式，这是人之常情、人之常理、人之常道，也不能去折腾，去盲目拔高，没有必要；要顺其自然，顺其常情。所以，对教学标准、教学要求的把握有两个：一是人与人之间有区别，教学标准不一样；二是同一个人身上，成长过程中有前后的阶段性，这也要有不同的标准和要求。这种教法，难道仅仅只是神仙之法吗？只是佛法吗？只有神仙才能做得到吗？只有佛菩萨才能做得到吗？不是，这是世间法，我们都能做得到。《西游记》不是写给神仙看的，也不是写给佛菩萨看的，是写给我们人看的。

须菩提教了孙悟空七十二般变化，又教了孙悟空十万八千里筋斗云，那么，孙悟空学得怎样呢？他是不是已经学到长生不老之法了呢？须菩提对孙悟空还有哪些考验？是不是还要教他新的道术？我们接下来看。

前世缘法

一日，春归夏至，大众都在松树下会讲多时。大众道："悟空，你是那世修来的缘法？前日老师父附耳低言，传与你的躲三灾变化之法，可都会么？"悟空笑道："不瞒诸兄长说，一则是师父传授，二来也是我昼夜殷勤，那几般儿都会了。"

众人认为悟空是前世修来的缘法，所以能得到师父的秘传。悟空真的是前世修来的缘法吗？前世我们确实看不到，只能是猜想，大家从理论上认为有前世，认为有多生多劫，但是谁都没有看到过。即使有，那还要等到能穿越时间隧道去寻找。但是，有一个东西是我们在现阶段就能寻找到的：为什么孙悟空能得到师父的密传？为什么师父每次只教孙悟空一个人？为什么孙悟空每次一学就会？

大众认为这是前世修来的缘法，我觉得，这是宿命论。我们今天批判宿命论，怎么去批判？仅仅从主观上、从理论上去批判？我认为，这个宿命也是一种主观愿望上的东西，如果我们还是从主观意识上去批判的话，还是空对空（都是看不到的东西）。一个说有，一个说无，你拿一个东西来看看？我觉得，说有也好，说无也好，我们还是从客观现实出发。

现阶段我们能看到什么呢？能不能找到一个前世的缘法呢？能不能找到一个比对——孙悟空能学到，我们也能学到？能找到这个不是更好吗？实际上有，我们把这个地方的"大众道"与紧接上文的"大众听说，一个个嘻嘻笑道"的那一段话作个比对，就出来了——已经给出回答了。

前文中，大众看到孙悟空学筋斗云十万八千里，他们首先想到的是什么？他们与孙悟空想的有两个不一样：一是孙悟空想的是求长生不老法，众人想的是找到一个饭碗，以后凭着这个筋斗云可以讨一碗饭吃——思想境界已经对比出来了；二是众人认为这是孙悟空前世的缘法。这个前世，实际上就是人生已经走过来的前生。今年你20岁，那么20岁之前的人生就是你的前世。孙悟空从石头里出生以来的经历，就是他的前世。我们应该这样来看，打一个时间差，作一个时空转换。

什么是前世、今世与来世？我曾经做过一种比喻。那是在一次讲座上，有人提到了这个问题。正好讲台上有三支油笔，我随手拿起一支笔竖立在讲台上，说："假设这是一棵松树，我们问它：'你有前世吗？'松树说："我有。"我又拿起另一支笔竖立在讲台上，说："前边这棵古老的松树就是我的前世，我是它的种子的化身。"再问："你有来世吗？"松树肯定地回答："有。"我再立起一支笔在讲台上，说："这边那棵小松树是我的来世，它是我的种子的化身。"松树回答了我们的问题，但要真正理解人生的前世、今世、来世及前世之缘，又要靠我们每个人理性的思辨、科学的想像力，乃至"既济""未济"、常与非常的智慧。再回到现实生活中，你会确信无疑地看到了自己的前世之缘。每项成功与失败、祸与福、得与失，都与自己的人生经历有着千丝万缕的联系，一切缘都在当下。

长期以来，你的心态、你的境界、你的世界观、你的人生观、你的价值观、你的幸福观是怎样形成的？其实都是在每个人的经历、生存环境和教育背景下形成的。这种形成的条件和过程就是我们常说的缘，缘就是这种无形的东西。

今天，我们在同一个单位、同一所学校，做同一样的工作，从事同一样的职业，执行同一样的任务……结果都有差别，都有距离，有的差距甚至于拉得很大：有的做得很出色，有的做得一般，有的甚至做得不尽人意，这个差别在哪个地方？难道仅仅是能力问题吗？是技巧问题吗？是技术问题吗？不是！我们都会认可一个东西：除了一种外在的缘，决定的因素是心态问题。

这不是唯心。一个人能力再强，如果他的心态不端正，他的能力就在做减法（能力在减少）。一个人能力虽然欠缺一点，但是只要他的心态好，他的能力就在做乘法（超常发挥）。不仅仅做领导的有这种体会，做老师的有这种体会，实际上我们每一个人都有过这种体会，甚至连小学生都会有这种体会：为什么其他同学的成绩好而我的成绩差？不是他比我聪明，不是说他就是天才，我就是蠢才，不是！主要是学习态度的问题（还是心态的问题）。态度、态度，就是心态。

那么，学习态度从哪里来？从学习目的中来。众师兄来跟须菩提学法、修道，都是为了找一碗饭吃——我不需要那么用功，我也不求长生不老。所以，他们只是被动地依赖于外在的"缘"，而忽略了自主的"心"。可惜呀！让须菩提这样的高师来教他们，难怪要七八年才给他们讲一次——讲多了没作用；难怪只是讲"外像包皮"了——讲深了听不懂。学习目的决定学习心态，学习心态决定学习效果。

你看，祖师"说一会道，讲一会禅"，讲深的东西，孙悟空听出了妙音，其他人为什么听不出来？他们还是师兄。师父讲"外像包皮"，讲这些表面的东西，孙悟空不断提问。这就不一样：一个是目标渺小，眼光短浅；一个是目标远大，理想远大，眼光远大。他们的目标有差别，所以二者的能力就有差别，目标与能量的发挥几乎成了正比。这个缘是什么？我们在比较自己不行而他人行的时候，老是说：他的命好，他前世修得好；我命苦，我只好破罐子破摔了，我再努力也没作用——这都是找借口，甚至于是懒人找借口。这里已经破除了这些东西，你从文章的前后衔接就看得出来。作者为什么写这些话？为什么写孙悟空要那样写，而写众人则是"寻了饭吃"？作为吴承恩，为什么要把众人贬得这么低？接着，众人又把成功归结于什么？前世的缘份。羡慕是羡慕，但是没有人去效仿，去追求，去学习，没有！因为他们被一个外缘所遮障，看不开，也就发挥不开。

这是一个世界观的问题。本来每一个人的能力都差不多，宿命论、宿命论，一下子就把自己的能力、自己的能量、自己的前途压缩在一个狭小的空间里面，宿命论成了缩命论。是谁压缩的呀？是自我压缩的，自己把自己局限在里面了呀。孙悟空的本事是从哪里来的？他是自己把自己的心态、心量、理想放大了，人家没想到的他想到了。众猴没有想到的，还在那里盲目快乐的时候，他有忧患意识，他想到了长生不老。那个众猴与这个众人都是一样的，这是很强烈的对比，这个对比给了我们很多的启发。

也许有人认为我讲得多了，但是我自己认为讲得不多，因为我这是自己检讨自己。这不是他人的体会，而是我自己的体会。我已是一个花甲之年的人了，我在我这一个花甲缘法里，经历了多少的思考？打了多少问号？我自己问自己：我为什么不行呀？我的命运就比其他人差？我经常自己考问自己，我就是这么考问过来的。这是我人生的体会，这些就是我的前世之缘。许多读者向我咨询，其实都是心理问题，这些心理问题都是社会心理，所以我要多讲一点，不要让我们的老前辈在这里白写了两句话。

昼夜殷勤——孙悟空的神通

我们再来看看悟空，他是怎么回答的。悟空笑道："不瞒诸兄长说，一则是师父传授，二来也是我昼夜殷勤，那几般儿都会了。"从表面上看，他很狂傲，也很得意，但是这里面他有分寸，分寸是什么？就是客观。从客观上来说，一是师父教我的，这是外因；还有一个因素，我自己"昼夜殷勤"。我们现在讲殷勤，是对他人殷勤，而他是对自己殷勤。我们今天讲善待自己，"昼夜殷勤"就是善待自己。有人讲，善待自己，就是让自己吃好的，喝好的，穿好的，玩好的……孙悟空不是，他这个殷勤可是刻苦磨练呐：别人都睡觉了，他还在数呼吸。这个用功用得很辛苦呀，就像慧能大师一样，为了求法，“辛苦受尽”。这些都是孙悟空的前世之缘，而这种缘都在“昼夜殷勤”的分分秒秒之间。

这是哪一世修来的缘？这个缘是什么？前面是众人的话——自己给自己做了铺垫；这里孙悟空直接回答了这个问题。哪一世？其实就是今生今世，就是我现在这一生。再则，时间讲得非常具体：自我出生以来，昼夜都是在殷勤对待自己——“我昼夜殷勤”。“昼夜”对“那世”，“殷勤”对“缘”，正好对上了，给了圆满的回答。

这是不是回答？还有什么他的命好，我的命差，我就消极，我就被动，我就悲观？悲观是自己的事。我为什么要悲观呢？如果说他的神通我学不会，他的“昼夜殷勤”我也学不会吗？这个“昼夜殷勤”，我们每个人都能学得会。如果把它说成是神通：那是前世多生多劫的缘法，那我没有办法，现在我弥补不上，枉费了前世，我来修今世吧。能有这么一个想法也不错，但是有的人连这个想法都没有，是不是呀？孙悟空给了回答，并且回答得非常对称，比标准答案还标准，但不知今天的老师们怎么评分？

大众道：“趁此良时，你试演演，让我等看看。”要人家试试给你看，你自己为什么不想去试试呢？这就是众生态呀。从这个地方可以对比得出来。我们可以对照自己的心态——无论你是什么身份、什么地位，都可以自己去照镜子，看看自己是哪一种心态，那你就能预测到自己的前景、自己的能量、自己发挥的空间。要看你以后的成功，只要看看你现在这个当下的心态就行了，就能看到你后面的成功和前途。你为什么是这种心态？如果这是你前世的问题，那好，前世枉费了，我们来修今世。从哪里修起？从“昼夜殷勤”的当下修起。

二十几年前，当我的境遇开始好转时，我给自己定了一个标准，即：天天有事做，月月有钱花，年年有进步。天天有事做，不怕没有饭吃。这几年常受邀为企业讲课，每次都是坐大飞机，坐头等舱，住大宾馆，所以又有一种心得：我为社会做事，社会为我买单。我每天所做的，就是孙悟空的那句话——“昼夜殷勤”。我能做到，你们更能做到，而且一定会做得比我好，要有这种自信。

以前，我总以为七十二变化、十万八千里的筋斗云是孙悟空的神通，今日我才恍然大悟：原来孙悟空真正的神通是“昼夜殷勤”。为什么？试想，没有这种“昼夜殷勤”，他的七十二变化和筋斗云能学到手吗？根据这一逻辑推理：只要我们做到了“昼夜殷勤”，便能像孙悟空那样神通广大。不信？先试试！

本章将孙悟空比作“勤龙”。这里有一个看似平常，但又非常微妙的哲理：孙悟空把“昼夜殷勤”看作是成功的“缘法”。这种缘法不是前世所修，而是今世的前生所修，是在日常生活的昼夜勤勉中修。孔子告诫弟子要“敏于事”，即“勤于事”，勤则敏，敏而捷。一个比别人勤快的人，对事物和机会的反应也敏锐。反应敏锐，就会捷足先登，占据成功的先机。先机、先机，勤要先于机。如果有人要问：“孙悟空，你学了七十二变化，又得十万八千里筋斗云，这种幸运是哪世的缘法？”或者直接问：“你的幸福是哪世的缘法？”标准答案是什么？已经一目了然？人人都能回答——昼夜殷勤。

第五章

口开神气散——或龙归洞

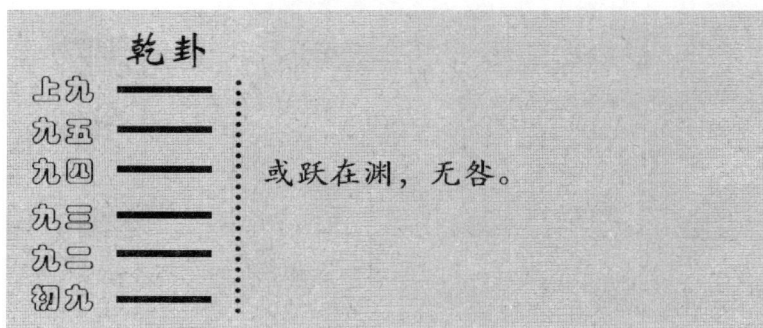

乾卦		
上九	▬▬▬	
九五	▬▬▬	
九四	▬▬▬	或跃在渊，无咎。
九三	▬▬▬	
九二	▬▬▬	
初九	▬▬▬	

卖弄手段

“悟空闻说，抖擞精神，卖弄手段道：‘众师兄请出个题目，要我变化什么？’大众道：‘就变颗松树罢。’”从表面看，从外相看，孙悟空在这里卖弄。有没有卖弄的意味？有。孙悟空学到了七十二般变化嘛，当然想卖弄卖弄。但是我们要看到，卖弄要有卖弄的资本，众人连卖弄的资本都没有。卖弄是不是一个贬义词？是一个贬义词，但是我认为，又不完全是，从某种意义上讲，它又有褒义的一面。为什么呢？他有卖弄的资本。如果每一个人都有这种卖弄的资本，又有什么不好呢？

有一次，我孩子正在打棋谱（围棋），他当时才上幼儿园。有位喜欢围棋的高中老师来了，孩子也不打招呼，我只好表示歉意，说孩子不懂礼貌。谁知这句话惹来了一顿善意的批评：亏你还是教书的，怎么这样教育孩子？培养他学围棋，首先要培养他这种旁若无人的狂傲。没有一点狂傲，怎么与人争胜负呢？犹如一顿棒喝，使我恍然大悟，猛然间发现了自己以往家教思维上的误区。

对于骄傲，以前我有误区，我自己就是这样过来的：从小学到中学，每一学期的成绩单上都有一句评语——“骄傲自满”之类，我老是改不了。那位老师一席话使我回头一想，我把自己的好东西当成了糟糕的东西。所以后来教育自己的子女时，过多地压抑了子女骄傲的东西。现在回过头来总结：孩子时代就是要骄傲一点，这个骄傲不经历不行，为什么？要有骄傲的资本才行。那时候，不但班主任喜欢我，连校长也喜欢我。中学校长曾当着全班同学，说我有潜力。这就是骄傲的资本。我认为，这里要透过“卖弄”这个词的表象，看到它本质的东西。经历了骄傲，就会慢慢成熟；压抑骄傲，就会压抑个性的发挥，压抑发展的空间。

“悟空捻着诀，念动咒语，摇身一变，就变做一颗松树。大众见了，鼓掌呵呵大笑，都道：‘好猴儿，好猴儿！’”变棵松树对孙悟空来说，当然并不为难。众人鼓掌，就是为了鼓舞自信，振奋精神。每个人既要为他人鼓掌，也要为自己鼓掌。老是为他人鼓掌，对待自己呢？就觉得很惭愧，很自卑，这不行！为他人鼓掌的同时，首先心里要暗暗为自己鼓掌：我也要像你一样。在崇拜他人的时候，不要一辈子崇拜这个、崇拜那个——只是崇拜他人，自己从来没被别人崇拜过，这不行。

山东有一位年轻的读者，多次给我来信，每次都是特快专递，表示他对我的崇拜。我很诚恳地给他回信说：你崇拜我，这对你没有用处。你要把对他人的崇拜变成对自己的崇拜，好好地去磨练自己。等你的事业成功了，一定会有人来崇拜你。崇拜对象要有这么一种思维转换。我们在为他人鼓掌时，要诚心诚意，要发自内心。在鼓掌的同时，要暗暗下定决心，要学会为自己鼓掌，目的是要学会崇拜自己。首先要得到自己的崇拜（自信、自尊、自强），才能得到他人的崇拜（鲜花和掌声）。

鼓掌也有学问。每次我走上讲台，听众一鼓掌，我就想起《易经》里面的一句话：“鼓之以雷庭，润之以风雨。”“鼓之以雷庭”，这是大自然里的现象；“润之以风雨”呢？要回到自己内心，要滋润自己的心田。

口开神气散

这时候众人一嚷闹，惊动了祖师，须菩提出来了。“祖师急拽杖出门来问道：‘是何人在此喧哗？’大众闻呼，慌忙检束，整衣向前。”众人都很恭敬师父。那么，悟空呢？“悟空也现了本相，杂在丛中道：‘启上尊师，我等在此会讲，更无外姓喧哗。’”众人很慌张，吓得无话可说，但是他呢？不慌不忙。本来众人的动作都很简单，是“慌忙检束，整衣向前”，而他呢？要现回原形，收住松树的相，还要回到本相，再杂到众人中去，然后再回话。但是他不慌不忙，说出的话有板有眼，还很讲究措词——“启上尊师”；说出了事由——“我等在此会讲。”意思是说，我们在这里讨论，不是在喧闹。而且他还讲，没有外姓人在这里喧闹，都是我们自己人。他把理由说得很充分，这一席话是其他人想不到的。可以看出，他的口才也很厉害。他不但是动作快，而且主意也来得快，什么都高人一筹。

为什么能高人一筹？这里有一个主动和被动的区别：口才和才能都不是天生的，关键是要争取主动。如何争取主动？还是孙悟空那句经典格言——“昼夜殷勤”，什么事都要主动去做，主动去想。只要做到这一点，人生处处就会主动。因为你有主动的资本，心里有底气。大凡努力付出的人，心里都很踏实，所以主动。还要主动去想。平时我有一个思维习惯，常常会触景、即物而联想出种种的愿景、规划，即使这些规划都是“画饼充饥”，是异想天开，尽管各种愿景、规划都是借鉴他人而联想的，这样有什么好处呢？一是有榜样可循，二是积累。头脑储存得多了，等于有了心理准备，机会来了，遇事就会从容应对，信手拈来。

祖师怒喝道：“你等大呼小叫，全不像个修行的体段。修行的人，口开神气散，舌动是非生，如何在此嚷笑？”这里讲的东西很关键：修行人不要轻意开口，要净口业。这个口业是什么？嘴一张，正经地讲经说道，说正常的，说善语，这叫净口业。如果嘴一张，说出来的是脏话，是粗话，是不该说的话，那神气就散了。

“舌动是非生”，舌头一动，就生出是非了。这句话讲得非常好，对于修行人来说，摇唇鼓噪，唇枪舌箭，伶牙利齿，这不行，要考虑到你说的是什么话。有的人口才好，受到人的钦佩，受到人的尊敬；有些人的口才没有人认可，为什么？油嘴滑舌，挑拨离间，说这种话就属于“舌动是非生”。所以，祖师及时地来纠正。他看起来很严，但是把道理说得很清楚。

“如何在此嚷笑？”不是不能笑，是不能嚷笑，加了一个“嚷”字。纷纷嚷嚷，一是纷乱，二是扰乱，总之是一个乱。乱开口，乱鼓噪，都属于“嚷”，即社会的杂音。

从那里来，往那里去

这时大众又是怎么说的？“不敢瞒师父，适才孙悟空演变化耍子。教他变颗松树，果然是颗松树，弟子们俱称扬喝采，故高声惊冒尊师，望乞恕罪。”祖师道：“你等起去。”好，你们走吧！不追究你们，没你们的事了。这一次又是叫住孙悟空：“悟空过来！我问你弄甚么精神，变什么松树？这个工夫，可好在人前卖弄？”祖师接着说出了理由：“假如你见别人有，必要求他；别人见你有，必然求你。你若畏祸，却要传他。若不传他，必然加害，你之性命又不可保。”这就看出师父对悟空的关心。

悟空叩头道：“只望师父恕罪！”祖师道：“我也不罪你，但只是你去罢。”我不处罚你，你走吧，我不再教你了。悟空闻此言，满眼堕泪（流泪了）道：“师父，教我往那里去？”祖师道：“你从那里来，便从那里去就是了。”读到此处，掩卷瞑目，设身处地一想，想到真情处，听师父一句要他走人的话，泪水也就漾满眼窝了。从此师徒相别，何时才能相见？其实，孙悟空保护唐僧去西天取经时，应该见到了如来佛身边的须菩提，可惜作者没有留下这一笔。是作者的疏忽，还是别有他意？

悟空顿然醒悟道：“我自东胜神洲傲来国花果山水帘洞来的。”祖师道：“你快回去，全你性命；若在此间，断然不可！”悟空领罪：“上告尊师，我也离家有二十年矣，虽是回顾旧日儿孙，但念师父厚恩未报，不敢去。”祖师道：“那里什么恩义？你只是不惹祸，不牵带我就罢了！”我也不要你感恩，你只要不惹祸，不牵连我就行了。

悟空见没奈何，只得拜辞，与众相别。祖师道：“你这去，定生不良。”祖师早就预计到了。这个预计是一种神通吗？不是，这是从他的作为、他的性格、他现在修行的境界判断出来的：你有本事嘛。本事大了，心性修养却未同步精进，难免会惹事。

“凭你怎么惹祸行凶，却不许说是我的徒弟。”祖师提出了一个戒律。仅仅给孙悟空规定一个戒律还不行，还必须来一条厉害的：“你说出半个字来，我就知之，把你这猢狲剥皮锉骨，将神魂贬在九幽之处（地狱里面），教你万劫不得翻身！”孙悟空最怕的就是这个，他来就是为了长生不老，那还得了？所以，须菩提就用他最怕的那一招来吓唬他。这么高的祖师，用了这么俗的一招，但是他不得不这样做，这是有针对性的。悟空道：“决不敢提起师父一字，只说是我自家会的便罢。”

从这里可以看出，师徒两人在二十年间有这么多经历，在这种情境下，以这样一种方式分别了。这是须菩提理想的结果吗？我们可以想像到，这不是他理想的结果。但是，须菩提是不是有一种遗憾呢？哎呀！这个弟子我没有教好。没有！须菩提绝对不会有遗憾，他只是吓唬吓唬孙悟空。为什么用一种俗的方式来吓唬他？这又应了《易经·谦卦》里面的一句话，这句话在《坤卦》里面也说了——“无成有终”，这又是前面讲的阶段性。孙悟空虽然目前还没有达到须菩提想要引导的那种境界，还没有真正修成正果，但是，目前的“无成”会成就他日后的“有终”——他最终会成正果的，这是一个阶段性。现在为什么赶他走？就是要他去经历：浪子回头是个宝，就是要你去浪。你不浪，你还不会回头。这个道理非常简单。

有一些年轻人，做了一些不如意的事或者越轨的事，我们不要歧视他们，整个社会都不要歧视这个群体。只要有一个良好的教育方法、教育环境，他们都会成为有用之才的。父母要有这种心态，老师要有这种心态，全社会都要有这种心态，这才是一个和谐的社会。和谐的社会，实际上就是有一种宽容的社会环境，有一种宽容的社会心态。

什么宽容的心态？人有千差万别，人人都有各自不同的东西：如文化背景、受教育程度、性格、习气等等，都有差别。所以，对待不同的人，我们不能千篇一律，用一个标准去要求。对每个个体的人，我们要看到他发展进步的阶段性。在他失败的时候，要看到他的成功；在他受挫折的时候，要看他的进步；从他的缺点里面，要看出他的优点……这就是一种宽容的心态，这样才能达到和谐。否则，和谐还是一句空话。为什么？如果都是以个人的主观喜好去要求他人，这样就很难和谐相处。要客观地对待每一件事、每一个人，也要客观地对待自己，这很关键。

我们要思考一个问题：须菩提有这么高的境界，他肯定看出孙悟空日后要惹祸——“定生不良”。这个地方，我们要看出他有一个“无成有终”。在现实生活中，我们要运用上“无成有终”，既对他人，又对自己。无论什么事，成功（终、结果）的前面都要经历一次次的“无成”，要经历过多次失败。但是，关键一点是志向问题。这里所说的“成”是大成，是“既济”、“未济”的“成”。这是一种高境界、大智慧。

前面讲到：“你去吧。”到哪里去？“你从那里来，便从那里去就是了。”这句话非常关键，这里有喻意，是一语双关。从表面上看，你是从东胜神洲傲来国花果山水帘洞来的，你还回到那个地方去。实际上呢？是回到你的本性上去，即回到当初“人若骂我，我也不恼；人若打我，我也不嗔”的本性上去。你的本性是“人之初，性本善”，你是得了天真地秀、日月精华的，你是自然生的（每个人都是大自然的生物）。回到你的本性上去，回到你的天真中去，这就是“无成有终”的深层涵义——你暂时无成，但是最后会成正果的（终）。文中都有回答，都有谜底！

孙悟空告别了须菩提祖师。这一次回去，他再也不需要坐竹筏了，再也不需要经历那么多艰辛了，很简单，就是“捻着诀，丢个连扯，纵起筋斗云”，不消一个时辰就到了。

回到花果山水帘洞后是什么景象呢？当年你在水帘洞的时候，有那么大的威风。但是，当你美猴王不在的时候，你的猴子猴孙生活得怎样呢？他们受欺负了，许多猴儿都成了人家的俘虏，连水帘洞也属于人家的了。

是谁侵占了水帘洞？是“混世魔王”，他也住在傲来国。他住在北边的山上，可见，花果山是在南边的山上。那里也有一个山洞，叫“水脏洞”。而孙悟空的山洞，叫“水帘洞”（瀑布像帘子一样挂在那里而得名）。实际上，这个“帘”字还有一个谐音，叫“廉”（清廉、廉洁），与“脏”字对比。所以我一再强调，作者老是巧设机关，这个机关总是一正一反，老是在那里设对比的东西：这里一个是显的，另一个便是隐的，隐的那个需要你去读出来。隐藏了什么呢？一北一南：水脏洞在北，北为阴；水帘洞在南，南为阳。如果仅仅只看到了显的，读不出隐的，里面的东西一带而过，就读不出其中的真味了。

这里面很有意思，你看，水脏洞是在“陡崖之前”。里面的环境很鄙陋，外面的环境也很险恶，那是个很陡峭的山崖。水脏洞里面是脏的，外面是陡峭的，有凶险。一个“陡”字，就描写了它的外部环境。给它取个名，叫“水脏洞”。水帘洞里面是那么好，是福地洞天。外面呢？是瀑布、飞泉。那多壮观！这又是一种对比。还有一层对比：水帘洞的猴王名曰“美猴王”，水脏洞的妖王名为“混世魔王”。这不是随意取的一个名字，而是前后环环相扣，一环扣一环，正好是一正一反。

当然，到底谁胜谁负，我们不难想像。尽管那个妖王自称是“混世魔王”，孙悟空还是很轻松地就将他打败了，反过来把“水脏洞”也收服过来了。这时他回到了自己的水帘洞，当然又是一番热闹：众猴为他接风洗尘，他为大家讲述自己求道的经过。

本章以“或龙”为喻：是哪种“或龙”呢？这里的“或”，不是或者的或，而是困惑、迷惑的惑。此时的孙悟空，再也不是当初来求学时的孙悟空了。那时的孙悟空，由于“无性”而能听出“老师父的妙音”，能打破师父的“盘底之谜”，此时呢？他已迷在“七十二般变化”上了，换句话说，他开始迷信外在的神通了，被自身“无穷的本事”困住了。不过，在师父跟前，他不可能有大的出格行为，只是出现这种苗头而已，他自己全然不觉。但是，师父须菩提早已看出了端睨，所以，第二次论道时已经提出了警告，这一次已是不能容忍了。可见，幸福的人生中，也会伴随着种种困惑。没有困惑就没有解惑，没有解惑就没有觉悟，没有觉悟就不能自由自在，没有自在也就达不到幸福的最高境界。还是前文所讲的，心中的迷惑释解了，心态平常了，此时，“或跃”也幸福，“或渊”也幸福。真正的幸福感是不会受外境影响的。幸福感也是一种禅定的境界。人生每到这种“或龙”的瓶颈阶段，更需要一种定力。定在哪里？定在一种乐观向上的心态上。

那么，接下来这条“或龙”又会乘上哪条龙呢？

第六章

花果山的山大王——飞龙在山

乾卦

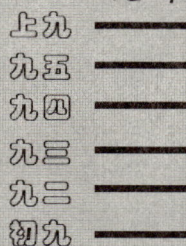

上九 ▬▬▬
九五 ▬▬▬
九四 ▬▬▬
九三 ▬▬▬　君子终日乾乾，夕惕若厉，无咎。
九二 ▬▬▬
初九 ▬▬▬

水帘洞的长治久安

我们再来看第三回，题目是“四海千山皆拱伏，九幽十类尽除名”。我们主要看“四海千山皆拱伏”这一节，就是说，花果山乃至傲来国的众生都来归顺于孙悟空了。

这里讲到孙悟空学法回来，也算是荣归故里，回来后不但收服了一个水脏洞，还得了一口宝刀，所以天天带着自己的群猴“操演武艺，教小猴砍竹为标，削木为刀，治旗幡，打哨子，一进一退，安营下寨”。他回来后，不但操演自己的部下，操演自己的兵马，而且这个操演有进有退，有进攻有防守，怎么样安营下寨，用什么武器……就这样“顽耍多时”，到底多少时间？一句话就把时间带过去了。

“忽然静坐处，思想道”，本来操演的时候热热闹闹，此时作者写了动态中的操演，又要写静态中的思考。动起来是“终日乾乾”，静下来则“夕惕若厉”。什么叫夕惕若厉？就是晚上静下来的时候，便“吾日三省吾身”。他是怎么“三省”自己的呢？他思想道：“我等在此，恐作要成真，或惊动人王，或有禽王、兽王认此犯头，说我们操兵造反，兴师来相杀，汝等都是竹竿木刀，如何对敌？须得锋利剑戟方可。如今奈何?”请注意：《乾卦》中那句爻辞说：“终日乾乾，夕惕若厉。”表层有昼夜上的区别。深层则是阴与阳、动与静、显与隐、进与退的区别。千万不可拘泥于文字表面。

你看，他又有忧患意识。他是走上步，看下步；走一步，看三步。每到关键时候，他知道想什么。我常说：想得好，才能做得好。只有想得到，才能做得到。如果连想都想不到，如何知道怎么做呢?

孙悟空现在是一个头领。作为一个头领、一个主管、一个经理、一个领导，首先要考虑的是安全问题。国家首先考虑的是国防问题，这是大事。前面，他只是考虑了个人的长生不老；现在呢?他要考虑一个团队的长治久安。

“众猴闻说，个个惊恐。”你看，孙悟空又生忧虑——想到了。只要想到了，他就不会有惊恐。众猴没有想到，被他这么一说，所以惊恐。这个惊恐是从哪里来的?因为没有忧患意识，所以就没有心理准备；没有心理准备，就是被动地混日子。这里又有一个主动和被动的问题。《心经》上说：“无有恐怖，远离颠倒梦想。”什么是颠倒梦想?与客观规律相违背，就是颠倒梦想。孙悟空所想的是很客观的问题，不是颠倒梦想，是他该要想的问题。所以，众猴说：“大王所见甚长，只是无处可取。”

正说间，有四个老猴过来了，他们提出了建议。做为一个领导，孙悟空很能听取大众的意见。“大王，若要治锋利器械，甚是容易。”他们说，从这座山向东去，有二百里地水面，那个地方是傲来国的国界，“那国界中有一王位，满城中军民无数，必有金银铜铁等匠作（就是工匠）。大王若去那里，或买或造些兵器，教演我等，守护山场，诚所谓保泰长久之机也。”这四位老猴很老练，知道这些消息。悟空闻说，满心欢喜道：“汝等在此顽耍，待我去来。”他又是说做就做。

二百里地对孙悟空来说不算什么，很容易就到了。孙悟空看到那个城池里面，“六街三市，万户千门，来来往往，人都在光天化日之下。悟空心中想道：‘这里定有现成的兵器，我待下去买他几件，还不如使个神通觅他几件倒好。’他就捻起诀来，念动咒语，向地上吸一口气，‘呼’的吹将去，便是一阵狂风，飞沙走石。”

这一个飞沙走石，吹得“三市六街，都慌得关门闭户，无人敢走”，这时他“闯入朝门里”，直接找到兵器库，使一个分身法，把那些刀、枪、剑、戟、斧、钺、毛、镰、鞭、钯、挝、简、弓、弩、叉、矛搬一些过来了。怎么搬的？就是拔一把毫毛，变成许多小猴，每个小猴拿上几件，就搬走了。

从这个地方就可以看出孙悟空的变化，他的一些不好的陋习显露出来了。所以，须菩提祖师说他“定生不良”——他看出苗头了。孙悟空现在的行为，就是一种不良的行为。就是说，一个大闹天空的英雄，他也有这些瑕疵，也有一些不端的行为。

花果山的“山大王”

孙悟空搬来了兵器。“次日，依旧排营。悟空会聚群猴，计有四万七千余口。”真不少呀。“早惊动满山怪兽，都是些狼、虫、虎、豹、麖、麂、獐、犯、狐、狸、獾、狢、狮、象、狻猊、猩猩、熊鹿、野豕、山牛、羚羊、青兕、狡兔、神獒……各样妖王，共有七十二洞，都来参拜猴王为尊。”这一下子，七十二洞的妖王都来了，“参拜猴王为尊”——以他为尊，他成为花果山上的山大王了。

“每年献贡，四时点卯”，每年到了过年的时候，七十二洞都来向他献贡；每一天四时，都要点卯。哪四时？一年有四季，一天有四时，即子、午、卯、酉四时。点卯是什么？太阳起山为卯时，每天卯时点人数，故名“点卯”（某某某）。“也有随班操演的，也有随节征粮的（有后勤）。齐齐整整，把一座花果山造得似铁桶金城。各路妖王，又有进金鼓，进彩旗，进盔甲的，纷纷攘攘，日逐家习舞兴师。”每天逐家的习舞，兴师动众，今天到这个洞训练，明天到那个洞操演。

以前孙悟空只是水帘洞的小经理，现在已经是花果山的总经理了，下面有七十二家分公司——七十二洞。他这个总经理做的效果非常好，为什么？有人做事讲实力，什么叫实力？这就叫实力。有了实力就好办事，大家都服你。实力就是本事，他的本事是哪来的？不是天生的，是他自己学来的——出门求道二十年，不辞辛苦。回过头来看，如果当初他没有忧患意识，只知道每天吃喝玩乐，那他今天不但当不上花果山的总经理，说不定还打不过水脏洞的混世魔王，甚至还可能做了人家的俘虏，做了人家的奴隶；说不定“水帘洞”成了“水脏洞”的殖民地，“廉”的被“脏”的兼并了；说不定“美猴王”也要做一回“越王勾践”了。有没有这种可能？

不能说孙悟空就是天生的盖世英雄，是常胜将军，不是！他不是天生这样，他也是学来的，关键是他“昼夜殷勤”的结果。你看前面，他跟混世魔王打的时候，他使了一个什么法？“悟空见他凶猛，即使身外身法，拔一把毫毛，丢在口中嚼碎，望空喷去，叫一声：‘变！’即变做三二百个小猴，周围攒簇。”这就看得出来，如果他没有外出学法，不一定是混世魔王的对手。

现在，他成了花果山的山大王、总经理了，这里有两点很关键，是他从忧患意识中得到的：前一个忧患意识是求长生不老法；后一个忧患意识是找兵器，维护花果山的长治久安；再则是他从“昼夜殷勤”中得到的。

这是一种综合实力。他不仅仅有七十二般变化，也不仅仅有一个筋斗云，这还不够，同时他还有那么多兵将（四万七千余口）。他的兵将多，这也是一个因素。另外，他还有兵器。但是，最关键的因素是他善于管理。你看，什么人做什么事，上上下下有条不紊。他自己也很勤恳，天天带兵操演。他懂得管理，而且管理有序。用今天的话说，这是他的软实力。

看得出来，如果仅仅认为他有七十二般变化，他有一个筋斗云，那就错了。后面只是看到他有一根金箍棒，那也错了。他有综合实力，最关键的是，他有忧患意识，他有独特的思维方式。正因为如此，所以他懂得管理，懂得什么时候做什么事，什么时候说什么话，什么时候想什么问题——既有硬实力，又有软实力。其实，软实力比硬实力更重要，更关键。

今天当一位总经理，需要具备什么素质？要具备综合素质，还要有忧患意识，要有理性的思维方式。你的本事再大，如果只是一个糊涂虫——有勇无谋，这不行。不懂得管理也不行，部下再多，如果不懂得管理，还是乌合之众，一盘散沙。这是值得我们思考的地方。

还有一点要说明，忧患意识实际上是一种主动思维，一种积极思维。没有这种积极和主动，也不可能产生忧患意识。所以说：人生中，积极和主动很重要。如果说，自信比黄金更重要。那么，积极和主动则是建立自信的基石。

发展的思路

美猴王正喜间，忽对众说道：“汝等弓弩熟谙，兵器精通，奈我这口刀着实榔槺，不遂我意，奈何？”榔槺，是方言俗语，意思是不顶用的花架子。你们的兵器好，但是我这把刀，在混世魔王手里是个好兵器，在我手里就太“面”了。这时四老猴又来出主意了：“大王乃是仙圣，凡兵是不堪用，但不知大王水里可能去得？”悟空道：“我自闻道之后，有七十二般地煞变化之功，筋斗云有莫大的神通，善能隐身遁身，起法摄法，上天有路，入地有门，步日月无影，入金石无碍，水不能溺，火不能焚。那些儿去不得？”四猴道：“大王既有此神通，我们这铁板桥下，水通东海龙宫。大王若肯下去，寻着老龙王，问他要件甚么兵器，却不趁心？”悟空闻言甚喜，道：“等我去来。”

他不断地给自己提出问题。什么叫发展？什么叫进步？什么叫壮大？就是要不断地提出新问题。提不出新问题，整天稀里糊涂，怎么进步？怎么发展？怎么壮大？他第一次提出问题：我们天天这样吃喝玩乐，五百年以后阎王老子来了，我们怎么办？等他降伏了水脏洞以后，他又感到：我们这样天天操演，如果惊动了人王、禽王、兽王，会触动众怒。所以，他又想到了找兵器。当众人都有了兵器，他又想到：自己也得有兵器。

这些都是他积极主动思维的结果：他想到什么，才能去争取什么；想到什么，才能去实现什么。什么都没有想到，什么也得不到。七十二般变化、十万八千里的筋斗云，多好呀！但是，那不是天上掉的馅饼，也不是伸手就有的，你必须事先要想到。只有想到了，才会去辛苦求法。好兵器也是先想到了，然后才去寻找的。孙悟空的金箍棒是那么样的威风，但是，如果他事先想都没有想到，又怎么能得到呢？所以，要想做得好，首先必须想得好，而且要想到点子上，知道什么时候想什么问题，不断地往前推进，这样你的事业就能发展，就能壮大。可见，仅仅七十二般变化、十万八千里的筋斗云，还不具备做山大王的资格，还谈不上发展壮大。

譬如本书书稿完成阶段，虽然我是主要著作者，但是三位合作者同样重要。从演讲、录音整理，到一遍遍地修改、讨论、再修改，四个人有分有合，形成了一条流水作业的合作程序。一次，我发现有一个环节不到位，留有尾子，当即坐下来讨论，检讨原因（夕惕若厉）。得出的结论很有意思。一是向前推：为什么没有做到位？事前根本就没有想到。为什么没有想到？工作缺乏主动性。为什么缺乏主动性？对这件事缺乏真正的认识，缺乏对事业的忠诚。再顺着往后推：对事业忠诚不二，目标明确，工作就能积极主动；有积极的主动性，就能主动思考，提前想到；提前想得好，就能千方百计地去做好。这也是许多成功的领导者和企业家重视的过程管理。在这一过程中，贯穿有两条线：一是状态，二是心态。有良好的状态，就会有良好的心态。换句话说，就是想得好才能做得好。要想做到位，提前就要想到位。这里有一个忠诚和主动。忠诚敬业是心态，积极主动是状态。

我们不妨再推演一次。为什么做得好？是因为想得好；为什么能想得好？是因为有主动的态度；为什么有主动的态度？是因为有积极的心态？积极的心态从哪儿来的？从忠诚的敬业精神中来的。由此可以得出如下的公式：忠诚→积极→主动→想得好→做得好。

金箍棒的象征

于是，孙悟空就到龙宫去借兵器。这一番借来了什么？借来了金箍棒。金箍棒是东海龙宫的定海神针，但是到了他手里，竟然能够变成一根绣花针藏进耳朵里。如此威力无比的金箍棒，叫它大就大，叫它小就小。这里有一个问题：神针再小，它怎么能够放进耳朵里面去？耳朵里面有耳膜，如果把神针放到耳朵里，耳膜被捅破了，怎么得了？实际上这是一种喻意，是什么喻意？这个定海神针，与《易经》中的卦象对上了号，它象征了坎卦☵中间那个阳爻——周围是海水（☵，象≈），它在水中间。就是说，上下是阴爻，中间是阳爻。

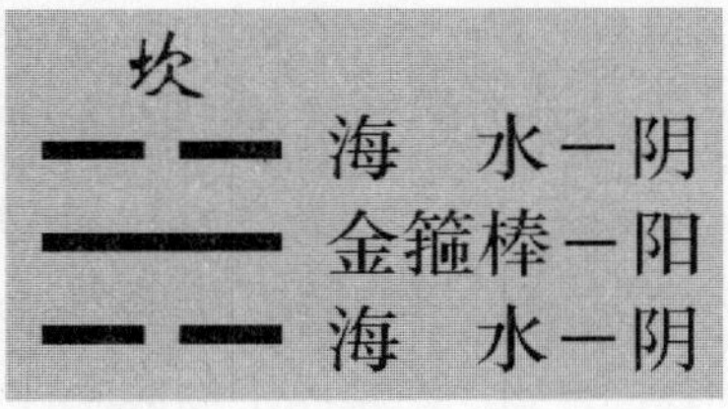

那么，在人身上呢？在五脏里面，坎卦象征的是肾。在五官上呢？坎卦象征的是耳。就是说，耳朵有坎卦之象，肾也有坎卦之象。定海神针在海水中，也是坎卦之象，坎卦象征水。这是一种象征。耳朵是通肾的，肾属水，肾里面有肾水，养育着先天的元精。那么，这一根定海神针从耳朵里面进去以后，到哪里去了？到肾里面去了，下到丹田气海里面去了（两肾之间有一个丹田气海），这是它的喻意。

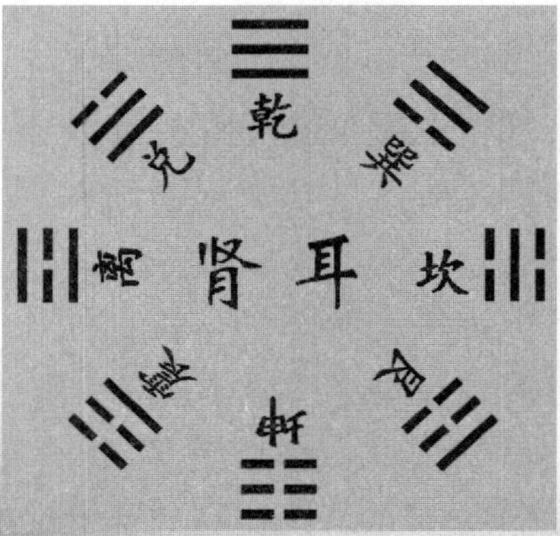

中国文化就是这样相互融会贯通：中医离不开《易经》，修道离不开《易经》，即使佛教传到中国，参禅也离不开《易经》，乃至于武术、绘画、书法、围棋……都离不开《易经》。今天的企业管理、经济调控，乃至心理咨询，同样离不开《易经》。所以说，《易经》是群经之首，它象征了天地万物，象征人事，象征人伦，象征五脏，象征五官，象征动物……什么都能象征，因为它有代表性，有典型性，有普遍性，既可以一物来象征万物，也可以万物来象征一物。也就是说，既有归纳，又有演绎；既可以从一般到个别，又可以从个别到一般，所以它神通广大。孙悟空的神通广大也是一种喻意，它喻意的是我们中华传统文化：掌握了它，你就能神通广大，左右逢缘，得心应手。用佛教的话说，叫圆融无碍。

孙悟空从东海龙王那借来了兵器和披挂，回到了花果山。他回来以后，花果山又是什么样的景象呢？

花果山的“董事长”

花果山上，众猴听说美猴王回来了，“此时遂大开旗鼓，响振铜锣，广设珍馐百味，满斟椰液（椰子汁）萄浆（葡萄浆），与众饮宴多时。”今天商场里销售的那些果汁、饮料，中国在一千多年以前就有了，可惜当初没有申请发明专利，没有及时注册商标。当今中国企业要创新，要创自己的品牌，其实不需要坐在办公室里苦思冥想，仔细读一读中国的古典，就能发现层出不穷的新思路、新点子、新思维、新想法……所以说，书中自有黄金屋，关键在于你去发现，去利用。

“却又依前教演。猴王将那四个老猴封为健将”，孙悟空开始封官了。“将两个赤尻马猴唤做马、流二元帅，两个通背猿猴唤做崩、芭二将军”，既有帅，又有将了。“将那安营下寨、赏罚诸事（有赏有罚），都付与四健将维持”，他将花果山日常管理大权交给四健将，那他自己做什么呢？“他放下心，日逐腾云驾雾，遨游四海，行乐千山。施武艺，遍访英豪；弄神通，广交贤友”，原来他看到了外部更大的世界，他亲自当上了外交部长，云游四海，广交天下朋友去了。他结交的不是歪门邪道的朋友，都是英豪、贤友。“此时又会了七个弟兄，乃牛魔王、蛟魔王、鹏魔王、狮驼王、猕猴王、狨王，连自家美猴王七个。日逐讲文论武”，相互之间他们讲文论武。“走斝（jiǎ）传觞（斝和觞都是酒杯），弦歌吹舞，朝去暮回，无般儿不乐。把那万里之遥，只当庭闱之路，所谓点头径过三千里，扭腰八百有余程。”

这一段说明了什么？在水帘洞时，他只是一个主管，是一个部门经理。当七十二洞的妖王都归顺于他时，他便成了花果山的总经理。他这个总经理是不是一直做下去呢？不是，这时候他又有了新的想法。

以前，具体工作他要自己亲自操劳；得了兵器以后，他就不是这样了：他首先封官，然后把这七十二洞具体的管理工作交给四个老猴。那他自己呢？这个时候他不做总经理了，做起了花果山的董事长兼外交部长。有谁封他吗？没有。是靠他人提拔吗？不是，他是靠自己提拔自己，自己给自己定岗、定位，他一直在拓展空间，一直在忧患和拓展中发展。

你看，他的目光不仅仅盯着一个花果山，他的野心又不局限于一个美猴王（总经理）了。一开始他的眼光就没有局限于一个水帘洞，也没有局限于天天吃喝玩乐、无忧无虑的生活。在众人无忧无虑的时候，他有忧虑，考虑自己能不能长生不老，永远地享受这个快乐。以后，当七十二洞来归顺他的时候，他又考虑到整个花果山的长治久安。现在呢？他又想到，仅仅考虑一个花果山还不行，还要考虑到整个傲来国，考虑到整个东胜神州，甚至于普天下，以后还要到天上去做玉帝……他的思维眼界是一步一步拓展开的，从这里就能看出日后他大闹天宫、要夺玉帝宝座的思想根源。

看得出来，孙悟空的眼光没有局限性，他没有局限在一个花果山。他不是为了追求做官，他没有说自己是董事长——他什么都不是，他只知道一阶段做一阶段的事，同时又想着下一步，始终是一种忧患意识在推着他向前一步一步地发展。此时，能放手时就放手，能放心时且放心。你看，其他人做得也很好，因为他前面把工作已经做出榜样了。

他不该偷闲的时候就不偷闲，他该偷闲的时候就偷闲。什么时候要有所为，什么时候要有所不为？你看，一开始他是有所为，他是亲历亲为，亲自去操演，什么事都是自己亲自做。现在，当条件成熟时，他又有所不为了，这就是无为而治。如果他不这么做，又有什么不好呢？那就局限于花果山了。你能保证其他的山大王不来侵犯你吗？所以，他又去搞外交了。

他“遨游四海，行乐千山”，一下子把这个空间拓展得相当的宽广。现在，不是他一个人的朋友遍天下，而是花果山的朋友遍天下了。不仅仅是孙悟空一个人的日子好过，安全有了保证，得到了安定。关键是，花果山上七十二洞都安定下来了，都不受欺负了。他有那么多兄弟。你看，他广交天下朋友，“四海之内皆兄弟”，“德不孤，若比邻”（《论语》）。

有人事业干得差不多时，就开始奢靡了，开始享受了。孙悟空不是，他知道下一步要做什么。他不但知道要做什么，而且还做得非常好，这就是眼光。交朋友，他不乱交，他交的是英雄豪杰，交的是贤友——不贤的他不交。贤与贤才投缘，如果他自己不贤，又有哪一位贤友愿意跟他交友呢？所以，他能交贤友，首先他自己就是贤友。他能交英雄豪杰，首先他自己就是英雄豪杰。有那么多的贤者来和你交朋友，说明你比他们还要贤。有那么多英雄豪杰与你交朋友，说明你比他们还要英雄，还要豪杰。孙悟空不仅和他们论武艺，同时还讲文的。这里面很有启发了。

本章把孙悟空比作“飞龙”，虽不是“飞龙在天”，也算得“飞龙在山”了。花果山也算得一个小国家，或一个地区。他为一国之王，或曰一个地区的最高行政长官。孙悟空没有满足于一己和一时的享乐，而是考虑一个群体的长治久安和永久的幸福。他一直在积极主动地为众人谋划幸福。他既是享受幸福的主体（王），他更是创造幸福的主体（王者的责任）。

第七章

弼马温昼夜不睡——勤龙养马

君子终日乾乾，夕惕若厉，无咎。

惹下祸端

孙悟空得了这根定海神针（金箍棒）以后，当然更加威风了。他有了这种威风，并且执迷于这种威风之时，难免要惹是非。当然，这个是非倒不是他主动去惹的，为什么呢？

一日，“只见那美猴王睡里见两人拿一张批文，上有‘孙悟空’三字，不容分说，套上绳，就把美猴王的魂灵儿索了去，踉踉跄跄，直带到一座城边。猴王渐觉酒醒，忽抬头观看，那城上有一铁牌，牌上有三个大字，乃‘幽冥界’。美猴王顿然醒悟道：‘幽冥界乃阎王所居，何为到此？’”

这时候阎王老子还是要来请他，所以他到了幽冥界以后，又要大闹一场。闹什么？把生死薄上凡是猴子的名字全部勾掉，他以为这下便可以长生不老，便可以了生脱死、超出六道轮回了。但是，他的这种方式违背了常规。当然，了脱生死这本身就是超越常规。不能超越常规，就不能了脱生死。但是，他这种超越不是正常的超越，不是自身修行上的超越，而是违反正常秩序的超越，不但了不脱生死轮回，反而惹下了祸端。

孙悟空到龙宫里面去借兵器，后来又大闹幽冥府，这两件事说大能大，说小能小。这是什么意思？作为龙宫的龙王和幽冥府的阎王（书中说是地藏王，纯属张冠李戴：阎王是管鬼王的，地藏王是大菩萨，是度地狱众生的，二者是两回事），如果他们息事宁人，这件事过去也就过去了，他也没事，是不是呀？很多问题在自己家里就消化掉了，孙悟空也就不会闹事：他要借的兵器也借来了，他要销的名字也销掉了。你不去惹他，他也不会惹你，因为他是"贤者"，他不是乱惹事的。特别是幽冥府，如果你不去抓他，他也不知道还有这么一件事，是不是呀？所以说，这件事说小能小。但是，说大可大呢？龙王和幽冥王都到天上去告状了，诉状里都夸大其词，放大了孙悟空的过错，掩盖了自己的过失。这里不妨看看两纸表文：

龙王敖广的表文：

"水元下界东胜神洲东海小龙臣敖广启奏大天圣主玄穹高上帝君：近因花果山生、水帘洞住妖仙孙悟空者，欺虐小龙，强坐水宅，索兵器，施法施威；要披挂，骋凶骋势。惊伤水族，唬走龟鼍。南海龙战战兢兢，西海龙凄凄惨惨，北海龙缩首归降。臣敖广舒身下拜，献神珍之铁棒，凤翅之金冠，与那锁子甲、步云履，以礼送出。他仍弄武艺，显神通，但云：'聒噪，聒噪！'果然无敌，甚为难制。臣今启奏，伏望圣裁。恳乞天兵，收此妖孽，庶使海岳清宁，下元安泰。奉奏。"

幽冥王的表文：

"幽冥境界，乃地之阴司。天有神而地有鬼，阴阳轮转；禽有生而兽有死，反复雌雄。生生化化，孕女成男。此自然之数，不能易也。今有花果山水帘洞天产妖猴孙悟空，逞恶行凶，不服拘唤。弄神通，打绝九幽鬼使；恃势力，惊伤十代慈王。大闹森罗，强销名号。致使猴属之类无拘，猕猴之畜多寿，寂灭轮回，各无生死。贫僧具表，冒渎天威。伏乞调遣神兵，收降此妖，整理阴阳，永安地府。谨奏。"

这一告状，当然惊动了天上。龙王读完表文，玉皇大帝传旨："朕即遣将擒拿。"这时候矛盾好像激化了：下界接连来了两位告状的，玉皇大帝当然震怒了；告的是同一个人，同样性质的事，而且事情被夸大了，这种情况下矛盾往往会被激化。但是，矛盾激化的时候也能被转化。谁来转化这个矛盾呢？太白金星。转化矛盾的人，必须有一定的身份，否则说话没有份量；同时，说的话要有一定的道理，否则矛盾也转化不了。首先，太白金星说话有份量。他是玉皇大帝身边的近臣，而且他的地位不低。第二，他的话说得有道理。他是怎么说的？

下界招安

班中闪出太白长庚星俯伏启奏道："上圣三界中，凡有九窍者，皆可修仙。奈此猴乃天地育成之体，日月孕就之身，他也顶天履地，服露餐霞，今既修成仙道，有降龙伏虎之能，与人何以异哉？臣启陛下，可念生化之慈恩，降一道招安圣旨，把他宣来上界，授他一个大小官职，与他籍名在箓，拘束此间。若受天命，后再升赏；若违天命，就此擒拿。一则不动众劳师，二则收仙有道也。"玉帝闻言甚喜，道："依卿所奏。"即着文曲星官修诏，着太白金星招安。

这番话有没有道理？首先从大的方面说。前面讲过，六道轮回里面，有上三道和下三道，下三道是地狱道、饿鬼道和畜生道。那么，上三道呢？是人道、阿修罗道（妖魔）和天道（神、仙）。"上圣三界"的人和妖魔都能修道成仙，那么这个石猴呢？他本身具备九窍，而且他还与众不同。何为九窍？人、兽都有九窍，而飞禽只有八窍，为什么？人的眼睛是两窍，耳朵是两窍，鼻子是两窍，嘴是一窍，小便口、大便口各一窍，合起来就是九窍。而禽类呢？大便、小便只是一个窍，所以禽类只有八窍。要修仙，具备九窍是条件之一。所以，"可念生化之慈恩"，下一道招安的圣旨，把他招上来，给他一个官职，然后给他"籍名在箓"（就是给他做官），他就有一个档案了。"若受天命"，以后可以给他升迁和奖赏；如果违背，"就此擒拿"，不需要兴师动众、发兵攻打。这是一个理由。另外，还有一个理由是"收仙有道"，这是慈恩。

这一席话讲得很有道理。太白金星既有说话的份量，说得又有道理，玉帝当然听他的，所以矛盾自然就化解了。就是说，矛盾再尖锐也能化解，但是必须具备条件。玉帝闻言甚喜，道："依卿所奏。"就按照你说的去做。于是，玉帝就派太白金星下界招安去了。

太白金星来到了花果山水帘洞门前。此时孙悟空已经是董事长了，外交上也打开了局面，交了那么多朋友，而且手底下还有那么多兵将。他是既有地盘，又有人缘，已经很有资本了，有底气，有实力。当孙悟空听说上界来了太白金星，这时候他是什么态度呢？他又在想些什么呢？

太白金星到了水帘洞，对众小猴道："我乃天差天使，有圣旨在此，请你大王上界（就是上天）。快快报知！"小猴往里面报道："大王，外面有一老人，背着一角文书，言是上天差来的天使，有圣旨请你也。”美猴王听说上天要来请他，已经有圣旨到了，于是大喜道：“我这两日正思量要上天走走，却就有天使来请。”心想事成，大喜事来了。你看，他已经提前想到了：从下界来说，他已经入过海，连幽冥府也去过；从横向来说，四海、千山他也去过了；就是上界还没有去过，他正想着去呢，所以他“大喜”——他早已有心理准备了。

孙悟空得到了金箍棒这个兵器，回来以后就想到要广交朋友，所以他就把具体的工作交给四个老猴，自己出去交朋友，搞外交。但是这个时候，他又往前走了一步，他的思维没有停止，没有认为这已经够了。他眼睛又向上，看到了更大的发展空间，他又要去拓展发展空间。他是这么一位董事长，他是靠自己创造。正是靠这种积极、主动、开创性的思维，他想到了上界。现在上界有人来请，他当然是高兴得不得了，马上出去迎请太白金星。

“猴王急整衣冠，门外迎接。”你看，他整了衣冠，到门外迎接——这个时候正投合他的心意。太白金星来了，他在洞当中“面南立定”——他的身份在这里，这时他代表玉帝。面南是什么意思？古代皇帝就是面南而坐，是不是呀？他站在这个地方，意思是说：我是天上来的。当然，孙悟空也不和他争这个礼。

太白金星道：“我是西方太白金星，奉玉帝招安圣旨下界，请你上天，拜受仙箓。”箓，是薄子、册子，属于聘书、委任状这一类的东西。悟空笑道：“多谢老星降临。”孙悟空会说话，很有礼数——尽管你到我这里来，占了我的位置。太白金星面南，当然孙悟空就得面北，立于一个俯首称臣的位置，是不是呀？这个地方看得很清楚：虽然俯首称臣，但是他乐意，所以他马上吩咐下去：“小的们！安排筵宴款待。”马上要款待太白金星。太白金星哪里还少你这一顿酒呢？但是孙悟空他要做到。

金星道：“圣旨在身，不敢久留，就请大王同往，待荣迁之后，再从容叙也。”因为是招安，所以太白金星就跟你说好话，夸你两句。用今天的话讲，就是说好听的，让你高兴。悟空道：“承蒙光顾，空退，空退！”立即退去披挂，并吩咐四健将：“谨慎教演儿孙，待我上天去看看路，却好带你们上去同居住也。”你看，孙悟空想的是什么？他不是只想着自己一个人去做官，他上天去是有思想准备的——“上天去看看路”。他不但叫他的四个健将要谨慎，他自己就很谨慎，他没有寄托一个很大的期待，而是先去看看路数。“却好”，如果好的话，就带你们一起到上面去居住。

你看，他的思维完全是一个共命的思维，一个天下为公的思维。“四健将领诺”，于是，“这猴王就与太白金星纵起云头，升在空霄之上。”

他之所以说出这番话，还有一个目的，就是安定花果山上的人心：你们不要以为我上天做官去了，就不是花果山的山大王。我走了，你们要和往常一样。所以，他话里有话：一是威，告诫“谨慎教演”；二是恩，许诺带他们上天同居住。这番恩威并重的话有效果吗？往后看便明白。

初入南天门

太白金星虽然是神仙，但是他没有孙悟空快，因为他驾云的方式与孙悟空不同。为什么？“悟空筋斗云比众不同，十分快疾”，这就为后面埋下了伏笔。所有神仙腾云驾雾的方式都与他不同，因为须菩提是根据他的势来教他筋斗云的，所以只有孙悟空一个人能驾筋斗云，一个筋斗云十万八千里，因为他的势是其他人所不具备的，是独特的。

不仅仅是孙悟空有这个本事，从这里看得出来，还是须菩提的本事大，他这个师父不是一般的教法。按照一般的教法，是教他腾云，那孙悟空的本事也就一般化了，便失去了优势。今天，许多年轻人的优势和特长，正是在模式化的教学和培训中被纠正掉了，被抹杀了。我们中华民族本来是很有特色文化的民族，同样被西方模式化的管理学和心理学“格式化”了，被纠正掉了。那些来自本土的“天真地秀，日月之精华”也被淹没了，被遮蔽了。

孙悟空首先到达南天门，外面的兵将挡住了他，不让他进去。这一下子他火了，为什么起火了？在孙悟空看来：这不是骗我吗？请我来，怎么不让我进去呢？他这是一种直接思维。他不知道，他没有通行证——还没有领到委任状，还没有证书，守门的兵将还不认识他，当然不会放他进去，因为太白金星还在后面。但是孙悟空认为，这不是欺负我吗？

孙悟空有一个最大的特点，就是不能受欺负，不能受冤枉。一受欺负，一受冤枉，他就不服。最好是夸他几句，顺着他来，他就很高兴，他比什么人都乖。如果你跟他反着来，那可不行。真正有本事的人，一般都有这种个性：你顺着我来，我比你还好；你要是反着跟我来，你耍横，那我比你还横。这时太白金星来了，他就能进去了。

大开眼界

到了天宫，那真是大开眼界。他开了几次眼界？第一次是在水帘洞，他开了一次眼界。当时群猴有那么多，是他第一个发现了这个“福地洞天”，是他第一个开拓了这种眼界。他开了眼界，也给大家开辟了一片新天地。以后到西牛贺洲去求法，在须菩提的“斜月三星洞”里，他又开了一次眼界。后来到龙宫，他又开了一次眼界。以后遨游四海，行乐千山，他又大开眼界。现在到了天宫，就更不一样了。他的眼界，是他积极、主动地有所为而逐步拓展开的。如果让他一下子就进入到天宫也不行，得有一个过程。现在，他的眼界已经远远超过一般人了。

孙悟空跟着太白金星走进了大殿。大殿里面，玉皇大帝坐在正中间，两边是文武百官、文臣武将，就像人间一样的排班。天上到底是不是这样？我们不知道。有没有这么一个天宫？我们也不知道。这是作者模仿人间的样子来描写的。我们看看孙悟空是什么态度呢？他行什么礼数呢？

“太白金星领着美猴王，到于灵霄殿外。不等宣诏，直至御前，朝上礼拜。”灵霄殿就相当于以前中国故宫里面的金銮殿。为什么不需要等宣诏：“传某某！”？有太白金星领着。看来太白金星的身份尊贵，他一到就直接礼拜。

孙悟空怎么样呢？“悟空挺身在旁，且不朝礼，但侧耳以听金星启奏。”你看，“挺身”。他这种行为不仅仅是不懂礼数，关键是他也不把这些人放在眼里。虽然他没有见过这种场面，但是他并没有觉得自己到天宫就矮了三分，没有！他不是说看到眼前的景象，看到两边的排班，他的底气一下子就泄了，也没有！“挺身”，这个“挺”字很有讲究。

从这个地方我们可以推想，当我们到一个从来没有去过的地方，而且是第一次开这么大的眼界——上到天界，看到这种场面，底气可能就没有了，就矮了三分，慌了神。但孙悟空不是，他是“挺身在旁，且不朝礼”。他是不是楞在那里？不是！他是“侧耳以听金星启奏”：看看你这个老头是怎么说的。前面他讲了：“我上天去看看路数。”他心里有数，他不是楞头青，他是既有底气又有心数，因为他心里无有恐怖。

金星奏道：“臣领圣旨，已宣妖仙到了。”玉帝垂帘问曰：“那个是妖仙？”悟空却才躬身答应道：“老孙便是。”比较一下前面，孙悟空对须菩提是怎样的态度？对须菩提的童子他都非常恭敬，见到须菩提是“倒头就拜，磕头无数”，唯恐失了拜师的礼数。这里呢？“老孙便是”，是直接回答的，并以“老孙”自称。这里为后文埋下了伏笔。

第一次见面，玉皇大帝在他眼里好像没什么份量，他对高高在上的玉帝产生了反感。他只比本事，不比地位，不比资格，不比排场，他历来是这样。因为须菩提的本事比他大，一个童子的本事也比他大，就连一个砍柴的樵夫，孙悟空听了他唱的歌，都觉得这个樵夫得了道，是位神仙，对他敬三分，是不是呀？他非常有心数，所以他说："老孙便是。"他没有什么客气话，半句恭敬的话都没有。与前面作比较，就看出了他的心态。玉皇大帝给他的第一印象是什么？读到这个地方，我们要读出东西。这是他的第一印象，也正是这种第一印象，隐藏着后来他要大闹天宫，要占天庭，惹出一番是非来。

仙卿们都大惊失色："这个野猴！怎么不拜伏参见，辄敢这等答应道'老孙便是'却该死了，该死了！"连两旁的仙卿们都感到惶恐：你怎么敢不礼拜，竟敢自称"老孙"。他们对玉帝的恭敬，已经习惯了。这是两种心态。玉帝传旨道："那孙悟空乃下界妖仙，初得人身，不知朝礼，且姑恕罪。"虽说玉皇大帝高高在上，但是他的心量还不错。

"众仙卿叫声：'谢恩！'猴王却才朝上唱个大喏。"他只是"唱个大喏"。什么叫"大喏"？古代男子见面行礼，一面拱手作揖，一面深鞠躬，同时高声唱颂敬词。这种礼节，只是平常时节所用，既带有敬意，又带有相互尊重、平等唱喏的亲密。

"玉帝宣文选武选仙卿，看那处少甚官职，着孙悟空去除授"，文官和武官，你们看看，哪个地方缺什么官职，让孙悟空去任职吧。这时旁边转过武曲星君启奏道："天宫里各宫各殿，各方各处，都不少官，只是御马监缺个正堂管事。"玉帝传旨道："就除他做个'弼马温'罢。"众臣叫谢恩，他也只朝上唱个大喏。玉帝又差木德星官送他去御马监到任。

实际上孙悟空并不是要做什么官，他心里想着的是什么呢？太白金星到水帘洞，说要他到天上去做官的时候，他说了一句："我上天去看看路数。"他的心开始细了，从一厢情愿的想法又恢复到理性了。他历来是我行我素、天马行空习惯了。他看到，太白金星直接就走进水帘洞来了，进来以后直接"面南立定"。孙悟空初次见面就留心了，从太白金星这般行为就已经猜想到，看样子天宫不是他想像的那样，天马行空看来是不行了，那时他就已经意识到了，这与他的性格不合。后来到了南天门，他又被挡了一下，不让他进去，这又等于泼了他一瓢冷水，使他更冷静了。所以在玉皇大帝面前，不仅仅是理性的问题，冷静的问题，而且多少还有一点搞不清楚到底是怎么回事，以前的那种热情、那种一头热早就没有了。

但是我们要看到，他上任以后怎么样？做弼马温，他能做得好吗？他那种脾气，那种性格，他已经做总经理、当董事长了，见了那么多世面，现在做这么一个弼马温，他能安心做吗？我们来看看。

昼夜不睡

“当时猴王欢欢喜喜”，刚才是一头热，现在是“欢欢喜喜”，说明他是个喜欢做事的人。为什么？先看看路数。他并不是盲目的，与前面的“大喜”不一样，他已经看到路数了，他这个人很务实。别看他心里很野，但是给他空间，给他事做，他就喜欢。这里已经不是妄想的、空想的那个“喜”了，这是有区别的。

“他在监里（就是御马监里），会聚了监丞、监副、典簿、力士、大小官员人等（召集开会了），查明本监事务（到底是做哪些事），止有天马千匹。”都是些什么样的马？“此等良马，一个个嘶风逐电精神壮，踏雾登云气力长。”天马和神马是不一样的。天马必是神马，神马不一定是天马。天马是天上注册的神马，天马只应天界有；神马则遍于天地之间，无处不有。

“这猴王查看了文簿，点明了马数。”从他的下手处看，他非常内行。他不是一上来不知道做什么，不是！他确确实实是一个务实的人，做事非常有心数，而且一上任就查清了路数。他先了解职务性质，要做哪些事，都搞得很清楚，而且马匹也点清楚了。

接下来怎么样呢？“本监中典簿管征备草料，力士官管刷洗马匹、扎草、饮水、煮料，监丞、监副辅佐催办。”他已经分好工了：按照老规矩，谁该做什么，谁就做什么。他喜欢做事的性格，决定了他对事业的忠诚和敬业。能敬业，所以知道怎么想、怎么做。

那么，他自己做什么呢？“弼马温昼夜不睡，滋养马匹。”应该说，没有这个规定吧？如果说“典簿管征备草料，力士官管刷洗马匹、扎草、饮水、煮料，监丞、监副辅佐催办”有明文规定，有一个细则在那里，是规章制度规定的。但是“弼马温昼夜不睡”，我认为没有这个规定，管理制度里面应该没有这一说。有哪一个制度规定主管要昼夜不睡觉？没有吧？我认为，其他弼马温肯定不是这样做的。我觉得，这个弼马温应该叫“孙氏弼马温”——其他弼马温绝对不是这样，他是独特、独立的。有哪一个单位的细则规定主管要昼夜不睡？“滋养马匹”，要主管亲自养马，这也没有吧？但是他打破了规则，自己给自己分配了工作（这里我又在重复唠叨，请在重复中感悟）。

“昼夜不睡”，那他白天做什么？晚上做什么？“日间舞弄犹可”，这个“舞弄”是什么？就是到处察看，该做什么就做些什么，但是不敢睡觉。“夜间看管殷勤”，前面也有一个“昼夜殷勤”，这个“殷勤”又不是对别人献殷勤，而是要求自己殷勤，要求自己勤劳——不是一般的勤劳。那么，晚上这样殷勤，他做些什么呢？总得有事做吧？这与前面学法时的“昼夜殷勤”一样，又显示出了孙悟空的本色。

他做两件事，第一件事：“但是马睡的，赶起来吃草。”第二件事是做什么呢？“走的捉将来靠槽。”有的马不在吃草，开小差了，跑到一边溜达去了，拉过来靠槽。你看，他晚上亲自守着马，就做这两件事。为什么不让其他人做呢？其他人也可以做呀，可以让他们排好班，你这个主管完全可以去睡大觉，是不是呀？他们不是都听你的吗？你只要组织、指挥就行了，为什么你要亲自做，还昼夜不睡——白天不睡觉，晚上也不睡觉？你看，孙悟空一到任，他就抓住了一个关键的东西。俗话说：“马无夜草不肥。”马匹白天奔跑，日行千里，全靠晚上吃草，要吃好。这件事如果让其他人来做，他不放心，他必须要亲历亲为。我们看前面，在花果山上演操的时候，一开始他也是亲历亲为，然后才放手。

那么，他这样的殷勤——“昼夜滋养马匹”，效果怎么样呢？有没有工作效率？原著中写了两个典型的例子：一是“那些天马见了他，泯耳攒蹄。”“泯耳”，就是一双耳朵耷拉下来了；“攒蹄”，就是立正——四个蹄子站直了。这就是不怒而威了，他的威信一下子树立起来了。那些天马哪是随便就服人的？即使是人间一匹普通的马，也不是随便什么人都能驯服的，何况是上千匹天马！现在都服了他。

那么，只有威吗？不是，还要有恩，要恩威并重，威和恩合起来才是真正的威信，人家才相信你。所以，又写了第二例：“都养得肉肥膘满。”你看，这些天马确实养得好，那当然是有恩了。恩威并重，那天马当然是信他、服他、怕他。

读到此处，我展开了一种想像：孙悟空与这些天马一定产生了深厚的感情。烈马认英雄，英雄爱骏马。第七回有诗云：“官封弼马是知音。”谁与谁是知音？心猴与意马是知音。所以，又有诗云：“马猿合作心与意。”

后面第十四回中，还有这样一段描述：当孙悟空从五行山下被唐僧救出来时，头脸上都长满了苔藓和青草，见了唐僧是“赤淋淋跪下”。但是，当他去为师父“扣背马匹”时，“那马见了他，腰软蹄矬，战兢兢的立站不住。盖因那猴原是弼马温，在天上看养龙马的，有些法则，故此凡马见他害怕。”五百年后还有此余威。作者写到此处仍不忘轻轻点上一笔，前后贯通，深化“昼夜殷勤”这个主题。

此时“不觉的半月有余”，才半个月时间，就有这么一种工作效率，就树立了这么一种管理威信，他的工作成效是不是太显而易见了？

今天的大学生去求职，半个月、半年内能拿出什么样的工作绩效？给你分配一项工作，如果你首先想到的是把架子摆好，而不是把事做好，那就不行了。孙悟空根本不摆架子，他就是做事，而且抓住主要的事做，很快做出了效果，而且是恩威并重，真可谓奇效。别看这一小段，很有内涵，读出这些东西才是叫读书。否则，作者写了半天，你读的时候一带而过，那就辜负了作者的一片心血。不难看出，这是作者的良苦用心呀。我们常在探索如何做人，如何做事，书店里这类的书也不少。其实，读懂了这一章，一生中能像孙悟空这样做人，这样做事，也就没有辜负作者的一番心血和苦衷了。

弼马温“跳槽”

半个月以后，有一天闲暇下来了，大家安排酒席为孙悟空接风，与他贺喜。这就奇怪了，为什么上任时不给他接风，而是到半个月以后才给他贺喜？大家也是看他的样子，一开始也不一定把他当一回事。但是半个月过去了，大家一看，这个主管还不错，大家都很高兴。他管的员工和他管的马匹一样，都服他了。

喝酒的时候，猴王忽停杯问曰：“我这弼马温是个什么官衔？”问官衔。众曰：“官名就是此了。”没有什么官衔，弼马温就是弼马温。又问：“此官是个几品？”问官衔问不清楚，他又换一种问法。众道：“没有品从。”就是不入流。猴王道：“没品，想是大之极也。”没品，不就是极品吗？他想得很怪，他不是反应到自己没有品从，他是往上想，不往下想；往大处想，不往小处想；往好处想，不往坏处想。这是他的习惯思维，《论语》曰：“君子上达，小人下达。”这是思维方式问题。他首先想到的是：我还能没有品从？不可能，这官肯定是大得不得了，超过品级了。他这种思维方式很有意思。

众道：“不大，不大，只唤做未入流。”猴王道：“怎么叫做‘未入流’？”你看，他问得很细。众道：“末等。这样官儿，最低最小，只可与他看马。似堂尊（对孙悟空的尊称）到任之后，这等殷勤，喂得马肥，只落得道声‘好’字；如稍有些尫羸（指马养瘦了），还要见责；再十分伤损（如果马匹有伤损了），还要罚赎问罪。”猴王闻此，不觉心头火起，咬牙大怒道："这般藐视老孙！老孙在那花果山称王称祖，怎么哄我来替他养马？养马者，乃后生小辈下贱之役，岂是待我的？不做他，不做他！我将去也！"他上任后第一次端起美猴王的架子，以前却像普通员工一样平等相待，平等做事。

他说的这些话都是心里话。我们作为一个旁观者，也想为他打抱不平。前面太白金星已经说了：你做得好，有升有赏。已经半个月了，也没有人来查看查看，调查调查，看看他做得怎么样。也没有人来说声好，更不要说升赏了。即使不给升赏，如果给他安慰安慰，可能也不至于直接跳槽，他也不会问那些话。所以，我们也不能一味指责孙悟空跳槽。

今天的企业经常有员工跳槽。员工为什么要跳槽呢？都是员工的错吗？我们应该客观地去分析员工跳槽的原因。很明显，孙悟空这就是跳槽。我们不能说，孙悟空跳槽跳错了。这里面有一个圈子问题，2002 年 9 月 16 日我在天津一家企业讲课，就讲过这个圈子问题。

每一个人都有自己的圈子，有的人圈子大，有的人圈子小。圈子大的，套住了别人的小圈子；圈子小的，钻进了别人的大圈子。没有人想往小圈子里面钻，大家都在努力地往大圈子里面钻：哪个公司大，哪种职业有发展空间，我就到那里去求职，从来都是小圈子往大圈子里面钻。安排孙悟空做弼马温，等于用小圈子套大圈子，自然是套不牢的。

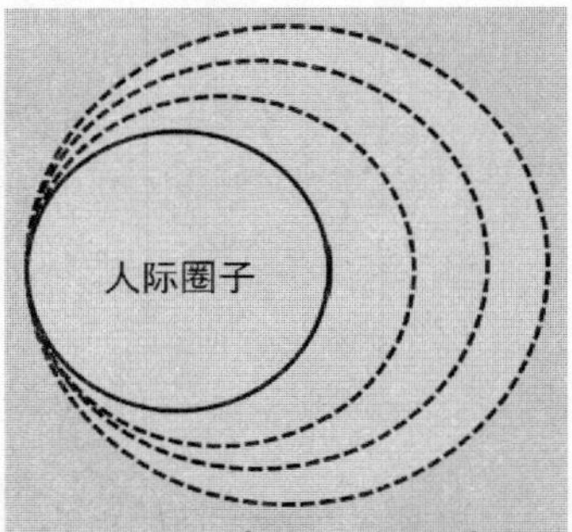

钻圈子、套圈子和做圈子

跳槽要有双赢思维。但是，有的人是怎么个跳法？今天跳一个圈子，明天又跳一个圈子，跳来跳去，跳了十年八年，他自身的能力和价值还是那个小圈子。跳槽本身没有错，关键就看你跳进一个大圈子里以后，当你再跳出来的时候，你的圈子还是原来那么小吗？不是，你要在那个大圈子里面兢兢业业地去做，你要帮助这个大圈子一起去拓展。这个大圈子的拓展，要靠每一个小圈子的共同努力，一起把大圈子做大。如果你为做大大圈子做出了贡献，你自己也就跟着做大了。当你再跳槽时，就不是当初那个小圈子了，你的圈子比以前大了，然后才有资格去钻更大的圈子——这种跳槽对于大圈子、小圈子都有利，大家共同做大，同步拓展，这才叫双赢。

孙悟空就是自己做大了自己，是吧？他把天马养得那么好，把工作做得那么好，上上下下对他是一致认可，他已经把这个圈子做大了，最起码他已经把御马监这个圈子做好了，对这个大圈子有贡献了。他这个时候跳槽，不是他的责任，是这个大圈子的责任，是大圈子容不下他，是不是这样？所以，对待跳槽，我们要客观地分析，具体地对待。年轻人不要盲目跳槽，跳了半天，自己的圈子越跳越小，这是自己的过错。什么过错？错过了大好时光。作为单位的主管、单位的领导，也不要一味地指责跳槽不好。难道跳槽都是员工的问题吗？都是下属的问题吗？不是，要具体对待，要从中发现人才，重用人才，是不是呀？

这个时候孙悟空要跳槽。我们认为，这不是他要跳，是你不给他适当的圈子，他只能自己去跳圈子。他在花果山的圈子本来就很大，你只给他一个看马的小圈子，其实这也是一种人才的浪费。如果说一开始不了解，暂时委曲一下是可以接受的。但是，半个月过去了，也无人来检查，更谈不上奖赏和升迁，他只能回到自己的圈子里去了。

这个时候，孙悟空“忽喇的一声，把公案推倒，耳中取出宝贝”，这宝贝是什么？当然是金箍棒了。“幌一幌，碗来粗细，一路解数，直打出御马监，径至南天门。众天丁知他受了仙箓，乃是个弼马温，不敢阻当，让他打出天门去了。”众天丁对他没有办法，他回花果山去了。

本章把孙悟空比作“勤龙”，他“昼夜不睡，滋养马匹”，是一名符其实的勤龙、健龙。白天“终日乾乾（勤勤）”，晚上“夕惕若厉”，本当“无咎”，这里是无咎、无赏。那么，什么是勤龙呢？勤龙必须有责任感，有使命感，这样才能在“昼夜殷勤”中体验到真正的成就感和幸福感。

第八章

齐天大圣上任——飞龙在天

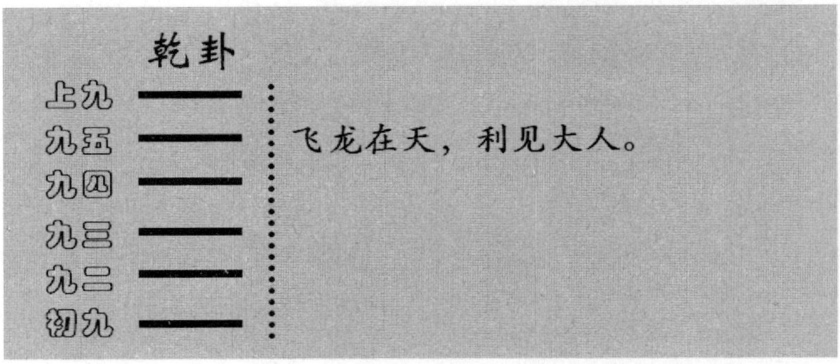

从弼马温到齐天大圣

须臾，按落云头，回至花果山上，只见那四健将与各洞妖王，在那里操演兵卒，这猴王厉声高叫道“小的们，老孙来了！”一群猴都来叩头，迎接进洞天深处，请猴王高登宝位，一壁厢办酒接风，都道：“恭喜大王，上界去十数年，想必得意荣归也?”猴王道：“我才半月有余，那里有十数年?”众猴道：“大王，你在天上不觉时辰。天上一日，就是下界一年哩。请问大王，官居何职?”猴王摇手道：“不好说，不好说！活活的羞杀人！那玉帝不会用人，他见老孙这般模样，封我做个甚么弼马温，原来是与他养马，不入流品之类。我初到任时不知，只在御马监中顽耍。只今日问我同寮，始知是这等卑贱。老孙心中大恼，推倒席面，不受官衔，因此走下来了。”

从上述这段文字中可以看出几个东西：他出去求法学道二十年，回来时水帘洞被水脏洞的混世魔王霸占了，他的猴子猴孙也受欺负。这一次他走了十五年（天上十五天，地上就是十五年），这十五年不但他的猴子猴孙没有受欺负，而且四健将还按照他的吩咐，按部就班地日日操演。看得出来，孙悟空当初分工的时候，是又到位又得力，临行前的那番话也发挥了作用。有人来欺负吗？没人来欺负。他的外交工作做得好，没有人欺负他花果山，和谐世界已经构建好了。不仅有一个和谐的社会，而且有一个和谐的世界，是不是呀？十五年了。今日西方所谓民主选举，十五年已经换了三任总统了。

这里他没有讲述自己怎么样滋养马匹，而是说他在那里顽耍——他是很爱面子的。当然大家都说他回来得好："大王在这福地洞天之处为王，多少尊重快乐，怎么肯去与他做马夫？"

此时，有一个独角鬼王要来见他，而且给他进贡。独角鬼王说："久闻大王招贤，无由得见。"鬼王是慕名而来的，不但兽王归顺于他，鬼王也来归顺于他。前文说七十二洞妖王（兽类）归顺于他，这里又写一位鬼王来归顺了。这就像《易经》第八卦"比卦"䷇，只有第五爻是阳爻，名九五之尊位，而其它都是阴爻，都是来归顺于"九五"之位的。这叫"上下应之"，"天下归顺"。

鬼王说："今见大王授了天箓，得意荣归，特献赭黄袍一件，与大王称庆。肯不弃鄙贱，收纳小人，亦得效犬马之劳。"虽然在天上只做了一个弼马温，但是下界以后还是有人来奉承他——弼马温毕竟也是个天官。天上的弼马温，到地上还是大官——起点不一样。今天不也是这样吗？

当然，猴王给他封了官，封他为前部总督先锋——每次冲锋陷阵自然少不了他。封了官以后，鬼王听说他在天上只做了个弼马温，就说："大王有此神通，如何与他养马？就做个齐天大圣，有何不可？"这个建议非常好。"齐天大圣"，与天一样齐，一样高——尊卑一样，那就不是弼马温了。这一下，给自己封大了。

美猴王非常高兴，马上布置下去，把旗帜打出去。"齐天大圣"四个大字的旌幡挂起来了——现在他不是美猴王了，由美猴王一下子做到了"齐天大圣"。他每一次动作都升一级，每一次都是自我拓展空间。

这里面我们要问两个问题：其一，孙悟空是一个什么样的人？他真的是一个天生石猴，与人不一样吗？他有哪些东西与人完全一样？其二，我们能不能效法？他能做到的，我们能不能做到？他的哪些东西是值得我们学习的？我觉得，我们应该去思考，而且值得思考。

这里面有很多东西，我想得最多的是什么问题？吴承恩生活在那样一个时代，并不是生活在我们今天的经济社会、信息社会。用我们现在的话来说，他所处的是一个封建社会，是一个闭关锁国、保守的社会，为什么会有这样的思维？他难道仅仅是写一个神话故事吗？这个神话故事为什么要写这些东西？从这个神话故事里，我们今天又读出了什么新东西？从这里，我们读出了今天如何搞经济建设，如何搞经营管理，如何去求职、就业，如何去创业，如何做好一个员工，如何做好一个部门经理，如何做好一个总经理，如何决策……书中内容对我们今天都有启发。

吴承恩为什么有这种思维？难道是吴承恩一个人的想法吗？难道这种思维就没有社会基础吗？没有我们民族的文化背景吗？肯定有，我们后面要分析。这里面有我们民族的文化背景，有它的文化源头。体现在哪些地方呢？让我们跟着这个故事一层、一层地去探究。

大战花果山

孙悟空跑回了花果山，这件事又报奏到了玉皇大帝那里，显然矛盾又一次被激化了。上一次，由于龙王和幽冥王告状，矛盾被激化了，但是太白金星把矛盾化解了。那一次，尽管玉皇大帝两次说要“遣将擒拿”，结果却变成了招安。这一次呢？是真的遣将擒拿了。那么，派遣谁呢？派遣的是托塔李天王和他的三太子哪吒。

李天王和哪吒率领天兵天将到了花果山，首先派出了先锋巨灵神。这时孙悟空已经自称“齐天大圣”了，而且挂出了旗幡。孙悟空在迎战巨灵神的时候讲了一番话，他说：“且留你性命，快早回天，对玉皇说：他甚不用贤！老孙有无穷的本事，为何教我替他养马？你看我这旌旗上字号，若依此字号升官，我就不动刀兵，自然的天地清泰；如若不依，时间（立即的意思）就打上灵霄宝殿，教他龙床定坐不成!”孙悟空的这一番话想告诉玉皇大帝的有三个意思：

首先，玉帝你“甚不用贤”。也就是说，孙悟空走的时候是不辞而别，没有当面说清楚他为什么要跳槽，为什么要打出南天门，正好现在有一个机会，让巨灵神回去转告。应该说，这个理由很充分：他是一个很有本事的人，为什么派他去养马？

第二个意思是，我已经打出了“齐天大圣”的旗号，如果玉帝你按这个给我升官，那我就不动刀枪，天地清泰了。他的意思是说：我不想和你交战，我不愿意犯上作乱，只要你答应我的条件。这里面有一个问题：他不知道，天上哪有“齐天大圣”这么一个官职呢？升官升到这个位置，不就和玉帝平起平坐了吗？那里还要玉帝来封赏？

第三个意思，如若不依的话，我马上就打上灵霄宝殿，教你龙床定坐不成！他这个口气夸下来了。实际上，他这时候就已经有大闹天宫的想法了，他已经不把玉皇大帝放眼里了，所以他说，他要做齐天大圣，而且提出了这么一个条件。这个条件似乎提得很幼稚：一个是天上没有这个官职；再一个，即使有这个官职，齐天大圣与玉皇大帝是平起平坐的，你也不需要去打他，你做你的“齐天大圣”就是了。

我们分析一下，这个里面有一个逻辑上说不通的东西。这是游戏规则问题。孙悟空不懂上界的规矩和规则，他是按照他的规则来思考问题的。但是，从这里我们也应该看得出，也有他合理的一面：第一，他说玉皇大帝“甚不用贤”，理由非常充分；第二，他已经清楚地表明：我不愿意扰乱局面，我不愿意犯上作乱，我们可以和谈。他说得很清楚。

当然他这个时候提条件，对于巨灵神来说，孙悟空是他擒拿的对象；再说巨灵神也不是谈判的人，哪能真的就听你的话，马上回去报告？没有这回事，肯定要打。一打，巨灵神当然不是对手，所以败下阵去。

这个时候哪吒出战，孙悟空一见哪吒，他又是怎么说的？悟空笑道：“小太子，你的奶牙尚未退，胎毛尚未干，怎敢说这般大话？我且留你的性命，不打你。你只看我旌旗上是什么字号，拜上玉帝：是这般官衔，再也不须动众，我自皈依；若是不遂我心，定要打上灵霄宝殿。”你看，还是重申他的理由，提出他的条件。

在他眼里，哪吒是一个乳毛未干的小子，所以他说：“我只站下不动，任你砍几剑罢。”双方一动手，他觉得哪吒还真有两下子，所以他们两人真打起来了，而且各自显出自己的变化，变化出三头六臂。哪吒脚踩风火轮，三头六臂是他的本领。双方打的结果，还是哪吒败下了阵。

哪吒败下阵以后，回去报告了他的父亲。李天王心里想，既然连哪吒也打不过他，那我们先回去吧。就这样，双方收了兵。

孙悟空回去以后，七十二洞的洞王，还有那六个魔王（也就是他的六个兄弟），都来贺喜。这一番景象可是盛况空前，威风无比。下界的猴王竟然打败了天兵天将，可以说这是史无前例的，因为他们是得胜的一方。孙悟空对他的六个兄弟这样说：“小弟既称齐天大圣，你们亦可以大圣称之。”牛魔王就自称平天大圣，蛟魔王称覆海大圣，鹏魔王称混天大圣，狮狔王称移山大圣，猕猴王称通风大圣，㺄狨王称驱神大圣，当然都没有孙悟空“齐天大圣”的官职大。“此时七大圣自作自为，自称自号，耍乐一日。”这就不得了，看得出来，他们的胆子是越来越大。

也许有人会问：孙悟空自己打出“齐天大圣”的旗号，其他人服气吗？会不会有人来砸场？如果说换个人，这种情况是会发生的，可这是孙悟空：一是他真有无穷的本事，二是他是花果山的山大王，三是结交了天下的贤士和英雄豪杰，谁会不服呢？

再次招安

李天王回到灵霄宝殿，把这些情况奏报给了玉帝。玉帝大吃一惊，他说：“谅一妖猴有多少本事，还要添兵？”玉帝心想：一个妖猴怎么会有这么大本事呢？在玉帝看来，天兵天将是不可战胜的。即使低估了孙悟空的实力，也没有低估到这个程度。哪吒又补充说：“望万岁赦臣死罪！那妖猴使一条铁棒，先败了巨灵神，又打伤臣臂膊。洞门外立一竿旗，上书‘齐天大圣’四字，道是封他这官职，即便休兵来投；若不是此官，还要打上灵霄宝殿也。”他把“教他龙床定坐不成”这句话打下了埋伏。

玉帝一听，更加惊讶：“这妖猴何敢这般狂妄！”他的主意还是一句话：“着众将即刻诛之。”他做玉帝的，化解矛盾的方法只有一个，就是遣将擒拿——他有的是天兵天将。他认为，天兵天将是不可战胜的。他似乎没有其他的方法。这是他固定的思维方式。

几年前，有一个县的四大班子负责人一起来到北京，举办“XX县同乡会”五周年活动，在京的同乡大都出席了。结果，县委书记不是虚心地听取同乡们为家乡建设献计献策，而是作他的长篇报告，让这些做了京官的同乡当一回乡镇干部。会后同乡们都很失望，对这位只会作报告的县老爷嗤之以鼻，当作笑谈。作报告成了许多官员固定的思维方式。

此时矛盾又激化了，这一次还是太白金星出来化解。尽管上次没有化解好，但是当时毕竟化解了，而且他的理由说得还很充分。这一次，他又有什么理由呢？他说：“那妖猴只知出言，不知大小。”太白金星看出了问题，并且分析了问题：孙悟空只是出口提出了这个要求，但是他分不开大小，这就是破绽，就好对付。“欲加兵与他争斗，想一时不能收伏，反又劳师。不若万岁大舍恩慈，还降招安旨意，就教他做个齐天大圣。只是加他个空衔，有官无禄便了。”这个“无禄”，用今天的话说，就是有官无职、没有正式的俸禄的意思。齐天大圣是没有编制的，意思是说，给他一个编外吧（实际上是体制外的编制）。太白金星又提出了一个万全之策。玉帝闻言道：“依卿所奏。”于是，再一次派太白金星前去招安。

这一次太白金星来花果山招安，又是什么情景呢？“这番比前不同”，有什么不同？太白金星到花果山所看到的是："威风凛凛，杀气森森，各样妖精，无般不有。一个个都执剑拈枪，拿刀弄杖的，在那里咆哮跳跃。一见金星，皆上前动手。"你看，这就不一样了：因为他们第一次与天兵天将交战，竟然打赢了；他们这些没有见过世面的，见了一次大世面。所以，这一次的景象不一样，小妖们还要动手来捉拿太白金星。太白金星就说："那众头目来！累你去报你大圣知之。吾乃上帝遣来天使，有圣旨在此请他。"

孙悟空听到报告，他又是什么态度呢？悟空道："来得好，来得好！想是前番来的那太白金星。那次请我上界，虽是官爵不堪（官职太小，确实不值得一提），却也天上走了一次，认得那天门内外之路。今番又来，定有好意。"

他有心数，虽然上次官职不大，但是也让他上天去走了一次，认了路。他分得很清楚，对太白金星他还是领情的，他觉得这一次太白金星来肯定有好意，不比上一次了。所以，"教众头目大开旗鼓，摆队迎接。大圣即带引群猴，顶冠贯甲，甲上罩了赭黄袍，足踏云履，急出洞门，躬身施礼。高叫道：'老星请进，恕我失迎之罪。'"

迎接的仪式非常隆重，他自己的礼数也非常足，而且还说"恕罪"。这一次孙悟空与上次有不同的地方——从形式上，从排场上，从架势上都不同，他是有恩必报，有情必谢。但是还是有一个相同的地方——他又是一头热，寄予了一种期待。毕竟太白金星是从天上来的，上级和下级之间还是有区别的。

这一次太白金星来与上次来相比还有什么相同的地方呢？"金星趋步向前，径入洞内，面南立着"，这又跟上次是一样面南而立。"今告大圣：前者因大圣嫌恶官小，躲离御马监，当有本监中大小官员奏了玉帝。玉帝传旨道：'凡授官职，皆由卑而尊，为何嫌小？'"凡是官职，是由小到大，由卑到尊的，不要嫌小，要慢慢升。"即有李天王领哪吒下界取战。不知大圣神通，故遭败北，回天奏道：'大圣立一竿旗，要做齐天大圣。众武将还要支吾（还要来打），是老汉力为大圣冒罪奏闻，免兴师旅，请大王授箓。玉帝准奏，因此来请。"他把经过和招安的事说了一遍。

这里他把自己的作用突出来了，目的还是要来哄哄他。显然，在他的心目中，孙悟空分不开大小，大理还是不懂，这里只是让孙悟空相信他：这还是我为你争取的。他埋下了一个伏笔：众将还是要来，不是打不过你；真打起来，你不一定能胜。他说这话的目的，还是为了引起孙悟空的信任。

那么，孙悟空相信不相信呢？悟空笑道："前番动劳，今又蒙爱，多谢，多谢！"上次让你跑了一次，这次又让你跑一次。尽管以前他的官不大，但孙悟空并没有计较。对太白金星他是领情的，但是他马上又提出："但不知上天可有此齐天大圣之官衔也？"他的心还很细。太白金星说："老汉以此衔奏准，方敢领旨而来。如有不遂，只坐罪老汉便是。"如果这一次达不到目的，你找我，我负责。

"悟空大喜，恳留饮宴不肯"，这里是两句话并作一句话说——"恳留"，恳切地留他饮宴；但是，太白金星还是"不肯"。两种身分，两种心态，用了两个字——"恳"与"肯"，二字同音，义近，用得很巧妙。恳，从心，表示心里的诚恳；肯，从止，表示肯定和承诺。不肯，则是一种果断地否定。这两个字用得好。

他们再一次回到了灵霄宝殿，这一次是孙悟空第二次见到玉皇大帝，第二次来到了灵霄宝殿。按他自己前面说过的，应该是打上灵霄宝殿，但现在不是，这是因为太白金星化解矛盾了，他被请上了灵霄宝殿。

金星拜奏道："臣奉诏宣弼马温孙悟空已到。"他现在的身份还是弼马温那个官衔，齐天大圣这个官衔要等玉皇大帝亲自颁诏。玉帝道："那孙悟空过来，今宣你做个齐天大圣，官品极矣，但切不可胡为。"现在下诏，封你做个齐天大圣，"官品极矣"，大得不得了，但是不可胡来。玉皇大帝也知道哄哄他，忽悠他，因为他不分大小。应该说，孙悟空不是不分大小，而是他不知道天上的规则。

那么，孙悟空是什么态度呢？"这猴亦止朝上唱个喏，道声'谢恩'。"还只是唱个喏，而不是唱大喏。唱喏不是下拜。他不像电视上演的那样，马上就跪下："谢主隆恩！"他不是。唱大诺是鞠一个大躬，双手作个揖，口里说声"谢谢"，应诺一下，是这么个意思，而不是跪拜谢恩。以前他是唱个大诺，这里他只是唱个诺。这里面不仅仅是他不懂这个礼数，关键是他认为没有恩可谢。虽然欢喜，但是他认为没有这么大的份量，所以他没有跪拜。再则，他就只跪拜过须菩提，出生时拜过四方，余下都是其他人来拜他，所以他没有跪拜他人的习惯。在他眼里，玉皇大帝没有值得他跪拜的份量，所以他屡屡说要夺玉帝的位置。

这样，玉帝在蟠桃园右首给他造了一座齐天大圣府，"府内还设了二司：一名安静司，一名宁神司"。这个二司设得非常有意思：一是安静，意思是你要安静，守本分；一是宁神，意思是你要息事宁神。这些都是针对他来的，实际上是把他软禁起来了。安静也好，宁神也好，都是软禁的意思，把他禁固在那里，而不是升官。“司俱有仙吏，左右扶持。又差五斗星君送悟空去到任，外赐御酒二瓶，金花十朵”，这里是御酒二瓶，不是二坛。两瓶酒算什么？金花十朵，这也不算什么。非常明显，这完全是糊弄孩子的。这个地方作者写得也真是太刻薄了一点，既然官封齐天大圣，两瓶酒就糊弄过去了？十朵金花，而不是十束，就这么一点玩意儿？这也叫赏赐？与齐天大圣的身分极不匹配。但是孙悟空没说什么，实际上这些物质性的东西他也没有当一回事，他想有官职就行了。

“着他安心定志，再勿胡为”，又叮嘱一番。齐天大圣与玉皇大帝应该是平起平坐的，你有什么资格和我说这些话呢？你怎么来教训我呢？实际上这里有一个不对称，已经是名实不符。玉帝这种语气，完全是把他当孩子。这一点太白金星早就识破了，看来他比玉皇大帝厉害。

“那猴王信受奉行”，看来他真是不知大小。“即日与五斗星君到府，打开酒瓶，同众尽饮。”就两瓶酒，他还与身边的人一起同饮。看得出来，他这个人与大众能打成一片，“利见大人”这一点做得非常好。很多情况下，他不是一个人独自享乐。用今天的话说，孙悟空为官颇有民主意识，只不过这种民主意识有点像民间的哥们义气。从此，他就“遂心满意，喜地欢天，在于天宫快乐，无挂无碍”。

齐天大圣是什么官？

在这里，孙悟空的多重性格都反映出来了。第一，他不知道官衔品从，也不计较俸禄高低，他只知道有一个名义。官衔的大小应该能看得出来——只是这么一个府，这个府与灵霄宝殿完全没法比。第二，从所设的司来看，只有两个司。从这里也看得出来，这个官不是极品。第三，两瓶酒、十朵金花就把他打发了，从这个俸禄也可以看得出来，是把他当作小孩。

“那齐天府下二司仙吏，早晚伏侍，只知日食三餐，夜眠一榻，无事牵萦，自由自在。”二司的仙吏，看起来是服侍他的，实际上是监视他的。那么，孙悟空又做些什么呢？“闲时节会友游宫，交朋结义。”他这里是府，其他的都是宫，宫和府是有区别的，他只是一个府而已。人身中五官（宫）在上，六腑在下。可见，宫与府有尊卑之别，但是孙悟空不懂。其他的各宫，他都去交友，去结义。这个义，说明大家都是很有义气的，他本身就是一个很讲义气的人。“见三清，称个‘老’字”，三清是指道教里面的三清，老子就是太上老君。“逢四帝，道个‘陛下’。与那九曜星、五方将、二十八宿、四大天王、十二元辰、五方五老、普天星相、河汉群神，俱只以弟兄相待，彼此称呼。今日东游，明日西荡，云去云来，行踪不定。”

这一番描写并不是多余的：第一，有一个交待，齐天大圣是做什么的？无事可做，只是落了一个自由自在。自由自在本是幸福的最高层次，但此时的自由自在是没有尊严的，是被当小孩哄着的，是孩子的自由自在。为什么孙悟空也认可了？尽管孙悟空并不知道大小，但是众人都知道，他这个官是个假的，是个虚设的，完全是糊弄小孩子的，但他们还是与孙悟空结交。这不仅仅是哄着他，其实也是对孙悟空的认可。真正交往起来，孙悟空这个人也很讲义气。而且他真有本事，是一个值得交往的人。他交往的朋友太普遍了，天上各界神仙几乎都交往上了，而且都是以兄弟相称。既然都是以兄弟相称，就说明他这个官不是极品了，这又是他自相矛盾的地方。

看得出来，齐天大圣虽然是个虚职，但日子过得很舒坦。可是有一点孙悟空并没有意识到，用今天的话说，他这一段日子生活得虽然幸福，但是没有尊严。

代管蟠桃园

一天，又有官员对玉帝说：孙悟空整天游荡，你要给他一点事做，不然的话，他总有一天要闹出事来。玉帝看他正好住在蟠桃园旁边，就让他看管一下蟠桃园。这实际上与养马差不多：看园子，不就是管理员吗？这与弼马温一样，是个没有品从的官，是不入流的。但是孙悟空听说要让他去管蟠桃园，他很高兴，“大圣欢喜谢恩，朝上唱喏而退”。为什么？他闲得没事，他是个喜欢做事的人，有事做他就很高兴。

“他等不得穷忙，即入蟠桃园内查勘。”你看，他是个喜欢穷忙的人，等不得还有个什么上任的仪式，马上就到园子里上任去了。按照齐天大圣的身份，这时候本来应该有一个交接手续，还要有一个仪式，并不是说你自己想去就去。很多事情都有一个程序的问题，有一个规定，但是他等不得，喜欢穷忙，有事就做。看得出来，他还是不懂规则。其实，他是不懂世俗那些人为的规则，他有他的行事规则，这一点很关键。

他来到园子里，连园子里的土地神都拦住他，不让他进去。可见，玉帝的通知还没有下达到园子中，他这个新官就急慌慌地要去上任。土地神是多大一点官？很小的一个官就能够挡住他。所以，他讲："吾奉玉帝点差，代管蟠桃园，今来查勘也。"你看他这样说话：是玉皇大帝给他点的差。这说明，他不是齐天大圣，他是来办差的。这种自相矛盾的思维，为他后来大闹天宫埋下了祸根。土地就去招呼"那一班锄树力士、运水力士、修桃力士、打扫力士都来见大圣磕头，引他进去"。你看，他们都是力士，都是一班打零工的、做力气活的。他管的就是这么一班人，但是他从来不计较。

他到园子中看了一遍，就像上次做弼马温一样，先问清楚职责范围。"大圣看玩多时，问土地道：'此树有多少株数？'土地道：'有三千六百株。前面一千二百株，花微果小，三千年一熟，人吃了成仙了道，体健身轻。中间一千二百株，层花甘实，六千年一熟，人吃了霞举飞升，长生不老。后面一千二百株，紫纹缃核，九千年一熟，人吃了与天地齐寿，日月同庚。'大圣闻言，欢喜无任，当日查明了株树，点看了亭阁回府。自此后，三五日一次赏玩，也不交友，也不他游。"他问得很清楚，他高兴得不得了，为什么呢？有桃子吃。虽然他自己已经求了长生不老法，但是看到这里还有长生不老桃吃，他觉得这个差使好。当年在灵台方寸山求法时，他就吃了七次桃，看来他与桃有缘。所以，此后他再也不去交友，不去他游，天天谨守着这个岗位，履行这份职责。他喜欢做事，有事做他就安心，就忠于职守。

本章把孙悟空又比作"飞龙"，名曰"飞龙在天"，在天上做了个"齐天大圣"。但只是个闲职，所以"高而无位"，"贵而无民"，有福享受，但是没有尊严。没有尊严的幸福，是在商场打了折扣，还是被别人拿走了回扣？总之，不是那种幸福感觉。

第九章

大闹天宫——亢龙无悔

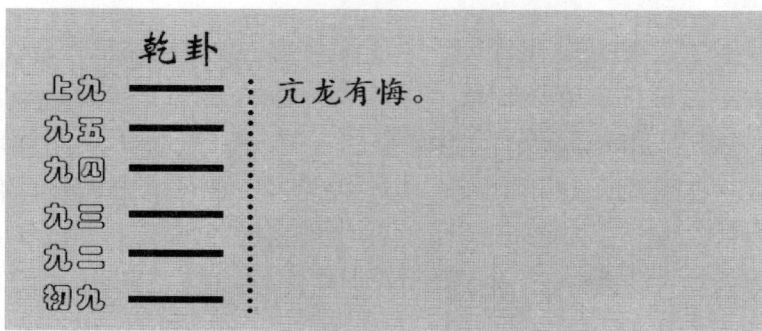

乾卦

上九	▬▬▬	亢龙有悔。
九五	▬▬▬	
九四	▬▬▬	
九三	▬▬▬	
九二	▬▬▬	
初九	▬▬▬	

大闹蟠桃会

这里，孙悟空人生中的一次重大事件就要拉开序幕了。他前半生最关键的门坎就是大闹天宫，直接的缘起就是去代管蟠桃园，正好赶上王母娘娘要在瑶池里举办蟠桃盛会，不但天宫的神仙要请到，菩萨也要请来。这一盛会九千年才开一次，因为后园那一千二百株桃树九千年才一熟。为了给蟠桃会准备果品，有仙女来摘桃，此时正好赶上孙悟空监守自盗，提前将后园的大桃都吃了，吃完后在树上睡着了。

玉帝不是怕孙悟空闹事吗？所以让他去管蟠桃园。怕他闹事，要他安静，要他宁神，却又给了他一个闹事的机会，并且疏于管理。这次仙女摘桃就与以前不同了。仙女一看，没有大桃子，都是小桃，而且后面那九千年一熟的桃子一个也没有。这时孙悟空醒了，他听说仙女是来摘桃的，而且还要开蟠桃会，他首先想到：请我老孙没有？历来都有规矩，仙女只是照章办事的，不知道有没有他。孙悟空主意来得快，就使一个定身法先把她们定住，然后他自己去调查，到底有没有请他。

他首先碰上了赤脚大仙。他马上赶上去，迎上赤脚大仙，说：玉皇大帝让我来迎接你们，让你们先到通明殿去等。赤脚大仙说，以前每次都是直接去瑶池，这一次怎么先去通明殿呢？既然是玉帝的圣旨，那我就听你的吧。赤脚大仙为什么相信孙悟空？说明他在天宫，虽然未入正册，但平时人缘好，还是得到了众仙的认可和信任。

他把赤脚大仙骗走以后，自己摇身一变，变成了赤脚大仙，径直去了蟠桃大会。去了那里，他见盛宴上摆的东西实在是丰盛极了，“点看不尽，忽闻得一阵酒香扑鼻”。既然来了，他就要痛痛快快地喝个够。因为那里只有“几个造酒的仙官，盘糟的力士，领几个运水的道人，烧火的童子，在那里洗缸刷瓮”，这些都是做杂务的人员，缺乏监管，也没有保安。也许天界太平，不需要安全保卫工作。他在那里又耍起了神通，变起了法术，扯一把猴毛变成瞌睡虫，让那些人都呼呼入睡了。于是他放心大胆地喝酒。喝够后，他自揣自摸道：“不好，不好！再过会，请的客来，却不怪我？一时拿住，怎生是好？不如早回府中睡去也。”他也知道闯祸了，他还没有完全喝醉，所以摇摇摆摆地打算回齐天府。

再闹兜率天宫

但是孙悟空走错路了，走到兜率天宫去了。这里有必要介绍一下兜率天宫。所谓兜率天，是欲界第四层天的名称。欲界、色界和无色界，合称天界。欲界的特征是，有贪（贪欲）、嗔（嗔恨心、怨恨心）、痴（痴迷，不明是非）、慢（轻慢他人，固执已见）。道教的说法是：此天一昼夜，等于人间四百年。天寿四千寿，合人间五亿七千六百万年。佛教的说法是：兜率天分内院、外院。外院为神仙、圣人居住，还未出离欲界、色界、无色界。内院为补处（候补）菩萨，修行得道人最后身的住处，常由此而下界为人而成佛道，为弥勒菩萨的净土道场，此地超越了欲、色、无色三界。内院为净土，外院为娑婆。释迦牟尼佛的母亲、玄奘大师圆寂后，都去了兜率天，住在内院。太上老君成道、成圣，而未成佛，只能居住在外院。内院是不可能要他炼丹的。

孙悟空一到这个地方就醒悟过来了，他顿然醒悟道：“兜率天宫是三十三天之上，乃离恨天太上老君之处，如何错到此间？也罢，也罢！一向要来望此老，不曾得来，今趁此残步，就望他一望也好。”就趁这个机会来看看他。“即整衣撞进去”，他对太上老君还是恭敬的，懂得“整衣”，这是理性的一面；“撞进”，是醉酒而鲁莽的一面。

这里要做一个解释，所谓“三十三天”，即为梵语忉利天的意译名，实际也是指玉帝所管辖的那层天。位居欲界天的第二层，第一重天是四大天王居位的，兜率天则位居第四层。孙悟空明白，太上老君所居的兜率天在玉帝所居的三十三天（忉利天）之上。传说，有位善女子发心修佛塔，又有三十二位女子发心相助。因为这一善因缘，这位善女子成了忉利天天主，居天界中宫，三十二位女子居四方三十二边界，故忉利天又名三十三天。所以，这里所讲的“三十三天”与后文要讲到的“二十八天”不是一回事。

但是，“那里不见老君，四无人迹”。不但没有见到老君，而且其他人也没见到，“原来那老君与燃灯古佛在三层高阁朱陵丹台上讲道”。燃灯佛是古佛，也叫过去佛。《金刚经》上释迦牟尼佛自述：“我念过去无量阿僧祇劫，于燃灯佛前，得值八百四千万亿那由他诸佛，悉皆供养承事，无空过者。”作者把佛教和道教全扯在一起来写，也许是他融通二教的文化。有燃灯佛在这里，说明内院和外院也是相通的。其他人都在那里听讲，所以看不见人。

“大圣直至丹房里面，寻访不遇，但见丹灶之旁，炉中有火。炉左右安放着五个葫芦，葫芦里都是炼就的金丹。大圣喜道：‘此物乃仙家之至宝。老孙自了道以来，识破了内外相同之理，也要炼些金丹济人，不期到家无暇。今日有缘，却又撞着此物，趁老子不在，等我吃他几丸尝新。’”

孙悟空心里想，他得了道以后懂得一个道理，什么事都是里外相同、表里如一。他懂得这个道理以后，实际上宏观、微观就都融通了，得了道就是道打通了，表里如一了。今天科学界认为，历史上两个最成功的物理学理论：一是量子场论，精确地描述了微观世界里的基本粒子；一是广义相对论，精确地描述了宏观世界里星球运动的规律。《西游记》重点是描述宏观的（日月运行规律），同时也穿插着描述了微观世界里的事情。孙悟空竟然将二者打通了，一千多年前他就在研究宏观与微观“大统一理论”了。所以，他也曾想炼一些丹济人，而不是自己享受。与前面比较就看得出来，他一贯不是一个人独自享乐。“济人”，是接济、救济的意思，当然也有既济、未济的“济”（度）。他一时没有闲暇功夫，所以没有启动这一项目，但是他有这个想法。前面一再提到他的思维，每次他都有新的想法，都有自己的主张。此时本来他只是想尝个鲜，哪知道把金丹都吃完了。孙悟空真不愧是人间“幸福王”，喝醉了，本想回去睡大觉，不想误走误撞也有幸运降临。人间皇帝也难尝到的仙丹，他像嚼炒豆似地竟然一个人全吞了。谁有这种幸运、这种口福？也只有他孙悟空了。

“一时间丹满酒醒，又自己揣度道：‘不好，不好！这场祸，比天还大。’”他已经是齐天大圣了，但他闯的祸比天还大，他这个齐天大圣已经包不住这个祸了。“若惊动玉帝，性命难存”，他很聪明，前面他从来没怕过玉帝，这个时候他怕玉帝了，他心里怯懦了，为什么？他知道自己做错了事。人就是怕错理，做错了事胆子就小，没有底气了。有人贼胆包天，那是一种狂妄；有人做贼心虚，那是一种卑贱。其实，二者本质上没有区别，都是贼的心态，只是大贼与小贼的区别而已。

从前面可以看得出，孙悟空从来没有怕过谁，玉帝、天兵天将他都没怕过，本来他也没有吃过败仗，没有输过，一直到现在他还是个常胜将军。但是这时，他害怕了——这事会要他的性命，而不是一般的怕。从这个地方看得出来，他是怕做错事，也许记忆里还有当年师父临行前告诫他的话。

前面讲了一次怕，怕阎王老子来要他的性命，那是一种自然规律。这里呢？是一种世间规则。看样子，他怕两个东西；一是怕规律，二是怕规则。本来他是不怕规则的人，但是他做错事了，违反了规则。就像法律，再多的法律，如果你不去违犯它，法律对你没用。但是你违犯了，那就没有办法了——法律是惩治违法者的，对遵纪守法的人只是警戒而已。所以他想：“走，走，走！不如下界为王去也！”

他怕是怕，但是他还有去处。就像当初离开师父时那样：从那里来，还到那里去。“他跑出兜率宫，不行旧路，从西天门，使个隐身法逃去。”即按云头，回至花果山界。每次他都是从南天门进出，这一次是从西天门出，“使个隐身法”，而不是打出南天门，可见他这次知错了。上一次是玉帝的错，所以他公开从南天门逃出。这一次，他只能偷偷地溜出西天门。

花果山上仙酒会

这次回到花果山又是一番什么景象？“但见那旌旗闪灼，戈戟光辉，原来是四健将与七十二洞妖王，在那里演习武艺。”这一次他离开的时间更长了，有多长时间呢？上一次他在天上是半个月，这一次是半年时间。天上一日，地上一年，他离开花果山已经一百多年了。你看，过了一百多年了，家里还是那样的安然无恙，还是那样的秩序井然，说明他还是花果山的董事长。就像杭州胡雪岩故居和胡庆余堂一样，还是胡雪岩的老品牌和经营理念，胡雪岩还是那里的“名誉董事长”。这些年来，孙悟空天上的官照做，这里的董事长还兼着——还是听他的，还是照他安排的一套去做。可见，孙悟空的管理真是有一套，也看得出玉帝的确是“甚不用贤”。如果真用他，他真是个人才。所以，这里就隐藏了一个东西。别看就只这几个字：还是这四健将，还是这七十二洞的妖王，一百多年了，还是秩序井然，我们不能忽略这个。

回来后，孙悟空把天上的事、把这一百多年的事（对于他来说，就是半年的事）又描述了一番。众猴又给他接风，又是喝酒。他突然觉得这酒味道不好。这酒是什么味呀？刚刚喝了琼浆玉液，现在突然喝这种酒，当然没味了。虽然酒不好喝，可崩、芭二将讲道理给他听：“常言道，美不美，乡中水。”孙悟空最认这个理，这句话他爱听，所以接着说出了下句：“你们就是亲不亲，故乡人。”

他是很讲义气的，他常为众人着想。话说到这份上，他一时兴起，头脑发热，又回到天上去，抱回许多坛酒来，与众猴、四健将和七十二洞的妖王分享。前面他惧怕玉帝来要他的性命，这时他不怕了，索性来个一不做二不休，因为这里是他的家，到了家他就有了底气。天上的蟠桃盛会被他搅黄了，他倒在花果山办起了一个仙酒会。

玉帝再兴师

这件事又报告给玉帝了。仙女醒过来了，还有那造酒的、赤脚大仙、太上老君……都去报告玉帝，都不知道怎么回事。仙女说，桃子没有了，只有小桃。蟠桃会上的酒被人偷喝了，太上老君的金丹也全被人偷吃了，这些都是谁做的呢？这时候齐天大圣府来人报告：齐天大圣不见了。肯定又是孙悟空做的事，除了他还有谁呢？看样子，矛盾又一次被激化了。所以，玉帝派灵官去调查。

这一调查，事情搞清楚了。灵官回来报告说：“搅乱天宫者，乃齐天大圣也。”所以，“玉帝大恼，即差四大天王，协同李天王并哪吒太子，点二十八宿、九曜星官、十二元辰、五方揭谛、四值功曹、东西星斗、南北二神、五岳四渎、普天星相，共十万天兵，布一十八架天罗地网，下界去花果山围困，定捉获那厮处治。”看样子，这一次是动真的了。上次只是李天王父子两人，带了一个先锋官巨灵神。这一次可不是，你看，点的天兵天将就不得了，还有一十八架天罗地网。

天兵天将到了花果山，这里孙悟空还在与七十二洞妖王和四健将开仙酒大会。听外面报告说，有天兵天将来了，孙悟空公然不理，他说：“今朝有酒今朝醉，莫管门前是与非。”前面他怕，那是在天界；但是回到花果山，他不怕了：这是我的地界，玉皇大帝管不着——他的观念已经发生了变化。

外面还在叫骂，再次来报时，孙悟空笑道：“莫采他。诗酒且图今日乐，功名休问几时成。”这个地方与以前就有对比了。以前他有忧患意识，但此时他的忧患意识没有了，他过于乐观了。《论语》曰：“贫而无怨难，富而无骄易。”看来，要做到胜而无骄也不易。

作者在这里又有一种寓意：孙悟空先后引用了两句诗，其实那只是古时文人借酒消愁的诗句，是一种消极情绪的发泄。前一句出自唐代罗隐的诗，曰：“今朝有酒今朝醉，明日愁来明日愁。”为什么要用这两句诗呢？原诗有些悲观，孙悟空此时吟来却显得太乐观。这不仅仅是一种盲目乐观，其中也隐含着孙悟空对世事的消极情绪，所以他的忧患意识没有了，原本单纯的石猴也被世俗化了。作者在这里又埋下了伏笔，写出了孙悟空思维上的微妙变化。也就是我们常说的，这人心变了，人也在开始变了。变好、变坏都有一个过程。

又有小妖来报：那九个凶神已经打进来了。这个时候他再要悠闲不理不行了。大圣怒道：“这泼毛神，老大无礼！本待不与他计较，如何上门来欺我？”他的意思是：我本来不想惹事，我喝我的酒。到了我的地盘上，你们怎么还敢闹事呢？“即命独角鬼王，领帅七十二洞妖王出阵，老孙领四健将随后。”

这里面有东西，他叫独角鬼王领七十二洞妖王走在前面。四健将是他的人，他带领他们殿后。当初他封独角鬼王为先锋官时，就是让他到前面挡阵的。那鬼王马上领兵，却在前面被挡着了。实际上那是抵挡不住的，天兵天将已经杀进来了，所以他只有自己亲自出马。

九曜星一见孙悟空便不敢抵挡了，所以立住阵势问：“你这不知死活的弼马温（不称他是齐天大圣了）！你犯了十恶之罪，先偷桃，后偷酒，搅乱了蟠桃大会，又窃了老君仙丹，又将御酒偷来此处享乐，你罪上加罪，岂不知之？”对于天上来说，这是罪上加罪；但是对于地界来说，这不算罪。所以，大圣笑道：“这几桩事，实有，实有！”他供认不讳：“但如今你怎么到了我这里，你能把我怎么样？”

九曜星道：“吾奉玉帝金旨，帅众到此收降你，快早皈依，免教这些生灵纳命。不然，就蹅平了此山，掀翻了此洞也！”大圣大怒道：“量你这些毛神，有何法力，敢出浪言。不要走，请吃老孙一棒！”九曜星也好，二十八宿也好，都不是孙悟空的对手。他不但打退了哪吒太子，而且战败了四大天王，这一次他又是得胜归来。

尽管是得胜归来，但这一次毕竟折了些兵将。折了哪些兵将？独角鬼王和七十二洞妖王被捉走了。他怎么说？“胜负乃兵家之常。古人云：‘杀人一万，自损三千。’况捉了去的头目乃是虎、豹、狼、虫、獾、獐、狐、狢之类，我同类者未伤一个，何须烦恼？”从这里就看得出来，他前面就安了心——自己的猴子一个都没伤，所以今天人们常说一个词——猴精。可见，孙悟空不但有聪明之处，也有他的精明之处，胆子大，心却很细。

接下来该怎么样呢？“他虽被我使个分身法杀退，他还要安营在我山脚下。我等且紧紧防守，饱食一顿，安心睡觉，养养精神。天明看我使个大神通，拿这些天将，与众报仇。”他还是喝他的酒。

那四大天王收了兵，各自去报功去了。但是这个功实际上不大，捉的都是虎、豹、狼、虫、獾、獐、狐、狢，“更不曾捉着一个猴精”——一个猴精都没捉到。天晚了，所以双方就各自息兵。

斗法二郎神

尽管有天兵天将，有天罗地网，尽管也被俘虏了一些妖怪，但是孙悟空本人乃至于他的猴子猴孙依然是毫发未损，开战的双方胜负依然是难解难分。这时候来了观世音菩萨，观世音菩萨本身也是应王母娘娘的邀请来赴蟠桃会的。当她得知天兵天将难以降伏孙悟空时，就向玉帝推荐了一个人。这人是谁呢？原来是玉帝的外甥，就是大家都熟悉的二郎神。

今天的戏剧、电视剧《宝莲灯》里面，主要人物就是二郎神。二郎神有多大本事呢？能不能降伏孙悟空呢？当然，他的本事也是非同小可，而且他同样也会变化。我们这里不展开，只是看一下其中重点的几段。

二郎神与孙悟空见面了。在交战之前，双方还是按老规矩，先互通姓名，并且有一番话语。孙悟空见到二郎神时是什么态度？“大圣见了，笑嘻嘻的，将金箍棒掣起，高叫道：‘你是何方小将，乃敢大胆到此挑战？’”这个语气很是藐视对方。真君喝道：“你这厮有眼无珠，认不得我么！吾乃玉帝外甥，敕封昭惠灵显王二郎是也。今蒙上命，到此擒你这反天宫的弼马温猢狲，你还不知死活！”大圣道：“我记得当年玉帝妹子思凡下界，配合杨君，生一男子，曾使斧劈桃山的，是你么?”这是一种调侃的语气，挑他的软肋。下面的语气就更有一种幽默了：“我行要骂你几声，曾奈无甚冤仇；待要打你一棒，可惜了你的性命。你这郎君小辈，可急急回去，唤你四大天王出来。”

孙悟空的这些话听起来很狂妄，但是他拿捏了分寸，他不是谩骂。他抓住对方的弱点，与对手首先打起了心理战。另外，他也再一次表明：我不愿意和你交战。一个是藐视他，再一个是孙悟空不愿意随便伤害人（连骂都不想骂），为什么呢？我们两个从来没有冤仇，我何必要骂你？孙悟空有他实在的一面。这里又看得出他有野性的一面，但不撒野；有他蛮横的一面，又有他讲理的一面。

当然，他们两个难免有一场恶战，大战了三百余回合，两人还是不分胜负。二郎神架不住时，首先使出变化来，变成什么呢？变成一座华山。孙悟空一看，马上就变成昆仑山。你看，这是魔高一尺，道高一丈。

但是，当孙悟空发现他的妖猴和四健将被冲散的时候，他又要去顾及他们，这时候他变成一只麻雀。当孙悟空变成麻雀以后，二郎神又变成了一只饿鹰，这都是有针对性的——一物降一物。孙悟空变成了一条鱼，二郎神又变成一个鱼鹰，鱼鹰是专门吃鱼的。孙悟空变成一条水蛇，二郎神又变成一只灰鹤。这时候孙悟空来了一个贱招，变成一只花鸨。二郎神看到孙悟空变得很下贱，他不好再变了，就拉起弹弓，要射这只鸟。孙悟空见势不好，马上变成一座土地庙。

但是他这个庙露出了破绽——猴子的尾子不好变，只好变成了一杆旗，立在庙后，所以被二郎神一眼就识破了——哪有旗帜立在庙后的。所以，二郎神上去就要捣它的门窗。门是孙悟空的牙齿，窗子是他的眼睛，孙悟空马上摇身一变，来了一个隐身法，逃之夭夭。他一下子冲破了天罗地网，到哪里去了呢？他变作二郎神的模样，跑到二郎神家里去了，把他的道场占了。二郎神家里那些留守的，还以为是二郎神回来了。二郎神随即也追了回去，两个人又打了起来。

在这难解难分的时候，观世音菩萨、太上老君和玉皇大帝在云端中观战。此时太上老君说：“等我老君助他一功。”太上老君用他的一个圈，叫金刚琢，也叫金刚套，从天门上往下一扔，金刚套就直飞猴王的头上猛击了一下。猴王此时正在苦战二郎神，没有防备从天上飞来一个兵器，打中了他的天灵，一下子没有站稳，跌了一跤。此时，二郎神的细犬（也是神犬），赶上去照他腿肚子咬了一口，这一下他又跌了一跤。于是，被二郎神的道友七圣围上去一起按住，给捆上了。捆上以后，又“使勾刀穿了琵琶骨”。琵琶骨被穿了，孙悟空再没法变化了。看来，琵琶骨是他的软勒。再大的本事也有致命的弱点。

孙悟空这一次被擒拿了，是因为被人下了暗招。这里面我要补充一点，因为这毕竟是小说，是作者根据故事情节任意去发挥的，但是现实中我们还要做一个澄清，澄清什么呢？观世音菩萨与太上老君是两位宗教人物，观世音菩萨是佛教里面的人物，太上老君是道教里面的人物。有佛教人士说，吴承恩这样写伤害了佛教弟子们的感情。其实，这是文学写作的特征，不要宗教化。文学与宗教有区别。赵朴初大德说过：佛教是文化。要从文化层面去理解本书中的宗教色彩。

从中国历史来说，当然是先有太上老君，在春秋时候就有老子，是真有其人。那时候，佛教还没有传到中国。老子去世以后，道教借用老子作为他们的教主，成为太上老君。那么，观世音菩萨呢？在佛教里面，观世音菩萨是与众生最有缘的大菩萨，特别是与中国人有缘。所以，中国人有一种说法，叫“家家观世音”。这是佛教里的人物，释迦牟尼佛在佛经里面介绍过。

今天的中国，佛教依然是盛行于世。相比较而言，道教的信众则要少得多。但是，在道教的道观里面一定供有菩萨像，在佛教寺院里面也供有神像。这是佛教传入中国以后，与中国文化相融合的表现。因为，道教里面的这些神、仙，并不完全是道教自己独创的。在道教没有形成之前，中国的原始崇拜里面就有对天的崇拜和对神的崇拜，它也属于中国传统文化的一部分，是民间文化、民俗文化。当佛教传入中国以后，要赢得中国的信众，就必须与民间文化相融合。所以，这二者是既有融合，又有区别。

这里作者把菩萨和老君放在一起，让他们共同来降伏孙悟空，而且他们这种降伏的方法似乎很不光明，很不磊落。我们应该抛开宗教信仰来说，因为这里面的观世音菩萨和太上老君，并不是佛教里面的观世音菩萨，也不是道教里面的太上老君，而是作者笔下文学虚构的菩萨和老君，这个我们要搞清楚。这种背后使冷招的做法虽然不光明，不磊落，但这只是作者的一种构思、一种假设、一种虚构。

作者为什么要这样虚构？它是一种衬托。衬托什么呢？当然，首先衬托的是孙悟空的本领高强，从正面交锋是无法降伏他的。无论是凭对打的硬本事，还是变化的软功夫，都无法降伏孙悟空，只有使冷招；第二个衬托的是什么呢？衬托最后出场的西天如来佛，所以第七回很关键。

本章把孙悟空比作“亢龙”，而且是“亢龙无悔”。其实，不是无悔，而是无慧，所以不知悔。孙悟空原本不是很聪明吗？那只是聪明而已，聪明只能要要谋术或谋略，而这谋略也只是“既济”层面，而不是“既济”而“未济”的时空超越，所以说他“无慧”。第七回中就能看得出来。

由于无慧、无悔，必然遭受挫折。此时他品尝到的，不是成就感和幸福感，而是挫折感和懊恼。可见，幸福感也需要智慧才有含金量，才有充实感。

第十章

五行山下定心猿——潜龙在渊

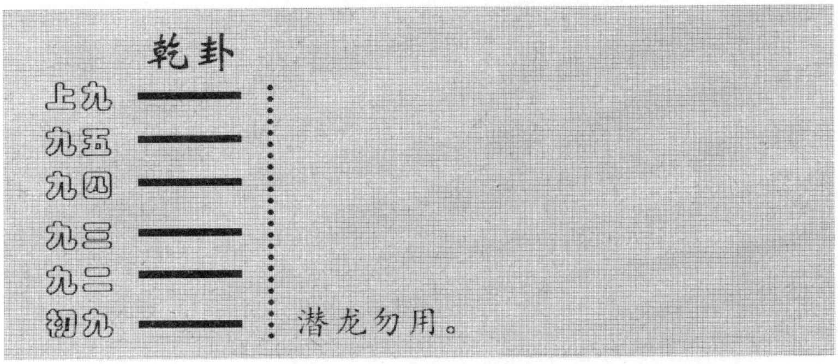

逃出八卦炉

《西游记》第七回的标题是“八卦炉中逃大圣，五行山下定心猿”。

通俗的说法，我们也可以这样提出疑问：孙悟空能逃出太上老君的八卦炉，为什么跳不出如来佛的手掌心？这里面有一个“逃”字和一个“跳”字——逃得出，却跳不出。这个“逃”字和“跳”字，都是用同一个“兆”字作音符。“兆”的本意是，古代人占卜的时候，把灵龟的龟甲放在火上烘烤，烤出一种裂纹，这个裂纹的象形字就叫兆。为什么叫兆？它是一种预示，所以也叫征兆、预兆、兆头。那么，这里面又揭示了哪一种预兆呢？我们还是从原文上来分析。

当孙悟空被擒拿以后，“押去斩妖台下，绑在降妖柱上，刀砍斧剁，枪刺剑刳”。这简直相当于刑场：斩妖台，降妖柱，手段有多厉害！都使出来了。应该说，这次孙悟空性命难保了，当年须菩提的话要应验了。但是事实呢？“莫想伤及其身”，这些手段都不能伤害他。任你砍，任你剁，都伤不了他。接着又用火烧，用雷劈，依然不行。可见孙悟空太厉害了。

为什么会这样？首先，他生来本是一个石猴，得了天真地秀、日月之精华；第二，他又跟须菩提学了法，练了功夫；第三，他吃了仙桃，又吃了金丹，真正炼就了一个金刚不坏身。可以想像，现在他不仅仅是本事大了，他的傲气也更大了。那么，怎样才能降伏他呢？

这时候太上老君说：好办，把孙悟空交给我吧。太上老君提出了他的降伏方案，是什么方案呢？他说："那猴吃了蟠桃，饮了御酒，又盗了仙丹。我那五壶丹，有生有熟，被他都吃在肚里，运用三昧火，锻成一块，所以浑做金钢之躯，急不能伤。不若与老道领去，放在八卦炉中，以文武火锻炼。炼出我的丹来，他身自为灰烬矣。"

太上老君看出来了，他知道孙悟空是一个金刚不坏身：如果让我领去，放在八卦炉中，用文火和武文来锻炼的话，能把孙悟空吃下的丹再炼出来（你把丹还给我）。丹炼出来了，那么孙悟空呢？也就成灰烬了。这是最后一招了，这一招叫做还丹——丹炼出来了，还回来了，孙悟空的金刚不坏身也就崩溃了，分离了。

所谓八卦炉，当然离不开八卦。那么，太上老君的这个八卦炉能不能降伏孙悟空呢？孙悟空能不能逃过这一劫？我们看原文："那老君到兜率宫，将大圣解去绳索，放了穿琵琶骨之器，推入八卦炉中，命看炉的道人，架火的童子，将火扇起锻炼。原来那炉是乾、坤、震、巽、坎、离、艮、兑八卦。"八卦象征自然界的八种现象，是哪八种现象？乾象征天☰（ ），坤象征地☷（ ），震象征雷☳（ ），巽象征风☴（ ），坎象征水☵（ ），离象征火☲（ ），艮象征山☶（ ），兑象征泽☱（ ）。

乾	坤	坎	离	震	巽	艮	兑
☰	☷	☵	☲	☳	☴	☶	☱
↕	↕	↕	↕	↕	↕	↕	↕
天	地	水	火	雷	风	山	泽

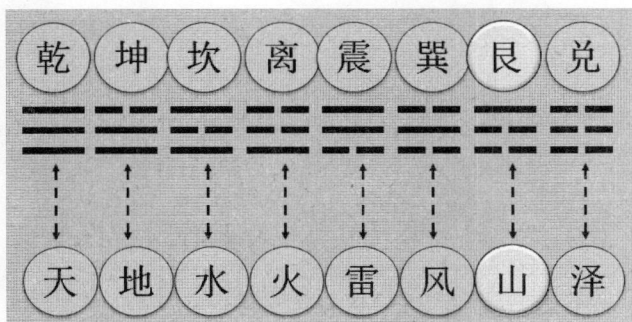

孙悟空懂不懂八卦？看原文："他即将身钻在巽宫位下。巽乃风也，有风则无火，只是风搅得烟来，把一双眼熇红了，弄做个老害病眼，故唤

作‘火眼金睛’。”这一次，他因祸得福了，又增加了一样本事——眼睛被熏成了火眼金睛。他懂得，八卦里面有一个巽卦，巽卦象征风，有风就不怕火了。所以，他一下去就躲进巽宫里面去了。有人说，水克火，躲到坎宫里面不是更好吗？这不行，八卦炉外有文武火烧，水烧开了，不就煮熟了吗？

孙悟空为什么懂得八卦？前面讲了，花果山上那块仙石上的纹理就有九宫八卦形。就是说，九宫八卦是他的本体，孙悟空当然懂八卦了。再说，他在须菩提那里也学过。须菩提第一次出来给他们讲道的时候，“讲一会禅，说一会道”，那个道里面就要讲八卦——道家讲八卦。可见，孙悟空早就懂八卦了。

这样炼了七七四十九天，这个火候也就到了，当然要开炉取丹了。谁想到，一开炉，孙大圣跑出来了，这一次又是出乎众人的意料之外。连太上老君还在想像：他的仙丹已经还原了，孙悟空已经成为灰烬了，他已经帮助玉帝立了一大功了。也就是说，已经除了孙悟空这一害了。谁知道，孙悟空还是一个金刚不坏身，并且炼成了一双火眼金睛，这是众人都没想到的，接下来也就更难预料了。

这一次孙悟空又逃过了一劫，一下子就打上了灵霄宝殿，“大乱天宫，打得那九曜星闭门闭户，四天王无影无形。”谁都挡不住他。前两次用了那么多天兵天将，都降伏不了孙悟空：刀剁斧砍不行，八卦炉中炼也不行，谁都对付不了他，在这种情况下，似乎只能随他打，或者是和他谈条件。玉帝则干脆逃之夭夭，就像当年慈禧太后看见八国联军来了，赶紧逃命。现在，似乎再也没有办法对付孙悟空了。

请来西天如来佛

当然，办法还是有的。太阳系中，还有谁拥有最高的本事呢？那些有高本事的、有大神通的神兵天将一个个都出场了，一个个都显出了自己的本事，但是没有一个能降伏得了孙悟空。这个时候，还有谁能降伏他呢？是不是孙悟空现在真的是天下无敌了呢？

还是有人。玉帝请来了西天如来佛，实际上是释迦牟尼佛。这里我们又要补充一下佛教知识，这些也是一些常识。

如来与佛是怎么回事？佛教经典上说，西方极乐世界的教主是阿弥陀佛，娑婆世界（即我们这个太阳系）的教主是释迦牟尼佛。我们怎么区别呢？如来又是哪尊佛呢？很多人常问这个问题。实际上，佛是一个总称。佛者，觉也。大彻大悟（彻底觉悟）的人被称为佛。如来也是佛的一个总称，凡是佛都可以称为如来。为什么叫如来？就是《金刚经》里面说的："如来者，无所从来，亦无所去，故名如来。"譬如孙悟空原本是从石胎中生出来的，这就是他的如其本来——也就是他的佛性。人人都有这种佛性。

人类、禽兽类，生为来，死为去——有来有去。无去无来，就是无生无死，也就是《心经》上说的"不生不灭"。前面讲的六道，上三道和下三道都有生灭，都有生死，都有去来，都在六道轮回里面来来去去。只有跳出六道轮回，才没有生死。一旦出离了生死，了脱了生死，那就没有去来，这才是叫佛，才能称为如来。

玉帝请来了如来佛。那么，如来佛能不能降伏孙悟空？是怎么降伏的呢？这里的如来，实际是指释迦牟尼佛。在释迦牟尼佛身边，有两位侍者，就是他的十大弟子中的两位，一位是迦叶（shè）尊者，一位是阿难。在今天中国佛教寺院的大雄宝殿里，供奉的就是释迦牟尼佛的像，在他的左右有两位侍者，就是迦叶和阿难。此时如来佛带着迦叶和阿难来到灵霄门外。

"忽听得喊声振震耳，乃三十六员雷将围困着大圣哩。"这里孙悟空与天兵天将已经打得不可开交，打到灵霄宝殿门外了。"佛祖传法旨"，这不是圣旨，而是法旨，怎么说？"教雷将停息干戈，放开营所"，这是第一旨；"叫那大圣出来，等我问他有何法力"，这是第二旨。佛祖一来就发这两道法旨，先教雷将停息干戈，再叫大圣问话。"众将果退"，当然众雷将都让开了。

"大圣也收了法象，现出原身近前，怒气昂昂，厉声高叫"，为什么孙悟空怒气昂昂？因为他觉得自己已经胜利在望了：你为什么要来多事？这个时候虽然他是大怒，但是他不撒野，说话还是有板有眼。他只是说："你是那方善士，敢来止住刀兵问我？"他没有乱说，是不是呀？他的出语还比较文明，没有撒野的话，只是话说得有点狂。

孙悟空问如来佛是哪方来的善士，如果他读了《金刚经》，他就知道如来佛是谁了。《金刚经》是怎么说的呢？"时，长老须菩提，在大众中，即从座起，偏袒右肩，右膝着地，合掌恭敬而白佛言"。释迦牟尼佛登坛说法了。这一次是须菩提作课代表，所以他代表大家提问，佛根据他的提问因机说法。所以，须菩提"合掌恭敬，右膝着地"，他对释迦牟尼佛是那样的恭恭敬敬。如果孙悟空知道这么一个情景、这么一个来历：哎呀！

这是我师父的师父。那后面还有这么多事吗？早就没有了，孙悟空早就“倒头就拜，磕头无数”了。

如果再来阅读一本弘一大师鉴定的书，书名为《地藏菩萨本愿经白话解释》，1992年中州古籍出版社出版。书中解释“一时佛在忉利天，为母说法”时说，摩耶夫人生下释迦牟尼佛后第七天便仙逝了。由于她生育佛有功，所以“生到忉利天宫去做了天子。”忉利天宫的天子就是玉皇大帝。这样说来，如来佛这次来，是为母亲解围的。再推一下，二郎神是玉帝的外甥，那么排行下来，二郎神与如来佛就是表兄弟了。当然这只是提供给读者一点书外的资料。我之所以敢于应用这一资料，其一，根据书中“序”里面作者的自述，说这本书是弘一大师嘱咐他编写的，后又经弘一大师亲自“鉴定”（封面注明）；其二，这是正式出版物；其三，仅仅提供读者参考而已。这里之所以特别说明，只是表明，即使是作为笑谈和参考，也得有可靠的依据，不可以什么资料都可以引用。

吴承恩在第一回中已经埋下了伏笔：一是，须菩提在孙悟空前面没有交待他的师父是谁，孙悟空也未曾问过：师父，你的法是从哪里学来的？他没有问过；第二，须菩提在赶他走的时候，已经跟他交待得很清楚：你再也不准说是我的弟子，如果说了，我要“把你这猢狲剥皮锉骨，将神魂贬在九幽之处，教你万劫不得翻身”。所以，孙悟空当然也就没敢说。那如来佛知道不知道？应该知道。这么说的话，孙悟空这次遇到的是谁？是他的师公，也就是他师父的师父。这样一来，如来佛所面对的这个美猴王，竟然还是他的徒孙，只是见面不相识而已。他们两人之间的这一层关系很有意思。

中国的这些经典、名著都与先秦经典、佛教经典，以及历史，乃至于传说等，是互相融通在一起的，所以，知识全面才能读出其中的文化内涵。你只读名著，不读经典不行。你读名著的时候，要多读几本经典。你读了《易经》，读了《金刚经》，再来读《西游记》，那你的理解就大不一样了。你要是再去读读《坛经》，就知道《西游记》和《坛经》有很多相似之处。所以，要想读懂名著，也必须读经典，特别是先秦诸子百家的经典、佛教的经典。

这时如来佛与孙悟空第一次会面了，虽然没有点破各自的来历，但是实际上他们又存在着这么一层关系。当孙悟空大怒，有失礼貌的时候，如来佛是什么态度？见到这位第一次见面的徒孙，他生气不生气呢？

“如来笑道”，这里用了一个“笑”字，这是一种居高临下的慈悲心态。在他眼里，孙悟空只是一个孩子而已。“我是西方极乐世界释迦牟尼尊者，南无阿弥陀佛。”这里又必须搞清楚，如果按佛教的说法，这里面完全被作者搞乱了。如果是说西方极乐世界，那应该是阿弥陀佛。如果说是释迦牟尼尊者，就只能说是娑婆世界，而不是极乐世界。所以，人物关系全搞混了。这是有意的还是无意的呢？反正这是小说，我们就不要去计较了，这本身就是虚构的，作者爱怎么写就怎么写。但是我们必须要搞清楚，我们不能跟着他错，这些都是常识性的东西。佛教本身是一种宗教，也是一种文化，她与一般的宗教不一样。所以我们要搞清楚，阿弥陀佛是西方极乐世界的教主，释迦牟尼佛是娑婆世界的教主，两者不能混淆。

如来佛介绍了自己，接着向孙悟空提问：“今闻你猖狂村野，屡反天宫，不知是何方生长，何年得道，为何这等暴横？”如来佛首先问他“何年得道”，我们看看孙悟空会不会说真话？他会不会道出须菩提？这里是用诗来表述的：“我本：

天地生成灵混仙，花果山中一老猿。
水帘洞里为家业，拜友寻师悟太玄。
炼就长生多少法，学来变化广无边。
因在凡间嫌地窄，立心端要住瑶天。
灵霄宝殿非他久，历代人王有分传。
强者为尊该让我，英雄只此敢争先。”

前面是孙悟空的自我介绍，后面他说了自己的要求和想法。孙悟空讲，他的志向是嫌地上太窄了。他有那么大本事，英雄无用武之地，所以他看上了灵霄宝殿这个地方。灵霄宝殿不应该让玉帝一个人坐，他应该让位。孙悟空提出了一个观念：强者为尊。谁强？孙悟空认为，只有他强。谁也奈何不了他，当然是他强。强者为尊，这是孙悟空的逻辑。如果按照这种逻辑行事，就是由孙悟空来制定游戏规则，那玉帝该让位于我孙悟空了。

针对孙悟空这一段表述，如来佛已经明白了孙悟空的来历，他心里想的是什么，他要做什么。如果我们把如来佛看作是一位心理医生、一位心理大师，我们看看他是怎么来对付孙悟空的。

对付孙悟空，除了太白金星的招安以外，其他人都是动刀戈，用手段，使神通。那么如来佛呢？他不是动用武力，而是一开始就止住兵戈。能止住吗？他从哪里入手呢？他从说服入手，从心理入手，运用心理战术，打心理战。我归纳了一下，他的心理方法有五招，也就是说，他与孙悟空有五个回合：第一个回合是劝，第二个回合是激，第三个回合是赌，第四个回合是骂，第五个回合是“轻轻的压住”。下面我们来看看这五个回合。

第一个回合—劝

那么，如来佛是怎么劝的呢？佛祖听过孙悟空的自我介绍后，呵呵冷笑道：“你那厮乃是个猴子成精，怎敢欺心（自己欺骗自己），要夺玉皇上帝尊位？”这是开门见山。如果只是这么说的话，能说服孙悟空吗？显然不能，这时要说出理由：“他（指玉帝）自幼修持，苦历过一千七百五十劫。每劫该十二万九千六百年。你算，他该多少年数，方能享受此无极大道？”

我们可以算算：一千七百五十劫乘以十二万九千六百年，这是多少年？合计为2.268亿年，他需要修持这么长时间，才能得到玉帝的位置，才能享受到这一无极大道。那么，孙悟空你呢？“你那个初世为人的畜生，如何出此大言！不当人子，不当人子！折了你的寿算！趁早皈依，切莫胡说！但恐遭了毒手，性命顷刻而休，可惜了你的本来面目！”这是劝。

这个劝有几层意思呢？第一，直接指出，你只是一个猴精，而你却要想夺玉皇大帝的尊位，把这二者的悬殊摆开了，指出了二者的差距。为什么说二者有这么大的差距呢？算时间帐：要得到玉帝这个尊位，需要修2.268亿年。你想想你自己，你修了多长时间？这不用说，二者的悬殊就在这个地方。

我们可以算一算，孙悟空到底修炼了多少年？在他做猿猴的时候，在他还没有做美猴王之前，那不能算修炼，这里说的是“苦历”，他那时还不能算是苦历。即使把它算成是苦历，把后面的时间全部加起来，前文讲他在幽冥府发现他已活了342岁，加上做弼马温15年，做“齐天大圣”150多年，只有510多年，也远远不够这个年数。二者的差距就在这个地方。所以佛祖说，你还是个畜生，“不当人子，不当人子”，你连人都还算不上。“不当人子”还有一种理解：不在人道，而是阿修罗道。因为阿修罗好战，常与帝释天争战，争夺天界的统治权。此时的孙悟空与阿修罗（妖魔、战神）相似。所以，西天取经路上降妖除魔其实是一种比喻，比喻降伏自身的心魔。

道教中，玉皇大帝的地位在太上老君之下。天界里面，有欲界天、色界天和无色界天。玉帝和太上老君都在欲界天。

这里面有很多名堂，看起来吴承恩好像是随口说的，实际上他也懂得这些知识，不然他不会写“不当人子，不当人子”，这一下子就把差距拉大。这是在劝：你要看看你自己现在是在哪一道？什么位置？

其二，你不要不珍惜自己，这样会折了你的寿命，甚至于遭到毒手，性命难保，你要趁早皈依。我们讲皈依佛门，孙悟空现在还谈不上这个皈依，他这个皈依实际上就是我们今天讲的一句俗话：你赶紧走正路，赶紧悬崖勒马，浪子回头。你要先学好做人子，如果真要讲皈依的话，你首先不是皈依佛，而是先皈依人，你还没到皈依佛的时候。

其三，你别以为你修了长生不老法，消了生死簿，又吃了仙桃和仙丹，但是你的生死并未了，“性命顷刻而休”的危险依然存在。

其四，劝告他要赶早回头，回归到自己的本善上，否则“可惜了你的本来面目。”他的“本来面目”是什么？是得了天真地秀、日月精华的石猴，本来是自然界一个有生命的物，即如其本来的佛性。

那孙悟空听不听这个劝呢？他听出这个劝里面的善意了吗？他明白其中的厉害了吗？他是怎样接招的呢？大圣道：“他虽年劫修长，也不应久占在此。常言道，皇帝轮流做，明年到我家。只教他搬出去，将天宫让与我，便罢了；若还不让，定要搅攘，永不清平！”

什么叫迷？什么叫执迷不悟？《坛经》上说得很清楚：“一念迷即众生，一念觉即佛。”佛和众生的区别就在一念之间：迷时是众生，觉悟了才是佛。六道轮回里面，包括玉帝在内，都是众生之类。这里两位面对面答问的，就是一佛、一众生。只要有来有去，没有了脱生死，在生死里面来来去去，就是众生，便有高低、尊卑的差别。高低、尊卑，是从修行上来区分的。哪是上三道？哪是下三道？这都是从修行和善恶上来说的。

上三道是自己修来的，而下三道是自己作的孽，二者都是果报：上三道是善报，下三道是恶报。在上三道里面，你要想得到好的果位，要靠修行。但是孙悟空仍然是执迷，所以他只是一个众生。他迷到什么程度？怎么劝，他依然还是那句话，还是那种执著。所以，佛祖讲他是畜生，“不当人子”：连人话都听不懂，所以还是下三道的众生。

为什么说孙悟空执迷不悟呢？他执迷在哪个地方？他要夺玉帝的位置，还认为自己有本事，执迷于“皇帝轮流做，明年到我家”。这是一种世俗的观念，他迷到世俗的名和利里面去了（争名夺利）。

前文中，孙悟空把世俗的东西背得滚瓜烂熟，经常来一句俗语，实际上他还是俗人一个。孙悟空的思维方式有他的精明之处，有他的聪明之处，但是那不是智慧，只是精明，是聪明。有时候虽然也有理性，但是他这个理性没有打成一片，所以有时候有理性，有时候却没有理性。海外有易学专家说：日本人是一个聪明的民族，善于借鉴他民族的文明成果；犹太人是一个精明的民族，世界上许多金融家都是犹太人；中国人则是一个智慧的民族，五千年的文明源远流长。所以，此时的孙悟空不是悟，不是智慧，只是聪明而已。本来，孙悟空的聪明可以叫大聪明，他的精明也是大精明，但是没有得到智慧，没有悟。所以，他迷起来也是大迷，糊涂起来也是大糊涂，俗起来也是大俗，愚昧起来也是大愚。他这个大愚，不是大智若愚的愚，而是愚痴的愚。

孙悟空有来去，他是在聪明和愚痴里面来去。有来有去，就有生死。孙悟空认为自己已经了脱了生死，其实须菩提早已提醒过他，这次如来佛一开始也讲明了：你性命难保，你不要认为你是长生不老，不是！真正的长生不老，不是你身体长生不老，而是指你的精神长生不老。你觉悟没觉悟？是从你的迷和悟上来分的。彻底地悟了，大彻大悟了，那你在生死之间就没有来去，你就出离了生死。如果你还是迷，你还是在生死里面轮回，只是寿命长一点而已，但没有真正出离死生！这里就讲得很清楚。无论你是信佛教，还是信道教，或者是不信教，这些对我们都有益，都有启发。

举个简单例子，天安门广场人民英雄纪念碑上，毛泽东的题词：人民英雄永垂不朽。这个“永垂不朽”就是长生不老。这是什么长生不老？革命的先烈们已经去世了，他们还长生不老？实际上是指他们的精神、他们的价值观源远流长，代代相传。我们今天缅怀革命先烈，就是继承他们这种精神。一代又一代的革命先烈，用他们的精神鼓舞着我们这一代又一代人，前仆后继，继往开来。在我们的血液里，在我们的精神世界里，还活着这种永垂不朽的精神。

在平时生活中，在学习中，在工作中，我们如何做到没有来去？在名利面前，你做到没有来去，“如其本来”，你能了脱这些东西，那你就高人一等，你就会受到他人的尊重，你就能得到升迁，你就能得到大众的拥护。如果你迷到名利里面出不来，心里斤斤计较，甚至两两计较（每一两都要计较），那就有来有去，就有得有失，甚至是患得患失。明明得到了，还不知足，认为是失去了，还要去追求，不该得的还要去贪，到时候连性命都难保，不就跟此时的孙悟空一模一样吗？

如来佛在这里告诫的是孙悟空，但是我们要体会出这个味道来，要读出人物思想深处的东西。应该说，我们今天的社会心理有很多负面的东西，例如跳楼，这是最近发生在校园和合资企业里的恶劣事件，这说明了什么？是个别问题吗？不是。我在《参考消息》里面看到，外国学者说，这是一种规律。什么规律？根据历史回顾，根据西方的经验，当一个社会的经济在高速发展的时候，就是处于社会心理反常现象的高发期。因为发展太快，社会心理承受能力、个人心理承受能力都还比较脆弱，这是"跳楼"事故的主要病因。当然，这是从客观上去看的。回过头来看，这种现象虽然是一种规律，难道说这是好事吗？就可以容忍吗？说起来谁都不能容忍，但是说到每个人身上，我们有没有责任？有责任。

我曾经告诫过自己一句话，一个社区的保安、清洁工，我们要用一种什么眼光去看他们？如果你用一种蔑视的眼光去看他们，那么这些来自农村的年轻人，他们书虽然读得不多，但是受到这种眼神的刺激，他就不会安下心来工作，甚至于在他的心里埋下了阴影，而这个阴影一旦碰上某种因素的刺激，就会变成恶性事件的根苗，那么你这一个眼神就成了间接杀手。所以，我们要学歌词作家阎肃老先生，他对什么人都主动地打招呼，对什么人都报以微笑，他这样做使他人都得到了尊重。一种尊重，就是给他人一份信心，给他人一份温暖，就增加了一份社会的和谐，同时减少了一份社会的隐患——祸根消弭了。他正是有这份平等心，所以才能写出《西游记》电视剧主题歌词："我挑着担，你牵着马……"在他眼里，挑担的沙僧与孙悟空一样要受到尊重。

今天有一些有身份的人，甚至于是一些高级知识份子，不分场合地说一些不该说的东西，蛊惑人心，结果是什么？在听闻者心里留下了阴影。留下了阴影，就是留下了祸根。《地藏菩萨本愿经》里面讲了，不要因为是小恶你就可以做。不可以呀！这一点点恶行都是祸根。为什么会出现这种情况？这是整个社会的心理问题，不可不慎言呀！

前面讲了孙悟空大闹天宫，他为什么会大闹天宫？这么一个有大本事的人，在如来佛眼里仍然是"不当人子"：你的本事很大，你有金刚不坏身，但是没有了脱生死。去年春节前我回了一趟安徽老家，有件事深深地感动了我：如今的农民，心地很单纯，他们的生活水平正在提高阶段，但他们已经知足了，并且怀有一种感恩的心态。对比一下当今某些身居高位、享受很好待遇的人，有这种知足的心态吗？许多人还在那里为了职称、奖金而计较，稍有不称心如意，就埋怨社会，埋怨领导。其实，他们享受到的幸福比农民实惠得多，但是他们没有幸福感，农民有幸福感，有感恩的心。从身份、地位上来说，人似乎有高低之别；但是从心态上、从一迷和一悟上、从对幸福的感受上来说，到底谁高谁低呢？我们可以自我对号。

如来佛有一句非常关键的话——“你的本来面目”。我们每一个人都有自己的本来面目，就是《三字经》里面讲的“人之初，性本善”。任何时候，对任何人，相互间的一份尊重、一份信任、一份理解、一个很自然的微笑都是大善。一份知足，一份感恩，也是大善。反之，一个蔑视的眼神，一个不屑的表情，一句不负责任的言谈，只要给他人留下了阴影，就是大恶。这种大恶，就是忘记了自己的本来面目——本善没有了。本善没有了，就对不住自己的父母——父母给你的是本善。所以，我们都要听如来佛这句劝。用禅宗的话说，就是“识自本性”。能做到“识自本性”，说话、办事才不离自性。

这里有两面镜子：一面是如来佛劝的这面镜子，一面是孙悟空不听劝的这面镜子（不听人劝，听不进去）。今天这样听不进劝的人多得很。我自我反思，我也是过来人，我也有过听不进劝的阶段。所以，我讲的不是书上的理论，不是照着书讲讲故事，其中大多是我个人的心得、经历。我的这个心得、经历，不仅仅是从书上读出来的，而是用我的人生磨炼苦熬出来的。

第二个回合—激

看来这个劝对孙悟空不管用，那就用第二招——激。这个激是什么意思？就是我们经常讲的激将法。那么，如来佛是怎么激的呢？这个激，是借着孙悟空的话头来说的：你不是说本事大吗？那你到底有多大本事呢？

我们再看更深一层的含义。佛祖道：“你除了长生变化之法，再有何能，敢占天宫胜境？”实际上是讲，你有长生变化之法，但只是变化之法，佛祖没有讲不老不灭之法。变来变去，有变化就有来去，就有生死，就有生灭。“变化”一词用得非常妙，作者没有用“长生不老之法”、“长生不死之法”，而是“长生变化之法”，暗示了孙悟空没有逃离生死，还在生死里面变来变去，只是寿命长短而已，因为他还在生死、生灭、来去里面变化，变过来变过去，这就有来去，非常清楚。“再有何能”，你还有哪些功夫呢？还有哪些本事呢？这就是顺着他的势来激他。这句话说得大圣高兴了，这就叫激将法。

大圣道：“我的手段多哩！”你看，这个激真的起作用了，有效果了。

“我有七十二般变化，万劫不老长生。”孙悟空还是自我认为“万劫不老”，他看不到变化，这是有区别的。因为他只会变化的法术，而不明了自然变化的规律；只懂得术，不懂得理，理不通则道不通。用词不能乱用，作者这样绞尽心血，这样精心安排，写出来，如果我们没有读出来，就有点可惜。又说：“会驾筋斗云，一纵十万八千里。如何坐不得天位？”

如来佛激他，等的就是他这一句话，就是要他上圈套。如来佛已经布好了一个局在这里，设好了一个圈在这里。这个圈，不是太上老君那个金刚圈，如来佛的这个圈是一种软件，不是硬件，是心理上的圈；不是背后下套，而是让他自己选择；是阳谋，不是阴谋。这个圈套很有意思：你有多大功夫？孙悟空最拿手的当然就是筋斗云了，是独一无二的。

如来佛对孙悟空是太了解了，了解什么？不是他的身份，而是他的心态。《金刚经》上说：“所有众生，若干种心，如来悉知。”众生有多少种心态？按照佛教来说，众生的心态有八万四千种。所以，佛就设计了八万四千种法门来度众生：你是哪一种心态，我就用哪一种法门来度你。这就是因材施教，这里的劝、激、赌、骂、压都是法门。

第三个回合——赌

孙悟空已经钻到这个圈子里面来了，所以第三个回合就是赌。佛祖道：“我与你打个赌赛：你若有本事，一筋斗打出我这右手掌中，算你赢，再不用动刀兵苦争战，就请玉帝到西方居住，把天宫让你；若不能打出手掌，你还下界为妖，再修几劫，却来争吵。”

前面是一劝、二激，现在是赌，实际上是借势、顺势、就势：你是什么心态，我就用什么法门。前面须菩提教孙悟空筋斗云的时候，是就他的那个势教一个筋斗云。看样子，须菩提的这种教法都是从如来佛这里学来的。就势——因材施教，这个“因”字很关键。《文子·自然篇》云：“王道者处无为之事，行不言之教，清静而不动，一度而不摇，因循化下。”《史记·太史公自序》：“道家无为，又曰无不为，其实易行，其辞难知（难理解），其术以虚无为本，以因循为用。”可见，释家与道家许多东西是相通的，所以说释道一理。

凡是做心理医生、心理大师，不是靠背书，背书没用，那是花架子。真正的心理医生、心理大师，要懂得众生的八万四千种心态，还要会用你的八万四千法门，要“以因循为用”。仅仅是这样还不够，那还是背书，还是理论上的东西，最关键的是要用哪一招呢？要用地藏王菩萨的那一招："我不下地狱，谁下地狱？"

下地狱是什么意思？去体验众生的苦。这个苦是什么？不仅仅是说地狱里面有粪尿地狱、火烧地狱、烧脚地狱……众生遭受各种苦难，这只是一种比喻：粪尿地狱，实际上就是比喻心里很肮脏，心态下流。火烧地狱是什么？是自己在伤害自己，是心里忧心如焚、怒火中烧。锯凿地狱是什么？是心里有怨恨，像刀绞一样的痛……如果你的心态是一种平常心，一种欢喜心，一种恭敬心，一种平等心，一种清净心，那就是西方极乐世界。这都是心态，你自己必须去体验。自己都没有体验过，你怎么去劝人？你一面在劝人，回过头你自己的烦恼都解不开，搞不清楚自己的心态，怎么能去救苦救难呢？

佛教讲"自度度他"、"自觉觉他"：要度化他人，你必须先度化自己；要教他人觉悟，必须自己先觉悟。从哪里觉悟？先下地狱。下哪个地狱？就是在生活中以主动、积极的心态，去体验烦恼，体验困苦，体验艰险、体验挫折、体验屈辱……体验各种困惑，经历过了这些以后你就知道：哦！我怎么去度人，怎么去解人家的心结，怎样去做人家的心理工作，你就能理解众人的心态。这样，才有同理心，才有同情心，才能对症下药。"所有众生，若干种心，如来悉知"，这个时候你就是如来了，你也知道了，这就是悟呀。

说起来不难，真正难的是做到，不要坐而论道，说得头头是道不是常道。坐而论道的东西是假的，那是表面文章，是雾里看花，是花架子，好看不中用。真正的心理大师，是自己先下地狱，去体验众生的各种心态，设身处地为对方着想，然后你就会用八万四千法门，就能因势利导，就能真正去度他、觉他，你就能明白你做的这件事的份量是什么：你是在构建这个和谐的社会，你是这个和谐社会的一份子，这才是真正的功德无量。

佛说："我与你打个赌赛。"我们来看看这个赌赛是什么？如来佛这个法门很厉害，他把自己的身段放下，和这么一个"不当人子"的猴子放在平等的位置上——我们俩既打赌又比赛，就是比输赢。也就是说，我们两个玩一玩，好不好？这是玩的心态，而不是居高临下的心态，不是空洞、贫乏的说教。孙悟空当然很高兴，他接招了。看得出来，这里佛祖放下了身段，用平等心，而不是居高临下、高高在上在那里说教，不是！度化人用教训的口吻是不行的。

劝你，你不听，那就用激吧。激，是为了后一招——让孙悟空钻入圈套。我们两个来玩一玩，这就是就势：你就是喜欢玩嘛。你有七十二般变化，你有筋斗云，你不就是为了玩吗？那我们两个来玩一玩，好不好？你一个筋斗云十万八千里，好！那你跳得出我的右手掌吗？这种玩法，你会玩吗？玩过吗？

从这种玩的心态中，我们又看出如来佛的慈悲心。他真的是下套吗？真的是想把孙悟空套住吗？既是真的，又是假的。应该说，如来佛真正的目的不是想套他。从如来佛的慈悲心怀来说：我真不想你落入我这个套里面，我用这个套是为了让你醒悟过来。为什么？你一个筋斗云十万八千里，我只伸出一个手掌，你不就明白了吗？你就会醒悟：这是一个极大的反差。凭你平时的精明和聪明，从这个反差里面，你马上能够醒悟：这里面有骗术，这里面有套，这里面有名堂。应该说，你马上就能醒悟，不会轻易上当。实际上，释迦牟尼佛真正的本怀是想点悟他。像孙悟空这样的聪明人，应该能点悟，可惜他迷得太深了。

佛祖讲得很清楚：如果你能跳得出去，玉帝这个位置让给你。我不说假话——我为玉帝作好了安排，把他带到西方去。佛祖说得很清楚了，非常实在，就是想点悟他。意思是说：我肯定你就是跳不出去。如果你真的跳不出去的话，那你还回到下界去重新修炼，修好以后再来“争吵”。

这个争吵，用今天话说，就是竞争、竞选——给了孙悟空一条出路。你还来跳吗？你赶紧醒悟呀：哦！我不跳了，我肯定是跳不出去，还是回去修炼吧。甚至于凭着孙悟空的精明一定会明白：你的本事肯定比我高，我皈依你吧，我拜你为师，做你的弟子，跟着你修行。甚至于恍然大悟：哦！我不与玉帝争了，我跟你去西方！这不就很好吗？已经给孙悟空指明了出路。

也就是说，任何一位心理医生，首先要给对方指明出路。你不给出路，就不叫心理医生。现在的病人最喜欢问的是：我这个病能治好吗？什么时候能够治好？老是在那里问这两个问题。医生很难给出答案，但是有医德的医生，他会用慈悲心给病人指个出路，给病人一种战胜病魔的信心，这才是医德。心理医生也是，一定要给对方指出光明的出路，把他心里的阴影抹去。但是这个方法又不是直接的，而是巧妙的，就像如来佛跟孙悟空打赌赛，跟他玩一玩。你看，这个方法微妙不微妙？

再来看看孙悟空，他已经执迷到了什么程度？“那大圣闻言，暗笑道”，他不是说出声来，而是“暗笑”，这个暗笑是什么？是自作聪明，自我得意。“这如来十分好呆！我老孙一筋斗去十万八千里。他那手掌，方圆不满一尺，如何跳不出去？”是谁“十分好呆”？你看，孙悟空自己已经知道了，已经明白了，他的精明就精明在这里：我这个十万八千里与你那手掌不满一尺，反差在这个地方。这一个反差已经给了你，从这个反差里面，难道你还看不出这里面的骗局吗？你还识不破这里面的套吗？孙悟空就是识不破，反而笑话如来佛“十分好呆”。如来佛已经给了你这个反差，就是想让你识破这个骗局，就是想点悟你，而且给你指明了一条出路。但是孙悟空却是相反，他自我得意，自作聪明，这就是迷得太深了。这不是“十分好呆”，而是不识好歹。可见，他的精明不是智慧，而是小聪明，此时连小聪明都没有了。孙悟空心里是这么想的，这是他的思维方式。对于孙悟空来说，比试比试，比谁的本领高强，太有诱惑力了。这种人的心态，不比出个高低，是不会死心的。

那么，孙悟空的话语方式呢？孙悟空急发声道：“既如此说，你可做得主张？”这是他的话语方式。孙悟空对如来佛还有点不信任：你能不能做这个主？佛祖道：“做得，做得！”又给了一次保证。

我们再看看孙悟空的行为方式。佛祖“伸开右手，却似个荷叶大小。那大圣收了如意棒，抖擞神威，将身一纵，站在佛祖手心里，却道声：‘我出去也！’你看他一路云光，无影无形去了。佛祖慧眼观看，见那猴王风车子一般相似不住，只管前进。”这里如来佛用的是慧眼观照。

佛有五眼六通，哪五眼呢？《金刚经》讲得很清楚：佛有肉眼、天眼、慧眼、法眼、佛眼。就是说，佛还不需要用他的法眼，更不需要用他的佛眼，只用一个慧眼就行了，就能看得很清楚。用肉眼当然看不出来，用天眼还看不太清楚。应该说，孙悟空有“火眼金眼”，他已经开了天眼。就是说，用玉帝的天眼也看不清楚，如来佛仅用慧眼就行了——只见那猴王像风车一样在他手心里转。

“大圣行时，忽见有五根肉红柱子，撑着一股青气。”“五根肉红柱子”，这是用肉眼看到的。此时，他的天眼都被执迷遮障了，只能看到“外象包皮”，看不透实质。这不是五根手指吗？这应该能看得出来呀。这个地方已经给了他一个悟的机会（儿）：让你看出这是肉柱子。如来佛没有变成铜柱子、铁柱子、石头柱子、木头柱子……没有！而且还显出了手指的本来颜色，你看出来了吗？你这个火眼金睛看不出来这是如来佛的手指？这叫什么火眼金睛？这就是反差，这个反差太大了。所以，一个人心里迷得太深，他的眼睛就花了。花到什么程度？他的火眼金睛能分清肉红色，却识不破其中的圈套。如来佛的这五个手指并没有伪饰，没有变化，还以本来面目给他看，他应该看得清楚：哦！这是如来佛的五根手指呀，我还没有跳出来——应该恍然大悟。

可惜的是，他心理有障碍，眼睛就有障碍，这个障碍有多深？就是《地藏菩萨本愿经》里面讲的："能敌须弥，能深巨海，能障圣道。"连圣人的慧眼都能遮障。明眼人一眼就能看得清楚，你稍微思考一下：这是肉柱子，而且是五根，这不就是五根手指吗？你还在他的手心上呀，太明显了。由于他的痴迷，智慧被遮障了：他人在如来佛的手掌心里，但是他的心呢？在地狱里面。当年孙悟空向须菩提求法时，因为保持了他的"无性"，很单纯，所以能听出"妙音"，能打破师父的盘中之谜。但如今，名利和欲望遮障了慧眼，迷住了本心，所以连最基本的小聪明都没有了。用本书中的话来说，是再恰当不过了。第十三回，唐三藏说："心生，种种魔生；心灭，种种魔灭。"这是什么心？这是名利心、执著心、贪心。何谓魔？痴迷就是魔。

如果依照六道众生的心态来分，嗔恨的心态是地狱，贪婪的心态为饿鬼，愚痴的心态为畜生，争强好胜的心态为阿修罗。如此说来，此时的孙悟空心态处在畜生道——"不当人子，不当人子"。

孙悟空又是怎么想的呢？他道："此间乃尽头路了（他以为到尽头了）。这番回去（有来，有去），如来作证，灵霄宫定是我坐也。"你看他，痴心妄想，颠倒梦想（还在梦里面颠来颠去）。孙悟空"拔下一根毫毛，吹口仙气，叫：'变！'变作一管浓墨双毫笔，在那中间柱子上写一行大字云：'齐天大圣到此一游。'写毕，收了毫毛。"还在自作聪明。他外在的功夫虽然一个筋斗云十万八千里，但他内在的境界却只是看得见的抛物线以内的狭小空间。

这个变化的功夫，孙悟空是能用的时候就用，这些招他从来不会忘记。他还在柱子上写一句话，以此为证："齐天大圣到此一游。"今天，许多游客在长城的砖上、在古塔的墙壁上……到处乱涂鸦，写上自己的名字。我觉得，这不是光荣，而是一种耻辱。当他人看到这些名字时，会觉得这是一种无知的心态（可悲），会被后人所鄙视：这人素质不高。真正的君子，有素质，有修养，不会干这种事。有的人喜欢到那些文物上去坐一坐，骑在上面去拍一张照片，伟大吗？光荣吗？自豪吗？不是，恰恰相反，是可笑！

《大学》讲"止于至善"，这个止是什么意思？荀子曰："恭而止。"杨倞注："止，礼也。"止是一种礼。你知止，就是善，就是礼，就是懂礼、明理。入理才能入法，入法才是至善。止是什么？不轻举妄动，动则有理（礼）有节，止则止于至善，故曰“行止”。有些事，你知道什么话能说，什么话不能说；什么事能做，什么事不能做。不能说的话不说，不能做的事不做，这就是止，这就是礼，这就是善，至善就是大善，相反就是恶了。

孙悟空懂得行止吗？他不仅不懂，而且“又不庄尊（不庄重、不恭敬），却在第一根柱子根下撒了一泡猴尿。”他亦发止不住了，无礼之极。今天，在公共场合随地吐痰，乱扔垃圾，与这个撒一泡尿的猴子，要作一个自我对照。我要自我检讨。上世纪九十年代初，我竟然在长安大街上随意吐痰，被罚了五块钱。我觉得，那个五块钱罚得值，我心服口服——这一下子使我懂得什么叫止，什么叫礼。我常常怀有一种感恩的心态，有时甚至是一种惶恐的心态：假如当时我没有止住，那后果是非常可怕的（被时代淘汰了）。所以，这个止很重要，要止于至善。我读书的时候，经常这样自我对照。

孙悟空做了这样两件事：一是乱涂鸦，一是乱撒尿。这就是他的行为方式。与前面对照，此时的孙悟空完全变了一个人，因为他太执迷于外形的变化，所以心猿变成了意马。是他在变法，还是法在变他？他已经不是变化的主宰者了。从这两件事上，我们又能看出一个东西：当初孙悟空与师兄们学“洒扫应对，进退周旋之节”，“言语礼貌”，虽然学了七年，全抛置脑后了，心里全痴迷于变化和神通了。所以，佛不炫耀神通，炫耀神通即是魔。仅凭这一点，你便能识别所有的真假：要神通的不是佛，真佛不要神通。换句话说，要弄神通的不是佛法，而是邪魔外道。有人要问：如来佛的手掌心能变成五行山不是显神通吗？是的，佛本来就有神通。区别是：佛不炫耀神通，不卖弄神通。如来佛一上来，先是劝、激，然后放下身段与孙悟空打个赌赛，不得已时才显示神通。还有一个根本的区别：孙悟空显示神通是为了争名夺利，炫耀自己，甚至扰乱正常的秩序，而如来佛则是为了觉悟他人，利益他人。根本区别在这里。

接着孙悟空“翻转筋斗云，径回本处”，这个“本处”在哪个地方？“站在如来掌内道：‘我已去，今来了。你教玉帝让天宫与我。’”你看，这里就是“去来”。如来，如其本来，无去无来。而他，有去有来，所以有生死。他只是一个众生，在六道轮回里面来来去去、去去来来（他这个长生不老是假的）。什么叫六道轮回？就是在生死里面轮回，在生死里面来去，了不脱生死，没有出离生死。孙悟空自以为自己了脱了生死。也就是前文讲的，在名利贪欲中来来去去，超脱不了名利。

孙悟空一直惦记的是玉帝那个位置，所以从头到尾他迷在名上，迷在自以为有本事上，迷在自我制定的游戏规则中——“强者为尊”。他总是认为他是强者，总认为他能够为尊，怎样劝也劝不过来，怎么激也激不过来，连打赌也赌不过来（点不悟），甚至于恶心的事、有失礼体的事他都做得出来，非常卑贱的事他也做得出来。可见，一痴带三愚：心愚（思维方式）、口愚（话语方式）、身愚（行为方式）。

其实，孙悟空此时的痴迷中，唯有玉帝那个大位。就像今天有人想升官，日日心心相系的就是某个官位。结果，越想越迷，越迷越痴，痴则失，却不明白如何失去的，这就是迷。今日世界依然是“强者为尊”，谁的军事力量大，谁说了算。譬如，在这种“强者为尊”的人眼里，发展中国家中个别偏激反政府的人，成了“和平的使者”；在“强者”的国家里，反战游行的群众被视为非法，可以任意逮捕。这种“强者为尊”的心态和世态，不知破坏了多少人的幸福，给社会造成了多少不幸的家庭。

第四个回合—骂

一连三个回合过后，如来佛又是怎么对付孙悟空的？前面他们第一次见面的时候，孙悟空是怒气冲冲，如来却是“笑道”。此时我们再往下看。

如来骂道：“我把你这个尿精猴子！你正好不曾离了我掌哩！”我们要搞清楚这个“骂道”，是生气了吗？菩萨的慈悲、佛的慈悲是大慈大悲。什么叫大慈大悲？佛、菩萨的大慈，是希望他人快乐，并帮助他人得到快乐；佛、菩萨的大悲，是希望他人免于痛苦，并帮助他人解脱痛苦。看起来口里在骂，有时候甚至是金刚怒目，但是慈悲心不动，没有生气，没有憎恨心（佛的神通和“骂道”都没有离开慈悲本怀），否则就不是菩萨，就不是佛，就不是大慈大悲，这一点要搞清楚。有嗔恨心，就会有生死，就不能出离来回，就不能出离生死。出离生死的标准之一，就是没有嗔恨心，不会生气。就像父母骂自己的孩子，那种生气是假的。如来佛呢？连父母对孩子的那种恨铁不成钢的气也不会生的，这才是叫大慈大悲。有位 106 岁的老太太，问她长寿的秘诀，她说“我从来不生气”。对什么事都是笑微微的，所以，百岁老人还那么好的容颜。她不是用化妆品美容，而是用微笑美容。她没有学长生不老法，“不生气”就是她的长寿秘诀。这就是菩萨心肠，这才是真福气，真幸福。

如来佛已经说了：你没有跳出我手掌心，你还在我的手掌上。但是孙悟空还是点不醒，骂也骂不醒。大圣道："你是不知。我去到天尽头，见五根肉红柱，撑着一股青气，我留个记在那里，你敢和我同去看么！"你看他迷到什么程度？好聪明的孙悟空，这个时候怎么竟如此的痴迷呢？这就叫愚痴，愚痴到如此的程度，连我们凡夫俗子也感到荒唐可笑，感到不可思议：你怎么这么愚痴呢？你自己说的，是"五根肉红柱"，你怎么还不明白呢？还要叫如来佛跟你一起去看，你自己回头再看一眼不就行了？我们不妨把孙悟空这种荒唐可笑的行为，称作"孙悟空现象"，并以此为一面人生的镜子，时时对照自己：为什么有时会干蠢事、傻事？为什么有时会失言、失态？为什么有时为了一件事老想不开，耿耿于怀，郁郁不乐？一对照，自然会明白，会醒悟，会知悔改错。

如来道："不消去，你只自低头看看。"孙悟空睁圆火眼金睛，低头一看，原来佛祖右手中指写着"齐天大圣到此一游"。大指丫里还有些猴尿臊气。孙悟空吃了一惊，道："有这等事，有这等事！我将此字写在撑天柱子上，如何却在他手指上？莫非有个未卜先知的法术。我决不信，不信！等我再去来！"

"再去来"，这不又是一个轮回吗？这三个字看似信手一笔，其实又是点睛之笔。去来，来去，还在六道轮回里来去，像"风车子一般相似不住"。因为痴迷而堕入到六道轮回，何时才能出离？你看，孙悟空愚痴到了什么程度？他还是迷信自己的本事，还是迷信那个法术，而不相信佛的话。所以，信佛就是相信佛的话，学佛不信佛，就是假学佛。《金刚经》说"非法非非法"，"无法可说"。有没有法？什么都有法，法就是事物变化的规律。但是你不要执著于一个法，执著于某一法，你就跳不出这一法，更跳不出如来佛的佛法。什么是佛法？佛法是客观世界的法则，但不执著于某一法，万法皆通，法法圆融。不在世俗主观法则中跳来跳去，来来回回（犹如跳槽）。佛法是真如自在，能得大自在便是佛法。《心经》曰："观自在菩萨"，自由自在。但是，只要执著一个东西，你就不自在。只要不自在，就有来去，就不能出离生死。

前文中总是讲到去来，吴承恩就是在"去来"上面写，为什么前面他要这样写呢？这个地方为什么要这样强调？关键是这一笔："等我再去来！"六道轮回，轮回来，轮过去，就是来来去去，去了再来，来了再去。搞文学创作的大手笔，心里有主题，下笔千言万语，都贯彻在这个主题上。这里贯彻的就是"西游"，像日出日落那样来来回回。客观世界的日月本无来回，只是在各自的轨道上运转，这是客观存在的规则、法则——

这就叫佛法。认为日月有来有回，是人们主观世界上的法则，这种法是有偏见的，有局限性，这叫世俗法。

再回过头看孙悟空学长生不老法的经过。他只身驾舟漂洋过海，向须菩提学法，初衷是学长生不老法。七年过后，初衷未改。所以，他第一次听须菩提讲禅、说道，能听出其中的妙音。须菩提看出了他的本善之心，有大根机（大机大用），所以传他真功夫。可是，当孙悟空在众人面前显示变化时，须菩提发现他迷上变化了，有变化就有来回，就有生死，就不能长生不老。初衷改了，本性也就动摇了。怎么办？赶他下山。是不是抛弃他？不是！像须菩提这种大智慧的人，前因后果看得很清楚，他认为孙悟空是大器，但是眼下迷了，以后还会闯祸，还有生死大劫。眼下教训他，他无法理解，无法接受，眼下又无法将他从迷坑中拔出来。这是一个过程，是要经历的。只有让他去经历，去体验，去闯荡，去经受熬炼，他才能自己醒悟，自己觉悟。一点不假：今天在如来佛面前，他依然迷得很深，执迷不悟，劝都劝不醒。所以，如来佛因势利导，就变化而说变化，激他一下：你不是喜欢变化吗？我也陪你变。

佛教讲贪、嗔、痴，这是把众生的八万四千种心态归纳成这三种：一是贪，二是嗔（就是憎恨、生气），三是痴（痴迷）。那么，八万四千法门又归纳为哪三种呢？戒、定、慧。

首先是戒。戒律、戒律，《小学生守则》也是一种戒律。单位有制度，学校、部队有纪律，国家有法律，这都是戒律的一种。像周总理，他对自己的言行举止都非常注意，这就是戒，这叫自戒、自警。像我们全家，不喝酒，不抽烟，不打牌，不说粗话，这是我们家的戒。一个人，连粗话都说不出口，说明他心态的清静、行为举止的文明和修养。

第二是定，必须有定力。这个定，不是定在贪、嗔、痴上，不是定在名利上。定在什么地方？《大学》里讲“止于至善”、“知止而后有定”，就是定在礼和善上。“止，礼也。”你知道止，就是知道礼。不该说的说了，就是没有定力所至；不该做的做了，那也是没定力的缘故。明明知道不能贪污，明明知道受贿是犯罪，后果很严重，但还是止不住自己，这都是没有定力造成的。简单地说，像“聚精会神”，“一心一意”，这就是日常必须具备的定力。任劳任怨，工作敬业，这也是一种定力。在游戏机房里面，几日几夜不出来，那叫定力吗？那不是定力，那是“腚力”，是把自己钉到地狱里面，自毁其身，那叫魔力。为什么这么说？道理很简单，“止于至善”的定力，以正业、正气、正思维引而上达，头脑是清醒的，精神是充实的，生活是乐观的；相反，痴迷于游戏的腚力，因为不务正业，丧失正气，思维错乱，引而堕落，所以，头脑是昏沉的，精神是空虚的，生活是反常的。正气引而向上，魔力引而堕下。

第三是慧，得智慧。仅仅是聪明还不行，还要有智慧，有智慧才有慧眼。前面讲，佛祖用慧眼来观照手掌心中的孙悟空旋转，这种慧眼是不是神通呢？是不是只有佛祖才有呢？实际上，我们每一个人都能开慧眼，有戒和定就能生慧。大街上的骗子，无论他用哪种手段来骗，你只要没有贪心，不生贪念，不想占便宜，就不会遮障你的慧眼，你就能识别那是骗局。因为你能戒贪，心里就清净，不起贪念；有了这种定力，自然是智慧为你当家，智慧为你作主，而不是贪心在当家，不是贪欲在作主。所以，占便宜、贪便宜的心态一生起，你就痴了。一痴，你的慧眼就被遮障了。“观自在”，不仅仅是菩萨能做到，我们每一个人都能做到，只要你时时能够观照好自己的心态。心里自在，就没有贪、嗔、痴。不生贪心，也不起嗔恨心，也没有怨恨心，那你就不会痴。不会痴，你就会慧眼分明，你就有分别是非的能力（常人都能做得到），这个时候你就是菩萨，在这一念之间你就出离了苦海，你就出离了烦恼（不惹烦恼，自然不生烦恼）。这些我们要好好地去回顾，去观照。

为什么我经常要用佛教来说？因为吴承恩是借用佛教来表述——如来佛嘛。既然是讲如来佛，你就离不开《金刚经》，离不开《大般若经》里面的《心经》，那就要把那些常识性的东西讲清楚，而不是只讲讲故事，讲讲热闹。这些就像《易经》里面讲的“百姓日用而不知”，实际上这些都在我们的现实生活中。

河北柏林禅寺的净慧老和尚倡扬生活禅，生活禅的宗旨是什么？就是“觉悟人生，奉献人生”。这是一种共命的人生，而不仅仅指个体的人生。当每一个人把自己的人生放在人民大众的共命之中，与社会大众的共命融合在一起，打成了一片时，这个共命就是慧命。如果你想的仅仅是自己一个人，那你就得不到慧命，你就容易痴迷，容易生气，容易起贪心。当你与社会大众融合在一起，打成一片时，你把自己的命运放到共命里面时，你的贪心就不会泛起，也不容易生气，不会痴迷，那你的慧眼就睁开了，只是“百姓日用而不知”而已。

现实生活中，我们为什么经常会起烦恼？为什么会生气？为什么有人会跳楼？为什么有人会怨恨社会，甚至会报复社会？如此等等，原因是什么？说明他生活在“贪嗔痴”里面，而不是生活在“戒定慧”里面。这种生活，不是叫“奉献人生”，也不叫“觉悟人生”，也许取个名字，叫“浪费人生”、“愚昧人生”。我们每一个人要把自己的人生放在奉献上，大家互相奉献。能互相奉献，就能互相觉悟，这就是生活禅，这就是“止于至善”。

净慧老和尚说：“在生活中了生死，在了生死中生活。”我们读《西游记》，读到这一段的时候，悟出了这些道理。这些道理就在我们日常生活中，我们都能做得到。我们都能自己给自己做心理医生，自己做自己的心理大师，自己度自己，自己觉悟自己。只有觉悟了，才会感受到真正的幸福。

第五个回合—压

“好大圣，急纵身又要跳出”，由于孙悟空有这种思维，有这种心态，他就有这种行为方式，他还要跳。跳得出来吗？“被佛祖翻掌一扑，把这猴王推出西天门外，将五指化作金木水火土五座联山，唤名‘五行山’，轻轻的把他压住。”这是佛祖降伏孙悟空使用的最后一个法门。前面是一劝、二激、三赌、四骂，第五呢？是压。但是，这个压是哪种压？我们不要只看表面，还有五个字很重要——“轻轻的压住”，什么意思？我们来分析一下。

按照世俗的心态，用世俗的行为方式，会怎么做呢？你这个泼猴，我劝你，你不听；我激你，你不回头；我放下身段跟你玩一把，你还不醒悟；我骂你，你也不知趣。你是如此的痴迷不悟，甚至在我手指上涂鸦撒尿，看样子我没办法了。好！反正你跳不出我的手掌心，我一巴掌把你拍死；或者是，把你捏死，捏得粉碎。世俗人就是这么一种思维方式：置人于死地，不留后路，不留余地。即使是玉帝、太上老君，又何尝不是这样想？如果真是这样做，那还是佛吗？还是慈悲心肠吗？还是大慈大悲吗？还是无去无来吗？还能了脱生死吗？那就不是了。

什么叫如其本来？虽然孙悟空这样执迷不悟，但如来佛心里明白：这也是一种规律，所以佛的慈悲心不动。尽管如来佛把手掌扑过去，将孙悟空推出西天门外，将五个手指变成了五行山，把他压住了，但这不是重重地压，而是“轻轻的压住”。一个“轻轻的”，这是恨铁不成钢，是可怜天下父母心的大慈大悲。这是什么心态？我们整个社会有这种心态吗？读到这里，如果你这样想：如果被“轻轻的压住”的是自己的孩子，你会是什么心态？我想一定是感激不已。因为前面已经看得很明白了，自己的孩子如此痴迷，又如此无礼，实在可气。但是如来佛并没有生气，而是

“轻轻的压住”——轻轻地呵护啊！阿弥陀佛！

所以，我们读《西游记》，首先要从心态上去对照，去反思，去检讨。读书、读书，首先把作者的心态读出来，而后反观自己，再把自己的心态读出来，读自己的生活，读自己的心态。把自己的心态读出来了，那才是真心得、真体会，你才会真做人，你才能“当人子，当人子”了。所以，我们要反照自己的心态。这个反照，还是从《西游记》的原文入手，一边读一边反照，一边读一边检讨。

我们再来分析一下，孙悟空这场祸是由何而引起的？显然，是他偷吃蟠桃、偷吃仙酒、偷吃仙丹而引起的。而这三个偷吃，暴露了一个“贪”字：一千二百株九千年一熟的蟠桃，他一人吃了独食，这是不是太贪？蟠桃会上的琼浆玉液、美味佳肴，他不但提前偷吃了，而且吃不了还要兜着走，已经回到花果山了，还要再返回来打个“大包”，这是不是太贪？太上老君炼丹房里的仙丹，无论生丹、熟丹，像嚼炒豆似的全吞吃了，这是不是太贪？进而发展到又贪上了玉帝的权位，贪到王法上来了，这是不是太贪？由于一个“贪”字，便生出一股怒气冲冲的“嗔”字，起了嗔恨心；又生出一种执迷不悟的“痴”字，乃至升起一种狂妄而傲视一切的我慢心（“慢”字），这就是佛教中说的贪、嗔、痴、慢。他自己酒醒时，感觉到了“这场祸比天还大”，但却不明白这祸是怎么引起的，更不懂得如何悔过、认罪。所以，本章叫做“亢龙无悔”。

本章把孙悟空比作“潜龙”，是接上一章“亢龙”来的。上一章说他“亢龙无悔”，至本章依然是“亢龙无悔”，所以如来佛不得不将他“轻轻的压住”。如来佛一而再、再而三地提醒他、劝他，要他再回去重新修炼，但他就是听不进劝，不得已才会出此下策，用强制的手段迫使他重新修炼。把这条“亢龙”打回到“潜龙”阶段。不过，这次“潜龙”与前两次不同，前两次是主动作“潜龙”，这次却是被动作了“潜龙”。

为什么还要称他为“龙”呢？龙是人们的精神的象征。比如一个人遭受重大挫折了，甚至遭遇大不幸了，但他还是人。人的本善不变，那么，每个人的本善之心都有承受挫折和灾难的能量和意志力。特别是经受过逆境考验的人，都有这种切身的体会。因为每个人的承受力靠的是精神的支撑，而精神的能量之源正是本善之心（性）。如来佛把孙悟空压在五行山下，就是要他在磨难中找回自己精神的支撑源，回到本善之心，成为一条真正的龙。所以，有精神支撑的人，即使身陷逆境，也同样意味着某种幸福，觉悟者才能体悟到这种幸福的滋味。

第十一章

降魔除妖——勤龙护法

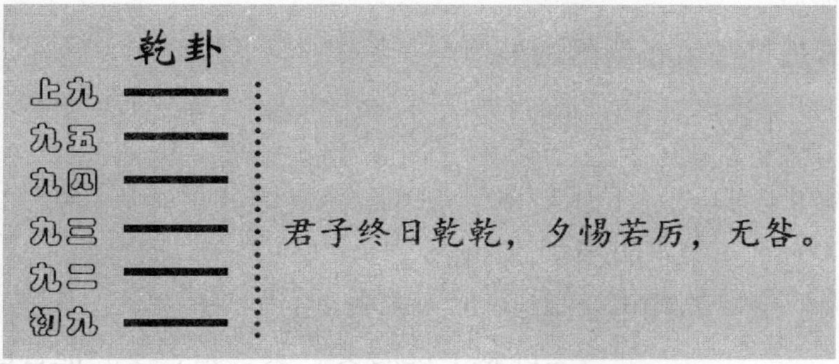

心猿归正

《西游记》前七回专写孙悟空，第八回至十三回写唐三藏，最后三回写取到真经，径回东土，中间第十四回至九十七回（共 84 回）则是写孙悟空保护唐僧去西天取经，一路上降妖除魔的经过。其中有几个数字，一是时间——历经一十四年。二是行程——十万八千里。三是通关牒文上盖有十一国（州、郡）的印。还有一个数字是大家早已耳熟能详的：经历了九九八十一难。其中有著名的“通天河”、“火焰山”、“三打白骨精”等。本章只拣开头（第十四回）、结尾（第九十七回），及中间几则情节讲一讲，主题还是围绕一个“心态”来品读原著。

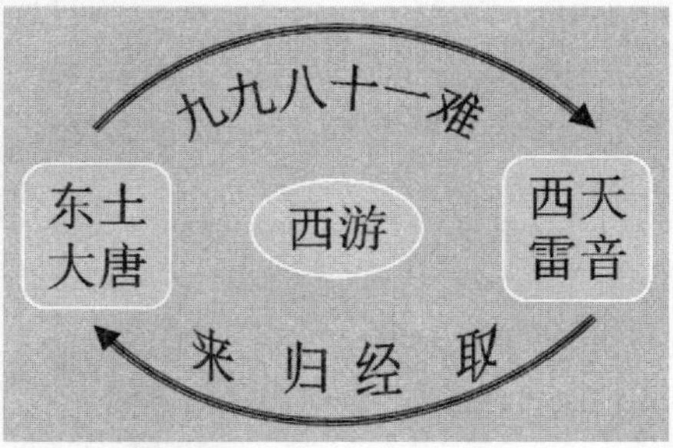

孙悟空已在五行山下压了五百年。当年如来佛所以只是“轻轻地压住”，目的就是为了磨砺他的心性。今日唐三藏去西天取经，要经过此地，正好救他出来，收为大徒弟。这一切都是如来佛于五百年前就策划好的，交由观世音菩萨执行。当唐僧经过此山并答应救他时，孙悟空说了这样一番话："我是五百年前大闹天宫的齐天大圣，只因犯了诳上之罪（知罪），被佛祖压于此处。前者有个观音菩萨，领佛旨意，上东土寻取经人。我教他救我一救，他劝我莫再行凶，归依佛法，尽殷勤保护取经人，往西方拜佛，功成后自有好处。故此昼夜提心，晨昏吊胆，只等师父来救我脱身。我愿保你取经，与你做个徒弟。"

五行山下压了五百年，终于知罪、知悔了。对如来佛，则是口称"我佛如来"，没有半点抱怨，而是一种感恩的心态，实在难得呀！只有大智者才能做到。

再看看他被救出来后的两处描写：

"只见那猴早到了三藏的马前，赤淋淋跪下，道声：'师父，我出来也！'对三藏拜了四拜，急起身……就去收拾行李，扣背马匹。那马见了他，腰软蹄矬，战战兢立站不住。盖因那猴原是弼马温，在天上看养龙马的，有些法则，故此凡马见他害怕。"

"却说那孙行者请三藏上马，他在前边，背着行李，赤条条，拐步而行。"

这两处描写感人至深，催人泪下。五百年前大闹天宫的齐天大圣，五百年后竟是"赤淋淋跪下"，"赤条条，拐步而行"。读到此处，能不叫人落泪吗？这不是同情，而是赞叹：好一个孙悟空！大丈夫能屈能伸，大才终归有大用。

此时的孙悟空果然就"归正"了吗？再往下看。

一路上，孙悟空打了一只猛虎，剥了虎皮做了衣裳。又打死六个拦路抢劫的强盗，并剥了他们的衣服，夺了他们的盘缠，"笑吟吟走将来道：'师父请行，那贼已被老孙剥了。'"谁知三藏怪罪他"十分撞祸"、"全无一点慈悲好善之心"。悟空道："师父，我若不打死他，他却要打死你哩。"三藏道："我这出家人，宁死决不敢行凶。我就死，也只是一身，你却杀了他六人，如何理说？"悟空道："不瞒师父说，我老孙五百年前，据花果山称王为怪的时节，也不知打死多少人。"三藏道："只因你没收没管，暴横人间，欺天诳上，才受这五百年前之难。今既入了沙门，若是还像当时行凶，一味伤生，去不得西天，做不得和尚！忒恶！忒恶！"

这师徒两人刚刚相识，两种境界，两种心态，话说不到一处，不但矛盾产生了，而且很快便激化了。

"原来这猴子一生受不得人气。他见三藏只管絮絮叨叨，按不住心头火发，道：'你既是这等说我做不得和尚，上不得西天，不必恁般绪聒恶我，我回去便了！'……使一个性子，将身一纵，说声'老孙去也！'"

他说去便去了，撇下了唐僧一个人。但他途经东海龙宫时，龙王为他讲了一个"圯桥三进履"的故事。这故事讲的是黄石公与张良夜授天书的事：

据说张良年轻时，在圯桥上遇上了黄石公（像济公那样的得道高人）。黄石公坐在圯桥上，忽然鞋子掉下桥去，于是喊张良下桥去捡起来。张良立即照办，并且跪着为他穿上。但是，黄石公又连掉两次，唤张良去捡了两次，为他穿了两次。虽然前后捡了三次，张良却无丝毫的倨傲怠慢之心，依然恭恭敬敬。黄石公深爱这个年轻人勤谨，当即私授他天书，嘱咐他日后扶佐汉高祖刘邦。后来，张良果然为刘邦运筹于惟帷之中，决胜于千里之外。刘邦登基后，他即辞官归山，功成身退。

龙王说："大圣，你若不保唐僧，不尽勤劳，不受教诲，到底是个妖仙，休想得成正果。"

悟空闻言，沉吟半响不语。龙王又说："大圣自当裁处，不可图自在，误了前途。"

悟空道："莫多话，老孙还去保他便了。"看来，有悟性者，响鼓不用重锤，一点就能悔改回头。这里还说明一个问题：人生多一个朋友多一种帮助，真正的朋友则是关键时候的提醒和规劝。

半路上又遇上观世音菩萨，菩萨嘱咐他："莫错过了念头。"正与邪，佛与魔，善与恶，都在一念之间。所以，我们时时都要观照好自己的念头，千万不能错过。否则，一念之差便成千古遗恨，或者与大好机会擦肩而过。所以，这个"念头"重要。

紧箍儿与社会法则

孙悟空离唐僧而去后，观音菩萨给唐僧送来一件锦衣和一顶花帽。实际上，这顶嵌着金花的帽子就是送给孙悟空的紧箍儿。还有一篇咒语，名为"定心真言"，又名"紧箍咒"。所谓"定心"，就是第七回中说的"五行山下定心猿"。虽然被救出来了，也知悔了，但是他的心猿还未真正定下来，要想他"心猿归正"，还需要附加些手段。

拙作《在北大讲易经》中讲的就是野性与规则。野性就是心猿、意马，也是人的天性。因为人是从动物进化而来的，孙悟空原本是一只石猴，野性未泯，所以，还需要有一定规则、法律、制度。现在讲民主、自由，是我们的目标，但不是一夜之间便能实现的。这里有一个基本法则，任何人的自由都不能妨害他人的自由，任何社会的民主都不能伤害大多数人的根本利益。孙悟空从五行山下解救出来了，自由了，但他无法无天，无拘无束，又会伤害他人的自由乃至性命。所以，要给野性充分发挥的空间；但是，发挥要有底线，需要规则来约制，目的是使每个人的野性与社会的法则达到完美的统一。

孙悟空果然回到了师父身边，师父正在路傍闷坐。悟空上前道："师父！怎么不走路？还在此做甚？"师父说："你往那里去来？教我行不敢行，动又不敢动，只管在此等你。"悟空说："我往东洋大海老龙王家讨茶吃吃。"师徒二人像什么事都没发生一样，矛盾又化解了。

这时悟空发现了那顶嵌金花帽，便问三藏："这衣帽是东土带来的？"三藏随口答他："是我小时穿戴的。"悟空说："好师父，把与我穿戴上罢。"三藏说："只怕长短不一，你若穿得，就穿了罢。"

悟空果真把那顶花帽戴上。三藏便默默的念起了"紧箍咒"。悟空大叫起"头痛"来。三藏又念了几遍，"把个行者痛得打滚，抓破了嵌金的纱帽，但帽子沿上的金箍（金钱儿）紧紧的勒在上面，取不下，揪不断，已是生了根了。"再回顾一下前文，孙悟空被压在五行山下时，开始他还能伸出头来挣扎。如来佛命阿难在山顶那块石上"紧紧的"贴上一张六字咒语的贴子后，"那座山即生根合缝。"当初如来佛将五指化作五行山，只是"轻轻的把他压住"。前面一个"轻轻的"，后面两处"紧紧的"。"轻轻的"是如来佛的慈悲心态，"六字咒语""紧紧的"是规则的严肃性，紧箍圈"紧紧的"则指执行规则的严肃性。

所以，此时三藏说："你今番可听我教诲？"悟空说："听教了！""你可再无礼了？"悟空说："不敢了！"看来十万天兵天将，刀剁斧砍雷霹都奈何不了他，一道咒语贴子、一顶紧箍花帽便能制伏他。所以，人世间为了社会的安定，为了大多数人的利益得到保护，必须有法律、法规、规则和种种规章制度。人人都应该自觉遵守。同时也说明了另一个道理：维护社会的稳定，主要的手段是规则，而不是武力。

三藏受《心经》

紧箍儿和紧箍咒是约制徒弟的，那么，师父要不要有个自我约制的东西？第十九回"浮屠山玄奘受心经"一章中说得很清楚。

此时行至浮屠山，山上有一位乌巢禅师。禅师说："路途虽远，终须有到之日，却只是魔瘴难消。我有《多心经》一卷，凡五十四句，共计二百七十字。若遇魔瘴之处，但念此经，自无伤害。"于是"三藏拜伏于地恳求，那禅师遂口诵传授之。"

这里需要说明，此经全称为《摩诃般若波罗密多心经》，简称为《心经》，而不是《多心经》。"般若波罗密多"是一个词的全称，既可名"般若波罗密"，又可名"般若波罗密多"，意思是：以般若（智慧）为船，能将众生从生死轮回的此岸，渡到不生不灭的彼岸。经的原文曰：

观自在菩萨，行深般若波罗蜜多时，照见五蕴皆空，渡一切苦厄。舍利子，色不异空，空不异色，色即是空，空即是色，受想行识，亦复如是，舍利子，是诸法空相，不生不灭，不垢不净，不增不减，是故空中无色，无受想行识，无眼耳鼻舌身意，无色身想味触法，无眼界，乃至无意识界，无无明，亦无无明尽，乃至无老死，亦无老死尽，无苦集灭道，无智亦无得，以无所得故，菩提萨埵，依般若波罗蜜多故，心无挂碍，无挂碍故，无有恐怖，远离颠倒梦想，究竟涅槃。三世诸佛，依般若波罗蜜多故，得阿褥多罗三藐三菩提。故知般若波罗蜜多，是大神咒，是大明咒，是无上咒，是无等等咒，能除一切苦，真实不虚，故说般若波罗蜜多咒，即说咒曰，揭缔，揭缔，波罗揭缔，波罗僧揭缔，菩提萨婆诃。

这篇《心经》是《大般若经》（"大典一函六百卷"）的经中之经，所以名为《心经》。那么，《心经》中的"心"又是什么呢？2002 年 9 月 16 日，笔者应邀为天津一家集团公司作演讲。集团的李总首先提问：企业人应该在商言商，言商时又如何注重做人做事呢？我当时即兴讲了三个字"观自在"。这三个字就是《心经》开篇三个字，我认为这三个字是《心经》中的"心"。观，就是时时观照。观照什么呢？观照自己的心态，观照真我在不在。如儿时捧着碗吃饭，碗摔地上了，摔破了，搞不清是怎么摔的；再如出门在外，贵重钱物遗失了，事后竟然记不起遗失时的情形，似乎有一个时间空白；再如发脾气，大发雷霆之后，气软了，后悔了，自责开始没有控制住自己。这三个例子都有一个共同点：就是某一时段中真我不在，假我在做主。理性的我为真我，失去理性的我是假我。其实，理性就是人之自性、本心，"人之初，性本善"。所以，"观自在"三个字，就是时时观照本善之性（心）自在不自在。心里自在，事事自在。

有意思的是，制约孙悟空的是"咒"（六字咒，紧箍咒），而唐三藏自我观照的是"经"。那么，咒与经有什么区别呢？佛、菩萨在禅定中发出的秘密语为“咒”，在法会上说法的为“经”，还有说不出，只是示意众人用心去悟的为“禅”。一般对阿修罗（妖、魔界）讲的是“咒”。因为妖魔只有福缘而无慧缘，他们只知道是什么，不知道为什么。而“经”则是为大根机者说的。《般若波罗密多心经》所以称为“般若”，般若是大彻大悟、大智慧，只能为大智慧者说。

有人会问：一路上，孙悟空火眼金睛识别妖魔，而唐僧则善恶不辨，岂不是智愚颠倒？到底谁是智者，谁是愚呢？请看下一节。

本路还家

按常理来说，应是为师者智，为徒者愚，徒弟需要师父的指点。本书中描述的却相反，不是唐僧指点悟空，反倒是悟空指点唐僧；人妖颠倒是非混淆的不是悟空，反而是唐三藏。现以第九十八回为例。

三藏举鞭遥指道：“悟空，好去处耶！”行者道：“师父，你在那假境界，假佛像处，倒强要下拜；今日到了这真境界，真佛像处，倒还不下马，是怎的说？”三藏闻言，慌得翻身跳下来，已到了那楼阁门首。只见一个道童，斜立在山门之前，应声叫道：“那来的，莫非东土取经人么？”长老急整衣，抬头观看。……孙大圣认得他，即叫：“师父，此乃是灵山脚下玉真观金顶大仙，他来接我们哩。”三藏方才醒悟，进前施礼。

一路上，唐僧不但拜过假境界、假佛像处，而且认过许多假僧人、假道人、假国王，甚至假悟空，一次次都是孙悟空火眼金睛识破。不过，悟空每次打假都是遇假才打，打了假僧人，没有把佛教混在一起打。打假道人，也没有把道教混在一起打，出了一个假冒的“齐天大圣”，上界也只承认只有一个“齐天大圣”，并没有将真假一起打，更没有由此而不再提“齐天大圣”这个词了。看来，孙悟空是真正的火眼金睛。所谓火眼金睛，就是一切从客观着眼，而不是凭着自己的主观意识乱打一气，打了该打的，同时又打了不该打的（文化不能打）。“五四”时期，胡适提出的是“打孔家店”（原话不是“打倒”），而不是“打孔家”。“孔家店”贩假该打，但不能连同孔家思想一起打。所以许多学者闹不明白：胡适本来也是信奉儒家学说的，为什么要提出“打孔家店”呢？其实一个“店”字便区别开了真假。

再往下看：那位金顶大仙，引领唐僧师徒继续上路。三藏拜别辞行，大仙道：“且住，等我送行。”悟空道：“不必你送，老孙认得路。”大仙道：“你认得的是云路。圣僧还未登云，当从本路而行。”悟空说：“这个讲得是。老孙虽走了几遭，只是云来云去，实不曾踏着此地。既有本路，还烦你送送。我师父拜佛心重，幸勿迟疑。”

古人常指“本路”为回家之路。禅者把迷了心窍的人比作“不识本路”。有人迷失了本善之心，心态失常（一反常态），在别人眼里完全变了一个人，他自己也认不得自己了。教育他回头，他却认不出回家的路了，这叫不识本路，又叫不识自性。

此时，师徒四人又走到一条河边，那边本是“一道活水，响潺潺，流浪飞流，约有八九里宽阔，四无人迹。”三藏说：“此水这般宽阔，这般汹涌，又不见舟楫，如何可渡?”悟空笑道：“你看那壁厢不是一座大桥?要从那桥上行过去，方成正果哩。”

那座桥却是一根独木桥。三藏心惊胆战道：“悟空，这桥不是人走的。”悟空笑道：“正是路！正是路！”这是倒装句，应为：“是正路！是正路！”

这时水中有一人撑来一只船来，叫道：“上渡！上渡！”原来桥边有一块匾额，上写“凌云渡”三个字。渡者，济也。《易经》最后两卦是“既济”、“未济”。既济，比喻已经渡过（成功）；未济，比喻尚未渡完（尚未成功，还要继续努力）。这个“渡”字寓意很深，这里本指度人，佛教的宗旨就是要普度众生。

当那船来到近前，原来是一只无底的船。此时，“行者火眼金睛，早已认得是接引佛祖，又称为南无宝幢光王佛。行者却不题破，只管叫：‘撑拢来！撑拢来！’霎时撑近岸边，又叫：‘上渡！上渡！’三藏见了，又心惊道：‘你这无底的船儿，如何渡人?’佛祖道：‘我这船：

鸿蒙初判有声名，幸我撑来不变更。
有浪有风还自稳，无终无始乐升平。
六尘不染能归一，万劫安然自在行。
无底船儿难过海，今来古往渡群生。’

此时，悟空合掌称谢道：‘承盛意，接引吾师。师父，上船去。他这船儿，虽是无底，却稳，纵有风浪，也不得翻。’”

三藏却还自惊疑，悟空“又着他膊子，往上一推。那师父踏不住脚，毂辘的跌在水里，早被撑船人一把扯起，站在船上……”

书中说，这是“广大智慧，登彼岸无极之法。”

这里又有两件事需要说明：一是渡口，一是无底船。这二者到底有什么寓意呢?

师徒四人行到此时此处，已是西行取经最后一站了，这一站是一个渡口。渡，度也。何为度？佛教讲普度众生，自度度他。梵文的音译，“度”为波罗密多，意译为度彼岸，原义是指事业成功，达到目的地了。大乘佛法有六种度的方法，名为“六度”，即布施、持戒、忍辱、精进、禅定和般若。前五度为方便度，第六度为智慧度。前五度必须以般若度为引导，为究竟。有智慧度才能到达彼岸——这是渡口、度的寓意。

再说“无底船”。所谓无底，显然是指第六神通“漏尽通”（详见卷二）。什么是底？即烦恼、欲望、贪念等，一旦这种“底”脱落时，烦恼就会漏尽。漏尽通又名“漏尽智证通”。何为“智证”？这又是指“六度”中的般若。般若度，也称为“智度”、“智慧度”。这样，渡口和无底船的寓意就一目了然了。

再从用字上来看，“底”与“柢”同源。植物种子初萌时有胚芽和胚根，胚根向下。胚根长粗了，便长出侧根，侧根上又生出须根。原来的那个“胚根”逐渐老化了，只起一种支撑作用，名为“柢”。所谓根深柢（底）固，就是这是意思。这里说“无底”，即“无柢”，柢没有了，根也就没有了。也就是说，滋生烦恼、滋事闯祸的那个总根拔除了。这个总根（柢），就是前文讲的那个“贪”字。

“四众上岸回头，连无底船儿却不知去向。行者方说是接引佛祖。三藏方才省悟，急转身，反谢了三个徒弟。行者道：‘两不相谢，彼此皆扶持也。我等亏师父解脱，借门路修行，幸成了正果；师父也赖晚等保护，秉教伽持，喜脱了凡胎。师父，你看这面前花草松篁，鸾凤鹤鹿之胜境，比那妖邪显化之处，孰美孰恶？何善何凶？”

读过上述几段文字，真让我们闹不明白了：到底是师父度徒弟？还是徒弟度师父？唐僧反倒成了善恶不分，美丑不辨的大俗人；悟空则处处都先知先觉，像是比师父先成佛。为什么呢？

其实道理很简单，用惠能祖师的话说：“佛法在世间，不离世间觉。”唐僧是专职学佛的人，一心只把佛看得重，而世俗间的事却很少关心，所以不明世理，难辨世间的善恶和是非。孙悟空则不同，他是在世间的事上觉悟的，而唐僧只是从佛教理上觉悟的。理是前人从事上觉悟后总结出来的。从理上悟，是间接的悟。用《西游记》中的原文来比喻，从理性上悟，走的是“云路”；从事上悟，走的是“本路”。像中国禅宗五祖弘忍门下的神秀上座，他是教授师，理上早就悟了，但事上没有悟。而惠能天天打柴、卖柴，到了黄梅，每天踏碓，从事上悟了，理上也就悟了。所以，他不识字，不会读经典，请他人读，他听，他却能给读经的人讲解经典。

还有一点更有趣。回顾一下前文讲须菩提教授孙悟空时，始终是因材施教，随机施教。唐僧处处“迷”，目的是启迪弟子“悟”，不是手把手教弟子悟，而是让弟子自悟。这就是佛教，佛陀的教学方法；这就是佛法，其实就是世间常理、常道、常法。学佛一要靠自己悟，二要在世上悟。

如何在世上悟呢？《坛经·行由品第一》结尾处有一段话：明白地告诉了我们：

惠能于东山得法，辛苦受尽，命似悬丝，今日得与史君官僚僧尼道俗同此一会，莫非累劫之缘？亦是过去生中，供养诸佛，同种善根，方始得闻如上顿教得法之因。教是先圣所传，不是惠能自智。愿闻先圣教者，各令净心。闻了，各自除疑，如先代圣人无别。

惠能得顿教法门之“因”是什么呢？是不是先天带来的？是不是佛祖恩赐的？显然不是。是什么呢？“辛苦受尽，命似悬丝。”此八个字，送给孙悟空，也是当之无愧。第一回中，悟空向须菩提拜师求道，就像是模仿着《坛经》来写的，读到此处也就明白了：原来，这不是笔法上的模仿，而是因为孙悟空与六祖惠能得法之因皆同也。

本章将孙悟空比作勤龙——“勤龙护法”。因为一开始，孙悟空就向唐僧表明了：是观世音菩萨教诲他，“尽殷勤保护取经人”。这里又用了一个“殷勤”二字。前文中，孙悟空向须菩提学道时是“昼夜殷勤”；被招安做了弼马温时，是“昼夜不睡”；此时则是“尽殷勤”。应该说，孙悟空的秉性就是一个“勤”字。他的成功和“无穷的本事”都是一个“勤”字上成就的。他的种种幸运、幸福，也是在“勤”字上成就的。什么是本路？“昼夜殷勤”就是本路，“辛苦受尽，命似悬丝”就是本路。如果仿照慧能大师的话说，这叫“本路在世间，不离世间觉”。何谓世间觉？世间觉离不开一个“勤”字。“天行健”，是天道的“勤”；“自强不息”，是人道的“勤”。创造幸福和享受幸福，既离不开人道的“勤”，也离不开天道的“勤”。“勤”字之义大矣哉。

第十二章

功成行满——飞龙在空

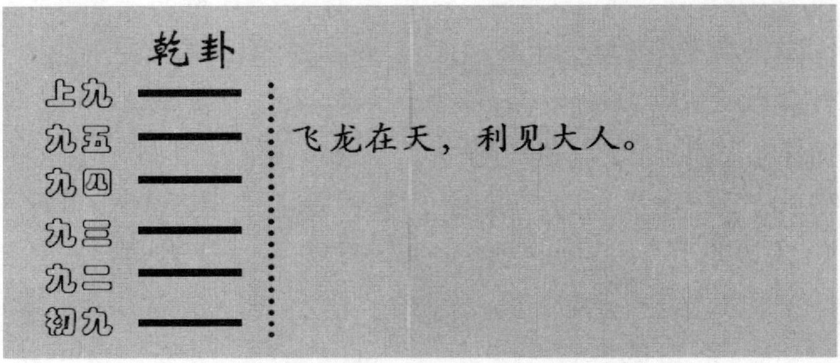

《西游记》第九十八、九十九回的标题分别是：

第九十八回：猿熟马驯方脱壳，功成行满见真如。

第九十九回：九九数完魔灭尽，三三行满道归根。

唐三藏师徒四人历经千难万险，终于到达了西天灵山，见到了如来佛，取到了真经，回到了东土大唐，向唐太宗交还通关文牒。八日后，又复返灵山，接收大职果位。这一西游——东回——又复返，究竟演绎的是什么？是唐玄奘西行取经的故事，怎么又复返？是孙悟空命运中幸与不幸的故事，为什么要“九九数完”、“三三行满”？本篇就从“九九”与“三三”说起。

三三行满

什么叫“三三行满”？首先要从“行”字上入手。何谓“行”呢？从书名上看，“西游”即“西行”，孙悟空又名行者。从“西游”深层含义上看，从全书开篇那段文字来看，这个“行”又是指日月运行的“行”。因为全书开篇那段文字讲述了两项内容：一是一天十二个时辰，即子、丑、寅、卯、辰、巳、午、未、申、酉、戌、亥，又以十二生肖描述了宇宙运行的时间谱。其实，这又是一年四季中阴阳消长的消息图。

《易经·系辞传下》曰："日往则月来，月往则日来，日月相推而明生焉；寒往则暑来，暑往则寒来，寒暑往来而岁成焉。"地球自转一周为日月相推，昼夜交替；地球绕着太阳公转一周为寒暑往来，阴阳消长（也叫阴阳消息）。昼夜交替也好，寒暑往来也好，都是因为日月运行形成的时空概念：一是形成了天地日月、东西南北、四维上下虚空；一是形成了昼夜交替（一日）、盈亏朔望（一月），寒暑往来（一年）三种时间概念。一昼夜与一年都可以十二生肖来描述，因为日月运行、寒暑往来同时也是阴阳此消彼长（息）的运行。一天有十二时，一年有十二月，时与月的运行图都可以用阴阳消长来表示。所以，作者吴承恩一开篇所说的"盖闻天地之数"，其实也是日月之数。文中又引用了宋代著名易学大师邵康节的话："冬至子时半，天心无改移。"冬至之初是一年二十四节气中阴阳平衡的节点，子时之初是一天中阴阳平衡的节点，在这个节点上，阴阳各半。阴阳平衡为"好"，阴少一点为"妙"。何谓为"妙"？阴阳平衡不是永恒的。刚刚平衡，同时又会打破平衡。阳气初动，阴气相随，新的变化又开始了。有变化，才有新的生命的生长，才有新的发展和进步，所以名曰"妙"。可见，日月运行，阴阳消长，都是原始还终，周而复始，始终是一轮圆，而不是射线或抛物线，更不是线段。因为日月运行是圆的，所以，唐僧取经，先向西游——而后东回——再复西行。其实，这也是卷一开篇讲的，孔子算卦依据的是天地之数。

何谓"三三"？三三得九，《易经》以"九"表示阳，如乾卦中六个纯阳爻分别名为初九、九二、九三、九四、九五、上九。阳为奇数，九为奇数中最大，故用九表示用阳、用刚；反之，用六即为用阴、用柔。

何谓"三三行满"呢？

三三得九，九表示阳，即三三而得阳。阳为动、为刚，阳行而满指什么呢？指"九九之数"，又名"九九归真"、"九九归元"、"九九归一"。古代有"九九消寒图"，以冬至为消寒的起点开始入九。由初九至九九足数，也就是从冬至节到第二年的惊蛰节，其间有九九八十一天，阳气在地下蠢蠢欲动。九九数足，则万物惊蛰，春风解冻，寒气全消，此时阳气上升到地面了，万物开始生长了。这九九八十一天之数，实际上是阳气潜藏休养生息阶段。九九数之期，即一阳初动，九九归真，阳气又回归于滋养万物向上生长的功能了，所以名曰"九九归元"。元，始也。万物又开始生长了。

生长从胚开始，胚气动，便分出一阴气、一阳气。阴气向下延伸而催生胚根，阳气向上延伸而催生胚芽。胚根增粗为柢，胚芽增粗为本（茎）。柢与本（茎）之心为心（又名腥）。树心、菜心，带苦味、酸味，故曰辛苦、辛酸。所以，辛即心。这种“辛”，果熟时为核，核中有仁。仁者，胚也。上古韵，伸（申）、生、新（心）、腥、仁等字音、义同源。汉语原创时，都是以自然界的物与事为原形的，后人又从原形中抽象出原理，原理中又引申出种种思想体系，但理再复归于真，归于一，归于元，归于简单。西方文化不断演绎，使理论越来越复杂，像抛物线，抛出去了，归去不来。中国的传统文化源于汉语的原创思维形态，既可以无限衍生，又可以归元、归一，叫“归去来兮”。所以，先秦有诸子百家，百家可以争鸣，争鸣而产生共鸣。荀子曰：“天下无二道，圣人无两心。”百家争鸣又归于一，归于元。

把原理无限衍生，越来越深奥、玄妙，常道变成了非常道；非常之道原始返终，周而复始，又回到了常道。所以，《老子》曰：“道生一，一生二，二生三，三生万物。”反之，万物归于三，三归于二，二归于一，一又归于道。我们的老祖先把事物的简单和复杂、演绎和归纳、高雅和通俗等等相对的东西都把玩于手掌之中。所以，上下几千年无终始，无间断，绵绵繁衍，源远而流长。

九九数完

所谓“九九数”，即九九八十一乘积之数。书中名曰“九九归真”，又名“九九归元”、“九九归一”。“真”、“元”、“一”三字相通，即源头、本原，也就是前文讲过的“九转还丹”。“归一”又名“皈依”，《西游记》第十四回中已经交待，孙悟空遵照菩萨的劝告，皈依了佛法。按照佛教的说法有两种：一是三皈依，即皈依佛、皈依法、皈依僧，合称为皈依三宝。一是四皈依，藏传密乘法所行的皈依，在皈依三宝前，先要皈依上师，为第一皈依。所谓皈依，梵文意译，意思是归投、依靠，为一种信仰和安身立命之本的托付。《大乘义章》云：“归投依伏，故曰归依；归投之相，如子归父；依伏之义，如民依王，如怯依勇。”

“归依”为何名曰“皈依”？皈，从自，从反。“白”即自字的省笔。《说文解字》中说：“白，此亦自字也。”二字篆体分别作、，仅一划之省。归，亦返（反），返回曰归。皈，既有返回之义，又有还归之义。

炼外丹至炉火纯青之时，炉火呈蓝色，说明火候已到，名曰“还丹”；待内丹练到功成行满时，呼吸细微，名曰“还息”，像胎儿之息。息，从自，从心。自，为鼻子。人的生命在一呼一吸之间，一息不来，便呜呼哀哉，所以说生命与呼吸息息相关。皈依者，生命的投归和依靠。投归谁？最终还是投归于自己。依靠谁？最终还是依靠自己。这就是古人说的：师父领进门，修行靠各人。这也是释迦牟尼佛出生时所说的“天上天下，唯我独尊”的含义。这个“我”，即指每个人的自尊和独特独立的人格。

这里之所以要讲这么多，就是要大家明白这个简单的道理。《西游记》是神话小说，孙悟空是神话人物，是神话而不是神化，更没有妖魔化。说来说去，讲到“功成行满”时，便说出了真话。这句真话，就是那个时代的人话：师父领进门，修行靠各人——这就是皈依、归一、归元、归真的大实话。

见真如

那么，何谓“九九数完见真如”？书中说，唐三藏四人取到真经后，即由八大金刚驾送返回东土。不想此时观音菩萨查点唐僧一行历难数目，发现“圣僧受过八十难，还少一难”，即命揭谛“赶上金刚，还生一难者”。

揭谛得令，飞云赶上八大金刚，附耳低言道：“如此如此，谨遵菩萨法旨，不得违误。”八大金刚闻得此言，刷的按下风云，将唐僧四人连马与经担坠落在地。

四人只好以步代云，走不了云路，只好又走本路。此时行至通天河。前次过河时，亏得一白鼋伏渡。今日，又劳驾老鼋一回。老白鼋在岸边探出头叫道：“老师父，我等了你这几年，却才回也？”悟空笑道：“老鼋，向年累你，今岁又得相逢。”四人和马都上了鼋背，那老鼋蹬开四足，踏水面如行平地，径向东岸而来。行至途中，老鼋忽然问道：“老师父，前年送你们渡河时，我曾央求你到西方见我佛如来时，为我问一问还有多少年寿，果曾问了吗？”

原来唐僧自到西天，步上灵山，专心拜佛，意念只在取经，它事一毫不理，所以不曾问得老鼋的年寿。此时无言可答，又不敢打妄语欺骗它。老鼋即知不曾替他问，他将身一幌，唿喇的淬下水去，把他们四众连马并经，通皆落了水。

其实，孙悟空在未渡之前就“心里明白，知道唐僧九九之数未完，还该有一难，故稽留于此。”故，缘故，原因。遭此一难的原因是什么？乍读书上文字，是“九九之数未完”；如果从主观上找找原因，不强调“九九之数”这个概念，显然是由于失信于老鼋。一是前次渡河多亏了它，该当感谢；二是承诺老鼋所托之事应该守信。那老鼋为这一事又苦等了几年，高高兴兴再驮他们一次。得到的却是“沉吟半日晌，不曾答应”，老鼋自然生气，大失所望。再说，唐僧一路上都是说：我来自东土大唐，自称是大唐去西天取经的僧人。大唐是礼仪之邦，仁、义、礼、智、信，五常中以“信”为皈依，失去“信”字这一人之常理，其余仁、义、礼、智便成了空话。没有诚信，失信于人，还有什么仁、义、礼、智可言呢？

显然，唐僧四人通天河遭难的后果，前因并不是“九九之数未完”，而是失信于老鼋，有愧于老鼋。不是欠了一难，而是欠了一笔人情，欠了一份承诺。中国人常说，什么都可以欠，就是人情不能欠。可见唐僧此时还是菩萨果位，菩萨为“觉有情”——觉悟了，但是还欠着众生的情未还清。这不是笑话。此时，我们见到了什么？见到了真如。何谓“真如”？真正的因果。万事万物都有因果，现实人生因果相续。但是人们往往把因果颠倒，以假象为真因，而不从主观上检讨真正的内因。

现实生活中，我们常常犯这种“因果”混淆的错误。一旦失败了，遭受挫折了，目的不能达到了，不是从主观上检讨内因，而是强调客观原因。这就违背了人之常理，即理性。何谓理性？万事开始时，看问题要从客观现实出发，不要从主观意识出发；事情结果时，又要从主观上检讨自己办事的心态是否符合客观规律，而不要强调客观原因。因与果，都要用客观规律、客观现实为对照，对照自己的心态是不是这样——是这样，就是真如。真如，即为“是这样”——事实就是这个样子。

佛名“如来”，即如其本来，本来就是这样。本来，就是原来，源头，本元。所以，“九九归一”，“九九归真”，“九九归元”，一句话：久而久之，万事万物都要回归到自然的本来。日常生活中时时“见真如”，就是久久（九九）见真如。故九与久通用。久久，表示的是时间，不仅仅表示时间久远、长久，更重要的是分分秒秒，时时都要保持这种理性的思维，理性的头脑，这样做人做事，为人处世就会左右逢缘，得心应手。上文为什么要纠缠于一个“九九归元”？因为这第八十一难数满，应在这只老鼋身上。“九九归元”，即“九九归鼋”。鼋与元音同，借音表义，借义喻事。吴承恩前文安排一只老鼋问寿，原来却是一巧妙的伏笔。这里的第八十一难，应在一只老鼋身上，不能说这是作者的随意之笔。应该说，这是作者独具匠心。

上述所说的“九九之数”与“见真如”叫做通俗，一竿子到底——由圣贤书上的“雅”，达到了日常生活中的“俗”。俗，熟也。换句话说，就是人之常情、人之常理、人之常道。与人之常情、常理、常道相合的，也是人们熟悉的，这才叫“俗”。与这样的“俗”相通，才叫通俗。否则，就是庸俗、低俗、媚俗。有人把毫无意义的调侃当作通俗，比如有人讲先秦百家争鸣，还要来一句“包二奶”，这通的是什么俗？这也叫学术？《西游记》之所以被称为古典名著，正是因为她既有传统文化的含金量，又通俗易懂，雅俗共赏。孙悟空这一人物形象广受人们喜爱，也正是由于吴承恩并不神化。这种人性化才叫通俗化。

本章喻为“飞龙”——“飞龙在空”。不是天空的“空”，而是变化之空。孙悟空至此时才是真悟空，悟到了空即是变化的规律，空即是真如。《金刚经》云：“诸法空相”，肉眼看不到这种空相，只有从实相中去体悟这种空相。人们往往把佛教的“空”、老子的“无”，误解为没有。从这一章，乃至从《西游记》全书中，都能感悟到“空”与“无”的真如实相，即原创形态。譬如“幸福”，也可以称为人们的主观愿望。愿望一词看得见、摸得着吗？是空，还是实？是无，还是有？“幸福”没有固有的形态，既可以看作是主观上的愿望，又可以看作是客观上的实在。前文说过，农民生活正在改善，就感受到了幸福；而早已改善了生活的一些富裕阶层，幸福感早已缺失。八十多岁的科学家仍然天天上班，以为国家作贡献为幸福；有的年轻人却沉迷于游戏之中，以游戏为享乐。不同的人生观，不同的价值观，就有不同的幸福观，你说这种“观”是空，还是实？是无，还是有？

第十三章

径回东土——亢龙有回

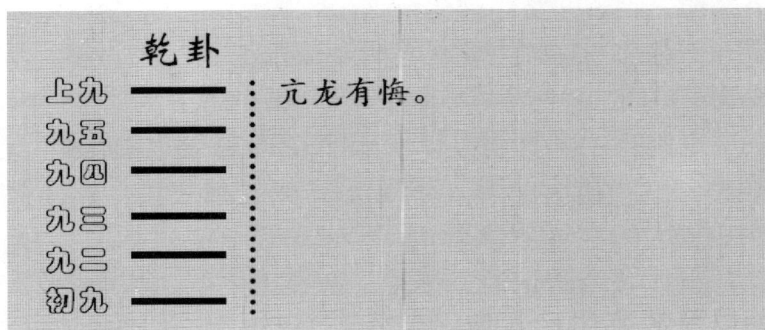

乾卦

上九 ▬▬ ：亢龙有悔。
九五 ▬▬
九四 ▬▬
九三 ▬▬
九二 ▬▬
初九 ▬▬

第一百回中有这样有两个数字，一是五千零四十八卷，此数盖合一藏；一是十万八千里之远。这两个数字需要说一下。

经卷藏数

何谓一藏？佛教经典原本为三藏十二部。三藏，即经藏——佛住世四十九年亲口所说；律藏——僧团内比丘、比丘尼二众，及在家善男子、善女人二众各自应守的戒律；论藏——为阐释发挥佛经义理的论文总集。十二部，又名“十二品”、“十二分教”、“十二分圣教”。现在所说的佛教《大藏经》，实际就是指这三藏十二部。书中所说“三十五部”，是作者吴承恩的杜撰，不过这个杜撰也有一定依据。汉传佛教晚课礼佛忏悔时，要礼诵“八十八佛”。前五十三佛为过去佛，每日称念礼敬者，能灭四重五逆及谤大乘等一切众罪。迦叶、阿傩第一次传给唐僧的“无字经”，大概就是指过去佛所说部分，因为是过去佛所传，当时还没有文字产生，所以变成了“无字经”。后三十五佛第一位就是释迦牟尼佛。唐僧和悟空回升大职正果，一为旃檀功德佛，即第七十二佛；一为斗战胜佛，即第八十四佛，都是现在三十五佛之列。犯五无间罪业者，须于三十五佛边至心忏悔。此时已有文字流传于世，所以为有文字记载的佛经。这也许是吴氏所指的“三十五部”的依据。

五千零四十八卷，由两部分组成，一是五千，一是四十八。五千，即佛法五乘。哪五乘呢？一为“人乘”，说人道伦理、生活方式及五戒等生人之道；二为“天乘”，说十善及世间禅以生天之道；三为“声闻乘”，说四谛法以成阿罗汉，出三界生死之道；四为“缘觉乘”，说十二因缘法而成辟支佛之道；五为“菩萨乘”，说六度四摄等而求佛果之道。乘，即运载、承载、济度的意思。五乘，即从人界→天界→阿罗汉界→辟支佛界→菩萨界→佛法界等修行、成就佛法的五种次第。亦有“一乘”、“二乘”、“三乘”、“九乘”之说。《西游记》全书所贯穿的内容，正与此五乘相符。那么，何谓“四十八”呢？四十八，应该指的是《佛说无量寿经》中所说的“四十八愿”。当时有位法藏比丘，在世间自在王如来前发此四十八愿，而成就了西方极乐世界，法藏比丘成就为阿弥陀佛。这四十八愿，后为中国净土宗的教义。

这三十五部，五千零四十八卷，合为一藏数，即指三十五尊现在佛，五乘佛法，以及法藏比丘（僧）的四十八愿，盖合佛、法、僧三宝之藏数。

十万八千里

再说说“十万八千里”。唐僧西天取经行程十万八千里，孙悟空一个筋斗云也是十万八千里，何不让孙悟空代劳呢？前文说过，西行路上的行程有“云路”与“本路”之分。行云路，云来云去，是神仙的行程，人却未登云路。也就是说，佛法要在世间法上修，而不是空中楼阁。所以，惠能大师说他“于东方得法，辛苦受尽，命似悬丝。”用禅宗的话说，只是理上悟还不算究竟，不能成佛，需要从事上悟。所以参禅悟道要亲自去体验。譬如从广州到北京，可以乘飞机、火车、汽车等，但那只算得云路，不是人在凡地上步行，而是以飞机、车辆代步。代了脚步之劳，却代不了心劳。真正的禅者参禅悟道，好比从广州到北京，仍处于原始生态时期，遍地林木，没有道路，全靠自我认道、找道、开道、行道，一步一个脚印地走来，才能知道、悟道、得道。《老子》曰：“千里之行，始于足下。”《西游记》电视剧主题歌（阎肃词）唱道：“敢问路在何方？路在脚下。”不是说路在云端。所以，西行取经必须走“本路”，脚踏实地，一步一个脚印。《山海经》中有“夸父追日”的传说，其实这里面也有真实的信息。如“夸”，即跨步；追日，即每天跟随着日出、日入而劳作、休息。这不但是“本路”，而且是人们的日常生活。再看，唐僧师徒四人，十四年（合计五千零四十天），经历八十一难，耽误了不少时日，怎么有十万八千里呢？这不是概数，而是“本路”之数。行本路必须一步一个脚印，包括日常在室内的行走在内，每个脚印就是图像上的一个数据网点，两个网点为一步（相当于两个字节数为一字数），合计起来就是十万八千里。

第二十回中，沙僧道：“师兄，我们到雷音有多少远？”行者道：“十万八千里。十停中还曾走了一停哩。”（停，即成数。一停，即一成，十成一，即十分之一，这是旧时的称谓）。八戒道：“呵呵，要走几年才得到？”行者道：“这些路，若论二位贤弟，便十来日也可到；若论我走，一日也好走五十遍，还见日色；若论师父走，莫想！莫想！”唐僧道：“悟空，你说得几时方可到？”行者道：“你自小时走到老，老了再小，老小千番也还难；只要你见性志诚，念念回首处，即是灵山。”

行者后一席话中有两层意思：一是未见性时，志不诚，则难之又难；一是已见性时，心志诚，则“念念回首处，即是灵山”。也正如惠能大师说的：“一念悟时，众生是佛。”西行见佛、成佛，既是难中之难，也是易中之易，关键看你能否回首。

再有《景德传灯录》（卷十三）中有段公案：

问：如何是西来意？（西来、西去，皆可为西行、西游）。

师曰：十万八千里。

禅师即兴作答“十万八千里”可有来历？禅宗公案，弟子问时，念在迷中；师在答时，意在悟中。何谓悟中？悟中即定中。定在何地？定在佛地，定在西方圣境。当弟子问到“西来意”时，师念便在西行路上，他已是西行过来人，他每天都在西行路上来来回回，还能见日色，即“无无明”。所以回答“如何是西来意？”只需要实话实说“十万八千里”，照自己天天做的说就行，不用思考，没有犹豫。所谓“十万”，即“十万亿佛土”。《佛说阿弥陀经》曰：“从是西方，过十万亿佛土，有世界名曰极乐，其土有佛，号曰阿弥陀。”所谓“八千”，即“八难”，亦名“八无暇”：地狱、饿鬼、畜生、郁单越（北俱卢洲无苦无佛处）、长寿天（色界、无色界天）、盲聋暗哑、世智聪辨、佛前佛后。唐三藏一行西去时经历了八十一难。“十万八千里”，既表示路途遥远，又表示路途艰难。所谓不难，孙悟空一个筋斗云，便是十万八千里，一日之内来回五遭，太阳还未下山。一筋斗，又像征一回首，或曰一转身，念头一转。迷与悟，众生与佛，东土与西天，都在一念之间，一回首处，一个筋斗云路。禅师在悟境中回答，孙悟空在云路中西游，常人在本路上历经磨炼，原本是一回事。犹如今日公路上，有人坐车，有人骑车，有人步行，同行在一条路上，但各自的方向不同，目标不同。作者吴承恩先生，是在悟境，还是在迷处？

五圣成真

“五圣成真”成了全书的压轴标题。所谓“五圣”，自然是指唐三藏师徒四人及白龙马，第一百回中是这样记叙的：

却说八大金刚，驾香风，引着长老四众，连马五口，复转灵山，连去连来，适在八日之内。此时灵山诸神，都在佛前听讲。八金刚引他师徒进去，对如来道：“弟子前奉金旨，驾送圣僧等，已到唐国，将经交纳，今特缴旨。”遂叫唐僧等近前受职。如来道：“圣僧，汝前世原是我之二徒，名唤金蝉子。因为汝不听说法，轻慢我之大教，故贬汝之真灵，转生东土。今喜皈依，秉我迦持，又乘吾教，取去真经，甚有功果，加升大职正果，汝为旃檀功德佛。孙悟空，汝因大闹天宫，吾以甚深法力，压在五行山下，幸天灾满足，归于释教，且喜汝隐恶扬善，在途中炼魔降怪有功，全终全始，加升大职正果，汝为斗战胜佛。猪悟能，汝本天河水神，天蓬元帅，为汝蟠桃会上酗酒戏了仙娥，贬汝下界投胎，身如畜类，幸汝记爱人身，在福陵山云栈洞造孽，喜归大教，入吾沙门，保圣僧在路，却又有顽心，色情未泯，因汝挑担有功，加升汝职正果，做净坛使者。”八戒口中嚷道：“他们都成佛，如何把我做个净坛使者？”如来道：“因汝口壮身慵，食肠宽大。盖天下四大部洲，瞻仰吾教者甚多，凡诸佛事，教汝净坛，乃是个有受用的品级，如何不好！沙悟净，汝本是卷帘大将，先因蟠桃会上打碎玻璃盏，贬汝下界，汝落于流沙河，伤生吃人造孽，幸皈吾教，诚敬迦持、保护圣僧，登山牵马有功，加升大职正果，为金身罗汉。”又叫那白马：“汝本是西洋大海广晋龙王之子，因汝违逆父命，犯了不孝之罪，幸得皈身皈法，皈我沙门，每日家亏你驮负圣僧来西，又亏你驮负圣经去东，亦有功者，加升汝职正果，为八部天龙马。”

显然，标题中的“成真”是指这种加升大职正果，一个个成佛作祖，自然俱各欢喜谢恩。文中还有这样一段话：

“此时旃檀功德佛、斗战胜佛、净坛使者、金身罗汉，俱正果了本位。天龙马亦自归真。”

再看全书结语：

“愿以此功德，庄严佛净土。上报四重恩，下济三途苦。若有见闻者，悉发菩提心。同生极乐国，尽报此一身。十方三世一切佛，诸尊菩萨摩诃萨，摩诃般若波罗密。”

前八句为汉地佛教礼佛、诵经之后必诵的“回向文”。又名“转回”、“施往”。意思是，愿将自己所修的功德施向给某人、某事，而不是只为个人一己私利。今日有网络新词曰“给力”，这里则是指“给利”。《大乘义章》云：“回己善法有所趋向，故名回向。”这里还有几个词语要作一下解释：

四重恩。有两种说法：一说为国土恩、父母恩、众生恩、三宝恩，这是在家修行要报的四重恩；一说为国土恩、父母恩、师长恩、施主恩，这是出家僧人要报的四重恩。国土恩，是指国家、祖国之恩。众生恩，不仅包括社会大众，而且包括所有生物群类。三宝恩，是指佛、法、僧三宝之恩。施主恩，是指对佛法、寺院施舍的功德主（报此重恩的一般是寺院出家之人）。父母恩、师长恩，则是人人都须报答的。中国人习惯于客堂正厅墙上挂一幅“中堂”，上书“天地国亲师位”，即天、地、国家、父母双亲、师长五重即“五重恩”。这里所说的“四重恩”，是佛教在中国本土化以后产生的观念。

三途苦。即前文已经讲过的六道中的下三道：饿鬼、畜生、地狱。途，路途，与“道”相通。三途，即为三道。有人曾经问过我一个问题：“根据佛教的观点，怎样看待希特勒？”当时我毫不犹豫地回答：“希特勒也是大菩萨。”他大惑不解。我与他解释：按照佛教的说法，希特勒肯定下了无间地狱。但是，地藏王菩萨早已发了大愿：地狱不空，我不成佛。假使希特勒是无间地狱里最后一个被救出来的，地藏王菩萨带着他同时到达西方极乐世界时，许多犹太人双手合十迎接他。希特勒不敢抬头，连声谢罪。犹太人说：出了地狱，所有罪业都已消除，到了西方净土，人人都已平等。

这是什么样的平等呢？《金刚经》云：“是法平等，无有高下。”所谓“是法”，即指一切法。如水润下，火炎上，这是水、火的特性。由于这一特性，水向低处流，热气向上流动。在这种种事物变化规律面前，人人平等。但是，人类智慧产生后，又形成了不平等：大智者能充分利用这些规律（法），并占有这些规律，而低智者则只能是被动地利用和享受，这种享受是极有限的。所以，佛法强调平等智、平等觉。当人人的智慧和觉悟平等了，一切就平等了。因为智者、觉者才能识自本性，本性上人人平等，本性是平等的。所以，学佛的目的是离苦得乐，但得乐先要得智。佛者，觉也。不但要自觉，还有责任和义务觉他，使他人同样觉悟。这样才能"同生极乐国"。

当年孙悟空大闹天宫，要玉帝让位，口称"皇帝轮流做，明年到我家"，"强者为尊该让我，英雄只此敢争先"……其实，他是在向玉帝要"平等"。要什么平等？是要"法平等"、"平等智"、"平等觉"吗？不是。他要的是"名平等"、"利平等"。这是俗者的"平等观念"。回过头来看，当孙悟空的"智"与"觉"与佛平等时，便与如来佛平起平坐，都是现在三十五佛之列，再也不需要去争、去闹了。如果片面追求物质上的平等，永远也得不到真正的平等。

十方三世。十方，指空间上的十个方位：四正位，有东、西、南、北；四隅位，有东南、西南、东北、西北；再加上、下，合为十方。三世，指时间，即过去世、现在世、未来世。世，时也，一世为三十年；界，空间界限。世界、宇宙，都是时间与空间的合称。

摩诃般若波罗密。"摩诃"为大，伟大。般若，指广大，无量无边的智慧。波罗密，梵文音译名词，意译为"到彼岸"、"度彼岸"。原义指事业已成功，达到了预想的目的。全句的意思是说，伟大的智慧可以把我们度到理想的彼岸。《心经》结语曰："揭谛，揭谛，波罗揭谛，波罗僧揭谛。"意思是：到了，到了，彼岸到了，大家都到了。到了西方，还是东方？到了彼岸，还是此岸？思想境界达到无量无边的智慧境界时，眼界无量无边，心量亦无量无边。此境界中，又没有西方与东方之分，没有彼岸与此岸之别。一切平平常常，普普通通。既不神秘，也不神化。就像孙悟空头上的紧箍儿，自然脱去，得大自在，"无为而无不为"，"从心所欲而不逾矩"。

尽报此一身

"尽报此一身"，又为"尽此一报身"。为什么要单独讲这一句呢？因为这一句是"回向"时要落实在行动上的。前面讲的"庄严佛净土"、"上报四重恩"、"下济三途苦"、"悉发菩提心"、"同生极乐国"，都是愿望、理想和目标，唯有最后一句是实现这些愿望的措施和保证，也是实现理想的“本路”。

“尽报此一身”是一句誓词，犹如今日《国歌》中“把我们的血肉筑成我们新的长城”，表示以身奉献。

“尽此一报身”又有所区别，虽然也有以身奉献的意思，但又多了“报身”一层含义。所谓“报身”，即佛教中的“三身、四智、五眼、六通，无量百千陀罗尼门”。这里只说“三身”。

三身，即法身、化身、报身。法身，即人人平等的先天遗传之身，如本善之心、良心、良知、人性等；化身，即自幼儿知事时起，本善之心日渐变化，日渐成熟。既可变好，也可变坏；既可变得高雅，也可变得庸俗；既可变成圣贤，也可变成邪恶。向好处变时，昔日同窗见了，会说：“士别三日，当刮目相看。”这是一种惊讶、赞叹和敬佩；向坏处变时，亲生父母见了也会痛责：“我怎么会生下你这个孽种?”不过，向好处变时也会突然变坏：一念之差下了地狱，那是因为良心和人性（法身）泯灭；向坏处变时也会突然变好：放下屠刀，立地成佛，因为良心发现。这种变化莫测的现象名为化身，又名色身，即今日所说的形象、印象，形色之身或曰人品、人格。

再说报身。是不是人品好，人格高尚就可称之为报身呢?不然。前文所说，必须具备以身奉献这一条件，即为了某一正义信仰和事业做出了突出奉献或牺牲。如天安门广场所立的“人民英雄纪念碑”，要我们世世代代铭记他们的英雄形象外，还要继承他们的牺牲和奉献的崇高精神，继承他们的遗志，这就是他们的报身。他们不仅品德高尚，而且奉献了宝贵的生命。应该说，“人民英雄”是中华民族的报身。

这个“三身”，不仅是佛教中提倡的，在现实生活中也应该提倡：人人都要保持自己的本色和本善，做人、做事要有良心、良知，这是最基本的人性；为人处世之中，时时以法身做主，良心不泯，就不会往坏处变，而只会向好处变，这种化身，与法身不远；但仅仅是做个好人，有良心还不够，人还要有信仰，有事业心，有奉献精神和牺牲精神，终身矢志不移，同时为社会、为人类做出应有的贡献。

再来看看唐三藏的法身。如来道：“圣僧，汝前世原是我之二徒，名唤金蝉子。因为汝不听说法，轻慢我之大教，故贬汝之真灵，转生东土。”这段话中就说了唐僧的法身——原来是佛的弟子；又说了他的化身——因为不听说法，轻慢佛教，法身中的真灵（本真的灵性）泯灭了，转化为凡人。再读一段文字，他们乘上无底船，过凌云渡时，只见河上游漂下一具死尸。唐僧见了大惊，但悟空识得，笑道："师父莫怕。那个原是你。"八戒和沙僧也识得，也道："是你，是你!"那撑船的打着号子，也道："那是你！可贺，可贺!"

可贺什么呢？贺的是唐僧的肉身凡胎已经脱去，他的化身还归于原来本真的法身。如来佛为他加升大圣正果，为旃檀功德佛，便是他的报身。因为"今喜皈依，秉我迦持，又乘我教，取去真经，甚有功果。"这是小说家笔下的唐僧的"三身"，只是一种比喻。再说说现实中唐玄奘法师的"三身"。他出生时与所有婴儿一样天真可爱，无善无恶，无忧无虑，这是他的法身。据《佛教史》（任继愈主编）载："玄奘（600～664年），本如陈，名祎，洛阳缑氏（河南偃师缑氏镇）人。少罹穷酷，随兄长捷法师居洛阳净土寺。年十三，破格受度为僧。"由此可以看出，玄奘儿时的心灵中已经饱受穷困，虽少年时便入净土生活，但纷繁复杂的世俗给他留下的印象不是一下子就能磨灭的。即使进了寺院，但寺院依然不是净土，院墙里面的世俗，很难与院墙外的世俗完全隔绝。这些难免不影响到他的成长，也就是说，他的化身同样是出于污泥，至于会不会被染着，这又是他自身的修行功夫了。这就是他的化身。

《佛教史》载："隋末大乱，从兄西去长安。然后逾剑阁而抵蜀都。当时成都的佛教义学颇盛，尤以讲习有部绪论和《摄大乘论》为最。玄奘参与各家讲席，表现出惊人的记忆力和理解力……最后入长安。在这里，玄奘继续多方参学，似乎疑惑愈多。……他之誓死西行，就是企图解决这一疑案。当然，西游的最后成就，大大超出他的初衷。"

贞观三年（629年），玄奘踏上西行取经求法之路；

贞观八年（634年），到达王舍城，入那烂陀寺；

贞观十二年（638年），离开那烂陀寺，继续游学东印、南印和西印诸国；

贞观十六年（642年），再回那烂陀寺，为寺众主讲《摄大乘》、《唯识决择》；

贞观十九年（645年），回到长安。历时十七年，亲践一百一十国，传闻二十八国。

玄奘从印度共带回梵经520夹，657部。在唐太宗的大力支持下，创建译场，译经十九年，共译出七十五部，一千三百三十五卷。虽然所译只占总种类的八分之一强，但玄奘的翻译，仍然是中国译经史上的最高成就。可以说，他从二十九岁时起，直到六十四岁圆寂，大半生都献身于佛教的取经、译经事业，在中国佛教史、文化交流史、译经史上留下了辉煌的一页，这就是玄奘大师的报身。

前文，我曾经做过一种比较，孙悟空十万八千里的筋斗云，常人学不到，但玄奘大师这种奉献精神则是常人都该学习的。比较二者之难，前者只是虚幻的神话，犹如一篇洋洋洒洒的科普小说；但后者则是切切实实的历史足迹，一步一个成果，犹如一部考证严谨，光炳千秋的学术论文。

再看孙悟空的“三身”：孙悟空出生于一石胎，受了天真地秀，日精月华，这是他的法身——本来之身；学爬做人后，被世俗的名闻利养所染著，时而善，时而恶；时而聪明，时而痴迷，这就是他的化身——变化之身；后来因“隐恶扬善，在途中炼魔降怪有功，全终全始”被加升大职果位，成为斗战胜佛，这就是他的报身——他“尽殷勤保护取经人”的奉献精神，就是“尽报此一身”的写照。

本章喻为“亢龙有回”，其实是“亢龙有慧”。前文说过，悔者，回也；回者，慧也；慧者，知悔也。有慧则知悔；知悔则回头，回心转意，回头是岸。不能回头必遭不幸，是祸；回头是岸为有幸，是福。所以说，报身都是幸福之身。

结语

时乘六龙，以御天

从本卷“卷首语”后《孙悟空时乘六龙命运突围图》，可以看出孙悟空所经历过的幸与不幸。这是一幅“时乘六龙”的人生幸福图，图上的指示线不是直线，而是曲线，犹如人的心电图，而且是大起大落、非同平凡、充满生命活力的心电图。生命旺盛，才有驾御“六龙”的力量。

“卷首语”中已详细介绍了何谓“六龙”，何谓“时乘”，只留下一句“以御天”未讲。孙悟空大闹天宫，一心想占玉帝大位，做“齐天大圣”。这个位置，在当时的孙悟空眼里似乎是至高、至尊。其实，这个至高、至尊只是孙悟空主观世界内的高和尊，而不是十法界的至高、至尊，还有生、老、病、苦、死。主观世界是有局限性的，而客观世界是没有局限性的。比如今日人们主观意识中的物质世界、宇宙总是有限的，而客观存在的宇宙则无量无边，这就是主观与客观的差异。所以，当他“功成行满”，成了斗战胜佛时，他才超脱出了六道轮回，才出离了生死。从这个意义上来说，孙悟空已经升到了“以御天”的佛的境界。但这只是空间上的“天”，而不是时间上的“天”，更不是时空合一的“天”。那么，何谓时间上的“天”？又何谓时空合一的“天”？

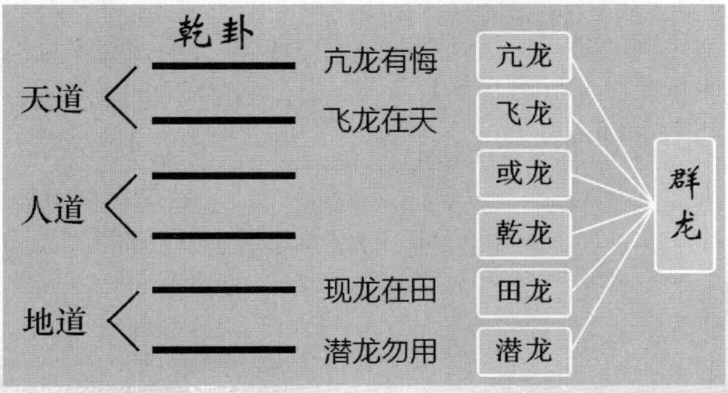

《庄子·秋水》曰：“天在内，人在外，德在乎天。”今日的学者对这句话的解读，或曰：“天机藏在心内，人事露在身外，至德在于不失自然。”或曰：“天性蕴于内心，人事显露于外，至德在于顺乎自然。”这些解释听起来似乎很在理，合于文字层面的逻辑。问题是，这只是从理上说理，而不是从事上说理。理上听明白了，事上却拿捏不住，更谈不上驾御了。怎么理解呢？应该这样说，庄子这里所说的“天”，是时间上的天，乃至时空合一的天。为什么这样理解呢？

庄子接下来有一句自问自答：“河伯曰：‘何谓天？何谓人？’北海若曰：‘牛马四足，是谓天；络马首，穿牛鼻，是谓人。”意思是，牛、马生下来就是四只脚，这是先天形成的；用辔头套住马头，用绳子栓住牛鼻，这叫人为，或曰人事。所谓先天和后天，不是从空间上区别的，而是从时间上区别的。先天形成的天然、天性、天机、天道、天德，有一个漫长的历程，一旦成形便有了遗传的基因，代代相传，不是随意能改变的。如《尔雅》曰：“二足而羽谓之禽，四足而毛谓之兽。”假若把这种先天形成的时间压缩，我们自然会把它看成是一件小事而已，于是，在这件事上来解读“天在内，人在外”这句话，事理就合一了：原来庄子所说的“天”是隐藏在天然形成过程中的天机、天性、天道、天德，既看得见，又看不见。看不见，因为这个过程太漫长，漫长得人们不知不觉，即使人生百年，都象悄然擦身而过；说看得见，人与万物（这里以“人”为万物的代表）都有形体，形体是可见的。

若问一句：人（万物）是怎样形成的？哎呀，那要从很久很久以前说起，说起其中的故事，常人用神话来描述，哲人用思辨来描述，科学家用实验结果来描述，历史学家用古人的文献来描述，考古学家用出土文物来应证。但无论怎么描述，都离不开时间，都要用时间来说话。这个时间不是写在文字上的时间，不是钟表上的时间，而是伴随着人类形成过程中的时间，这一过程必然有一条贯穿始终的规律，这条规律是看不见的，庄子把它叫作“天”，所以说，“天在内，人在外”。也可以说，自然规律蕴藏于过程之中，万物形体显象于外表。

这时，我们再来理解“以御天”的“天”，这是那个天？是天空、天宫、天庭的“天”吗？显然不是。而是自然发展规律的“天”。所谓“时乘六龙，以御天”，无论是哪个“时”，乘的是哪条“龙”，所依托的只能是一个“天”，而不是两个“天”，也不是六个“天”，这个“天”只能是规律，是时空合一、天人合一的规律。

那么，“御”又怎么理解呢？从现代汉语的解释可以理解为：驾御，也就是我们常说的把握、把控、控制，拿捏等。从本书的主题上来说，就是驾御自己的命运。谁驾御谁呢？当然还是自己驾御自己。如何驾御呢？孙悟空就是最好的案例。

当他天天与群猴享乐时，却想到有朝一日会被阎王老爷索去性命，所以远道西牛贺洲，拜师学习长生不老之法——这是对自我性命的把握；当他回到水帘洞，见自己的家被他人侵占时，他不仅打败了对手，而且开始操练群猴，以求自卫——这是对家的驾御；当他成为花果山七十二洞山大王时，他不仅用兵器武装了众妖，日日操练他们，而且也为自己讨来一件兵器——金箍棒。当他治理好内部环境（练兵以自卫），又想到外部环境——于是遨游四海，行乐千山，广交贤友，这是对花果山国土安定的宏观调控；当他偷吃了天宫蟠桃宴上的仙桃、仙酒，以及太上老君的仙丹后，他在半醉中也能意识到：“这场祸比天还大，若惊动玉帝，性命难存。”于是逃回了花果山——这时他的自我把握已经失控，为了逃避惩罚，只好“走为上策”，但是这一步显然为时已晚；当他逃出太上老君的八卦炉，玉帝请来了西天如来佛。佛对孙悟空，一劝、二激、三赌，本来是一而再、再而三地给他自我把控的机会，可是他此时已全然乱了方寸，自以为天兵天将和太上老君及所有人都无奈他何，所以自我驾御、把控的意识变得如此的软弱，连认错、服输的意识都没有，更谈不上自我把控了。自己的内力（智慧、知悔）无法驾御自己，结果飞龙成了亢龙——失控了。最后，被如来佛压在五行山下，重新修炼了五百年。当“亢龙”知罪、知悔、知回时，又返回到“潜龙”阶段。“上九，亢龙有悔”中的“有悔”，其实也是一种自我驾御。

再回顾前五爻中的“勿用”、“利见大人”、“终日乾乾，夕惕若厉”、“或跃在渊”等，都是自我驾御的节点。各个节点，形态不同，时空不同，所以说：“时乘六龙，以御天。”御天，就是自我把握，把握好自己的心态，心里时刻明明白白、清清楚楚，就不会迷失方向，就不会失去信心，不会堕入懈怠。所以，这个“时”，是日常生活中的分分秒秒，“终日”连着“夕惕”；“夕惕”继而又“终日”。空间上，“见群龙无首”，不同阶段，不同时期，见（现）不同的龙；时间上，也能“见群龙无首”。能“见”，就是一种驾御——既驾御空间，又能驾御时间。如何驾御时间呢？“昼夜殷勤”，争分夺秒，不敢有丝毫的懈怠。所以，孙悟空的人生中，先后做了三次“潜龙”，三次“勤龙”，两次“田龙”，两次

"飞龙"，两次"亢龙"，两次"或龙"。有时是主动转型，有时是被动转型，总体上有潜有跃，有进有退，有起有伏，但总的趋势是不断完善，不断发展——这就是他在幸与不幸中实现"命运大突围"的总体脉络。过程是曲折的，目标是正直的，结果是圆满的。个人的自由发展不是无限上升的射线，而是有起有伏的曲线。幸福也是如此。如果有人主观上想幸福没有起伏，只想幸，害怕不幸，只想福，害怕祸，这种幸福是没有的。为什么？这是规律。就像每个人的心电图，曲线直了，人就没了。

不妨再分析一下孙悟空命运中的三次大突围，回顾一下这幅美猴王的"幸福心电图"：孙悟空一生中经历了三次"潜龙"阶段和三次"勤龙"阶段，这三个阶段正应合了他命运的三次大突围：第一次突围，由一普通石猴的"潜龙"期，到"时来运通"，成为水帘洞的美猴王；第二次突围，由拜师求道的"潜龙"期，又一次"时来运通"，成为花果山的"总经理"、"董事长"；第三次突围，经历了五行山下五百年的"潜龙"期，转而成为唐三藏的大弟子，最后圆成佛道，成为斗战胜佛，真正实现了当初长生不老的愿望。

我想读者此时已经从神话思维中走回到了现实的人生，虚构的"功成行满"远不及现实人生的行满功成。祝大家"终日乾乾，与时偕行"，心想事成，幸福美满。

卷二

神通广大的幸福王

神通示意图

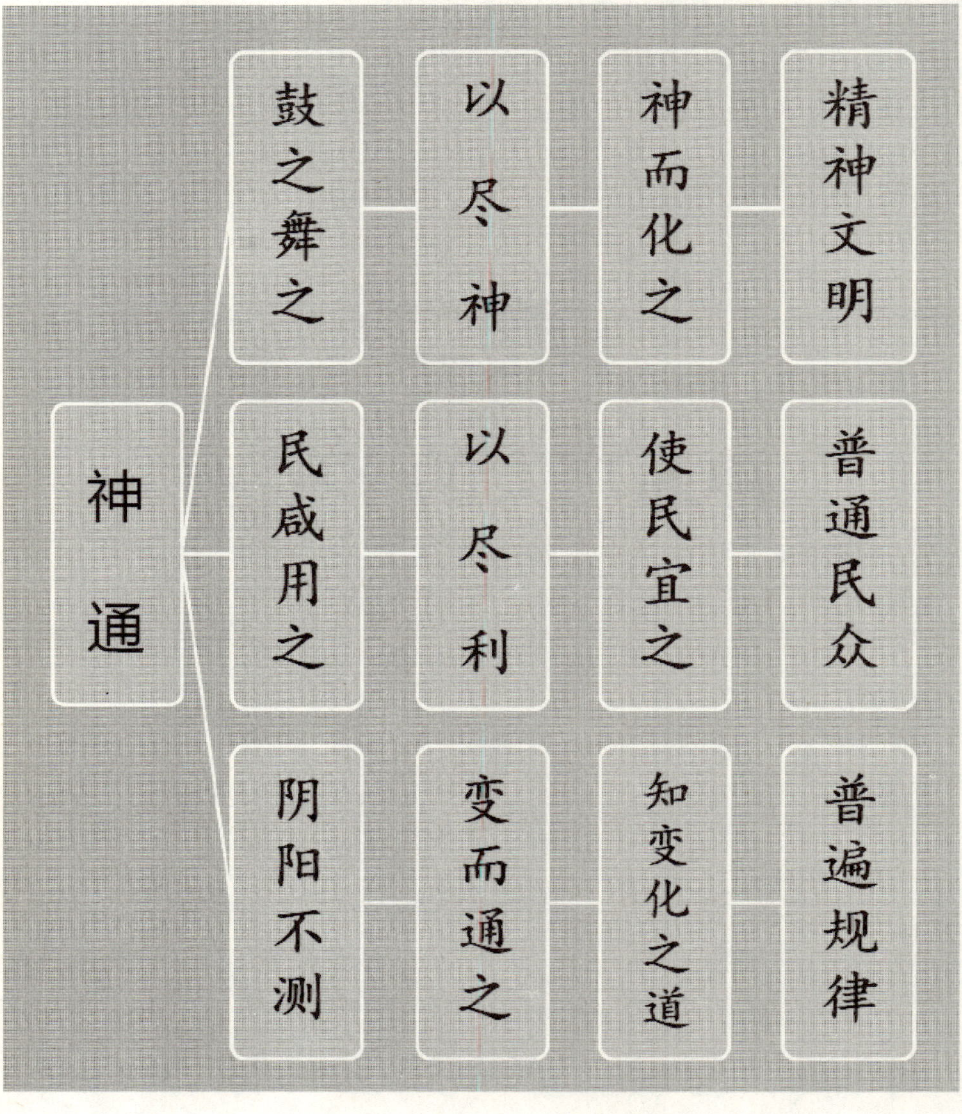
神通
鼓之舞之
以尽神
神而化之
精神文明
民咸用之
以尽利
使民宜之
普通民众
阴阳不测
变而通之
知变化之道
普遍规律

卷首语

为什么跳不出如来佛的手掌心？

本卷开篇先提几个问题：孙悟空的七十二变化、十万八千里筋斗云和火眼金睛是不是神通？如来佛的手掌心是不是神通？再问：现实生活中有没有神通？我们常人有没有神通？再回到本卷的主题上：神通是不是《易经》的思维模式之一？命运如何从“神通”中突围？神通与幸福又有什么内在联系？

我们先说说什么叫神通？这个问题不搞清楚就会落于迷信的圈套，只有弄明白了，才不会迷信。有人一提“神通”就政治过敏，其实完全没有必要。神通是东西方传统观念中客观形成的，越是回避，越会迷信。文化是无法回避的，日常生活中常常会面对。佛教中有“六神通”：即神足通、天眼通、天耳通、他心通、宿命通、漏尽通。下面一一介绍。

一为神足通，又称“神境通”、“如意通”、“神变通”、“身通”等。通俗说法为飞毛腿，指行走无碍，能穿越地水山石，隐显自在、随意变化自身及外物，所以又名“神境智证通”，不仅仅是行走如飞，关键是能随境变形、隐形，所以行走无碍，随意自在。

二为天眼通，又名“天眼智通”、“天眼智证通”。通俗说法为“千里眼”。指目光能超越时空障碍，既能遥望，还能透视、预见，乃至微观，能观察到肉眼看不见的微细现象和变化。

三为天耳通，又名“天耳智通”、“天耳智证通”。通俗说法为“顺风耳”。指能听闻到常人听不到的遥远的声音，能辨析极其微妙的声音，能听懂各种语言、语音。

四为他心通，又名“他心智通”、“他心智证通”。指能通晓他人的心思。今日有“测谎仪”，用仪器测知他人所说的与他心里所想的是否相符。这只能叫“仪器通”，而不是“他心通”。

五为宿命通，又名“宿住智通”、“宿住随会智证通”。即明达通晓自己或他人夙世多生多劫的命运。这与算命不同，不靠算，而是“智通”。

六为漏尽通，又名“漏尽智证通”。即能断尽各种欲念和烦恼，就像《济公》电视剧主题歌唱的：“无烦无恼无忧愁”。又如禅宗说的，桶底脱落，大彻大悟。

所谓神通，实际上是指一种超常的能力，又名“神通力”。这种“神通力”从哪里来的呢？上述六神通的名称中都离不开一个“智”字：“神足通”，又名“神境智证通”；“天眼通”，又名“天眼智证通”；“天耳通”，又名“天耳智证通”；“他心通”，又名“他心智证通”；“宿命通”，又名“宿住随念智证通”；“漏尽通”，又名“漏尽智证通”。归纳起来，六通都要从“智”上通，从“智”上得到应证。“智”是云路上通，“证”是本路上通。“智通”则一切通，但都离不开实证。

如何理解“智通”呢？又如何才能做到“智通”呢？这里举一个熟悉的例子。在110米跨栏项目上，被称为“亚洲飞人”的刘翔，广州亚运会上，13.09秒的速度是如何实现的呢？一是体能上的超常发挥，故曰“身通”。身体素质是基础；二是科学训练。所谓科学训练，其实就是“智通”。每项体育锻炼，看起来是身体素质和身体功能的比赛，其实都离不开一个“智”字，叫作斗智斗勇。刘翔在起跑、跨栏、冲刺等各个环节，乃至于每一秒，每一步，不仅仅在拼力量，更关键的还在拼智慧。智通才能生勇，有勇才能使力量得到正常发挥和超常发挥。

《老子》曰：“慈，故能勇。”因为慈才能智，因为智才能勇。智从慈生，勇从智生，神从勇生，故曰神勇。应该说，神通、神通，智先通才能通神。刘翔的日常训练，就是为了使身通、力通、智通，这些都打通了，冲刺的那一刹那便神了。什么神？是神仙的神吗？今天的小孩子都不会相信神仙，他们只相信运动场上创造的一个又一个的神奇，一遍又一遍地被感动。被什么感动了？被运动员们的精神感动了。感动的那一刹那，刘翔的精神，中国女排的精神，与观众的心灵刹那间像电流一样融通了。我们也得到神通了，什么神通？一种拼搏的精神相通了。这种精神在常人身上发挥了作用，也会焕发出超常的力量；发挥在日常办事上，也会产生超常的办事能力。这种精神感动之处，就是神通所在，神通就汇聚成了普通——普普通通。如来佛的手掌心之所以无限大，孙悟空纵使有十万八千里筋斗云，也跳不出，因为如来佛手掌心代表了普通。因为普通，所以广大。

中国人民的八年抗战的伟大胜利靠的是什么？靠的是普普通通的人民

群众。毛泽东同志把抗日武装（八路军和新四军）称之为人民的军队，把抗日战争称作人民战争。毛主席在《论持久战》中说："战争的伟大之最深厚的根源，存在于民众之中。"只要把普通的民众组织起来，就能"把日军侵略者置于我们数万万站起来了的人民之前，使它像一匹野牛冲入火阵，我们一声唤也要把它吓一大跳，这匹野牛就非烧死不可。"还说："真正的铜墙铁壁是什么？是群众。"我们同样可以说：真正的神通是什么？是群众，是普通大众。古今中外，任何圣贤、帝王、伟人、英雄，乃至事业的成功者都出自普通群众，同时也离不开普通群众。他们的命运，乃至一个民族、一个国家、一个企业、一项事业的命运，要实现突围和升华，都要从普通中去实现，幸福也不例外。

组织起来支援前线的普通民众

再看一个"智"字，上述"六神通"都强调一个"智"字。那么，"智"是上帝赐予的吗？是从天上掉下来的吗？显然不是。简单地概括："智"是从实践中获得的，也就是说，云路是从本路上起步的。真正的"智"，不是从书本上获得的。书本上的智，是前人在实践中获得的。应该说，"智"是亲身实践的体验和感悟，长期积累便为智。所以，每个神通都强调"智证"，在实践中去验证。用今天哲学家的话说，智是什么？智是万事万物变化中的普遍规律——人们运用这种普遍规律来思考问题，便称之为"云路"；而这种普遍规律是普通人在普通的事物中应证、实证、体证过来的，称之为"本路"。

如来佛对孙悟空的制伏，首先是问、劝和激，掌握了孙悟空的心理状态，然后才以“赌赛”的方式引孙悟空自己跳进他的手掌心。本想由此而提醒孙悟空，使他从反常的心态回到正常的心态。由于他迷得太深，一时转不过弯来，如来佛才不得已而行此下策，把他压在五行山下。如来佛掌握的是事物的普遍规律，运用的也是普遍规律，同时想使孙悟空明白的也是这种普遍规律。也就是说，孙悟空的七十二变化、十万八里筋斗云不是真神通，唯有掌握了事物的普遍规律才是真神通。《易经》曰：“见龙在田，德施普也。”

还是那句话，普普通通的民众，掌握了普遍的规律，就是真正的神通。每个人的幸福愿景和幸福人生都是在这种“神通”中，由本路到云路，又由云路到本路，循环不已，周而复始——中国人的幸福观和幸福品牌，就是这样一代代地传承下来的，还将这样一代代地延绵和发展。

第十四章

神话与人话

一部《西游记》，原本是神话小说，却通篇都没离开《易经》。不但开篇就从《易经》入手，而且题目的寓意也与后天八卦图相吻合。那么，吴承恩又是怎样理解和运用《易经》的呢？《易经》对于孙悟空的幸福人生有哪些直接的联系呢？《易经》中所说的，是人话，还是神话？让我们再来认识《易经》。

那么，《易经》是从哪里来的呢？是从神话中来的吗？《易经》曰："知变化之道者，其知神之所为乎？"可见，《易经》是从生活中来的，是对生活的解读，是对生活的描述，是生活的结晶。所以，《易经》不是神话，而是人话。有人说，《聊斋》写的是鬼话，不是！《聊斋》写的也是人话，为什么？作者是借鬼来说人话，说的是什么？说的是人世间的爱与恨、善与恶、喜与悲、是与非……这些都是人话。

哪种话叫鬼话呢？凡是从个人的主观意识出发，脱离了客观实际，信口开河，甚至于从一己之私利出发，想怎么说就怎么说：今天给某人戴个帽子，明天给某人打一棍子，甚至判断人家的研究成果是真科学还是伪科学（科学就是科学，没有什么伪科学），用什么为依据？凭一句"我敢打赌"？别人的研究成果有学术论文，得到了学术界的广泛肯定，你去判断它是伪科学，凭什么？凭的不是科学地论证，而是"我敢打赌"，凭一个打赌就判断人家的学术成果是伪科学，这就是鬼话。科学不是打赌来的，打赌不是科学。打赌，是失去了理性的行为，不是理性上的认知，而是个人主观上的臆想，不符合客观，违背了科学的基本原则，这就是鬼话。

有一次电视台做节目，一位老中医的观点认为中医好；一位年轻教授的观点认为中医不好，要取消中医。这个争论本来无可厚非，两个人都说出自己的观点，平心静气地讨论，即使是激烈的争论也是好的。电视台做这个节目的初衷正是如此：每个人都可以发表自己的意见，不管是正确的还是不正确的——大家共同来讨论。但是讨论的方式，必须以理服人。

可是，这位老中医一上来就说，用他的一幢楼房为筹码为中医打赌。他说，他那栋楼房值多少万元。这样的打赌是人话吗？这是气话。老中医的本心是好的，我也很敬佩他，我也赞成中医好，但是他这样说是不对的，他贬低了他一生所热爱的中医，因为中医的价值不是一幢楼房就可以估量的。今天的小学生都能分辨：打赌不是理性的处理方法，而是意气用事。是谁在打赌？是气在打赌。所以说，这是气话。如果平心静气地讨论，便不会说出“打赌”这样的气话来。

一位读过大学又在大学教书的教授，本来应该理性地看问题，但他面对这种荒唐的打赌，不去据理力争，反而说：中医可以到处行医，但是你要保证不死人——又是一种谬论！为什么？回过头来问一句：你能保证西医不死人吗？谁能保证？这不符合客观现实，这也是意气冲动，也是一句气话。我们讨论问题，必须要有逻辑的思维，要有理性推理，必须从客观出发，不要从主观出发，更不能从个人的主观意识、从一己之私出发。如果是这样，说出来的就不是人话了。如果把这种一孔之见、主观上的东西写成一篇神话小说，那不是神话，同样是在说鬼话（没有客观依据）。评判一篇文章、一个作品、一项成果是人话、神话、鬼话还是气话，是迷信还是科学，标准只有一个——用客观事实来检验。一检验就知道，是从客观出发还是从个人的主观出发？主观上的认识与客观存在符合不符合？这一比较，马上就会让白骨精显露原形，就会使假孙悟空原形毕露。

为什么要说这些呢？因为这是一种社会现象，特别是年轻人，必须要有这种火眼金睛。读书读到这个地方要有收获，收获在哪个地方？要读出了生活中的真如（真谛就是真如）。什么叫真如自性？就是本来面目。天天跟着日出日落而西游，只要有一颗平常心，就是一个猿熟的心态，就是自由自在的心态。如果你老是跟着主观上的意识，跟着个人的欲念，随着个人的情感，像野马一样奔跑，你就会遭“难”——就会起烦恼，就会有各种的不愉快，就会做错事，说错话，乃至于不说人话，说气话……这都是自寻烦恼，就成了意马。

如何去降服？不要从书本出发，不要从主观意识出发，也不要从幻想出发，而要从客观现实出发，从生活出发。《金刚经》是讲大哲学的，是为上乘者说、为最上乘者说的，可是开头说的是什么？说释迦牟尼佛“著衣持钵，入舍卫大城乞食。入其城中，次第乞已，还至本处。饭食讫，收衣钵，洗足已，敷座而坐。”到了吃饭的时候，释迦牟尼佛穿上衣服，去舍卫大城乞食。吃过饭后自己洗碗、洗脚，然后再“敷座而坐”，升坛说法。这是生活，是从吃饭、穿衣说起的。再深奥的哲学，最上乘者也是从穿衣、吃饭开始，就是这么简单的道理。离开了穿衣、吃饭，就不能生存；离开了客观存在，就不会说人话；离开穿衣、吃饭，就别谈幸福。

有人说，《西游记》是神话小说。我说，它不是神话小说，而是人话小说。如果让神话回到我们生活中间，那就好了，我们就知道应该怎样做人。孙悟空是我们最好的典范，孙悟空能做到的，我们每一个人都能做得到。孙悟空做错了的，在我们每一个人身上都曾经发生过，甚至于天天都在发生。孙悟空的七十二般变化、一个筋斗十万八千里，是我们每一个人都能做得到的——它是一种象征，是一种寓意。如果从今天的科技成果来说，现代人早已超越了孙悟空。开头那篇“读者感言”中已做了形象的描述。相信每位读者都有自己的描述方式，这应该是一种“幸福”的共识。

我再重复一遍，这里所说的“共识”的“识”，是指认识，也就是说对自然界万事万物的认识。自然万物是客观存在的。只从表象上去认识，自然万物千差万别，所以人们的认识也就出现了差异，这样很难达到共识。从本质和规律中去认识，自然万物的规律都是相通的。一物通时万物通，一事通时万事通，这样才能达成真正的共识。

第十五章

逃得出与跳不出

《西游记》第七回的标题为：**八卦炉内逃大圣，五行山下定心猿**。我们不禁要问：孙悟空能逃出太上老君的八卦炉，为什么跳不出如来佛的手掌心？寻找这个问题的答案，并不是容易的事，因为这很复杂，牵扯到中国的道教文化、佛教文化，还有方方面面的知识。这里我仅就个人读出来的体会，跟大家做一个交流。

这里有多组对比，我们来看一下：如炉与手，逃与跳，内与外，道与佛等。

炉与手

首先，我们从炉与手的对比上来作一个分析。太上老君的八卦炉与如来佛的手掌心有没有区别呢？显然是有区别。那么，这个逃得出与跳不出，从这里面是不是能找得到它的征兆呢？我们先来看炉。

八卦炉是炼丹的器物，是一种器皿的放大，是器皿的神化——升华到宗教的神器。《易经》曰："形而上者谓之道，形而下者谓之器。"炉只是形而下的器物，炉内也只是一个器世间；而孙悟空毕竟是一个已经人化了的猴子，是能动的人。这一动一静、一人一物显然有区别：物是死的，人是活的，所以他逃得出八卦炉。尽管太上老君设了机关，有八个宫，但是孙悟空识得破：有一个巽宫能躲得过，所以也就能逃得脱。

这就相当于今天有人钻法律的空子，因为法律是机械的，也是一种静物。有人打政策的擦边球（上有政策，下有对策），政策也是一种静物。虽然这是反面的例子，但是它也能说明，器物与人、制度与人是一静一动的关系，这是物与人之间永远改变不了的一种定律：物，是客观存在的物；人，是有主观能动性的人。

那如来佛的手掌心又是什么？它显然不是器，而是人身的一部分。佛法中，一就是一切，一切也是一。局部能代表全部，全部中有局部。但是，手掌心这个"心"有更深的含义：心是活的，心是生命的表征——心死了，身就死了；心不死，身就不会死，身就是活的。所以，这个"心"字很关键。孔子说："君子不器。"何况于佛呢？又何况于佛心呢？所以，心显然不是器，炉与心不可相提并论。

那么，这时的孙悟空还是原来的那个孙悟空吗？什么东西都是相对的。当炉是静止的器物，人就变成了能动的动物，人的主观能动性就能发挥作用。但是，如来佛的手掌心不是静止的物，不是静止的器，而是一个能动的心。孙悟空也是一个大活人。二者都是能动的，那就要比较能动的能量有多大，要比心量有多大，二者形成了心的较量。

如来佛的主观能动性有多大呢？他无去无来（如来嘛）。孙悟空呢？本来他也没有生死，也没有去来，但是这时他变了，为什么？当如来佛把他"轻轻的压住"后，书中有一首诗这样说道：

"当年卵化学为人，立志修行果道真。
万劫无移居胜境，一朝有变散精神。"

孙悟空跟须菩提学法的时候，须菩提就曾经告诫过他：学法之人随便开口，精气就会散去，精气一散就会生出变化。如来佛也说，孙悟空是长生变化之法，而不是长生不老之法，他的长生是有局限性的，而不是无限的，因为有变化。"一朝有变散精神"，他的精气散了。借用《老子》的一句话说："朴散则为器。"朴，是指原木未斫之木，还是原来那棵树。素，是指本色，未经染污。原木为朴，本色为素（朴素）。"朴散则为器"，散是什么意思？一棵树砍倒了，即为一散；树砍下来剖开、裁断，这是二散；然后制成器具，此为三散。你看，这里面有东西了：虽然都是木，但是器已经不是原木了。原木可以长生，即使是一棵朽了的原木，它的种子依然不朽。但是，一旦把树砍下来做成了器具，它就有成、住、坏、空。成，制成了器具；住，可以使用；坏，使用不能永恒，也有坏的时候；空，坏了以后又会发生新的变化。你看，人有生、老、病、死，物有成、住、坏、空。老子的"朴散则为器"这五个字，很有内涵，我们要好好去琢磨。

近日（笔者正在修改第四稿时），美国的 F－22 隐形战斗机在夏威夷公开亮相。F－22 的绝对优势：一是超音速，飞行速度是音速的两倍；二是能吸纳雷达电波，使对方的雷达不能反馈它的信息，对方无法侦察它的行踪；三是可以根据对方雷达信号测定对方的位置。但是，拥有如此绝对优势的空中战霸，却也有它的致命弱点，这里只说一点。由于它的速度太快，敌对方可以在低空放一些气球，气球上拖曳一根钢缆或尼龙绳，F-22在来不及躲避的情况下，就会被钢缆切割。之所以会被切割，正是因为它的速度太快。可见，任何器物都是有限的，任何厉害的武器也是有缺陷的，因为它是器，而人的主观能动性则是无限的。

上世纪五十年代初，朝鲜战场上，中国人民志愿军刚刚组建的空军，便一次次地击落美国参加过二战的战斗机。六十年代，中国人几次成功地击落美国超音速U-2型侦察机。当时有外国记者问陈毅元帅（时任外交部长）：“你们是用什么新式武器打下U-2飞机的?”陈毅元帅风趣地说：“我们是用竹杆子捅下来的。”这不仅仅是幽默，也是中国人的战略思维。所以说，任何强大的武器都是人制造的，也能被人制伏。制造与制伏之间，说明了人的主观能动性在起作用。

毛泽东早就用“纸老虎”来比喻，任何强大的武器都是器物。器物是有形的、有缺陷的，所以是纸老虎。而有主观能动性的人才是真老虎。所以，毛泽东在抗日战争时期就精辟地论述：“武器是战争的重要因素，但不是决定的因素。决定的因素是人不是物。”

逃与跳

不难看出，这个“朴散则为器”也可以借来解释孙悟空为什么跳不出如来佛的手掌心，因为此时的孙悟空已经变为器了。那是什么器？说得粗俗一点，就是酒囊饭袋，就是一个形骸，就是一个人模子，就是一个人样子。为什么这么说？因为他的精神散了。同样一个人，当你感受到他很有气质和魅力的时候，这个人的价值已经超越了他的形体。一个人虽然有一个人形，但如果没有魅力，没有气质，精神麻木了，连眼神都没有（眼神都是木呆呆的），这个人就是一个形骸，这就是器了。所以，孔子说：“君子不器。”君子是有精神的，是有信仰、有理想的。有人生活在幸福之中，却没有幸福的感受；生在一个正在发展进步的国家中，却感受不到祖国的伟大，为什么？他的感情麻木了，腐朽了，已经变成器物乃至废物了。

我们看看孙悟空，他是不是到了这种程度呢？刚才讲的那些话对他是不是有点过分呢？他还是以前那个有灵气的孙悟空吗？他现在是不是一个笨蛋呢？笨蛋也是物，你看他现在笨到什么程度。

如来佛伸出一只手掌让他去跳，这里面明明是一个套嘛。孙悟空自己也知道，十万八千里与一尺不足的手掌怎么能比呢？这时孙悟空没有悟。他跳到如来佛的手掌里以后，看到五根肉红色的柱子，他不知道柱子怎么是肉红色的，而且还冒着青气，他仍然不能马上醒悟这是如来佛的手指。他跳回来以后，还跟如来佛争论，说已经写了字，留了个记念。如来佛让他低头看看，他低头一看，这几个字还在如来佛的手指上。这个时候他还没有醒悟。按照他以前的那种聪明，不应该笨到如此地步，认错呀，赶紧拜师呀！但是，他还固执地自我认为没有这等事，还认为这是不可能的，认为是如来佛有未卜先知的法术。“我决不信，不信！等我再去来！”你看，这已经足以说明孙悟空早已成了一个大笨蛋、大傻瓜了——蛋和瓜都是器物。可见中国古人造出这两个词，就是从人与器的对比上出来的。

孙悟空笨到了如此地步，以前的那种灵气早就没有了，为什么？精气散了。吴承恩在前后都暗藏了机关，一再告诫：你只是长生变化之法——你人变了，精气神也就散了；精气散了，就是器了，就已经不是人了。所以，如来佛手掌心有主观能动性，而孙悟空的主观能动性自我萎缩了，当然跳不出去。

就像现在员工跳槽。不错！尽管单位有很多的规章制度，而且也签订了劳动合同，签订了相关的协议，有很多的约束，但是，如果真想跳，还是可以跳，而且跳得出去。特别是有些人，他跳过来跳过去。确实是有本事，现在人的本事比过去人似乎要大得多。但是，再大的本事也跳不出如来佛的手掌心，其实是跳不出社会的手掌心，跳不出时代的手掌心。原朴的精气神跳散了，变成器了。这些同志完全可以自我对照一下：有没有孙悟空那种“贪”（孙悟空贪玉帝大位）？有没有种种怨天尤人，心态被扭曲的怨恨（孙悟空一直在与玉帝斗着气）？有没有孙悟空那种痴迷？自我对照刻薄一点，严酷一点，心态就会自在一些。归根结底，是自己跳不出自己的手掌心。

这个自己是什么？自己也是一个自然物，你跳不出自然规律。为什么？你自己时时生烦恼，你解不开，你自己的心态摆不平。很多人就是这样：能力不可谓不强，本事不可谓不高，就像孙悟空一样，是强者，也用“强者为尊”这个法则来对待单位，对待社会。正因为有“强者为尊”这种心态，所以把自己制约在那种主观意识里出不来，使自己本来的面目、气质、精神都散尽了，人也就蜕变成器了。本来“君子不器”，结果无形中变成了器，还自认为自己是一个很了不起的人，生出怀才不遇的怨气来。孙悟空都会如此，何况乎常人？

孙悟空的本事已经大到无边了，他大闹天宫，而且无人能敌，但到精气神散时连如来佛的手掌心都跳不出，这个反差在哪个地方？

首先，是状态与心态的关系。孙悟空在八卦炉里面是一种状态，在如来佛的手掌心里是另一种状态。这个逃得出与跳不出是由心态决定的。

内与外

内与外有什么区别？太上老君把孙悟空推到八卦炉里，那是内（炉内），想用炉来制伏他，这看起来是内，实际上又是外，炉是身外之物，是器物。用身外之物来制伏他，是制伏不住他的。如来佛是直指人心，他真正是从内，所以他伸出手掌，并没有把孙悟空关在里面、封闭在里面，而是伸出手掌，让孙悟空站在外面，这是一种超越时空的开放型。孙悟空是在他的手掌心上，是在心外，但这实际上又是在心内。这又是一个对比。手掌是开放型的，应该说对孙悟空是无拘无束的。本来没有拘束，为什么反而跳不出呢？这里有一种心态的鲜明对比：如来佛伸开手掌，即“坦荡荡”；孙悟空执迷不悟，心里既自以为是，又贪恋着玉帝的大位，所以他的心态是“常戚戚”。《论语》曰：“君子坦荡荡，小人常戚戚。”两种心态，两种境界，其差别显而易见。有人说，孩子也应该懂得智谋之术，这样才不会上当受骗，才不会吃亏。其实，这是最大的误导。处事为人保持一种“坦荡荡”的心态，既不会上当，也不会吃亏。相反，用智谋之术的人，正是心里“常戚戚”，人生中上了大当，现实中吃了大亏，反而自以为是，这岂不是误导！

内与外还有一种对比，即一个出与入的问题：道家与佛家正好是一个出世与入世的区别。八卦炉是道家的，道家只是出世；而佛家呢？要先入世，再出世。也就是说，先要做好人，在做好人的基础上，再逐渐地修炼，才能成佛。“佛法在世间，不离世间觉。”道家成仙，远离世间，反而不能出离世间，不能出离六道轮回。

如果从《易经》上来看这个问题，值得推敲。孙悟空一进八卦炉，他马上发现：八卦炉里面有八宫，八宫中的巽宫有风，有风则不怕火。所以，他马上躲进巽宫里面去，逃过了这一劫。孙悟空为什么能识破这个八卦炉？因为八卦炉是有形的东西，他看得见。但是，当他站在如来佛的手掌心里时，他不知道手掌也是一卦。哪一卦？艮卦☶，艮卦象征手，又象征自然物中的山，卦德为止。止，有两重意思：一是有止境，一是没有止境。当你是器时，对你就有止境。这时孙悟空精气散了，变成器了，对他就有止境，所以逃不出，被止住了。当你不是器，真正是没有来去时，便没有止境。艮卦的意义就在这个地方，它的份量就在这个地方。卦本身就像一个八卦炉，似乎是静止的，但是卦的卦象、卦理、卦数又是动态的，特别是它的卦德因人而异，因时而异，因势而异。我们说《易经》是变化的，就是这个道理。《易传》曰："通乎昼夜之道而知，故神无方而易无体。"明白了昼夜交替的普遍规律（道），便没有神秘可言了；掌握了事物的变化规律，便不会拘泥于事物的形体了。

人们都追求《易经》的占卜，用一个不变的主观愿望来卜卦，实际上，你的主观愿望如果被贪、嗔、痴束缚住了，精气就散了，已经变成器了。为什么呢？你不能客观地判断是非，甚至看不到客观的变化，死抱住一个主观愿望不放，把自己变成器了：主观认为我占一卦，得了一个吉，我就能得吉。如果是这样，那你就把这个吉当成是一个固定不变的东西了，《易经》也变成器了，还有什么灵验？如果固定不变，就有违辩证法。不能辩证地看问题，不能具体问题具体对待，不是不灵，而是你不明白其中的原理，只会占，不会测，更不会根据卦理把握自己。这样就跳不出客观的规律，你的主观能动性被固定住了，被束缚住了，所以精气也散了，你自己把自己的主观能动性抹杀掉了。连孙悟空这样的大聪明人（前文中已说明他是如此的聪明，精明到了家），竟是如此的痴迷。他的精明到了家，他的愚痴也到了家，这是两个极端。我们不要仅仅看到精明和痴迷这个现象，还要看它背后的东西，这就是对立、统一的规律。

这里可以借用尼采的话来说。尼采是一位西方思想家，他一生所追求的是什么？是人的个性化。他说："上帝死了！"这一声呼喊是怎样发出来的呢？尼采认为，工业革命以后，社会制度限制了人的个性发展，扼杀了人的个性化。工人天天上班、下班，成了机械流水线上的工具——灵魂丧失了。他追求人的个性化，但是他又走了极端。我们不反对人的个性化。马克思是怎么认识这个问题的呢？马克思认为，人的个性的发展离不开社会这个舞台，同时也承认，社会也会约制人的个性的发展，二者都要发展。如何发展呢？二者之间必须达到协调统一。这就是对立统一的问题，如何去辩证的问题。社会有制约人的个性发展的一面，但是个体的发展又离不开社会这个舞台，必须到社会上去寻找自我发展的空间。这个空间在哪里？《易经》上说"利见大人"：你是一条龙，但是你还要"利见大人"，你离不开大众，离不开众人。你的发展，你的成就，都必须在社会大众中去成就。只有"见群龙无首"，才能"时乘六龙以御天"。有了这种觉悟、这种认识、这种境界，即使天天上班、下班，也不会感到枯燥，因为他的心是活的。

孙悟空的个性和能量可以说是巨大的，他不断地去寻找个性发展的空间：由水帘洞发展到花果山，又拓展到海外，拓展到天上。他还不满足，还想把整个天庭占为已有。最后，理想变成了一种欲望。当他在花果山当了“董事长”以后，他天天云游四海千山，去交结朋友，去拓展更大的发展空间。这本来是积极的，是非常好的。这里面还有一层启示：其实玉帝管辖的天界只是欲界中的第二层天，上面还有色界天和无色界天，三界之外还有佛世界（天外还有天）。也就是说，如果孙悟空不执迷于眼前这个小世界，还像以前那样多一些忧患意识，在忧患中就能开悟。悟（雾）开了，眼界就开了，就能看到天外还有天，就无须执著于忉利天这个小世界了。

所以，即使去挑战玉帝的位置，如来佛也没说孙悟空你不能竞争，只是说你现在还不够格，你现在的竞争能力还不够，只是讲这个问题，让你回去修炼，修炼好了以后再来竞争。他并没有说，你竞争这个位置是错的，没有！如果现在就交给你，只会坏事，对大众来说有害处。许多大规则你还不懂，因为你还有来去，你还是个长生变化之身，所以你还要修炼。修炼好了，还有更大的空间等着你去拓展，而且会超越玉帝管辖的这重“天”，这比与玉帝争位子不知要强多少倍。

道与佛

在如何对待孙悟空这个问题上，太上老君与如来佛的区别在哪个地方？太上老君对孙悟空的处理方式是置他于死地，而如来佛则不然。如来佛既看到孙悟空有这种能量，而且也欣赏他这种个体能量，同时又谆谆劝告，不断地给他指路、点破。特别是，在不得已的时候，也只是把他轻轻的压住，生怕压重了。如来佛有这么一种惜才、爱才的慈悲心怀。

回过头，我们再把如来佛与玉帝、太白金星、太上老君作一下比较，看看他们又是如何对待孙悟空的，就可以看出我们应该如何对待人才，如何对待每个个体的自由发展。

玉帝每次都是“遣将擒拿”，调集天兵天将去降伏他。在他眼里，孙悟空是个不守法、犯上作乱的人，从来没把孙悟空当作一个可造就的人才，所以十万天兵天将多次战败，这也是理所当然。

再看太白金星。每次亲自去招安，只是哄哄他，只求暂时相安无事。

如果说玉帝是在压制人才，那太白金星就是在耗费人才、浪费人才、埋没人才。这么一个有用之才放在那里闲着，不是浪费吗？

那太上老君呢？要把孙悟空推到八卦炉里面化为灰烬。不用说，在他的眼里，孙悟空也不是人才，甚至是一种用来炼丹的材料（药物）。需要说明的是，这里的太上老君是吴承恩笔下的老君，不是道教里的太上老君，更不是道家的老子。

但是，在如来佛眼里呢？孙悟空是人才，而且是可用的大才，是可造就的大才。所以，他一上来就止住刀戈，要孙悟空近前问话，所以才有一劝、二激、三赌、四骂、五压，最后也只是“轻轻的”压住。

“轻轻的”压住孙悟空的目的是什么？是为了再一次磨炼他。磨炼的目的是什么？是为了日后重用他。而重用他的目的又是什么？是为了成就他。后面有安排，东土要选一位高僧到西天取经，来教化东土的民众，但是谁来保护取经人呢？如来佛这时候已经安排好了，让孙悟空作玄奘的大弟子。这是很重要的一个任用，这是重用他。重用的目的，是为了成就他。孙悟空完成了这个任务，要成就他成佛——最后孙悟空成了斗战胜佛。中国的寺庙天天要做晚课，做晚课时都要拜八十八佛，八十八佛中的第八十四佛是斗战胜佛。这就是成就他——成了正果。这种象征、这种比喻，不是神话，简直是一篇识才、育才、用才的经世宝典啊！

如来佛有这种用才的心量。他既看到孙悟空是一个可以造就、发挥和任用的个体，同时又看到这个个体的这个时（此时），还不能用。《老子》里面有三个字——“动善时”，在动态中间要善于把握时机，把握火候，发展有阶段性，有过程，有节点。你看，“动善时”这三个字是不是很重要？如来佛就把这种阶段性给孙悟空安排好了，后面给了他一个发挥的空间。如果说孙悟空命运的幸与不幸是人生的“动”，那么，如来佛对他“轻轻的压住”和后面两处“紧紧的”则是“善时”。

《卷一》中，借用《乾卦》六爻的过程描述了孙悟空的成长过程，他在六爻（六个过程）中来来去去，多次反复。如果用道家炼丹的过程来形容，就是“七返九还”，反复回炉。

如来佛的手掌心有多大？这个手掌心，仅仅是手掌心吗？这是如来佛大慈大悲心量的象征。这种心量我们不能学吗？我们这些凡夫俗子就只能望尘莫及吗？学佛、学佛，就是学着佛的样子去做。信佛，信佛，就是相信佛。相信佛，其实就是相信自己，因为人人都有佛性（本善之性）：佛能做到的，我也能做得到！仅仅是口头上信佛，天天拜佛，却不相信自己，那佛也不会认可你这个弟子。我经常跟大学生说：你心里有多大的社会，社会就会给你多大的空间，就是这个道理。如来佛之所以要重用孙悟空，要成就他，如何成就他呢？就是给他发展的空间，让他为社会多做些有益的事。西行路上，一路隐恶扬善、降妖除魔，就是有益于社会的事；保护唐僧取回真经，就是有益于社会的事，甚至是有利于千秋万代的大功德。道理就在这个地方。给他一个拓展事业的空间，更重要的是，同时拓展自己的心量。

这里有一个共命与慧命的问题，个体的命必须是慧命。个体的命有发挥的空间，有发挥的能量，有主观能动性。这叫“慧命”。但是，你还要把它放到社会大众这个共命的空间里去，与大众的慧命打成一片。我们能不能学到呢？能不能做到呢？有没有这个自信呢？我们信佛还要有自信，信佛的关键在信自己。你不能信自己，你这个信佛就是假的。什么叫迷信？你信佛，佛能做到，我不能做到，那就是迷信。你信佛，佛能做到，我也能做到，这就是正信。佛不是神，佛是人，是觉悟的人。大彻大悟的人都是佛。人是可以觉悟的。当初，中国共产党领导革命，从战争年代到建设年代，始终不忘一个东西：提高革命者的觉悟。千百万英雄、劳模、革命先烈……都是觉悟的人，都是觉者。所以，佛能做到的，每个人都能做到。做得到，并不是说都做一样的事，首先是修自己的心量。这里一再强调的是心态。

心态与状态

每个人的心态与状态，与社会形态、自然生态都是息息相关的。有什么样的心态，就有什么样的状态。一个运动员比赛成绩好，是因为他的状态好。一名围棋手往棋桌前一坐，首先看他的状态好不好。状态好只是一种表象，实际上是他的心态好。心态不好，状态怎么都好不了。很多运动员在关键的时候，要调整一下自己的状态，实际上就是调整自己的心态。

如果心态好，你的状态就好，这是你的慧命，这只是个体的慧命。一个群体的心态，一个群体的状态，又形成了一个社会的形态，形成一个社会的风气和风貌，这就是一个群体（群龙）的共命。社会有大有小，一个家庭也是一个小社会。特别是一家之主，你的心情不好，你的心态不好，就会影响全家。一个家庭中，任何一个人心态出了毛病，都会影响其他人。再延伸到一个单位、一个集体、一个团队、一个地方，乃至于一个民族、一个国家，理是相通的，都需要有一种好的心态。

四川大地震时，全国人民呐喊：四川加油！汶川加油！这是一种共命的心态。北京奥运会期间，全国人民喊：北京加油！中国加油！这同样是一种共命的心态，同样也是社会心态。值得骄傲的是，这种心态早已成为中国人的常态。这种社会常态充分体现了我们社会主义的优越性。

再扩展到自然的生态。如来，如来，如其本来。如其本来就是自然，这个自然要我们来保护。我们是自然中的一分子，我们离不开这个自然。天子，天子，自然界就是天，每一个人都是天子（天之骄子）。所以，黄河是我们的母亲河，祖国是我们的母亲，大地是我们的母亲，地球是我们的家园，宇宙也是我们的家园，我们怎么去爱护？要用这种共命的心态去爱护。有了这种心态，你才知道怎么去做，你就不会只顾个人利益、本位利益而置全局利益于不顾。无论做什么事，首先要考虑到保护自然，这是我们的天命，一种天人合一的使命，其实这也是一种觉悟。

北京“地球村”的创始人廖晓义女士，主动放弃美国绿卡，毅然回国，艰苦创业，宣传环保，开创中国的环保事业。她是为了人类“地球村”这个共命，同时也成就了个人的慧命。

心量与福报

一部《西游记》，为什么能够千古留传？它的份量在哪个地方？不仅仅是看它表面的热热闹闹，关键是要看它的内涵。它已经给我们揭示了这么多东西，这里面最关键的东西是什么？为什么这样对比？中华民族几千年的传统文化就蕴藏在这里。热热闹闹、打打杀杀，这不是文化的内涵，只是文化的“外像包皮”。

曾经有一位学佛的居士打电话跟我说，《西游记》的作者是信道教的，他故意把佛教里面的东西搞乱。他完全是误解了。从这里看，从吴承恩的构思来看，在他的笔下，他是用玉帝、太白金星和太上老君来衬托如来佛的这种大心量、这种大慈大悲、这种用才的远大眼光，作者是这么对比的。看得出来，作者没有从宗教的褒和贬的角度构思，而是从中国几千年博大精深的大文化的角度构思的。

由此我再一次重复，无论你学不学佛，有没有这种信仰，这些都不重要，我们这里只是把如来佛看作小说里面的一个人物，现实生活中的一个普通人物，中国传统文化中的理想人物，不要说他是佛教里的一个人物，或者是神化了的一个人物，我们不要这样看。小说里的人物是作者吴承恩塑造的人物，我们读起来有可借鉴的地方，对我们有启发，这就行。因为，一个民族的经典名著所代表的，是一个民族的传统文化，是一个民族智慧的结晶，不属于某一个宗教。我们应该这样来看《西游记》。

所以说，我们学如来佛，就是学着他的样子去做。我们也要学孙悟空，学他做基层员工时的那种心量，不断去拓展自己发展空间的创新思维；他那种忧患意识，“昼夜不睡，滋养马匹”的工作作风……这些都是值得我们学习的。同时，孙悟空的精气神为什么会散去？这个教训我们也要吸取。特别是如来佛这种用人时的心态把握，我们要学，我们也学得到。你信佛，你相信如来，那就要相信自己。如来佛能做到，自己也能做到。

《金刚经》曰：“若以色见我，以音声求我，是人行邪道，不能见如来。”意思是说，你们学佛，如果只是从外表形象上看我，只是从功利上求我，而不相信自己，不自觉要求自己，就是行邪道，是看不到如来的——看不到真实的客观世界，也看不到真实的自我。

读到这个地方，我们能读出这些内容，我们就真正读出了真谛，我们做人做事就有了方向，有了目标，有了可操作性的东西。那么，这个真谛是什么？如来佛大慈大悲，他非常伟大，伟大在哪个地方？佛的心态。佛能做到的，我们都能做到！一点一滴地实践，就不会怨天尤人，就不会破罐破摔，也就少了许多烦恼，少了许多浮躁。失败经得起，挫折也经得起。大悲的时候喊“加油！”大喜的时候也喊“加油！”平时互相鼓励也喊“加油！”这样，大悲大喜都经受得起，个体的慧命与社会的共命融通了。还是那句话：“你心里有多大的社会，社会就会给你多大的空间。”

“心量有多大，福报一定会有多大。心量，是社会大众共修的心量；福报，是社会大众共享的福报。”这两段话是我的人生理念，也是一种实实在在的幸福感受。

常态与非常态

我们从《西游记》原著中来客观地分析。怎么看待孙悟空几次惹祸？是他的行为惹的祸吗？他的行为怎么来的？是由他的念头引起来的，这一点非常明显。第一次到东海龙宫去借兵器，首先是他动了念头：我没有兵器，我要去借个兵器。大闹幽冥府，又是由于什么念头？他想长生。由于这个念头，所以他大闹幽冥府。大闹天宫是因为什么？他想做齐天大圣，以后又要去夺玉帝的位置。正是由于他有这些念头，所以他才有这些行为。他表现出来的行为是一种现象，根源还在他的念头上。

针对孙悟空这些行为和现象，玉帝三番五次要擒拿他，最后要置他于死地——“刀砍斧剁，枪刺剑刳”；太上老君要把他推到八卦炉里面烧成灰烬，要消灭他这个人，连这个人的命根子——“性”一起灭掉。

玉帝他们只看到他身上由意生起的行为，不分青红皂白，连他的性一起消灭。所以，他们解决问题的方式简单化，甚至粗暴化。但是如来佛不一样，他一来就看到了问题的本质，看到了孙悟空这种行为的根源，是性上生起了心念和意图，是心念和意图在作怪，与他的本善之性并无关系。现在的任务是引导他生慧、有悔，回归到他的本性，而不是要他的性命，所以他一劝、二激、三赌、四骂、五压——轻轻的压住。

如来佛在劝和赌的时候，一再地提醒孙悟空：你应该回去再修行，等你修炼成熟以后再来争吵，再来竞争这个位置。如来佛没有说：我要把你灭掉。他在劝孙悟空的时候，就作了比较：玉帝修了多长时间？你修炼不到，要防止伤了你的性命。如来佛并没有像玉帝他们那样，要灭他的性命，而是劝他、提醒他：你不能丢了自己的性命。你看，如来佛首先想到的是保护他的性命，是一种呵护的心态，这完全是对比。所以如来佛一开始就从心态入手，甚至给过一次次的暗示。打赌赛时如来佛说：如果你赢了我，玉帝的位置就让给你，我请他到西天去居住。如果孙悟空还像以前那样有灵气，立即就能猜破这盘中之谜，会灵机一动：我不争了，我去你西天居住。因为那时候，他一直在想着拓展空间，西天怎么样？也应该去看看路数。可惜他此时迷在玉帝的位置上。不过也为后来埋下了一个伏笔。孙悟空成了斗战胜佛后，果然去了西天。

要从现象看本质，要看到问题的根苗在哪个地方，不要就事论事，这一点很关键。就事论事，解决问题的方法就会简单、粗暴，就容易使矛盾激化，冲突加剧，事态扩大。你看，玉帝的方式只能激化矛盾；太白金星的方式只能掩盖矛盾，回避矛盾；太上老君的方式只能是“抽刀断水水更流”。他们是一次又一次使矛盾激化，哪一次都不能解决问题，以致最后无法收场。如来佛就不一样，他一来就止住刀戈，然后就苦口婆心地劝他，激他，跟他打赌、比赛，把孙悟空放到手掌心上来把玩。当孙悟空劝也不听，激也不灵，赌也不悟，骂也不醒时，他不得不先把他压住，要他回去再做一次潜龙（潜龙勿用），重新修行，这叫强制修行法。

如来佛的压住，只是“轻轻的压住”。为什么轻轻的压住？他要重用孙悟空，所以他一开始并没有贴咒语。只是这个心猿、这个意马实在是太恶劣了，自己驾驭不住自己，所以不得不再给他加一道咒语，把他紧紧地压住。但是，如来佛还给了他一个一呼一吸的空间，还让他的手和头露在外面，并且叮嘱山神、土地关照他，给他吃，给他喝。这些如来佛想得非常周到。如来佛重用的是谁？重用的是他的心猿。呵护的是什么？呵护的是他的本性。这不是非常清楚吗？

如来佛看出来了：虽然他现在驾驭不住自己，但是这需要一个过程。从根源上来看，这是人的本性，是由于意念的泛起带来的。责任不能完全推到孙悟空身上，处理问题的人也有责任。矛盾从一开始就激化了，实际上孙悟空本质很好，不完全是他一个人的错，这才是公平地对待孙悟空。

如果说公平，龙王、幽冥王、玉帝、太上老君都有责任：龙王借兵器、送盔甲时，当着孙悟空的面，既惶恐，又恭敬，但一转背便上天告状，并且夸大事态的严重性，把所有的过失全推给孙悟空。幽冥王也是这样。当初孙悟空与天宫的矛盾，就是在这种谎报、夸大的情况下被激化的。玉帝处理矛盾，除了动用兵戈，似乎别无良策。况且天宫自身的管理也出现了过失：

其一，孙悟空上任弼马温半个月了，既无升，也无赏，更无人过问，听之任之。

其二，任用孙悟空管理蟠桃园时，并未交代清楚：仙桃是留给蟠桃盛宴用的，不得私自摘吃。

其三，蟠桃会、老君丹房并无人看管，让孙悟空误打误撞，难道这一切过失都可以推得一干二净，全是孙悟空一个人的错吗？再说，玉帝高高在上，只凭主观判断是非，只听汇报评判善恶，他真正了解孙悟空吗？他给过孙悟空一次公平的机会吗？他只要表面化的安定，却忽略了实质上的公平；只要制度化（天条）的太平，却忽略了客观上的公正。其实，制度化只能建立常规秩序，而应付不了超常规的人事。孙悟空是超常规的人才，应该有超常规的重用，这样才能得到：常态下也公正，非常态下也公正；常态中也安定，非常态中也安定。常规靠制度，非常、非同寻常则要靠智慧。

重用，不仅仅是用而已。如果仅仅是用，那用完了就算了，如来佛不是这样的。在用的过程中，还要成就他。如何成就呢？又要从本质上、从本源上入手。只是用你七十二般变化，用你一个筋斗云十万八千里，只用你的本事为唐僧护驾？这是用，但还不是大用。如果只用他的本事，那么唐僧取经回来了，就可以辞退他，让他走人，这叫“狡兔死，走狗烹；飞鸟尽，良弓藏”。如来佛的这个用，是从孙悟空的本性入手，如何给孙悟空一个机会：既用他这一身本事、一身功夫，又在用的过程中让他自己去磨炼自己的意志，从而回归到自己的本性；让他自己觉悟，让他自己成就。更重要的是成就他当初的愿望——长生不老。所以，先有一个“轻轻的”，后又有两个“紧紧的”。

这是一个过程，是什么过程？以前孙悟空容易感情用事、意气用事，像小孩似的，脾气要发就发，但是好的时候他又好得很。他也有理性的时候，但是不能惹他，他完全是在感性认识阶段。如来佛慢慢把他引导到一个理性认识阶段，再由理性让他自己慢慢升华到智慧，让他的理性绵绵不断，打成一片——圆融了，会通了（就是《易经》里面说的“会通”），这时候猿熟了，马驯了，没有来回了，出离生死了，真正长生不老了。

野性与规则

孙悟空此时的心性还是以前的心性，为什么说熟了呢？这要从“心猿”说起。心猿，也叫猿心。这个心处于原始状态：野性多一些，是原朴的，是混沌的，是本来的面目。猿熟又是什么意思？这是通过修炼，使混沌得到了澄清，野性上升到了理性，乃至于上升到了智慧，最后得到了般若，就自由自在了。混沌的心猿也是自由的，但是那个自由是盲目的，只是自由，但是不自在，这个必须清楚。这个心稍稍一动，就成了意马，自由就变成了无法无天，甚至于会扰乱社会的正常秩序。

当心猿通过一番修炼、一番澄清，让重浊之气下降而轻清之气上升，那心里就是轻清之气在作主了（心主），这时候他不仅仅是自由的，而且是自在的。所以，当孙悟空成了正果的时候，他头上的紧箍圈自然脱落，他自然得解脱，他得到自在了，意马已经驯服了。第一步解脱，是从五行山下解救出来；第二次解脱，是从套在头上的紧箍圈中解脱出来。其实，山也好，圈也好，都是个象征符号。而这种符号的象征意义有两种：一种是意识、意念，这种意是从欲望中生起的，所以这种意是一种副产品，也叫负产品（负面），但人们贪恋于这种副产品；一种是正念、正思维。如来佛以慈悲为怀，以众生为念（众生念佛，佛也在念众生）。这里讲的“灵台山”和“紧箍圈”乃至咒语，都是正念，代表了佛的本意（即本怀）。所以学佛之人“前念不生，后念不灭”，前念即众生的欲念，后念即佛的慈悲本怀。

这里有两个东西：一个是自由自在，一个是驯服。我在《在北大讲易经》里面讲太易自主管理（即自我管理）时讲过：我们既要有野性，又要有规则。我们要充分发挥人的野性，这种野性是什么？是心猿，是人的天性。但是，我们又必须有一定的规则来要求自己、规范自己，这就是马驯。这个意马要驯服，二者要达到完美的统一，这样才能成正果，才是真正的自由自在。

现代人盲目地去追求个人的自由，但是这种盲目的自由，是违背社会发展规律的自由，无视社会发展的过程和规律，无视其他人的利益，无视广大人民的根本利益，这种自由不仅有害于社会，也有害于个人。我们讲的自由，是猿熟、马驯这二者的统一：既要讲野性，讲自由，又要讲规则。野性是个性的充分发展，规则是保证每个个性都能得到充分发挥。

我们讲规则，但是你想不受规则的束缚，那你就必须修炼自己。《易经·节卦》讲："初九，不出户庭，无咎。"在开始阶段你不能脱离规则，你必须接受规则的制约。你在规则之内不出来，那就无咎。为什么要用五行山把孙悟空压住？就是要把孙悟空的意马束缚住。为什么要用紧箍咒约束他？就是要让他有节制的自由，这个自由才是真自由。《节卦》的第二爻，同样是阳爻，爻辞是："九二，不出门庭，凶。"户，是指一扇门。门，是指两扇门。这时门全打开了，这时候如果不出来，那就有凶。形式上是"不出户庭"与"不出门庭"，但是结果却是两样。

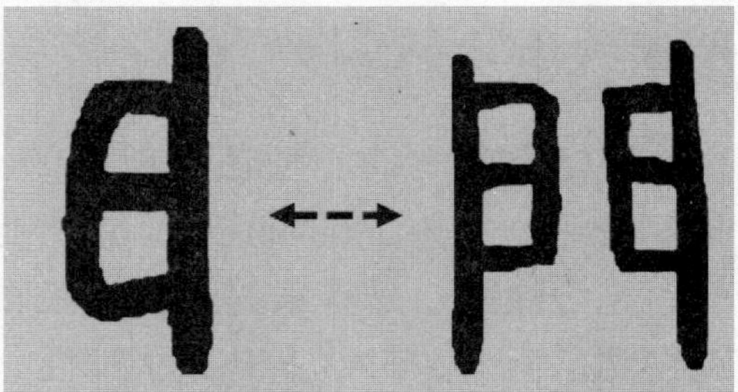

"户"字甲骨文　　"门"字甲骨文

也就是说，在一定规则、制度范围以内，规范到一定程度的时候，又要知道出来，要学会自我解脱，不要一辈子都被这个规则束缚住。你要解脱自己，解脱出来以后就是真自在、真自由；如果出不来，那就有凶。这时的制度和规则，对已解脱的个性来说，已经是"器"而已，而人则是"从心所欲而不逾矩"。如果说，《节卦》："初九，不出户庭，无咎。"是一种被动节制的自由，那么，"九二，不出门庭，凶。"便是主动节制的自由，这才是真自由，真自在。

孙悟空头上的紧箍圈，驯服时则不需要念咒，也不起制约作用；不驯服时则要念咒，以咒语制约他，一半开，一半闭，故为户庭。在他还没成熟时，就不能让他出来。如果他要出来，那就念紧箍咒，就要束缚住他，这样他就无咎。但是，到最后他成正果了，紧箍圈就自然脱落了，两扇门全打开了。不需要说："师父，把紧箍圈给我摘掉吧。"不需要！孙悟空用手一摸：紧箍圈没有了（是自然地没有了），为什么？他出离了。是谁让他出离的？不是旁人，是他自己自然出离了，这时候他无去无来，就是真如自性，就是如其本来，他跟如来佛平起平坐了，此时才是真正的长生不老了。从全部著作来说，从第一回拜师求长生不老法，到第一百回成了正果，真正了生脱死了，不生不灭了，可谓首尾呼应。中间则是了生脱死的艰难而曲折的过程。

所以说，如来佛“轻轻的”压住他，是为了磨炼他，磨炼他的目的是为了重用他，重用他的目的是为了成就他，成就的是什么？还是他最初的那个心愿——长生不老，只有这时才能得到真正的长生不老。吃什么仙丹不管用，学什么法也不管用，那都是外在的，真正还要靠自己修。从哪里修？从心猿开始修。把自己的心和意守住，长生不老就从本性中得了，出离了生死就是猿熟了，马驯了，就真正得自由自在了。所以，这个“心”字很重要。“心”是从性上生起的。孙悟空的本性是“人若骂我，我也不恼，若打我，我也不嗔”。其实，这正是所有百岁老人的长寿秘诀，他们说得很朴实，叫做“不生气”。如来佛成就了他的心愿，其实是让他回归到当初那种“不生气”的本性上。第一百回与第一回又呼应上了。

比如我家庭中这个研究班子，既有相关的制度和纪律，又是一种自主管理的状态。我历来强调，遵守制度和纪律是要成为一种自觉的意识，自觉地遵守，而不是被动地遵守。被动地遵守，就有被束缚的压力、无奈和烦恼，甚至怨气，这样必然伤身、伤神。而自觉的意识，主动地遵守，则是一种轻松和愉快，自由和散淡，既不伤身，也不伤神，更不会因过劳而丧失性命（根本的性也不会被伤害）。

这时候，孙悟空的心性虽然还是以前的心性，但是已经经过了一番熬炼，他现在还是以前的意马吗？还是意马，还是脱缰的野马，不是说他现在就不奔跑了，但是这个脱缰的野马更加自由自在，到了什么境界？以前的意马不是真自在，不是真自由，那种自由和自在是假的，就像他当初的爬云。因为他一人自在，他人就不自在；一人自由了，众人就不自由了——因为他个人的自由会有意、无意地扰乱社会，伤害他人，乃至伤害了自家性命。这同样是不公平、不公正，这叫“强者为尊”、“弱者自卑”。现在呢？“从心所欲而不逾矩”，无为而无不为，无可而无不可，非法而非非法，可以天马行空任驰骋了，已经到这种境界了。无可无不可，是儒家处事的境界；无为而无不为，是道家处世的境界；非法非非法，是佛法中的一种思维方式，实际上都是一种悟、一种智慧，佛教称为

“般若”。般若是一种难以用语言表述的大智慧。

什么叫开悟

为什么孙悟空现在能达到这种境界呢？因为他现在生出的意，不是从感性认识上生起的意，而是从智慧里面生起的意，而智慧是由理性上生的，是以理性为基础的。孙悟空现在的意马，不是感情用事，不是意气用事，而是智慧用事，是他的本心用事。

我这里讲悟，讲觉悟，讲智慧，如何去悟？什么叫开悟？文中说了，智慧是由理性上升的，而理性是由感性认识上升的。实际上，到了大智慧的阶段，就真正到了悟的阶段。

我在企业讲课时经常讲：我们要培养自己的思维能力，做到第一感觉、第一判断、第一决策，实际上是第一思维。那么，由感性认识上升到理性认识，判断、推理的过程是不是就没有了呢？有！这个一定不能忽略。

孙悟空一开始只是感性认识，以后在五行山下压了五百年，又经历了九九八十一难，这个过程实际上是什么？就是由感性认识上升到理性认识，理性认识又打成了一片，上升到了智慧，又升华到大智慧，到大彻大悟的这一过程。在这个过程中经历了一番修炼和体验。当你去体验了，你就积累了。你积累了，一旦回到你的本性，无论遇到什么问题，第一反映、第一思维就是一种自觉的意识。这种意识是怎么来的？是从客观出发中来的，而不是从主观出发中来的。从主观出发，就容易感情用事、意气用事。感情，是个人主观上的感情；意气，是个人主观上的意气，这就容易违背客观，因为人的主观意识是有局限的。

玉帝、太白金星、太上老君，他们是从客观出发吗？他们只是从客观的表面现象出发，而没有从本质出发。如来佛是从客观出发，同时又透过现象看本质，从本质入手，这就大不一样。回过头来看，就看得很清楚。

取经途中，师徒们经历了九九八十一难，遇一难他们就要解一难，遇一魔他们就要降一魔，怎么去化解呢？怎么去降服呢？都是从心入手的。这个魔是从哪里来的？是由心中生的。这个难从是哪里来的？也是从意中生的。你的心，就像一个大海，或者像一个池子，这就是你的心。里面有水，但是这水有两种：一种是波澜不惊、清明透彻，这就是性了——人的本性。如果水面掀起了波澜，那就是意马。

同样是水，为什么一种是波澜不惊，一种是波澜起伏？因为一种是平常心，一种是意马心，这都是气造成的。有人在那里生气，说要报仇，要报复，有怨恨，有烦恼，于是就会做出一些失去理智的事，他唯一的理由就是：我咽不下这口气——是这一口气堵在那里，把心堵塞了。这是什么气？重浊之气。重浊之气把水搅混了，掀起了波澜，所以水不清澈了。咽不下这口气，这口气就成了魔。火气一上头，魔就在闹事了。魔一来，就要作怪，就要兴风作浪。一兴风作浪，就会危害社会，就会伤害他人，同时也会伤害自己。

气本来是软的，又变成了硬的。能不能化解？如何化解呢？气还要由气来化解，重浊之气本身不坏，不能说重浊之气就是坏的，离开了重浊之气也不行。阴和阳二者是相辅相成的，是互生共存的。《易经》的原理是，孤阴不生，独阳不长。重浊之气该要到哪里去就到哪里去，它要下沉就让它沉下去，把心放下就是平常心了，轻清之气就在作主了。它不兴风作浪了，水也就澄清了，这样就见到真如了。氢原子和氧原子化合成的水，本来是澄清的，是清亮的，是无色无味的，这就是水的真如。它如如不动，无去无来，所以《老子》赞叹“上善若水”，佛教也称水的上善本性为如来。

有止境与无止境

如来佛的手掌心似乎是一个神话，似乎是遥不可及，多少亿年以后科学能发展到这种程度？其实，今天我们每一个人的手掌心就是自己的心猿。你心在哪里？既在内，又在外，内外透明，坦坦荡荡，自由自在。自在、自在，要心里自在，心里自在了你就是如来，你这个手掌心就是既有止境又无止境。有止境，是知道止，懂得规则，懂得“不出户庭，无咎”。无止境，就是自由自在，这时候你要懂得出门庭，不出门庭即为凶。就是这个道理。

我觉得，今天讲的东西很关键，我们要落实到现实生活中去。我们每一个人都是孙悟空，都是幸福王，同时我们每一个人又要学做如来佛。有时候我们要把自己当成孙悟空，我们自己这个心猿意马能不能降服住？能不能收服住？能不能驾驭住？谁来降服？如来佛来降服。如来佛是谁？是我们自己，自己驾驭自己。我们不要抱怨：社会不给我机会，领导不给我机会，老师不给我机会，甚至抱怨父母不给我机会，不信任我。这个抱怨又错了，因为，我们既要把自己当作学生，同时又要把自己当作老师；既要把自己当作员工，同时又要把自己当作领导……一定要用双重身份来定位自己。就是说，读完了《西游记》，我们既要学孙悟空，又要学如来佛，最后才能使自己成正果，成斗战胜佛。成佛了，就是真正觉悟了。

如来佛的这种方法、这种态度、这种精神都是科学的，他是科学地用人，科学地教育人，科学地培养人。心理学要符合科学，才叫心理学；不符合科学，就不能叫心理学。管理学也要符合科学，人才学也要符合科学，所有这些都回归到科学上来了。科学是什么？以客观本体为第一性，以主观意识为第二性。到一定程度时，第一性和第二性打成一片了，又变成"一"了，这就是禅宗讲的"不二"法门，你得到不二法门了，客观与主观便不是两个东西，而是一个东西，就像人的手心和手背，都是手。

"一阴一阳之谓道"——不二，回到一个道；阴阳不二，回到一个一。我们先是由"道生一，一生二，二生三，三生万物"向前推，回过头来，万物又归于三，三又归于二，二又归于一，一又回到了道上，原始反终。道是什么？是本体。我们又要向回推。你只能往前走，不能往后退，思维形态就成了抛物线！这个退实际上并不是退，它是一种回归，是周而复始、原始反终。《易经·观卦》曰："观我生进退。"既观进，又观退，有进有退，能进能退，这样才能科学地发展，才是真正的进步。从改革开放伊始（1979年）到2008年，我们发展了三十年，美国金融危机的冲击波来了，我们的发展又主动后退一步。就像尺蠖的屈是为了伸，有屈有伸才能前进。又如龙蛇冬蛰，目的是求得生存，以图重生。老子说："功成身退。"有人把这个"退"，仅仅局限在退隐、退休、退居二线。其实，在发展过程中，每一步成功后，都要退一步，然后再进，这样才能努力实现新的成功。

这是一种科学理念，有了这么一个宏观的科学理念，你才知道怎么把自己的观察点放在客观本体上，才会有一种正确的科学态度，才会有一种科学观，才会自觉地去运用科学的方法，才会始终保持这种科学的精神。否则，讲科学就是一句空话。喊起口号来讲科学，做起事来却违背科学，不知道科学是何物，口号与实用是两张皮，谁也管不住谁，这就不行。所以，讲了半天，最后要落实到科学的宏观理念上。没有科学的宏观理念，达不到这个高度，那都是空谈，落不到实处。科学，既有止境，又无止境。有止境，是阶段性的成果；无止境，是事物还有无穷地变化，科学的领域无限。

理解到，就能做到

《西游记》之所以成为几百年来流传不朽的名著，原因就是它不是表面化的东西，它有深刻的内涵，值得我们去研究。研是什么意思？研是磨。《说文解字》：“研，礦也。”（礦，同磨。）像磨墨一样（研墨）。“究”字，以“九”为声符，是什么意思？“究”，上面是“穴”，穴是一种隐蔽的东西，不是显现于外的。下面的“九”呢？有曲径通幽的意思，所以你必须进去。不入虎穴焉得虎子？“九”又与“久”相通，一为空间上的曲折坎坷，一为时间上的持久，二者如何协调统一，确实值得我们深究。

现在的连续剧、动画片，用现代化的艺术手段去表现孙悟空大闹天宫、三打白骨精，那种表现手法是小说无法做到的。用这种艺术的手段，用今天高科技的手段，把原著放大了十倍、一百倍，里面有很多精彩的地方，很感动人，但是我们还要看到不足的一面，是什么？现在的改编者、导演们忽略的是什么？忽略的是人物的心理活动，只是去表现那些表象的东西，去表现那些打打杀杀，去显示出种种变化，去表现那些功夫上的东西。孙悟空的心理活动呢？成长的内因呢？绕过去了，省略了。

原版《大闹天宫》，许多表现手法确实是一种创新，我每次看都拍手叫好。特别是六小龄童的表演功夫、主题歌等，都可以说是一流的。但是寸有所长，尺有所短，在许多细节上没处理好。譬如观世音菩萨经过五行山下，孙悟空求菩萨救他一救时，竟然把“我知悔了”一句丢了。这既不符合原著，也不符合人之常理。其实这种知悔，是一种理性上的敬畏意识，应该保留，对下一代有教育意义，同时也有真实感，有真趣味。如果把这一句省掉了，不仅少了些曲折，同时也缺乏人性化和可信性。你看，本来孙悟空心里“悔”（回）过一次，可见他这个一不作、二不休不是他的本心，他也能知错。但是当他知错的时候，他已经回不了头。这样故事的发展就有一个过程，使每一个观众都能够对照自己的念头，否则就是看热闹，而看不出其中的门道。

当时我就想到，如果用艺术家的想像力和表现手法，加上现代化的表现手段，把这些心理活动惟妙惟肖地表现出来，那动画片和连续剧就会更加精彩。我们今天翻拍名著，拍来拍去还是原来那些东西，原因是什么？编导者没有从心入手，没有抓住主要的东西。还有一个关键问题，就是对原著的理解。在艺术家手里，应该说，大凡能理解到的，肯定能千方百计地去表现它。但是理解，一要有国学的功底，二要有一定的生活体验，三要有良好的心理素质。

研究、研究，你只看到洞的外部，或者只看见一个洞口：哇，好神奇呀！好一个仙人洞，好一个水帘洞……神奇得不得了！只是看到一个外部现象，大家就在那里惊奇，在那里张扬，在那里觉得了不起，那你进去了吗？你懂得“瞑目蹲身”吗？你没有进去，更没有通幽，那怎么行呢？我们要进一步地去拓展、去深化、去发掘我们民族的文化，就要去通幽。里面空间还大得很，我们目前还只是在洞门口，还没有进去。就像磨墨，只是磨了几下，墨还是淡的，还没有磨浓。就像苏东坡，他一边磨墨一边说：磨呀，磨呀，是人在磨墨，还是墨在磨人？我们要磨出这样一种心态，磨出这样一种人生体验出来，此时便可通幽了，通什么？通心猿，通意马。由道通到一，由一通到二，由二通到三，由三通到万物；又由万物通到三，由三通到二，由二通到一，一又回到道，那就好了。我们民族的科学发展观、幸福观、社会的和谐、世界的和谐再也不是空话，而是实实在在地做到了，我们民族的伟大复兴就真正有着陆点了。我读《西游记》的目的就在这里。

为什么反复强调这些东西？读书不是为了好玩，欣赏的目的是为了运用。我们要提升自己的人生，开发自己的能量，把自己的能量发掘出来，发挥出来。能量在哪个地方？我们只知道“道生一，一生二，二生三，三生万物”，只知道去改造万物，只知道去发财（手上抓的东西越多越好，口袋里的钱越多越好），不是善待万物，善用万物，而成了物欲横流，暴殄天物。那么，我们能不能“反复其道”呢？那就来去自由了。到无来无去的时候，就成如来了——“如其本来”。人人都是如来，那就真正是“觉悟人生，奉献人生”。同样可以说，这就是幸福的人生，人人都是幸福王。

自性与自信

这是什么样的幸福王？是不是物质享受的王？是不是权力欲望的王？是不是奢侈攀比的王？显然不是。那是什么样的王？还是《坛经》上说的：“心是地，性是王。王居心地上，性在王在，性去王无。”这就回到了“人之初”那个本善的“性”，回到了当初“受天真地秀，日精月华”而孕育的石卵、石胎、石猴。

敦煌莫高窟第三窟北壁上有幅壁画，名“千手千眼”观世音菩萨，有一千只手，每只手心上都有一只眼睛。千手，象征观世音菩萨救苦救难。如何救苦救难？依靠众生的双手，自己救自己。人类直立行走后，首先是手的解放，手能劳动，能制造工具。恩格斯说："劳动创造了人本身。"马克思把"劳动的过程和价值增殖过程"作为《资本论》第一卷·第三篇·第五章的标题。千眼，象征"观自在"、"观世音"的观照和洞察。五官中的眼与五脏里的心对应，眼又代表心。千手千眼，又象征千人千心。"心是地，性是王，性居心地上"，又可以称为"千人千性。"何为性？即《三字经》开卷所说的"人之初"的本善之性。

我们再回过头来读一段《西游记》中的原著：

"那大圣收了如意棒，抖擞神威，将身一纵，站在佛祖手心里，却道声：'我出去也！'你看他一路云光，无影无形去了。佛祖慧眼观看，见那猴王风车子一般相似不住，只管前进……"

读到此处，在作者的笔下，在读者的脑海里，是不是展现出一幅古老而现实的"壁画"——千手千猴！如来佛有千手，每只手心上有一只石猴，石猴"目运两道金光"。如来佛，象征大自然的真如自性（自然规律）；千手，象征本善自性的众生，众生人人都有一双勤劳的手；石猴，则象征每个众生的自性。佛教认为，人人都有佛性。孙悟空有自己的本善自性（双目两道金光尚未"潜息"之前的本性），我们人人都有本善自性。自性中才能生起自信，有自信才能自省、自律、自觉、自强不息，昼夜殷勤。这样，才能创造真正的幸福，人人都能享受到幸福。幸福从哪里来？幸福不但在"千里之行"的脚下，也在我们勤劳的手上。幸福靠双手创造，幸福的人生靠自我把握、自我掌控、自我持守、自我提升——全在自性和自信之中。谁是幸福王？我们人人都是幸福王。心是地——手掌心，性是王——石猴，性居心地上——千手千猴。

再从卦象上看，手是艮卦☶的象征。艮卦的卦德是"止"，"止于至善"的止。如来佛将孙悟空"轻轻的压住"，是为了止住他的恶劣行径和念头，有止才能回头、至善。八卦炉有八个卦，不及这一卦。用卦算命，算的是准确的应机，机即时空中的某一个关键的节点。

孙悟空为什么跳不出如来佛的手掌心？因为他只见到地（有尽头），而未见到自性——原来他是跳不出自性的手掌心。

结语

用“天地之数”算卦

本卷名为《时间上的幸福感》，也可名为《神通卷》。本卷是分析“神通”的。《西游记》中讲了许多“神通”故事，其中有孙悟空的七十二般变化、十万八千里筋斗云和那根能大能小的如意金箍棒；有如来佛的手掌心和五行山；还有孙悟空头上的紧箍圈及紧箍咒；以及托塔李天王的三太子哪吒的神通，二郎神的变化，各种妖魔的宝器等。今日读者及电视观众，一直对这些神通津津乐道，无不心仪神往。那么，到底什么是神通呢？前文我在分析如来佛的手掌心时，作了一种界定，将这种“神通”归纳为两个词：一曰普通；一曰普遍。所谓普通，即指普通大众——人人能通；所谓普遍，即指事物变化的普遍规律——事事皆通。

不过，在世俗观念中的“神通”可不是这样，人们总认为，有神通的人，必然是通了某种神灵，得了某种法术，应该倒过来称呼，名曰“通神”。那么，通了什么神呢？现实中有没有神灵可通呢？这里有必要再探讨一下“神”的原创思维形态。为什么要从原创中去探讨呢？因为中国人对“神”的理解，不仅有神灵、神明、神仙，神异、神秘、神奇、神机，还有不断引申的神验（灵验）、神韵，神圣、神识、神智、神志、神气、神情，以及神话、神化等，其涵义非常广泛。所以说，有必要从“神”字原创的思维形态中去探究其本义。

“神”字的原创形态

首先，从“神”字的甲骨文中去探究。甲骨文中，神与“申”、“电”通用。姚孝遂先生在研究甲骨文“”字时说：“‘神’的原始形体作‘’，象闪电之形，是‘电’的本字。由于古代人对于‘电’这种自然现象感到神秘，认为这是由‘神’所主宰，或者是‘神’的化身。因此，‘’又用作‘神’。”（见于省吾的《甲骨文诂林》）其实，也可以这样理解：闪电在天空中伸展，人们感到无比的神异和神奇，把这种现象看作是天的神灵和神明。所以，甲骨文“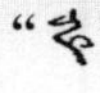”的本义为“申”（伸）和“电”，“神”则为引申义。这里还要补充一句：甲骨文“”或“”，今天还在普遍使用，凡是有电的场所标示的警示符号“”，既表示“电”，又表示“雷”。而且西方也是使用这种符号。今天看来，三千多年前的甲骨文“”（申、电、神）与今天的“”同源，都是对闪电形态的一种象形化的描述。

其次，再来看看古典文献中“神”字的运用。如：《礼记·祭法》篇中说：“山林川谷丘陵，能出云为风雨，见怪物，皆曰神。”这个“神”，有神灵的含义；《论语·述而》篇中说：“子不语怪、力、乱、神”，这个“神”，指鬼神之类……古代文献中所用的“神”举不胜举，这里只能撷取一二。今天读到这些文字，也能体会到古人对“神”的理解中，神灵、神明、神异、神奇、神秘等则为普遍现象，而专指神仙、鬼神的则为特殊。

再则，我们不妨从《易经》中的“神”字来作重点分析。《易经·系辞传》是孔子为解释《易经》所写的，其中关于“神”字运用举其主要的句子如下：

1. 阴阳不测之谓神。
2. 民咸用之谓之神。
3. 神而化之，使民宜之。
4. 穷神知化，德之盛也。
5. 知几（jī）其神乎？
6. 知变化之道者，其知神之所为乎！
7. 神以知来，知（智）以藏往。
8. 天生神物，圣人执之。
9. 化而裁之，存乎变；推而行之，存乎通；神而明之，存乎其人。
10. 鼓之舞之以尽神。
11. 是兴神物，以前民用。
12. 非天下之至神，其孰能与于此？
13. 神也者，妙万物而为言者也。

综合上述各句，可以分成三层含义：一为普通之义，如“民咸用之谓之神”；一为普遍之义，如“阴阳不测之谓神”；一为精神之义，如“鼓之舞之以尽神”。下面再来一一讨论。

阴阳不测之谓神

先从“阴阳不测之谓神”这一句说起。要分析这一句的含义，先要了解这一语句完整的句群。原文是这样：

“生生之谓易，成象之谓乾，效法之谓坤，极数知来之谓占，通变之谓事，阴阳不测之谓神。”

这段话把“神”与易、乾、坤、占、事等并列起来说，同时，又象是对前几个字的归纳和总结。易，是生生不息的变化（或变化现象，或变化规律）；乾，指变化呈现出来的表象、形象；坤，指变化凸现出来的内在规律；占，是根据变化显示的数来预测（测算）变化的结果；事，则是不断变化的过程；那么“神”是什么呢？神是变化的规律（或说结果）未呈现出来之前的神秘状态。这句话中还隐藏着一个“两可”的话机，这句话机就在“不可”与“可”之间。也就是说，没有认识变化、掌握变化之前是一种神秘状态，认为其中有某种神灵、神明，乃至鬼神。故曰“不测”（不可测）之前的“神”；那么，已经认识到了、掌握到了这种变化之后呢？是可测的“神”，什么神呢？是神奇、神通的神。似乎通了神灵。通了什么神灵？前一句说了：“通变之谓事。”在事情的过程中通晓了变化的来龙去脉和前因后果；“知变化之道”，变化的表象与变化的内在规律贯通了，主观的人与客观的事物融通了。其实，这是我们在现实生活中经常体会过的。也就是说，这种通变前后的“神”态，即是每个人日常生活中的常态。人们要生存，要进步，要发展，无时无刻不在认识万事万物，并从中寻找事物变化的规律，从而利用这种规律改变自己的生存状态。这种常态中又可形成一种通行的规则，便叫通则。通则便是通变，通神，这种通就是变通，神通。“神也者，妙万物而为言者也。”“神”这类词，都是为了形容和比喻万物的。

讨论到这里，我们不妨来一个假设。假如有人从未接触过《易经》，不知《易经》中讲了些什么。当你明白了“阴阳不测之谓神”的含义后，你会恍然大悟——原来《易经》就是讲阴阳的呀！也许这之前，你会误认为“阴阳”是古代人的迷信、落后，是传统文化中的糟粕。此时，你明白“阴阳”是怎么回事了。

不过，你又不能自认为真明白了，全明白了。要真明白，还要去探寻阴阳原创时的思维形态。这要从哪里去寻找呢？《说文解字》为我们早就列好了这份“菜单”。请看看许慎是怎么解释“雷”字和“电”字的：

“雷，阴阳薄动”；

“电，阴阳激耀”。

也许有人会惊呼：哦！激耀？为什么不直接说激光？雷与电，都是阴阳“薄动”和“激耀”的现象。前文讲“神”字时，甲骨文把“神”与“申”和“电”联在一起。《说文解字》又把这“神”与雷、电装在一个筐子里。今天的科学早已证明：自然界的雷电现象，是正、负电子碰击所发出来的亮光和声音。正与负（+、-），阴与阳（--、—）只不过表述不同而已，二者所表述的对象是一个——客观存在的雷电现象。透过这种现象，寻找其内在的规律，原来是一阴一阳摩擦的结果，或说，是一正、一负碰击的结果。再回到《易经·系辞传》那段原文，便一目了然了：“成象之谓乾”——雷电现象；“效法之谓坤”——一阴一阳，一正一负。谁效法？当然是观察的人。如何效法？由“通变”和“知来”到“测”。“测”的前后都是一种“神”的势态。这种“神态”又是我们生活中的常态。所以说，神通、神通，是“民咸用之谓之神”，“推而行之存乎通”。是通变化之道，是变通之道，又可以说是天之常道，人之常道。既神秘，又不神秘。关键在你亲自去试一试，亲口去尝一尝。不尝试，只能羡慕他人的神通，而不明白人人都会通神。一句话：所谓神通，就是事物变化的普遍规律，这种普遍规律，必须到实践中去尝试，去认识，去体验，去感悟，乃至于能得心应手地把握和运用。运用就是神通，神通在人们日常运用之中。

民咸用之谓之神

《系辞传》说：“民咸用之谓之神”，“神而化之，使民宜之。”这两句话的原文如下：

“是故阖户谓之坤，辟户谓之乾，一阖一辟谓之变，往来不穷谓之通；见乃谓之象，形乃谓之器，制而用之谓之法，利用出入，民咸用之谓之神。”

“通其变，使民不倦；神而化之，使民宜之。易，穷则变，变则通，通则久。”

前一段句子似乎是接着上文讲的那段话来讲的。这两段都在讲“易”，讲乾、坤，讲易象，讲变通，讲神。不同的是，这里连讲了三个“用”字：用之、利用、咸用。所谓咸用，就是都用，皆用。为什么民众都能用？而且用之有利呢？因为这里有一个变通的普遍规律。什么普遍规律呢？“一阖一辟谓之变，往来不穷谓之通。”阖，指闭合；辟，指开辟。一开、一合，讲的是“日月运行，一寒一暑”的季节变化和草木生长的规律。春夏阳气向外发散，万物开辟，秋冬阳气向内收敛万物闭合。所以草木春生、夏长此为“辟户谓之乾”；秋收（阳气收敛入花房）、冬藏（阳气收藏入内核）此为“阖户谓之坤”。如此“一寒一暑”、“往来不穷”，即为万物“生生之谓易”。其实，人也如此。

接着下一段，“通其变”，使民众年复一年地春耕、夏锄、秋收、冬藏。于是这般，不但“民咸用之”，而且“神而化之，使民宜之。”其实，这里所描述的，是一种农耕文明化成天下的景象。这就是“见乃谓之象”。见，即现，显现、呈现。如果用今天科技时代的“见”和“象”举一例，再恰当的莫过于手机了。上世纪九十年代初，有人开始用半块砖头厚的大哥大，人见人奇，似乎连使用者也变得神奇了。可是，几年时间，大哥大变成了小巧精致的掌上“电脑”，功能越来越多，机体越来越薄，价格越来越便宜，软件在升级，硬件在“贬值”。大街小巷，乡村小道，老人、小孩，到处都能见到手机的使用。这是当代信息社会的“民咸用之”，“神而化之，使民宜之”。如果说这是一种神秘，一种神奇，那么，这种神秘，已经得到了广泛的普及，由普及而变得普通。普通的民众掌握了客观世界的普遍规律，人人都有神通，人人都能通神。

鼓之舞之以尽神

这句话完整的句意是：“变而通之以尽利，鼓之舞之以尽神。”这里又把“神”与“变”和“通”联在一起。所谓“变而通之以尽利”，是指自然界，客观存在的变通。比如《系辞传》第二段讲的那句：“日月运行，一寒一暑”，昼夜交替是自然的“变而通”，寒暑往来，也是自然的“变而通”。万事万物都是在两个又对立、又互相渗透、协调统一之间不断变化和发展的。何谓“以尽利”呢？比如前文说过的，草木春生、夏长，秋收、冬藏，这就是利。当阳气从地下向上升起时，草木即向上生长，当阳气向下藏于地下时，阴气又来到地面，秋风扫落叶。花谢了，果落了，谓之“穷”。“穷则变”，此时阳气又回到地下去滋养根部和种子的胚胎，为下一个春回大地和万物滋生做准备。所以“变则通，通则久。”所谓通和久，今天可以用几十亿年的生物史来证明，还可以用几千年的人类文明史和几百年的科技进步来证明。

这些又说明了什么呢？“鼓之舞之以尽神”。今日常用的“鼓舞”和“精神”两个词就是从这一句中来的。“鼓之舞之”，既是承前句的“以尽利”，又是启下一句“以尽神”。也就是说，为什么要鼓之、舞之？因为“利”；鼓之、舞之的效果呢？“神”。这里先要从“利”说起了。利，从字形上看，顾名思义，以镰刀收割已经成熟的禾谷，这是一个收获季节，丰收的喜悦，喜不自禁。远祖先民们劳动之余，拍着鼓起来的肚皮（原始先民以肚皮为鼓），手之舞之，足之蹈之。尽兴地欢呼、跳跃，意气风发，精神振奋。如果你能通过丰富的想象，身临其境地体验和感受，你会发现农民的伟大之处在于他们的奉献和珍惜。为什么这样说呢？他们终年劳作，辛苦受尽，但是，他们享受的是收获时的喜悦，而不是对劳动成果的奢靡和享用。即使没有战争的掠夺，没有朝廷的暴征，农民一年到头，也只是过年过节、招待宾客时做些好吃的，大部分日子则是粗茶淡饭，节衣缩食。他们最懂得珍惜和知足，最懂得奉献和勤俭。其实，这正是一种精神，是中国农民最具特色的伟大精神。今天十三亿中国人，都是中国农民的儿女。十三亿中国人都可以自豪地说：我是中国农民！农耕文化是中国人的非物质遗产。《易经·系辞传》中这句“变而通之以尽利，鼓之舞之以尽神”，不是孔子一人的独创，而是中国人祖祖辈辈劳动和智慧的结晶。今天，我们朗读这些辞章，品味其中的含义，不仅仅从文字层面上去理解，更重要的是用心，用一颗中国农民几千年来懂得珍惜和知足，懂得奉献和勤俭的心去体验、去想像，去感悟。读到此处，悟到此景时，你才会真正地懂得：孙悟空的神通，不是他的七十二般变化，不是他的十万八千里筋斗云，也不是他的如意金箍棒，而是他的“昼夜殷勤”；他的幸福感，不仅仅是吃美味佳肴，而是他听到须菩提讲经说法时的“妙音处”，手之舞之，足之蹈之，喜不自胜。这种幸福感，体现的是中国人几千年来的智慧和美德，这种智慧和美德，正是中国人幸福品牌的光环。

昼夜殷勤

也许有人会怀疑我又在自作多情，太理想主义。你那么激动，我们怎么激动不起来？我想，那是你们没有亲自体验过。再则，孙悟空毕竟是个神话人物，很难与现实生活联系起来。我们不妨从现实的人物身上找到感觉。找谁呢？我首先想到的是杂交稻育种专家袁隆平先生。

孙悟空有七十二变化，袁隆平只有一个变化，就是将常规的水稻品种与野生水稻种子杂交，变化出一种大幅度增产的杂交稻品种。孙悟空学七十二变化只是为了个人的长生不老，袁隆平的一个变化却使世界几十亿人得到了温饱。2001 年，国务院授予他国家科技进步奖，联合国授予他“世界粮食奖”。今天，没有人会说袁隆平是神通，但都会为之感到神奇。国家对他的各种奖励，乃至我们每个人对他的敬仰之情，也不是仰慕他的神通，而是仰慕他的精神。

其实，他的精神就是一种神通。袁隆平这项科研成果，也是一种“变而通之以尽利”，当这种成果造福于社会，造福于人类时，又是一种“鼓之舞之以尽神”。可以说，他这种精神鼓舞产生的社会效益，又远远超越了粮食增产的经济效益。

我们再回到《西游记》中来。在保护唐僧取经途中，孙悟空的神通和他的金箍棒立下了汗马功劳。但是，当回到东土大唐时，唐太宗李世民率领文武百官和全城百姓，迎接的是唐三藏，而不是大闹天宫、神通广大的孙悟空；顶礼膜拜，虔诚供奉的是从西天取回来的经典，而不是威力无比的金箍棒。如果换成今日全球军备竞赛的思维，为了保卫国土安全，应该是金箍棒比经书更重要，有神通的孙悟空比只会念经的唐僧更重要。奇怪的是，李世民对孙悟空的神通和金箍棒并不感兴趣。当我们把一部《西游记》读完时，你会发现：孙悟空的神通和金箍棒，渐渐失宠了，经书登上了神坛，兵器和神通暗然退出了故事的舞台。

回头再看看中华民族的宝库吧：兵库中只有冷兵器；而文库中，则有三千年来留下来的总量超过 4000 万册的古籍。这些古籍，既记录了岁月的苍桑和古老的文明，同时也传承着“礼之用，和为贵”、“不战而屈人之兵”的智慧和理念。毛泽东早已有过一句英明的论断：原子弹也是纸老虎。看来，吴承恩也懂得这一点。在他的笔下，孙悟空有十万八千里筋斗云，却跳不出如来佛的手掌心，威力无比的金箍棒也会被妖魔收进袋子里。到故事结局时，这些倒真的成了纸老虎。最后成就孙悟空的不是十万八千里筋斗云，而是老老实实地步行走“本路”（而不是“云路”）；不是七十二变化，而是头上的紧箍圈“自然去矣”；一句话，成就他的是“昼夜殷勤”的心态，而不是无穷变化的神通。“昼夜殷勤”的心态中，时时都会充满幸福感。

本卷的结语讲到这里，还迷信“神通”吗？还迷信威力无比的兵器吗？什么才是真正的神？《易》曰：“民咸用之谓之神”，“神而化之，使民宜之。”毛泽东说：“人民，只有人民，才是创造世界历史的动力。”始终站在人民一边，才是真正的法力无边，神通广大。十三亿双勤劳、智慧的手，就是如来佛的手掌心；十三亿颗“昼夜殷勤”的心，就是时空合一、如其本来的幸福观。吴承恩笔下如来佛的手掌心，也是一种象征，象征广大人民群众的勤劳和智慧。当年的孙悟空跳不出，今日，谁也跳不出。

如果说，这些是中国人的神通观，那么，这种神通中所蕴含的，是中国人几千年来的世界观、人生观、价值观和幸福观。

附

“诸葛神数” 灵非灵

《西游记》与第三十七签

前面讲的都是理性层面的，这里我们来玩一次游戏。这个游戏很简单，就是先尝试一下非理性的求签过程，然后再从非理性中走出来。这个游戏的名称也许大家都熟悉，现在网络上早就有了，叫做“诸葛神数”。

在《卷一》的“卷首语”中，我曾非常肯定地说过：《西游记》也讲算卦，而且很神。不过，《西游记》算卦的方法，与孔子算卦的方法一样，都是取天地之大数，而不是取小数。今日有许多号称占卜大师，甚至办班培训。据我所了解，他们算卦的方法，无非是传统中的“梅花易数”、“六壬”、“奇门遁甲”等。其实，这些占法只是一种形式。什么是灵魂呢？一是天地之数，二是天地之时。既有宏观的时空合一，又有微观的时空节点。这种合一的节点，就是“数”。所以，民间有起数的算卦法，如“六连数”，“诸葛神数”。这里以后者为例。

诸葛神数，是根据《易经》六十四卦中三百八十四爻，作三百八十四签，签文的句法相似于诗词，寓意深远，变化无穷，据说能判断吉凶，如应斯响（其灵应如影之随形，音声响应）。这里仅以第三十七签为例，因为这一签与《西游记》有关。签文曰：

万马归元，千猿朝洞。虎伏龙降，道高德隆。

什么意思呢？网上的解读是这样的：

“正人君子名望所归，即使众口纷纭，亦不能埋没其真才实学，是足以令人景仰之斯界泰斗。”

如此解读，只从字面上作一种概念上的细化和分解，其判断与推理则似是而非，模棱两可。今天，我们分析了《西游记》前七回，细读了目录，这种文字再也蒙不住人们的眼睛了，你们一眼就能看出其中两个字：一是“马”，一是“猿”，即《西游记》目录中反复出现的“心猿”、“意马”。从这一句切入，签文便一目了然，简直是一部《西游记》的高度概括：

“万马归元，千猿朝洞”，概括了前十四回，即“心猿归正，六贼无踪”。

“虎伏龙降”，即指西行路上降邪魔、除妖怪的经过。巧合的是，这句“虎伏龙降”与本书第三回中一句相似：太白金星第一次奏本要招安孙悟空时说过：“（他）今既修成仙道，有降龙伏虎之能，与人何以异哉？”

“道高德隆”，即指修行的结果。第九十八回“猿熟马驯方脱壳，功成行满见真如”即为应证。这一句又与第二回中一句相同：须菩提叫孙悟空近前问话时，孙悟空有一段对话：“我尝闻道高德隆，与天同寿，水火既济……”奇怪吗？是“诸葛神数”的签文在先，还是吴承恩的《西游记》在先？其实，三百八十四签签文都有典出，而且都是古代有趣的典故。

显然，求签者所关注的并不是签文的典出，而是在于它是否灵验如神。那么，本签果真灵验如神吗？我的回答是肯定的，并且是十分的肯定，半点虚妄也没有。也许有人会感到奇怪，也许不奇怪，因为前文中内容都是讲《西游记》，下面我们再回顾一下，便不难找到其中的答案。先看第一回中的一段描述：

当孙悟空不远万里，漂洋过海，赶到西牛贺洲拜师求长生不老法时，首先见到的是崖头上立一块石碑，上面有十个大字，一句是“灵台方寸山”，一句是“斜月三星洞”。这两句即是两个字谜，“斜月三星”是一个“心”字，“灵台方寸”是一个“意”字。前文已经简要说过，这里作一详细分析：

“斜月”即斜钩㇂，“三星”即三点，合体为“心”。那么，“灵台方寸”指什么呢？方寸，古文即“心”的意思，又指心绪、心思、心得。古文中有“方寸心”一词，出自晋代葛洪的《抱朴子·嘉遁》篇，曰：“方寸之心，制之在我。”“灵台”乃道教术语，指头顶（天灵盖）。《黄庭外景经》曰：“灵台通天临中野。”务成子注：“头为高台，肠为广野。”

"音"与"灵"通，故上为灵台（音），下为方寸（心），合体而为一"意"字。

那么，"心"与"意"又作何解释呢？这与"山"和"洞"有什么关联呢？下面再来分析。"灵台方寸山，斜月三星洞"，就是说，一为山，一为洞，这又应对第七回"五行山下定心猿"。五行山，即山。当如来佛伸出手掌，将五指化作五行山，把孙悟空轻轻的压住，下面自然形成一个穴，也就是洞。这个山，是灵台方寸山，是意的象征。这个洞，是斜月三星洞，是心的象征。

用山压住一个心，即为"止"（艮卦卦象为山，卦德为止）。压得住吗？压不住。所以，巡视灵官来向如来佛报告："那大圣伸出头来了。"五行山压不住孙悟空，他还在那里作法，那个山被他摇几下可能会碎裂。

"佛祖道：'不妨，不妨。'袖中只取出一张帖子，上有六个金字：'唵、嘛、呢、叭、咪、吽'，递与阿傩，叫贴在那山顶上。这尊者即领帖子，拿出天门，到那五行山顶上，紧紧的贴在一块四方石上。那座山即生根合缝。可运用呼吸之气，手儿爬出，可以摇挣。阿傩回报道：'已将帖子贴了。'"你看，这个心和意还是压不住。要用什么来压？要用咒语来压。咒语是什么？它是宇宙妙音。"心"在"音"下则为"意"，故曰妙音、灵台，这正好又与各回的标题相合。

心猿意马

这里不妨把有关章回的标题抽出来，细读一遍便一目了然了：

第四回：官封弼马心何足，名注齐天意未宁。

第七回：五行山下定心猿。

第十四回：心猿归正，六贼无踪（六贼，即第六识——意识）。

第十五回：鹰愁涧意马收缰。

第三十回：意马忆心猿（意马、心猿）。

第三十四回：魔王巧算困心猿。

第三十五回：心猿获宝伏邪魔。

第三十六回：心猿正处诸缘伏。

第四十回：婴儿戏化禅心乱，猿马刀圭木母空（心猿意马）。

第四十一回：心猿遭火败。

第四十六回：心猿显圣灭诸邪。

第五十一回：心猿空用千般计。

第五十四回：心猿定计脱烟花。

第五十六回：道昧放心猿。

第六十二回：涤垢洗心惟扫塔。

第七十五回：心猿钻透阴阳窍。

第八十回：心猿护主识妖邪。

第八十一回：镇海寺心猿知怪。

第八十三回：心猿识得丹头。

第八十五回：心猿妒木母。

第八十八回：心猿木土授门人。

第九十八回：猿熟马驯方脱壳，功成行满见真如。

细读以上回目标题，不难看出："心猿"、"意马"是贯穿全篇的主线。这条线并不是直线，而是一条有序的曲线。孙悟空上天做官，他的"心"、"意"已成"亢龙"，但是无悔。当"五行山下定心猿"，遇到唐僧"心猿归正"，虽向观世音菩萨表示过："菩萨，我知悔了。"但真正"知悔"，必须修炼到"有慧"时才能"有回"，回归于"猿熟马驯"。(悔、慧、回三字音、义同源)。其间又经历过多次的反复、挫折和磨难，如"禅心乱"、"心猿遭火败"、"心猿空用千般计"等。直到"涤垢洗心"后，"心猿"才渐渐成熟归正。最后猿淳熟了，马被驯服了，于是得到了真正的解脱，摆脱了"意"的缠缚，头上的紧箍圈也自然脱落了。此时，"功成行满见真如"，真如是谁？不是他人，是自己，即自己的本来面目。自此，再无生死，再无生灭，再无来去，得真自在。读完全文，再读目录，又有一番妙味在心头。

也许有人要提出一个问题：《西游记》是神话，神话就是神话，只是让我们看看热闹而已，与我们的现实生活无法划等号。其实，真正的神话就是人话，为什么呢？所有的神、仙，他们的塑像、姓名、性格、日常活动、兵器、心理活动、思维方式、语言……等等，都是拟人的，都跟人没有区别，连官职也跟人间的一样。古代乃至今天还是这样：如果对人间的事直接描述，那么表达的空间有限，很难超越现实，但它又是现实的，有些不好理解，于是就借用神话来说，说来说去还是人话。那么，心猿意马是哪一种人话呢？我们今天是不是还有借鉴的现实意义呢？

何谓心猿？为什么心与猿连起来了？猿是指人的本原。到目前为止，科学界还只是这么界定：人是由猿猴进化而来的。至今还没有比这个更科学的说法来替代它。那我们就可以这样说：猿是人的本原，心猿就是人的本善之心，本善之心就是人的本性、本来面目。也就是《三字经》开篇那句话："人之初，性本善"。这句话就像是一槁子到底（很透彻，很明白）。就像一个婴儿，他是天真的，他的心是本原的，但是这个心会动，会受外部条件、外部环境的影响，进而起变化，起念头，而且这个念头是念念相续、变动不居，就连睡着了做梦，念头还在动，念头就是"意马"。

当然，这个念头我们不能一概而论，说这个念头动是好事，我们就是靠这个念头、靠这个意来起作用；也不能说，有了念头，有好事，也有坏事，人坏就是坏在念头上。这里有一个性善说，还有一个性恶说。孟子的性善说，指人的本性是善的，所以念头动起来也是善的。荀子的性恶说，指人的本性是恶的，所有的坏念头、邪念就是由这个本性引起的。虽然孟子与荀子当初的争论，不是在这个意义上来说的，不是在这个念头上说的，但是他们争论的焦点还是在意上，因为这个本性如如不动时即是本性。如果一个孩子长不大，始终还是一个孩子，他有什么善与恶的区分呢？正是因为孩子长大了，他心中生出意念了，他有新的念头了，意在起作用了。由于意在起作用，便生出了善与恶。这到底是好事还是坏事？到底是善还是恶？人们一直在讨论，今后还要讨论下去。

诸葛神数灵验吗？

再回到"诸葛神数"第三十七签文上来。

首先从求签人的心态出发。大凡求者，无非是求名、求利。再放大，无非是求官、求财、求婚、求寿，乃至于祈求消灾免祸，逢凶化吉，万事如意。一句话：求一生幸福安乐。其实，这多欲、多求，无非是签文所比喻的"万马"、"千猿"，芸芸众生的心猿、意马（心思、欲望），念念相续，永不知足。人生所求的太多、太多，样样好事都想求，年年求，时时求，分分秒秒都在求。所求者无穷，能求者有限，于是难免失落、失意、浮躁、痛苦、烦恼，患得患失，不能自已。

回想一下，出生之初，婴儿、幼儿、孩提时代，有这么多需求、这么多烦恼吗？没有。人人都说儿时无忧无虑，好一段幸福的时光。幸福的含金量正在于无所求，所以无得无失，无烦无恼。用孙悟空的话说："我无性。人若骂我，我也不恼；若打我，我也不嗔，一生无性。"所谓"无性"，实指无心，心，即心意，意念，念头。性是人人都有的，即为本善之性，先天的元神。所以说"归元"、"朝洞"（洞者，"斜月三星"也——心）。

正如第二回标题："悟彻菩提真妙理，断魔归本合元神。"

人长大了，懂得了名与利、得与失，野性的"心猿"中便生出种种欲望、贪念、邪念、杂念；主观意识的"意马"没有一分一秒的消停和安分，求方求圆，求长求短，求易求难……"猿"和"马"再生变化，如果只憋在心里，浊气伤肝，伤了自己，不伤他人，此即或虎或龙；如果发泄于外，势必威胁和伤害社会，即是妖与魔。所以签文说"伏"说"降"，不待发泄于外时，便作"内部处理"——"虎伏龙降"，这是以理性的认识制服感官上的欲望、妄想和奢求，故签文不说"妖伏魔降"。妙理在于此签对上乘者说，为理智者说。因为理智者、上乘者的欲求只是如虎、如龙，而非妖魔。

"道高德隆"。具象的"道"是道路的道，抽象的"道"是"天之道"、"圣人之道"，这是为人处世的最高标准；"上德"则是为实践最高标准而付出的种种努力，故《说文解字》曰："德，升也。""下德"即守住最基本的道德底线——人性（而非兽性）。这里，没有用"功成行满"一词，妙理在于为仁者说。仁者，人也。这是入世之道，而非出世，故以"道德"为依归，以"高"、"隆"为标准。

说到此处，有人会问，此签所占为何而求呢？求名耶？求利耶？我的理解是：万事皆可求，人生百年，亿万人求此一签足矣，而且有求必应。何以如此肯定？

从以上分析，我们可以看出一点："诸葛神数"占的方法并不难，一天就能学会，也就是说，占法并不神。神的是什么？一是测，二是行。

所谓"测"，即以上所分析的，要明白签文的典出，懂得典故，还要正确地理解，这样才能正确地测解签文。做到了这一点，其实也不神。真正的神，又在于行。

所谓"行"，就是照签文所明示和暗示的去做。而且是日常生活中种种言行、动念，都要如是想、如是行。心猿、意马无时无刻不在蠢蠢欲动，无时无刻不在生出种种变化。人生种种意外，其实都在意中，即使自然灾害来临，是凶、是吉？都是意中。经历过灾难、感受过生死的人都会认同此理。所以，为仁者，为人也。"仁，亲也。"（《论语》），心中有仁，即心中有他人、众人，天顺人意，即顺众人之意，顺者为亲。所以，仁者的心猿、意马，只会为虎、为龙，而不会为妖、为魔，不会危及社会，不会伤害他人。"虎伏龙降"时，连自己也不会受到伤害，而且会至高、至隆，至仁。唯有仁者才是本元、本善，才是人的本来面目。道理很简单：

天地生万物，皆有雌雄；天地生人，首先有男女，然后有夫妇、父母，然后才有兄妹、朋友、君臣……所以，老子《道德经》结语曰：“天之道，利而不害；圣人之道，为而不争。”明白了这些，无为，而无不为；无求，而无不求；无得，而无不得。“诸葛神数”，真神奇也！仅此一签，皆可为万求所解，为万人所说，为万求者灵验如斯。所求者，“诚其意，正其心，修其身，”万事可求，有求必应。归结为一句话：“归元”、“朝洞”，求自己——“天行健，君子以自强不息。地势坤，君子以厚德载物。”命运的大突围就在这种一心一意中实现，幸福的人生就在“虎伏龙降”中同步创造，同时享受。

这里，之所以把“诸葛神数”第三十七签的分析作为此卷的附页，一是以诸葛的“神数”应证一下神通；二是以此突破世俗的“神通”观；三是有助于对“猿熟马驯”的理解。仅供参考而已。希望有一种玩的心态，相信玩过后，自然会回归于理性。什么理性？求幸福，无须求神，而是求人，求自己。《易经》曰：“自天祐之，吉无不利。”谁保祐？一是自己，二是天。自己是创造幸福的主体，天是帮帮忙的客体。自信而不迷信，自祐而不自私。《礼记》曰：“大道之行也，天下为公。”大公必有大私，即幸福为天下人所分享；大私必有大公，即幸福为天下人所共创。这种大公和大私互为表里的关系，就是天地之大数在我们日常生活中的呈现。

卷三

昼夜西游的幸福王

幸福“蛋糕”——创造与分享

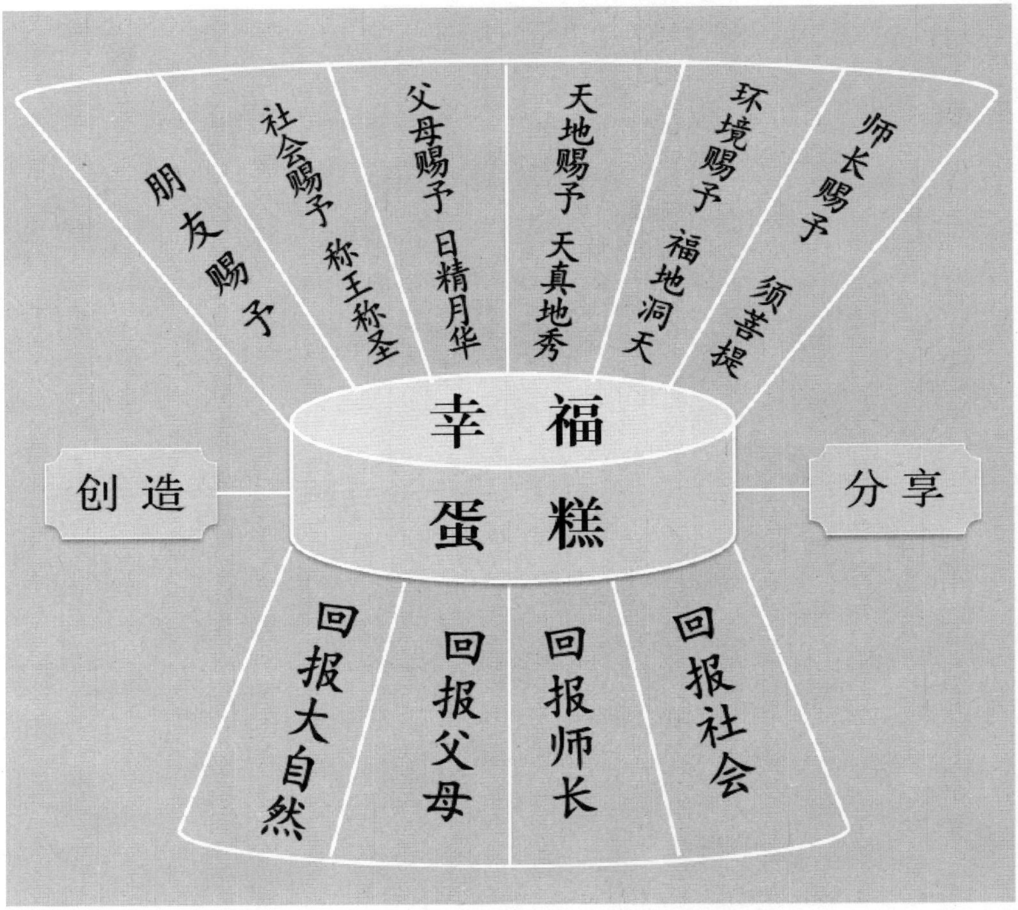
朋友赐予
社会赐予 称王称圣
父母赐予 日精月华
天地赐予 天真地秀
环境赐予 福地洞天
师长赐予 须菩提
幸福
蛋糕
创造
分享
回报大自然
回报父母
回报师长
回报社会

卷首语

天地之数

前文为什么附上一篇《“诸葛神数”灵非灵》呢？诸葛亮用“数”来神机妙算，《易经》算卦也是利用卦数来算。那么，《易经》中的卦数、诸葛亮的神数到底是怎么回事？这种“数”是如何来的呢？请翻开《西游记》第一回第一页，只看第一回的第一段，第一句说的是什么？——“盖闻天地之数”。奇怪！《西游记》开卷说“数”，这是什么“数”？是不是也是算卦的“数”？也是神机妙算的“数”？这是不是关键部分？是不是开门见山？是不是开篇立意？原著是怎么说的？

第一回的标题是：“灵根育孕源流出，心性修持大道生。”

一看就知道，这一回讲了两件事：第一章讲孙悟空从石胎里面脱胎而出，第二章讲孙悟空去求法修行，说的都是孙悟空的事。但是，吴承恩先生提起他那支笔，写下了第一回这个标题以后，并没有一起笔就写孙悟空是何许人也，他写的是《易经》上的事，首先登场的人物不是孙悟空，而是宋代易学大师邵康节（即邵雍）。邵康节是何许人？大家知道，梅花易数的创始人就是邵康节。小说开头不写孙悟空，而写邵康节，这是怎么回事？孙悟空是哪一朝的人？不知道。西行取经当然是唐代的事，但是邵康节是宋代的人。西天取经是佛教里面的故事，与《易经》有什么关系？

如果我们翻开《水浒传》，同样是第一页，小说开头不写宋江，不写梁山泊英雄好汉，写的是什么？写的是《易经》。首先登场的人物是谁？是邵康节。这两本书的开头竟然不谋而合。我们不能说这两位作者是事先商量好的，这是不可能的。但是，为什么不谋而合呢？为什么开篇都要先写邵康节这个人物呢？为什么都要从《易经》入手呢？这篇“卷首语”看来是绕不开了。

读《西游记》，你要读懂孙悟空，你要读懂西行路上的九九八十一难，你要读懂为什么孙悟空能逃出太上老君的八卦炉，却跳不出如来佛的手掌心……这些你要读懂。那是层层的迷宫，有前院，有后院，有内院；有大殿，有小殿……进了一重，又有一重，你首先要从前院的大门跨进去呀。这个门一打开，你进不去，你想要绕开，你从什么门进去？从后门进去？没有后门，你只有绕着院墙转。“墙里秋千墙外道，墙外行人，墙里佳人笑。”你只听到了笑声，听到了墙里佳人笑，只闻其声，未见其人，此时会是什么心态？我们现在读《西游记》，读到三打白骨精：好玩！那就是只听到“墙里佳人笑”。你只听到这些，你在墙外没有入门，你进不了这个门。只有先读懂“卷首语”的内容，先搞清楚这个“天地之数”，你才能入门，你才能读懂正文。

那我们就来敲这个门吧，我们一起来喊“芝麻开门”。“芝麻开门”这个秘诀是什么？请读原著。

第十六章

西游——宇宙年谱

“西游”的喻义

首先，从《西游记》的书名来看。西游、西游，如果按照这本书的生活原型来说，是唐玄奘到印度取经，这是一个历史故事。把历史故事作为这本书的生活原型，进行艺术再创作，原来的主人公唐僧让位于孙悟空。开头应该写玄奘到西天取经的起缘、由来，他为什么要到西天取经，开篇就应该开门见山写这些东西。但本书不是这样，而是前七回先写孙悟空，直到第八回才开始写玄奘。从孙悟空的身世写起，这样主人公就与现实原型换了位置。所以，书名叫《西游记》，而不叫《西行记》。

西行——向西行走。行，是在陆地上行走，如书中说的，不走云路，走本路。游，应该是在水里面游。为什么不叫西行，而叫西游？既不是旅游，也不是游玩。我们来看看“游”字的原创本义。在《说文解字》中，“游”不在“㫃部”，而在“㫃部”，与“旌”、“旗”同部。曰“游，旌旗之流也。”甲骨文写作，像旗下有人。旌、旗、游所以为“㫃部”，古代部落、诸侯国各据一方，称为方国，一国一旗号，独树一帜。旗上有飘动的带有球状的彩带，飘动如流水形，“㫃，旌旗之游”。所以说，“游”字的含义带有标志、夸张和浪漫，同时又有生动形象的情境，使人想像到，似乎有一队人马在旗帜的指引下向前行进。这种想像是以“游”字原创形态为依据的。可见，文学虚构也要有学术的含金量。西行取经途中许多故事都是虚构的，而且是神话虚构。有人认为，这是一个神魔世界，因为书里不但有佛、菩萨，有天上的仙、神，还有妖、魔、鬼、怪……这些在我们现实生活中只能想像而看不到，似乎是游离于现实生活之外的东西。这是一层意思，所以用一个“游”字，它与现实生活的“行”有所区别。

第二层意思，既然是游，就有一个上游和下游的区别。像长江，有上游、下游，中上游、中下游。那么，哪里是上游？到西天去取经，就是说，西天是经的源头，当然西天是上游。哪里是下游呢？东土大唐是下游。为什么？下游是海纳百川的交汇处。文化就像水流一样，顺流而下，海纳百川。这里的上游和下游有褒贬之别吗？没有。上游是源头，下游是水流汇聚之处。所以，上游和下游只是形式上不同；从某种意义上来说，有源远，也需要流长。所以《老子》曰："譬道之在天下，犹川谷之与江海。"。

另外，从我们现实生活来看，借鉴于历史故事进行艺术的夸张、虚构，变成一个魔幻的艺术作品，目的是什么？有一个现实的意义。凡是文学作品，都给人一种生活的启发，否则不会受欢迎，不会流传。那么，它对我们现实生活有什么意义？我认为，这是一种喻意：西游、西游，实际上指我们每天都在西游；九九八十一难，我们每天都在经历种种的烦恼和磨难。

何以说？我们早上起来，"日出而作"，跟着太阳一起劳作；到了傍晚，"日入而息"，回家休息。太阳是向西游，西游又东回，又回到东边来了。唐僧到西天取经，不就是西游以后又回到东土了吗？

第一百回的标题，叫"径回东土，五圣成真"，回到了东土——西游后又回来了。就像太阳，每天起山了又下山，下山了又起山；人每天起床了又睡觉，睡觉了又起床。我们不是天天都在西游吗？西游、东回……日复一日，年复一年，这是现实生活的日常规律。中国人之所以把生活称之为日常，意思就是天天如此，日日如同寻常。

我们所感觉到的这个地球似乎是一个平面（天在上，地在下），这是我们视觉上的局限性。如果用科学的眼光、科学的思辨（也就是慧眼）来观照，实际上是地在内，天在外，中间是一个球，我们的周围是大气层，这个大气层也就是我们眼睛所感觉到的天空（白天有一个万里晴空，晚上有一个万里星空）。这是由于地球旋转造成的，白天的天与晚上的天还是同样一个天，只是我们感觉上有区别而已。

这里讲"日月运行"，也可以叫日月游行。就是说，太阳和月亮在天上，也就是在我们所能观察到的天空中游行，准确地说，应该是在太空中，它们在地球大气层之外。在我们的感觉上，是太阳在行走，实际上是由于地球的运行，造成了我们视觉上的错觉（太阳和月亮在行走）。西游，是建立在这个基础上的。

“西游”不是吴承恩的杜撰，中国传统经典中有许多名句。譬如《易经》中“日月运行，一寒一暑”，“君子终日乾乾，夕惕若厉”；《古诗十九首·击壤歌》：“日出而作，日入而息”；《山海经》中“夸父追日”，其实就是每天随太阳日出、日入而跨步追赶。“追”，就是“终日乾乾，与时偕行”。可见一个书名有如此深刻的内涵。

由“西游”再引申到“西天”和“东土”，又有一重喻意。那么，何谓“西天”？何谓“东土”呢？其实，这是地球自转轨道形成的正向和反向。地球自转正方向为东，向东转。因此，地球上的人所感觉到的，是太阳天天向西游行。地球东转名曰“东土”（地球为土），亦曰“地道”；太阳西游，名曰“西天”，亦曰“天道”；而人只感觉到太阳在西游，所以每天“日出而作，日入而息”，形成了人的作息规律，为“人道”。

譬如，唐僧原本为西天如来佛的徒弟，由于不听说法，轻慢大教，被贬真灵，转生东土。后来又奉法旨去西天取得真经，又“径回东土”。八日之后，仍又“复转灵山”，回到西天。那么，到底哪是他的家呢？“既济”、“未济”，周而复始，谁也说不清。所以，《西游记》既以“西游”为主轴，最后又以“径回东土，五圣成真”为结局。这就是耐人寻味的地方，也是引发争议的焦点，妙味无穷。

由此可见，西游喻意的是太阳西游，它在我们日常生活中，所以叫日常，叫生活。生，是生存；活，是活动。人类的生存活动，离不开日出和日入，都是伴随着日出和日入而展开的。太阳由东向西（东升西落），人跟着一起生活而西游，每一天都是如此。

那么，我们每一天要经历多少事呢？《西游记》讲九九八十一难，实际上这也是一种喻意。我们每一天都要经历很多的烦恼、曲折、挫折、失败、失望、失落、沮丧、忧愁、思恋、伤怀、痛苦、困惑、困难，乃至于种种灾难，等等。当你感到口渴时，这是一难，找到水喝了，这个难就化解了；饿了，这也是一难，找到食物了，这个难也就化解了；犯困了，这也是一难，睡一觉，这个难也就化解了。至于心理上的难，那就更多了。人的念头是一个接着一个，念念相续间，都会给你带来无穷的烦恼。

所谓烦恼，既有自烦，又有恼他。为什么？你看，师徒四人在西行取经途中，每一次遇难前都有一念生起，一起念头就有难。只要念头生起，就会惹魔、惹妖、惹怪——“心生，种种魔生”。在我们现实生活中，每一种烦恼实际上就是一种妖魔。所以，这些都是喻意。

小说是文学作品，是虚构的。虚构，不是直接说，它有喻意，有象征，否则不叫文学了。我们要看出这个书名深藏的东西，既深奥，又浅易。深奥到什么程度？用《易经》来解释是一大篇，用道家思想来解释也是一大篇，用佛教理论来解释同样是一大篇。但是又很浅易，浅易到什么程度呢？“百姓日用而不知”，“使民宜之”，“民咸用之”。其实就是我们的生活——每天的生存和活动，就这么简单。

譬如辛弃疾的《丑奴儿》词云：

少年不识愁滋味，爱上层楼。
爱上层楼，为赋新词强说愁。
而今识尽愁滋味，欲说还休。
欲说还休，却道天凉好个秋。

词中先后有三个“愁”字。少年原本没有愁，愁是哪来的？一是“爱上层楼”，攀比来的；二是“强说愁”，执著招惹来的。待到尝尽了“愁滋味”时（过程），又说不出来，只可意会，不可言说。“道可道，非常道。”真要说时，只有一个“秋”字脱口而出。何谓“秋”？“愁”字的“心”字去掉了，念头不起了，杂念不生了，就是禅宗形容开悟时“桶底脱落了”（无底船），又回归到了自然——春秋即是自然时空的概念。由“愁”→“秋”，这是词人的文学想像，同时也是人生的哲理思辨。吴承恩的笔下，既有想像，又有哲理。想像（虚构）与哲理合一，就产生了文学与魅力。

这些玄妙的道理，这么多经典，一个系列、一个系列的思想体系，是从哪里来的？是我们的老祖先在日常生活中琢磨、归纳、积累而来的。天地万物纷繁复杂，有它深奥的一面，又有它简易的一面。所以，古圣先民的思想，古圣先哲留下来的经典，都有这样两面：既有深奥的一面，又有浅易的一面。今日有些书只有浅易的一面，没有深奥的一面；有些书只有深奥的一面，没有浅易的一面。好的书，不论是圣人的经典还是名人的著作，都同时具备了这两个东西。具备了这两者，这本书就有生命力。

殊胜的宇宙年谱

盖闻天地之数，有十二万九千六百岁为一元。将一元分为十二会，乃子、丑、寅、卯、辰、巳、午、未、申、酉、戌、亥之十二支也。每会该一万八百岁。且就一日而论：子时得阳气，而丑则鸡鸣；寅不通光，而卯则日出；辰时食后，而巳则挨排；日午天中，而未则西蹉；申时晡而日落酉，戌黄昏而人定亥。

天地之数

所谓“天地之数”，即指宇宙年谱，或曰年表。《易经·系辞传》中也讲到“天地之数”，原文是这样说的：

天数五，地数五，五位相得而各有合。

天数二十有（又）五，地数三十，天地之数五十有（又）五。

大意是：一、三、五、七、九这五个奇数为天数（奇数为阳），合计为二十五（1+3+5+7+9=25）；二、四、六、八、十这五个偶数为地数（偶数为阴），合计为三十（2+4+6+8+10=30）。所以，天地之数合为五十五。

那么，吴承恩在这里所说的“天地之数”又是什么意思呢？实际上，这里所说的“天地之数”是邵康节的《皇极经世》中的《元会运世》篇，当代著名的易学老前辈唐明邦教授称之为“弥纶天地的世界历史年谱”（《中国思想家评传丛书·邵雍评传·第八章》）。唐教授对这份复杂的年谱作了深入浅出的解读，原文是这样的：

首先，世界历史年谱以数字运算为准。

邵雍规定编制世界历史年谱突出“四”的原则，即四级运算方法。这四级就是元、会、运、世。这四个不同级别的运算单位，相当于先天图中的四象。

邵康规定：1元等于12会，1会等于30运，1运等于12世，1世等于30年。1年有12个月，故1元等于12会；1月有30日，故1会有30运。1日有12辰（时辰），故1运有12世；一辰有30分，故1世有30年。这条数字运算原则，可以叫做“12与30反复相乘”。

其次，先天图有天之四象，地之四象，合之为八象，以应八卦。故世界历史年谱不只按四级运算，而是扩充的八级运算……

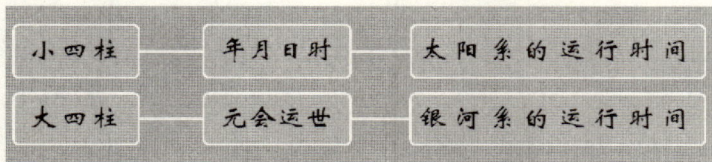

小四柱	年月日时	太阳系的运行时间
大四柱	元会运世	银河系的运行时间

用今天更通俗的话来说，四级运算即四柱，八级运算为八柱。年、月、日、时是太阳系的年谱，为人生四柱，每柱有天干地支两个字，如庚寅年、丙寅月、甲申日、丙子时，年、月、日、时四柱，庚寅、丙寅、甲

申、丙子八个字（八字）。所以，孔子把人的一生命运称为“天命”，命中四柱、八字都是从“天地之数”中来的。有学者说，年、月、日、时四柱是太阳系中的年谱，元、会、运、世则是银河系的年谱，合称为八柱。

谁会用八柱算命？邵康节会。按照邵康节的计时公式换算，不难得出如下数字：

1 世 = 30 年

1 运 = 30 年 × 12 = 360 年

1 会 = 360 年 × 30 = 10800 年

1 元 = 10800 年 × 12 = 129600 年

这就是吴承恩所说的“有十二万九千六百岁为一元”，“每会该一万八百岁”。

《皇极经世》
1 元 = 12 会
1 会 = 30 运
1 运 = 12 世
1 世 = 30 年
1 年 = 12 月
1 月 = 30 日
1 日 = 12 时辰
1 时 = 30 刻

譬如大数

再往下读，“譬如大数”，而这个大数，以“会”为单位，以十二地支为脉络，以五千四百岁为周期。这正如唐明邦教授所说：“假定一元相当于一年。”也就是说，将人们难以感觉到的银河系年谱放到人们熟知的太阳系年谱上进行比类描述，用有形的描述无形的。这一点大家都能理解，也不难想像。奇怪的是，怎么是五千四百岁为周期呢？如果说一年十二个月，那么，一元即为十二会，每会应为一万零八百年，怎么是五千四百年呢？文中有一句话告诉了我们：“冬至子之半。”冬至是节气，子为地支。一万零八百年是以十二支（十二个月）计算的（以 12 为除数），而五千四百年则是按二十四节气计算的（以 24 为除数）。所以说以五千四百岁为周期，一节气为一周期。

且就一日而论

一天是十二个时辰。这十二个时辰是怎样分的呢？大家都很熟悉，即子、丑、寅、卯、辰、巳、午、未、申、酉、戌、亥。名为十二地支，又名十二生肖。具体内容是这样界定的：

“子时得阳气，而丑则鸡鸣；寅不通光，而卯则日出；辰时食后，而巳则挨排；日午天中，而未则西蹉；申时晡而日落酉，戌黄昏而人定亥。”

子时得阳气

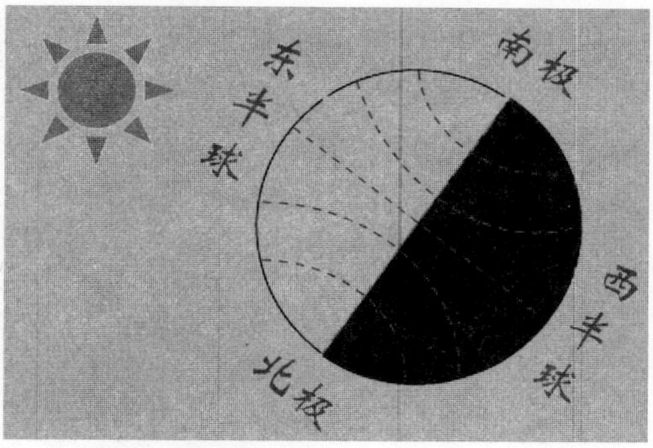

子时，是半夜十一点到凌晨一点，也就是午夜之前的二十三点到午夜之后的一点之间，两个小时为一个时辰。这时候地下的阳气开始蠢蠢欲动，万物开始“得阳气”，实际上不是得不得的问题，阳气时时都在动。问题是向哪里动？是向下降还是向上升起？我们知道，冬天起来后到外面哈一口气，气是向上蒸腾。“子时得阳气”，是指午时开始下沉的阳气，此时又开始上升了。所以养生家主张，晚上要睡好子时觉，并且禁忌子时行男女房事，以免元阳泄出。

丑则鸡鸣

雄鸡为什么在丑时啼鸣呢？它感应到阳气在动了。子时阳气在地下初动，到丑时（两个小时以后）阳气上来了，阳气一上地面，雄鸡首先感受到了，随之吸一口阳气。阳气吸进去，又要再呼出去（吐故纳新），这一呼就形成了啼鸣（实为阳气呼出的声音）。一般情况下，鸡叫三遍。因为阳气就像气流一样在波动，它有一种律动的规律。为什么叫律动？它动也是有时间点的，这都是规律。

寅不通光

寅时天还没有亮，曙光还没有初现，只是一种隐隐约约的感觉。此时即黎明之前。

卯则日出

卯时正好天亮，日出为卯。“卯”字甲骨文写作◁▷，即阴与阳的临界点。太阳刚起山，大地一边阴，一边阳。古代军队要点卯，现在叫点名。每天到卯时，军队就要到操场上去排队点名，所以叫点卯，又叫点某，也就是我们常说的某某某。

辰时食后

天亮以后，军队要操练，学生要上课，农民要干农活，还要烧饭，吃过早饭便是辰时，所以说“辰时食后”。这是一个倒装句，应为食后辰时，即辰时在食后。古人说话的语法不一样。

巳则挨排

“挨排”，就是一个一个地紧挨着，排得很紧密。指日影渐渐变短了，相互间显得紧凑了

日午天中

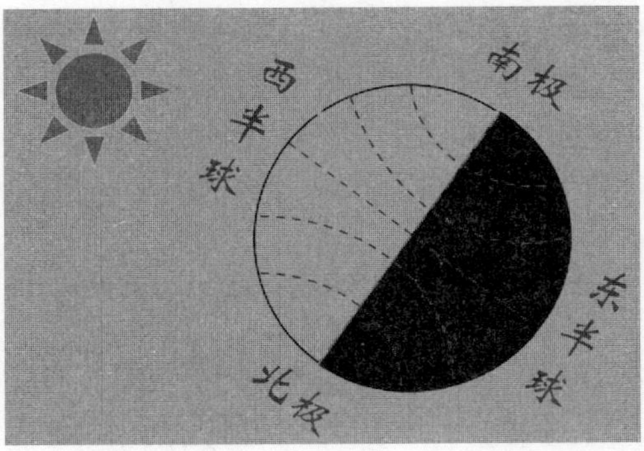

正午的时候太阳在头顶上。古诗云：“锄禾日当午，汗滴禾下土。”午时与子时相对。午为日之半，子为夜之半，即此二时都是阴阳消长的临界点。

未则西蹉

到未时太阳就开始偏西了。西蹉，指向西蹉跎。蹉跎，本义为一天的时光过去了。蹉，又与“错”字音相近，一天的时光又错过去了。

申时晡

晡，指申时，因为“晡”是“日”加“甫”，“甫”是太阳向下伏的意思。申，伸也。喻义为西斜的阳光伸展，俗语为日光伸脚，投影在大地上，象日伏形。

日落酉

日出为卯，日落为酉。酉的本义是酒。为什么叫酉呢？古代人干了一天活，日落以后便回家喝酒，以消除一天的疲劳。古人家家都能酿酒。过去，我们家乡在过年之前家家都要酿酒，家庭妇女们都会酿一种糯米酒，又名酒醪。

戌黄昏

黄昏的时候叫戌时，有俗谚为："点灯为戌。"戌，息也。吃饱喝足了，消除了疲劳，得到了休息（不是熄灯的熄）。

人定亥

俗话说："熄灯为亥。"人定，即就寝。夜籁静，人初定。这是古代人一天的生存和活动。又根据一天的生存和活动，划分了十二个时辰，然后再根据生存和活动的内容和形式，给十二时辰取名字。由这十二个时辰向上换算，一直换算到元。元是最大的时间单位，我们今天一般不用，只用年、月、日、时。

由此可见，西游是指人们一天的生存活动，也就是每一天的生活都是跟着太阳由东向西游。这不是我说的，而是吴承恩说的，而且是小说一开头就说的，这就是门。开门见山，开篇就点题。现在这个门只是打开了一点点，我们还要进一步去打开。

五千四百岁一周期

譬于大数，若到戌会之终，则天地昏曚而万物否矣。再去五千四百岁，交亥会之初，则当黑暗，而两间人物俱无矣，故曰混沌。又五千四百岁，亥会将终，贞下起元，近子之会，而复逐渐开明。邵康节曰："冬至子之半，天心无改移。一阳初动处，万物未生时。"到此天始有根。

譬于大数

这个大数是指什么呢？是指"元会运世"这个大的时间单位，不是指年、月、日、时。这个大数是怎么分的呢？还是用十二个时辰命名。就是说，大还是离不开小，宏观还是离不开微观。具体地说，以十二地支为名称，以一年廿四节气为依据。

戌会之终

中国农历的十二个月，是以十二地支为依据的，正月建寅，二月建卯，三月建辰，四月建巳，五月建午，六月建未，七月建申，八月建酉，九月建戌，十月建亥，十一月建子，十二月建丑。

明明是十二地支、十二个月，又名十二会，吴承恩为什么从"戌会之终”（戌时末）说起，只说到“寅会之初”便不说了呢？下面再一一细化和分解，并请注意两句话：一是开头的“天地昏曚而万物否矣”，一是结尾的“人生于寅”。

为什么从“戌会之终”说起呢？先看看中国农历，九月建戌，九月的节气为寒露、霜降，“戌之终”则为立冬前后。古代立冬之后过年，为一年周期的临界点。后来改为立春前后过年，故名“春节”。也许以前过年称为“冬节”。冬，“终”字的本义。冬，终也。“四时尽也。”古文中，这两个字通用。冬（终），甲骨文写作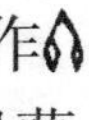（于省吾主编的《甲骨文字詁林》第3131页）。从字形上看，像是一根藤，一头连着种子，一头连着瓜果。种子与瓜果，既是始点，也是终点。这里为什么考证得如此详尽呢？因为作者描述“大数”时，从“戌之终”到“寅之初”，中间则是亥、子、丑三个时辰。如果从全年来说，甲骨文的两个端点，一为春之始，一为冬之终。此处只有三个时段，的两端又为何所指呢？原著中道：“若到戌会之终，则天地昏曚而万物否矣。”这里有一个“否”（pǐ）字。否，即闭塞。什么闭塞？种子中的胚气（元气）收于核（秋收），藏于胚（冬藏）；又“寅会之初，发生万物。”如何发生的呢？寅之初为立春前后，地下阳气蠢蠢欲动，逐日上升。同时，万物复苏，百草发芽。《易经》消息卦中，正月立春为泰卦，七月立秋为否卦。否为终，泰为始；戌之终为终，寅之初为始。这样描述仍然只是一个大概，仍然很抽象，暂且放下，先来逐句分解一下亥、子、丑三会的情形，然后再来分析“终”与“初”、“泰”与“否”的含义。

万物否

否，闭合，闭塞。万物有小否，有大否。大否是一年之中，农事有春耕、夏耘、秋收、冬藏，农事是根据这个规律安排的。禾谷生长周期则是春生、夏长、秋收、冬藏，这是对植物胚气（又叫元气，是生命力的表征）的描述。春天，阳气动，胚气亦动，萌生出胚芽和胚根，胚根向下，胚芽向上——名曰春生；夏天阳气在地面，所以万物生长茂盛，抽枝长叶。枝腋萌生出苞蒂（胚的化身），蒂上含苞开花——名曰夏长；秋天，阳气开始下降，阴气开始上升，秋风（阴气）扫落叶，当初胚气上升到蒂中，此时便渐渐收敛于花蕊和子房（核）——名曰秋收；冬天，子房发育成胚胎。胚气则藏于内，等待春天来时重新萌芽生长——名曰冬藏。

从这一生长链中，截取秋收、冬藏一段，便是“万物否”的基本形态——胚气收敛并藏于胞胚，胞胚闭合，开始孕育新的胚胎。

再说“小否”。2010 年，我应邀去广东从化市一处深山考察“环保与健康”的旅游开发。那天阳光灿烂，12 时正，我一人在密林合围的草地上打坐一小时，目不转睛地观察着地上的小草。人在静态中观察植物，植物生长的形态便呈现出动态。随着太阳渐渐西斜，眼前几朵小花瓣逐渐闭合，小茎上的叶片逐渐卷曲呈半展开形。因为此时为正午过后，阳消阴长（气态），阳展阴合（物态）。其实，这是生活中常见的现象，关键在于主观之人与客观之物动态与静态的对比。主观之人心态入静，则客观之物动态便一一呈现；如果主观之人心态不静，甚至浮躁，则客观之物便昏矇不昧。心不静，则眼不明。这都是相对的，在对立之中才能找到统一。

如果从上古时代的读音去考证：“否”与“丕”音相近，都以“不”为音符。不，上古音读“否”pǐ。可见“否”与“丕”（胚）原创时都与胚有同源的关系。再看“泰”与“胎”，上古音为双声，也有同源关系。可见，泰与否都是以种子胚胎中的元气随自然界的阴阳消长（即消息）的活动周期为原创依据的。故说否极泰来，泰极否来。又可以说秋去冬来，冬去春来。

交亥会之初

“再去五千四百岁，交亥会之初，则当黑暗，而两间人物俱无矣，故曰混沌。”立冬后，再过五千四百年，便是一年中的小雪节气。又如一天中的前半夜亥时之初，夜色茫茫。“两间人物俱无”。“两间”，指天地之间。“人物俱无”，人与物尚未生成。这一句的思维又一下子跳跃到宇宙洪荒年代的宇宙谱系之中。按今日科学说法，二百亿年前，宇宙大爆炸；四十六亿年前，地球形成了；三十五亿年前，地球上第一个单细胞诞生。有了细胞，然后才有生物，很久很久以后才有人。可见，此时连单细胞也未出现，所以说“俱无”。“故曰混沌”。刚才说“俱无”，接着又说“混沌”，是不是相矛盾？《说文解字》：“混，豐流水也。”丰足了才能流动。可见，有物才为混，“俱无”又如何为混呢？再看《列子》怎么说：“太易者，气未见也。”易者，移也。什么在移动？是气在移动。“气未见”，不是气没有，而是气尚未显现。“见”与“现”通用。为什么尚未显现？气有两种，一为轻清之气（阳），一为重浊之气（阴），当阴阳二气还在游移，尚未交合时，则为混沌。譬如人之男女，如果说“人未见（现）也”，那是指两性尚在发育阶段，应该说是“性未见也”。性未发育时，为人男女的性处于“混沌”期。由此可以想像宇宙、万物之“混沌”。这里，说大说小，说远说近，说时说空，说物说人，宏观微观，理都是相通的。这种相通的理即为原理、真理。原理通了，即“一窍通时百窍通”。也就是孔子说的“举一隅而以三隅反”，举一反三，融会贯通。

亥会将终

此时，又过去五千四百年，亥会将要结束了。此时又在“贞下起元”，将与子会衔接了。什么叫“贞下起元”？这里是以一年的时空形态描述一元的时空形态，十二支以子为始，以亥为末，一元十二会，至亥会为一元。一元已终，新的一元又将开始，所以今日常以世纪之初为“新纪元”。我们这几代人很幸运，经历过二千年新纪元（2001 年）。

而复逐渐开明

子时阳气初动，阳气为升，为明（阴为合，为暗）。这种开与明的形态，一是“复”，每一天中，“日往则月来，月往则日来，日月相推而明生焉”。每一年中，“寒往则暑来，暑往则寒来，寒暑相推而岁成焉”（《易经·系辞传》）。如此往复，原始返终，周而复始；二是“逐渐”，渐开，渐明，就像黎明时东方渐渐露出鱼肚白，晨曦渐现。然后才是一轮红日冉冉升起。冉冉，渐渐的样子。当我们观赏旭日冉冉升起时，就可以想像到刚才她在地平线以下（山那边）姗姗来迟的情形。诗情画意就是在这种想像中产生的。富于想像的生活才是浪漫的生活，才会有无穷的生活乐趣。所以说，养生、养生，浪漫的想像可以养生，诗情画意可以养生。这是幸福人生最浪漫的色彩。这种浪漫，不在牌桌上，而在自然天地间。

冬至子之半

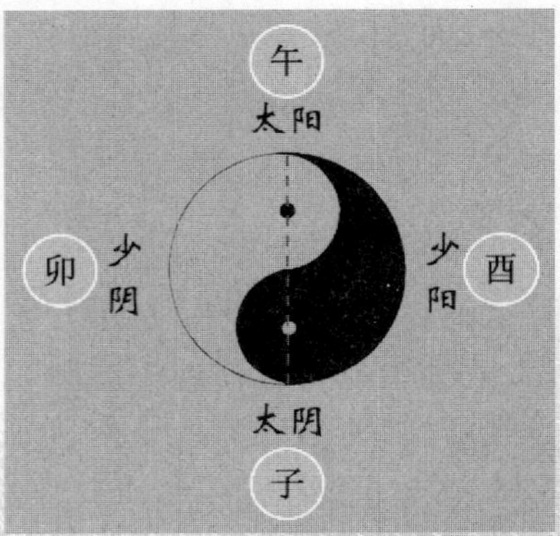

这里引用了邵康节的诗句：“冬至子之半，天心无改移。一阳初动处，万物未生时。”这是将十二地支和二十四节气纳入“先天八卦图”来描述的。图中北为“子”，南为“午”，名为“子午线”。子位为先天的坤卦之位，午位即先天的乾卦之位，乾为天，坤为地，名“天地定位”。

前面讲了最小的，又讲了最大的：最小

的是一天，最大的是一元。一元里面，以“亥会将终”到“近子之会”作为新纪元的临界点，因为前面已经讲了一天十二个时辰，你可以根据十二时辰去对照，去推测。按一年来说，冬至、夏至为二至，春分、秋分为二分。夏至正午时太阳的影子最短，也就是说，白天时间长，晚上时间短。冬至则相反，正中午的日影最长，白天时间短，晚上时间长。春分和秋分，白天和晚上的时间正好两分，所以邵康节以冬至为例。

“冬至子之半”，“半”是什么意思？这个时候阴气开始消，而阳气在开始长，长也叫息，冬至即为阴气与阳气一消一息的临界点。一天有两个临界点，一是子时，一是午时，子时是阳息阴消，午时是阴息阳消，正好相反。所以，这个半，不是时间的半，而是阴阳消息的临界点——阴阳各一半。也就是说，阴阳消长活动，运行到冬至这个节令时，正好是阴气和阳气各一半，达到了暂时的平衡。这个节点就是阴阳各半的平衡点。但这种平衡不是永恒的，随着时间的推延，气也在移动。例如，晚上观察云彩中月亮的移动情形，就能想像阴阳二气互相消长的情形。

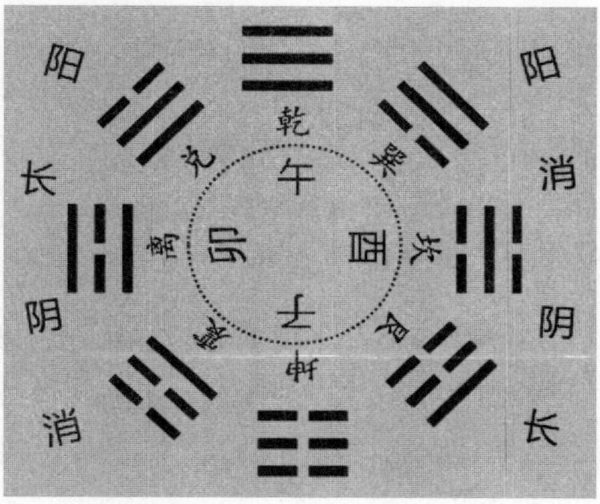

天心无改移

“天心”是什么意思？实际上就是天的规律，是日月运行的规律，这个规律是不变的，是永恒的，所以说“天地定位”。“一阳初动处”，就是刚才讲的阳气初动，为震卦☳；“万物未生时”，为坤卦☷。两卦一比较就明白了。一阳初动，是不是万物就开始生长了？没有，它还有一个过程，有一个准备阶段。生活中经常有这么一种现象，起床铃一响，是不是大家马上就起床了呢？没有，醒过来以后，又过了那么几秒钟乃至于一分钟才起床，而不是醒过来以后一骨碌就起床。即使在部队也是这样，还有几秒钟的缓冲。万物也是这样，阳气一来它就生了吗？没有，它还有一个萌动过程。这个生，实际上是胚胎里面的阳气在蠢蠢欲动，所以胚根和胚芽也在开始蠢蠢欲动。就是说，地底下的阳气、地表的阳气（整个阳气）初动的时候，种子里面的阳气和人身上的阳气也跟着开始动，但是这个动是蠢蠢欲动，它还没有到生的时候。所以，人起床后首先是排泄，排泄以后再洗漱，然后才开始干活。这里虽然没有讲到一年四季，但是用一个冬至作开头。

万物未生时

讲完未生，接着就要讲生了。阳气未生出地面之前，地下的根便在忙于占据地盘，抢占先机，吸取大量的养料和水分；然后，地上的芽就开始抽枝、长叶、开花、结果，结果以后，果熟蒂落，又回到冬至，后面就不需要多说了，是我们都很熟悉、都能推测到的。所以，讲了未生，实际上就讲了已生，这里是把未生作为一个节点，作一个延伸。后面的生呢？就是我们自己想像的空间。天地未生之时是混沌时期，我们可以想像，它正在酝酿“生机”，犹如人之“十月怀胎”。

天始有根

所以，“到此天始有根”，这个时候天有根了。根是什么？根，就是未生时酝酿的“生机”。生机在哪里？在种子的胚根里。胚根中藏有重浊之气，所以胚根向下。“天始有根”，又是往大处说，指“天尊地卑，乾坤定矣”。天（阳气）向上，地（阴气）向下，于是天地定位了，开始立根了。

天开于子

“再五千四百岁，正当子会，轻清上腾，有日，有月，有星，有辰。日、月、星、辰，谓之四象。故曰天开于子。”这个地方讲子会，为什么？这个子会是从哪里说的？是从根上说的。轻清之气上腾，相对而言则是重浊之气下沉，阴阳于是相交，相交则相生，所以说根中藏有重浊之气。“天开于子”时，于是有了日月星辰天之四象。重浊之气下降，即会形成土、石、水、火四象。土、石是地之象，水、火是天地之间的共象。前者为重浊之象，后者为清轻之象，这八种现象合起来为天地四象。午时，阴气上升，阳气下降，阴阳再次相交，相交则能相生（如男女相交则会生育）。由此推测，也可以说“地辟于丑”。故为“天开”、“地辟”。

近丑之会

“又经五千四百岁，子会将终，近丑之会，而逐渐坚实。”坚实是什么意思？轻清之气谈不上坚实，这时候有重浊之气了，重浊之气下沉，形成了土、石二象，土石有坚实之象。五千四百年又过去了，子会将要终结，丑会又将来临。这又是一个周期，这一周期中，地球形成了。“坤厚载物”，因为坚实所以载物！

大哉乾元

乾卦曰“大哉乾元，万物资始，乃统天！”坤卦曰“至哉坤元！万物资生，乃顺承天。”乾是什么？乾，为纯阳卦☰的卦名，象征天，又代表阳气。元，即天从这里开始。“至哉坤元”，坤是什么？坤是纯阴卦☷的卦名，象征地，代表阴气，地从这里开始。刚才讲的“逐渐坚实”就是指坤元了，坤元就是重浊之气下沉开始形成地。“万物资生，乃顺承天”，这时候又讲到生了。“顺承天”，生为什么要顺从天呢？万物生长靠太阳，雨露滋润禾苗壮。太阳也好，雨露也好，都是从天上来的，都要靠天。其实，这几句话是《易经》中的两句“彖辞”，是孔子解释《易经》的话。“大哉乾元”是“乾卦”中的“彖辞”；“至哉坤元！万物资生，乃顺承天”是“坤卦”中的“彖辞”，接下来还有一句“坤厚载物，德合无疆”。

地始凝结

前面讲了“天开”，这时讲“地结”。地开始凝结起来了，现在开始有地了。重浊的东西到地面表现为尘埃，由尘埃再聚集成岩石，岩石里面蕴藏了金属、玉石。古印度有“四大”之说，提到了四大物质。认为宇宙是由四大物质组成的，是哪四大物质呢？地、水、火、风。地大的属性为坚，水大的属性为湿，火大的属性为暖，风大的属性为动。

古希腊哲学家认为，构成物质的最基本的不变本体是由火、气、水、土四种“根”（基本元素）组成，亚里士多德正式称之为宇宙的四种元素，认为这四种元素是属于地球上的基本物质构成。

中国古代提出的是五行，认为宇宙是由土、水、火、木、金组成的。与以上二者比较，多了木和金，少了风和气。木和金都是土生成的，木在地上，金在地下。五行里面没有风，也没有提出气，其实风就是气。五行中没有哪一样离得了气，五行是行行都要带气，不带气就不能运行。中国人认为，气不能单独分，单独分就分离了。火没有气不行，缺氧了就不能燃着。水呢？水是氢原子和氧原子组成的，它的父母就是气。土也离不开气，它是由重浊之气组成的，同时它也离不开轻清之气。木和金不用说，都离不开气。

中国的五行以什么为本位？以土为本位，所以有地下的金和地上的木。虽然有一个土，但土是土。你看，土是包括土和岩石，但是地下的金呢？包括地下的矿物质一类，是人类不可或缺的矿产资源和能源资源。地上的木，包括草木、禾苗、农作物都是木一类的，都离不开土。所以，金与木以土为本位，而“五行”排列又是以人为本，道理非常简单。以人的生存和活动为本，离不开人的日常生活需要。因为人的生存、生活，除了土、火、水，还需要大量的金和木（草木）。看起来没有气，没有提到气，但是万物生存都要带气，五行也离不开气。比较古印度和古希腊的“四大”、“四元素”，中国的“五行”是迷信，是科学？还是哲人的思辨？后文再重点讨论。

正当丑会

“再五千四百岁，正当丑会，重浊下凝，有水，有火，有山，有石，有土。水、火、山、石、土，谓之五形。”实际上就是刚才所说的“四大”和“五行”。“水、火、山、石、土”，山上有木，石即代表矿物质。万物产生了，“故曰地辟于丑”，什么叫地辟？是不是指开天辟地的辟？

今天有一个最好的体验。每年春节和大的喜庆日，都要燃放焰火。九四年国庆节，我在天安门广场前门附近的一幢居民楼的阳台上近距离观看焰火，我突然感受到宇宙在大爆炸中诞生时的情景（一种想像）。那焰火在天空中绽放开来，形成一团巨大的焰火球，朵朵烟花四射，如空中花园，突然使我展开了想像的翅膀。

当时我在想像，由此推想到宇宙大爆炸的一刹那犹如焰火绽放的情形一般：有千千万万的烟花向四处散落。散落时烟花逐渐冷却，在天空中形成了很多星星点点。我们把这个焰火体积放大，再放大。怎么放大？有两种放大法：

首先，从时间上放大。我们想像，这个焰火一绽放，从爆炸的一刹那到所有的烟花全部熄灭，大约有几十秒（一分钟以内）。那么，宇宙爆炸到现在是多长时间呢？科学家有一个推测，距今大约有一百五十亿年至二百亿年。我们假设烟花从爆炸到熄灭的时间是三十秒，那么，一百五十亿年除以三十秒，是多少倍？这是时间放大法。再假设一朵烟花就是一个星系，一粒冷却后的烟尘就是一个星球，于是，可以用烟花体积和星球体积的比例来类比、推算。那么，把星系（平均值）体积除以一朵烟花的体积得出来的倍数，再乘以三十秒，即可推算出宇宙的寿命（假设）。这个倍数有多大？我们可以展开想像，可以去推测。同样。将一百五十亿年（换算为秒）除以三十秒，所得的倍数再乘以烟花的体积，就可以推算出所有星系体积的平均值。

我们甚至可这样展开想像：如果将焰火过后的烟花碎片收集起来，从物理和化学等各个方面进行科学验证、分析，也许还能找到太阳的构造、地球的构造原理。这样，我们在玩的时候就能玩出名堂，欣赏焰火时就能获得科学的灵感。

2010 年，天文学家发现太空中有一种罕见的圆形碳分子，名为“巴基球”。“研究小组是在一个叫做 Tcl 的行星状星云里发现这些碳球的。与太阳一样，行星状星云是天体的残留物，随着年代变化天体的外层大气和尘埃不断脱落。‘巴基球’就是在这些星云中发现的，可能反映了星球生命丢弃一层富含碳的物质的短暂阶段。”（《参考消息》2010 年 7 月 26 日）借鉴于这段描述来描写焰火燃放后，烟花的残留物形成了宇宙中的星云系和各类星球，也许是现阶段科学普及者或爱好者（我只是一个爱好者）的想像。应该说，这算是一种有趣的思维游戏，远比玩那种由他人编好程序的游戏有意义得多。借此建议，中国游戏界的精英们，将科学的成果以及幻想编成游戏，既可以普及科学知识，又可以净化人们的心灵，功德无量。

这么去推测、去想像的话，我们就想像到“地辟于丑”的含义：就在宇宙大爆炸的“噼啪”声中，所有的星系开始形成了。由此我们可以想像到，同时爆炸的烟花一朵朵，像天女散花，星星点点。有地球就有其他的星球，有恒星，有行星……有太多、太多的星球。地球为什么围绕太阳转？地球当初就是太阳这朵烟花里绽放出去的一粒粉沫，它必须跟着太阳转。“地辟于丑”，所以，整个太阳系、整个银河系都辟于丑，整个宇宙中所有的星球都辟于丑。就像烟火和烟花，“辟”于绽放时的那一瞬间。甚至可以把眼前这片可视的天空比作整个宇宙空间，把每朵绽放的烟花比作宇宙中一个个星云系。这又是多么壮观的思维空间呀！

寅会之初

“又经五千四百岁，丑会终而寅会之初，发生万物”，万物有了。“历曰”，这个“历”是历法。我们中国古代使用的太阳历，是以太阳的运行规律来计算时间的；苏美尔人使用的是太阴历，是以月亮的运行规律来计算时间的。历书上说，此时是寅会之初了。一天中的寅时，是天明之前的黎明时分。

天地交合

“天气下降，地气上升；天地交合，群物皆生。”你看，刚才是轻清之气上腾，重浊之气下沉，现在呢？又讲“天气下降，地气上升”，这是什么意思？还是讲阳气上升，虽然这里没有讲阳气。轻清之气上升形成天之气，天气里面又分离出重浊之气，它又要下沉。地气里面又产生了阳气，轻清之气又要向上蒸腾。这样，轻清之气和重浊之气又一次交合。所以，这里的“天地交合”就是阴气和阳气的再次交合，也就是泰卦和否卦。前面讲到否（pǐ），这里讲到泰。于是，又联想起两个词：泰极否来，否极泰来，周而复始，循环不已。

泰卦是地天泰䷊，地在上，天在下。坤卦在上面，而乾卦在下面。也可以换种说法：阴气在上，阳气在下；或曰：女在外，男在内。故曰“地天泰”。坤卦是指地吗？乾卦是指天吗？天地只是一个名字，实际上坤卦代表的是重浊之气（阴气），乾卦代表的轻清之气（阳气）。阳气在下面，向上蒸腾；重浊之气在上面，要向下沉降，所以阴阳可以交合，交合然后才能通泰。否卦䷋呢？正好相反，二者不能交合：轻清之气在上面，向上；而重浊之气在下面，向下，阴阳二气分道扬镳，不能交合，所以万物不能生育。

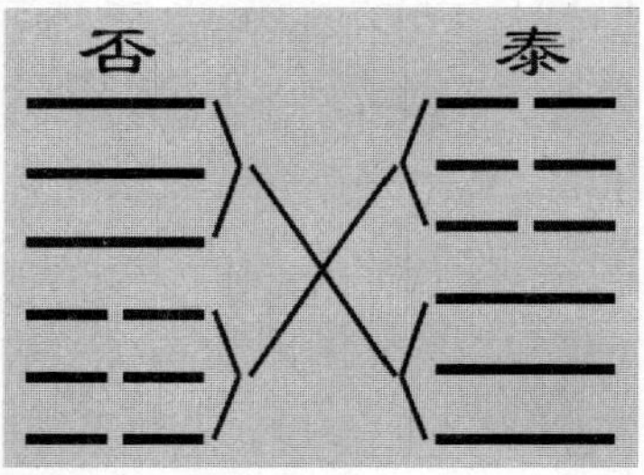

何为泰极否来？前文讲“若到戌会之终，则天地昏曚而万物否矣”，那时节是阳消阴息（长），所以万物闭合。何为否极泰来？这里讲的“天地交合，群物皆生”、“天清地爽，阴阳交合”便是否极（阴消）泰来（阳息）。

“人生于寅”

再过五千四百年，时间历法转到寅会。此时应是黎明时节。万物早已形成原始生态，人类也诞生了。应该说，先有微生物、植物，然后有兽、禽。万物都提前准备好了，人类才款款登场，成为万物之灵长。今日各种活动中，主要人物也是最后登场。“生兽”，这里不讲生畜，畜是家畜，兽驯化以后才有畜。兽，都是指野兽。禽，是指飞禽、野禽，不是指家禽。“生兽”，即“牲畜”，指饲养业产生了。此时有天地人三才，或者说，是天地人三道。这里把宇宙的形成，宇宙空间的变化，乃至于每一天人们生存活动，都用时间来说明，以时间为标识，以时间为次序，以时间为经纬。也就是说，用时间来描述空间，这不正好就是“西游”的寓意吗？

这里讲到寅，但没有讲到日出，就不往下讲了——不讲日出时的卯时，也不讲日落时的酉时，很奇怪！前面从戌时末讲起，戌时前面是酉时，日落为酉——太阳开始下山为酉时。从戌时到寅时，寅时天还没亮，寅时后面才是卯时，卯时才日出。你看，他讲中间这一段，即晚上六个时辰（十二小时）。那白天六个时辰呢？从日出卯，到日落酉。这就是白天的西游。太阳西游，人跟着一起西游，这个过程他不一一描述。这个地方“人生于寅”，人类诞生了。人一出生，就跟着太阳日出日入了。此时，“西游”的故事开始了。

也许邵康节从《易经》的易象、易数和易理中推测到了，从宇宙大爆炸→地球形成→万物生成→到人类诞生之时，已经经历了戌元、亥元、子元、丑元这四个大纪元的漫长岁月，人类诞生在寅元世纪之初，人类的幸福“西游”是从这个新纪元开始的。

第十七章

谁在西游?

以上是《西游记》开卷第一段的描写，接下来第二段开头写什么?写孙悟空出生了。他不讲人出生，而是讲猴从石头中生出来了，猴子变成了人。奇怪的是：难道吴承恩读过达尔文的《物种起源》?他这里的描述怎么与达尔文的“进化论”不谋而合?难道是哲人之见略同?

作者不讲是由于唐玄奘出生，才有西行取经这一件事；而是讲由于孙悟空出生了，才有以后的西游，他是从孙悟空写起的。显然是承接上文的“人生于寅”。而人又从猴（石猴）说起，因为金、木生于土（石），万物生于土，人也不例外，同样生于土，这里的土就代表了地球。很多研究《西游记》的专家都说，本来西行取经的主人公是唐玄奘，但是到了《西游记》这本小说里面，到了吴承恩的笔下，一号人物换了角色——唐玄奘换成了孙悟空，在小说一开头就换了主角。

作者写错了吗?不错。如果讲西行，主人公是唐玄奘。但是，这里讲的西游是一种寓意，这种寓意显然是说：我们每一个人都在西游——既可以放大到西行取经途中的九九八十一难，又可以缩小到我们每一天的生存和活动（生活），每一天的日出、日落，就这么简单。小说开头就是这么说的，这是全书的主线，这是本书最关键的东西。他写“人生于寅”，接着，笔锋一转，写石头生猴，猴又变成会说话的人。人生出来了，在此之前，兽早就生出来了，禽也早就生出来了，那些妖怪都是兽、禽变的。

作者讲石头变成了猴子，猴子又变成了人，难道作者是随意去写的吗?人是从哪里来的?迄今为止，我们的历史教科书还在讲，人是由猿猴进化而来的。那么，猿猴是从哪里来的?没有地球，没有土壤，没有岩石，哪里有猿猴呢?没有植物，也就没有动物，这个道理不是很简单吗?作者是讲神话吗?讲神话，要讲得有道理，要有科学依据，要经得起哲学家的推论，要经得起科学家的考证，这才真正是神话。如果讲得没有道理，没有根据，那就是鬼话了，是不是呀？什么都不像嘛。

文学家、艺术家可以去创作，去构思，去虚构，特别是现在的动漫，想像的空间特别大。但是，有些作品的想像没有根，没有依据，那不行。作品必须有根，有生活的根，有根才有生命力。而且要巧设机关，要安排得很巧妙。如果直截了当，那就不叫艺术。如果一开始就说白了，那也不是艺术。

有人说：你这样讲《西游记》，把里面暗藏的这些东西都讲白了，不是一大罪过吗？是的，我也曾经想过，我罪过呀，我把它说白了。其实不然，为什么？我没有说白，因为里面还有很多深奥的东西我说不清楚。所以我讲的时候，重复的地方太多了，就是心里体会到的东西表达不出来，没法用语言来表达，给后面留下了很多、很多的空间，可以不断去说，不断去翻它的底牌，不断地去捅窗户纸。如果再去翻的话，里面还有没有底牌？还有呀。什么叫文学？什么叫艺术？乃至什么叫哲学？什么叫科学？其实，答案是共同的：生活。生活本来就是明明白白的。但是，司空见惯的事物往往被忽视。《易》曰："百姓日用而不知"。文学、艺术、哲学、科学，就是用各种方式方法，表达生活中这些"日用而不知"的东西。"日用"是简易的，"不知"是深奥的。正是由于日常生活中既有"日用"的简易，又有"不知"的深奥，所以，才有文学、艺术、哲学、科学的拓展空间，才有难以穷尽的哲理和魅力。从这一点上理解，就不会把"百姓日用而不知"误解为"百姓"的愚昧，而是生活本身具有无穷的魅力。否则，古时也没有那么多故事可讲，今日也就没有文明和发展可言。

日游"随"卦，夜游"归妹"

刚才我们讲西游，是人在游吗？实际是人随着自然规律在游，所谓游，实际是指人们的日常活动。也可以说，是猿在游，是马在游，猿在心里游，马在意念中游。这个西游有多重含义。最后一回"径回东土，五圣成真"，他们回到了东土，不是又回来了吗？

这正好应证了《易经》里面的两个卦：一是随卦，一是归妹卦。随着日出而东升西落，这就是随。"归妹"，归昧也。昧者，明也，即黎明。"妹"与"昧"音同，义也可以通假，也就是用的时候可以变通。一随一归，正好就是第一回开篇讲的：从戌时又到了寅时。你看，寅时后面是卯时，从卯时到酉时，日出而作是随卦；从戌时到寅时，日入而息，醒来后正好是归昧。所以，这个西游有根有据，有出处，而且出自于经典。下面我们来具体分析这两卦的卦象：

《随》卦象辞曰：“君子以向晦入宴息。”意思是，君子随时偕行而“向晦”。晦，冥也，暗也，夜也。白天，日出而作；晚上，回家休息。休息了一个晚上，太阳又出来了，人们又开始劳作了。所以名曰“归”。归妹，归昧也。《说文解字·日部》：“昧，爽，旦明也。”旦明，明未全明，即黎明。《诗·郑风·如曰鸡鸣》：“士曰昧旦。”陈奂传疏：“昧旦，未全明也。”随，即随时偕行而“向晦”（暮）；归妹，即随时偕行而归昧（旦）。

这两卦都是由《震》卦☳和《兑》卦☱重合而成的，《随》卦䷐在上经第十七卦，《归妹》䷵在下经第五十四卦。《震》卦象征雷，《兑》卦象征泽。更有意思的是：后天八卦图中，《震》卦居东方之正位，为卯的方位（日出卯）；《兑》卦居西方之正位，为酉的方位（日落酉）。请仔细欣赏下面这幅图，从中能得到启发的。

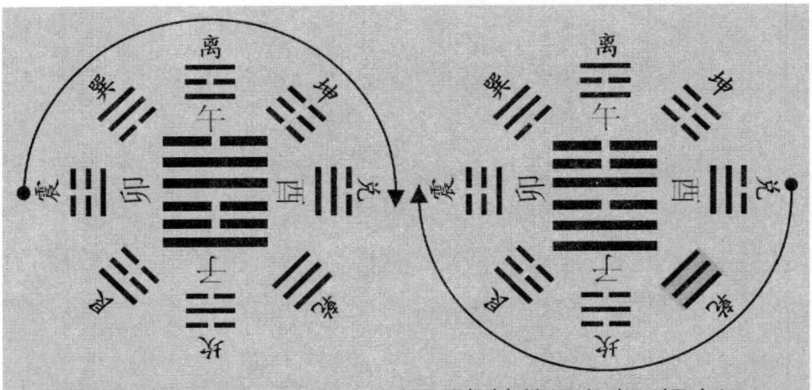

随卦：白天可视空间　　归妹卦：夜晚可视空间

上图中，左边为随卦䷐，下震☳、上兑☱，对应圆图上的东震☳、西兑☱。如果由东（震）向西（兑）顺时针画一个半圆，即由日出“卯”，向日落“酉”，犹如一个白天的可视天空。再看上图中，右边为归妹卦䷵，下兑☱上震☳，正与外圆中的西兑☱、东震☳对应，顺时针画了一个半圆。即由日落“酉”回归到了日出“卯”，下半圆犹如黑夜中的可视天空。

从后天八卦图上看，空间上的象征：即坎卦居北，离卦居南；震卦居东，兑卦居西。时间上的象征：即坎为子时，离为午时，震为卯时，兑为

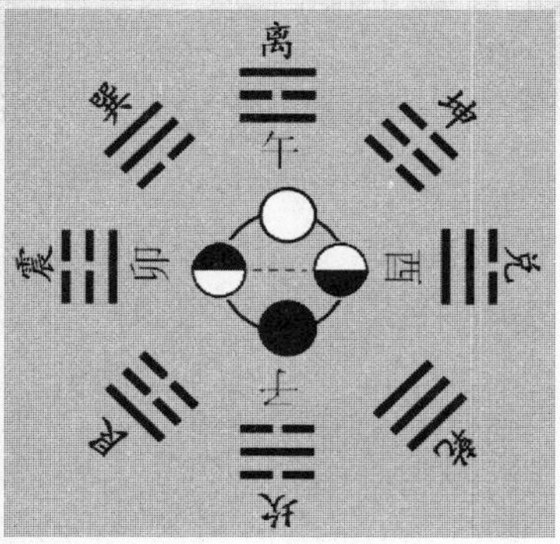

酉时。也就是人们常说的“子午卯酉”。子为夜之半，午为昼之半。卯为日出时，酉为日入时。有趣的是，古文卯（丣）与酉（卯）相近（见《说文解字》中的“酉”、“柳”字条）。为什么字形相同呢？丣字形中的“一”在上表示天，卯字造形表示一阴一阳。江淹《别赋》诗云：“秋月如珪，秋露如珠，光阴往来。”光为阳明，阴为幽暗。丣与卯正是朝暮二时“光阴往来”的临界点，也可以说是昼夜交替的临界点。字音不同，日出、日入的现象相似。

“随”卦表示人们随顺天的时间而随时，“归妹”卦表示回归明昧。此二卦都是以卯位的震卦☳和酉位的兑卦☱上下重合而成。古代造字者与作卦者不谋而合。所以，《易》曰：“易与天地准。”其实，万物都与天地准，人类也以天地准，古人造字也与天地准。

《随·彖》曰：“天下随时。”《随·象》又曰：“君子以向晦入宴息。”这句中的“向”字是行为动词，不仅指人的行为，其实也包涵了万物的行为，当然人与万物都是向着太阳，跟随日月运行，向西又向东，意思是由“震”（日出）向“兑”（日落），又由“兑”向“震”（东升）。一个“向”字妙极了。此时夜幕降临，先设宴进晚餐，再撤宴而息（古时桌与席同榻）。“息”与“席”都从与“西”字音近。“西”字甲骨文为[illegible]，《说文解字》解释为鸟巢。有学者认为是草席。应该说，草席也是模仿鸟巢编织并用作睡觉之用。这是古人的一种模仿。还有一层模仿更有意思——鸟随日落西而归巢棲息，人则“日入而息”，“向晦而宴息”。太阳下山了，万物都要休息，人也要休息，所以同有一个“息”字。这本是日常生活的作息规律，为什么前面要加上“君子以”？以，即依循、随顺之义。难道只有君子才懂得这种“日出而作，日入而息”的规律，而小人则是白天“入宴息”？这句看似一句笑谈，却为我们提示了一个简单的道理：依循日月运行规律者为君子，反之则为小人。这就说明：《易经》的作者，我们的远祖先民，早已是以客观为第一性，一切从客观存在出发，依据客观规律作息。持这种观点和方法的人为君子。

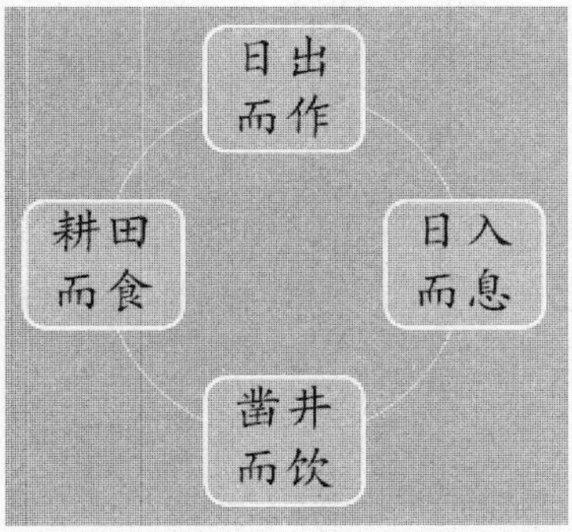

反之，如果只从主观意识出发，则算不上君子了。

也许有人会问，《西游记》全书以“日出”又“日入”为主轴，那么，开头与结尾又是如何呼应的呢？请看第一回标题的第一句：“灵根育孕源流出”，再看第九十九回标题第二句：“三三行满道归根”。第一回开头部分以“时”为开篇，接着讲述孙悟空在东胜神州出生；第九十九回后一部分讲述唐僧一行从西天取回真经返回东土大唐。从前后文字上看，东胜神州与东土大唐并不是一回事，又何为“归根”呢？这“根”与“根”的前后呼应，又是值得讨论的地方

有人问过我：“你能不能用一句话概括《易经》？”我说：“《易经》就是野人的作息时间表。”所谓野人，是指以天地日月为作息准则的远祖先民。所以《随》卦的“彖辞”曰：“天下随时，随时之义大矣哉。”《归妹》卦“彖辞”曰：“归妹，天地之大义也。”大义者，日常生活中“保合太和”的原理也。这一原理中，每天的日月运行，由“随”向“归妹”，又由“归妹”向“随”，如此一个昼夜中变化的规律，又是每一个昼夜循环交替中，“苟日新，日日新，又日新”不变的规律。故《尚书》云：“德日新，万邦惟怀。”这正是一种人类心向往之的和谐社会。同时，又像一幅“幸福”的长卷，从宇宙大爆炸，无数朵礼花在空间绽放那一壮观的画面开始→银河系的“元会运世”幸福图→太阳系的“年月日时”幸福图→地球上一年寒暑往来的幸福图→人人生活中“日出而作，日入而息”的幸福图……这不是某一个人的幸福感受，这是全人类以及天地万物的幸福感受；这不是一时的幸福感受，而是亿万年的幸福感受。这种幸福感受记载在《易经》中、《古诗》中、《西游记》中。烙印在中国人的传统记忆里，在我们每一天实实在在的生活中——由此而铸就了中国人的幸福品牌——孙悟空则是中国人幸福品牌的形象大使。我们亲切地称呼他为“幸福王”——他就是每个感受幸福的我和你、你与他。

结语

昼夜殷勤

本卷大标题由四个词组成，即：昼夜、西游、幸福、王。这四个词都是关键词，不仅仅是本卷中的关键词，也是《西游记》全书的关键词，同时，又是本书《幸福王》中的关键词。所以，这里要讲讲这几个“关键词”的内涵。

关键词——昼夜

《西游记》中关于“昼夜”的内容，一是写孙悟空的“昼夜殷勤”、“昼夜不睡，滋养马匹”，“子前午后，自己调息”；二是开卷就从“一日而论”写起，形象、准确地描述了一昼夜十二时辰（十二支）的名实特征；三是结尾有一个大数，即5048个昼夜。可见，“昼夜”这个概念贯穿了《西游记》全篇。

昼夜，是怎样形成的呢？古人和今人观察和推理的方法不尽相同，但其结果却完全相似。《易经·系辞传》曰：“日月运行，一寒一暑。”“日往则月来，月往则日来，日月相推而明生焉。”其实，这两句话也可以说：“日月运行，一昼一夜。”“日月相推而暗生焉”，明为昼，暗为夜。这就是《易经》所描述的天道，也是地道。今天的科学观察，地球自转一周形成了昼夜交替，地球绕太阳公转一周形成了寒暑往来，月球绕地球转一周形成了朔望盈亏。这种天道、地道，是客观世界里的常道，天天如此，月月如此，年年如此，一万年、一亿年也是如此，恒古不变，也叫恒常不变，所以叫做常道。用今天哲学家和科学家的说法，又叫做规律，应该说是天地万物的大规律。这种大规律与常人的生活有什么关系呢？

关键词——西游

显然，“西游”是《西游记》的书名，也应该是书中的主题题眼。为什么称为题眼呢？古人取书名多有含蓄，正如《易经·系辞传》所说的："其称名也小，其取类也大。其旨远，其辞文，其曲而中（zhòng），其事肆而隐。""西游"一名听起来很普通，但取象比类，则是日月运行的大规律。为什么说"言曲"、"而隐"呢？先从"游"字上来看。

"游"字在《说文解字》中，不在"水部"，而在"㫃（yǎn）部"，与"旌"、"旗"同部。曰"游，旌旗之流也。"甲骨文写作，像旗下有人。旌、旗、游所以为"㫃部"，古代部落、诸侯国各据一方，称为方国，一国一旗号，独树一帜。旗上有飘动的带有球状的彩带，飘动如流水形，"㫃，旌旗之游"。所以说，"游"字的原创本义带有标志、夸张和浪漫，同时又有生动形象的情境，使人想像到，像有一队人马在旗帜的指引下向前行进。这种想像是以"游"字原创形态为依据的。可见，文学虚构也要有学术的含金量。西行取经途中许多故事都是虚构的，而且是神话虚构。有人认为，这是一个神魔世界，因为书里不但有佛、菩萨，有天上的神、仙，还有妖、魔、鬼、怪……这些在我们现实生活中只能通过想像而看不到，似乎是游离于现实生活之外的东西。所以用一个"游"字，它与现实生活的"行"有所区别。

可见，"西游"是指人的行为，是人道，而不是天地的行为。因为日月运行是客观本体上的，从来不分东方、西方。所谓日出东方，日薄西山，这些概念都是人们站在地球上某一点（观察点）观察日月运行时形成的，因为人眼观察的天空是有限的，只能以东、西为方位。所以说，这是人为的，是人道。自古以来，人们"日出而作，日入而息"，这不仅是人类的作息时间表，也是万物的作息时间表。比如：飞鸟日出时百鸟出林，日入时百鸟归林；花草日出而开，日入而阖（合）。应该说，这份作息时间表是万物第一条生存法则。为什么这样说呢？因为万物生存第一需要是呼吸，作息就是获取息息相关的气。第二条生存法则呢？"凿井而饮"，水是第二生存

日出后，花开了

日落前，花合了

需要；第三条生存法则呢？“耕田而食”，食物是第三生存需要。所以《古诗十九首》中的《击壤歌》曰：“日出而作，日入而息。凿井而饮，耕田而食。”把这首诗旋转180度，再读：“日日凿耕，出入井田，作息饮食。”古人早把人类生存的三大要素按次序排列在诗中。这些生存法则是怎么制订的呢？显然，这是远祖先民在长期的劳作中探索出来的，其依据，正是“日月运行”这一大规律。规律是客观形成的，规则是人为（主观）制订的。规律是天道和地道，规则是人道。今日所说的“纪律”，也是一种规则。纪律、纪律，要求我们时时记住大的规律——日日西游。

关键词——王

《说文解字》：“王，天下所归往也。董仲舒曰：‘古之造文者，三画而连其中谓之王。三者，天地人也，而参通之者王也。’孔子曰：‘一贯三为王。’”“王”字，三横代表天、地、人三道（三才），一竖表示三道贯通。为什么说贯通天、地、人三道者可以为王呢？如何贯通呢？《易经·系辞传》曰：“通乎昼夜之道而知。”倒装来读，就是知道昼夜是怎么形成的。怎么形成的呢？前文已经讲过，昼夜之道，就是天道、地道，也叫天之常道、地之常道。人类又根据“昼夜之道”制订出“日出而作，日入而息”的生存法则，这也可以称之为人之常道。也就是人们常说的：日子是怎么过的。“日子”就是“昼夜”。人们又根据这一常道，制订出生活、生产、劳作、工作、交往的规则、细则、游戏规则。这些规则都是为了正常生存、生活、生产而制订的；同时，也是为了维护社会公共利益和秩序而制订的。比如今日的交通规则，既是为了保障交通的通畅，又是为了保证每个行人的交通安全，这两者都关系到每个人的公共利益，所以每个人都要自觉遵守。有人任意违犯交通规则，甚至常存侥幸心理。这样会是什么结果呢？侥幸逃得过人为的规则，终归逃不过日月运行的大规律，这是天地之间的道义。有人自作聪明，上有政策，下有对策。殊不知，每个人都生活在天地之间，生活在日月运行之中，上有天道，下有地道，中间应该遵守人道。天地有规律，人有规则，规律和规则都应该自觉遵守，这样才是“一贯三”的王者，才能“通乎昼夜之道而知”。知什么？知天地之间的道义。《易经·系辞传》曰：“成性存存，道义之门。”天性、人性是怎样形成的？是在“日月运行”这种客观存在中形成的，有性才有生，有生才有心，有心才有知，有知才有人。人不知天地之道，必然为天地所不容，这就是天地间的道义之门。谁也不可以违背，胆敢违背者，必是无知，躲得过法治，躲不过天遣。因果报应，毫厘不爽，任何人都无法侥幸逃脱。

孙悟空之所以逃得过太上老君的八卦炉，因为八卦炉是人为的，是规则。籀文（大篆）“则”字写作，从鼎。鼎与炉相似；从刀，古人把各种规则用刀刻画在鼎炉上，以作警示。孙悟空自以为有天大的本事，可以无视于这种警示，但终归跳不出如来佛的手掌心。为什么跳不出？因为手掌心人人皆有之，不是人为的，而是自然生存的，代表的是天地之间的规律，象征的是天地间的道义之门。孙悟空跳不过，逃不脱，谁能跳得过，逃得脱？

《易经》曰：“天行健，君子以自强不息。”“天行健”，是天之常道，是日月运行不止的大规律；“自强不息”，是人之常道，是“日出而作，日入而息”的生存法则。那么，又何谓“君子”呢？君子就是王者。所谓“王”，不是指王权、王位，而是指王者风范，王者风度，王者思维。王者的思维方式是“通乎昼夜之道而知”，王者的行为方式（风范、风度）是“日出而作，日入而息”，也就是懂得道义，遵守道义的人为王者、为君子。现实生活中，哪种人有威信？有公信力？有号召力？并不是以权力、地位、金钱、职称、学历为标准，而是以道义为标准。农村中一个普通农民，因为他的言行不离道义，说话算数，办事成功率高，自然会博取众人的信任和拥护，他，就是众人心目中的王者。在他的幸福指数中，比别人多了“公信力”这份含金量。所谓“公信力”，就是以天地之大道为公，以人道为信。

关键词——幸福

如何理解幸福？如何才能感受到幸福？什么才是真正的幸福？为什么说孙悟空是中国人幸福品牌的形象大使？是当之无愧的幸福王？这里我想结合孙悟空一生中的幸与不幸谈谈个人的三点感想，提供讨论，欢迎批评。

其一，《西游记》开卷曰："盖闻天地之数。"何谓天地之数？"且就一日而论。"先从一昼夜的十二个时辰说起。再用一昼夜十二个时辰来描述天地之大数，即一元十二会，从戌会之终，说到寅会之初。天地运行到寅会时是怎样的情形呢？"正当寅会，生人，生兽、生禽，正谓天地人，三才定位。故曰人生于寅。"万物之中，人是最幸运的。说到人类出现后，才转而写孙悟空，人是生于猿猴，猿（原）猴生于石，石生于地球，地球诞生于宇宙大爆炸。再说孙悟空出生后，前五百年大部分时间生活在花果山（500 多年减去求学 20 年、做弼马温 15 年、住"齐天大圣府"150 多年，有 200 多年在花果山）。这 500 年中，既自由自在，又大起大落，有悟、有迷，有功、有过，其思维方式和行为方式，多源于野性和本能。后五百年怎么样呢？五百年被压在五行山下受无间地狱之苦。无间地狱本是"无有出期"，但五百年后，观世音菩萨来开示他"知悔"，唐三藏来救他出离苦海，自此皈依佛门，"尽殷勤保护取经人"。仅仅十四年时间，到达了西方灵山佛地，取到了真经，送到东土大唐，又回西天缴还法旨，被加升为斗战胜佛。结局的第一百回中有这样一首诗：

圣僧努力取经编（篇），西宇周流十四年。
苦历程途遭患难，多经山水受迍邅。
功完八九还加九，行满三千及大千。
大觉妙文回上国，至今东土永留传。

诗中的"迍邅（zhūn zhān）"，是《易经》"屯"（zhūn）卦中的话，原文为"屯如、邅如，乘马班如。"屯如，是指困顿、艰难的样子；邅如，是指进进退退，徘徊难行的样子——象征西游途中的艰难历程。"八九还加九"，指九九八十一难，西行时历经了八十难，径回东土时又补上一难，这一难发生在一老鼋身上，正好应合"九九归元"一说（前文已经讲过）。"行满三千及大千"，中的"千"字又很关键。千，是数词。开卷说"天地之数"，第一段中讲了一组数字："十二万九千六百岁"、"十二支"、"一万八百岁"、"五千四百岁"等。结局时，又有一组数字："三藏"，"三十五部"，"一万五千一百四十四卷"、"五千零四十八卷"（一藏之数），"十四年"、"五千零四十日"、"还少八日，不合藏数"，一藏之数应为五千零四十八日（见于第九十八回）。

开卷的"天地之数"，前文已有详尽的讲解，这结局时的一组数字又说明了什么呢？这里的关键数字是"一藏之数五千零四十八日（卷）"。

这“五千零四十八”是怎么来的呢？读《西游记》，只能从《西游记》原著中去寻找，书外的寻找，多为附会。

孙悟空出离五行山下无间地狱之苦后，只经历十四年零八天就成了斗战胜佛。这里有两个问号：一是前文讲过的，无间地狱是凡者六道中最底一层；佛是圣者四法界中最高一层，也就是说，从最底一层升华到最高一层，只用了十四年零八天的时间，真的这么简单吗？常人能达到吗？二是西行时历经了十四年，但与一藏之数相比，还差八天，径回东土后又回西天缴还法旨，正好在八日之内，补上这八天后才能成佛，少一天（一昼夜）便不能“功成行满”，这又是为什么？

前文讲过，凡者六道的众生，和圣者四法界的佛菩萨，都是人，下三道是做了孽、造了恶的人，上三道是行了大善的人，圣者四法界是离苦得乐，觉悟了的人。孙悟空被如来佛压在五行山下，是因为他痴迷于玉帝的大位，在“强者为尊”的迷魂阵里不能出离，一时堕落到了“不当人子”（不为人道）的畜生道（猴精），又因为他在如来佛手掌上涂鸦、撒尿，玷污了圣贤，不信圣贤之言，轻慢圣贤之法，又堕入了无间地狱。五百年后，在观世音菩萨的劝化下，一句“知悔”，甘愿修行、皈依佛门，即刻从无间地狱上升为人（人格）。人，是众生成贤、成圣、成神、成仙、成阿罗汉、成菩萨、成佛的基本起点。可以说，人生是一条圣凡平等的起跑线。譬如独臂英雄丁晓兵，他与他的战友出生入死，立了战功。但后来，战友触犯了刑法，下了监狱；他却成了人民心中的英雄，登上了人民大会堂的主席台。但他心中，从来不鄙视他的战友，他相信：战友一定会知悔而回到人格这一平等的起跑线上来。都是人，有同样的人格，才有同样的情感和人格标准。

众生修行以“人格”为起点，向上为天格、声闻格、缘觉格、菩萨格，最终成就大彻大悟的佛，上升到幸福的最高果位（境界）——大自在。这中间要经历人、天、声闻、缘觉和菩萨五格，即五个品位，佛教称之为“五乘”。何谓乘？乘（shèng），即指大车、大船，承载、运载的意思。一个“乘”字怎么写？是由“千”、“四”、“八”三个字组成的。写“乘”字时，下笔先写出主干部分“千”，再写支干部分的“北”（即甲骨文“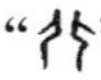”，为四画）和“八”。“五乘”，即五千；再加“四”与“八”，即五千零四十八，主干与支干之间为零。还有一说，“五千”即“五乘”，比喻五艘觉海慈航；“四十八”即阿弥陀佛“四十八愿”。阿弥阿佛赞偈曰：“四十八愿度众生，九品咸令登彼岸”。还有佛教回向文中那句：“尽此一报身，同生极乐国”。西行十四年只有五千零四十天，补上八天，完成了一藏数五千零四十八天，才能算是“行满三千及大千”，也可说是“行满三乘及大乘”（中国的汉传佛教为大乘佛教）。有人会提出置疑，这些不都是《西游记》之外的东西吗？请打开《西游记》原著，无论哪种版本，看看最后结尾是怎么说的：

“愿以此功德，庄严佛净土，上报四重恩，下济三涂苦。若有见闻者，悉发菩提心。同生极乐国，尽报此一身。……摩诃般若波罗密。”吴承恩写到此处收笔，如释负重，终于完成了《西游记》这部巨著。前文已讲过，阿弥陀佛是极乐世界的教主，极乐世界是阿弥陀佛发四十八大愿创建的。“摩诃般若波罗密”，摩诃，为大；般若，为智慧；波罗密，为度彼岸。全句的意思是：乘上大智慧的慈航，渡到了极乐的彼岸。

有人不信佛教，不认可“极乐”这个词，其实，人们对于幸福的追求，幸福的最高境界，最远大的目标，就是“极乐”，就是洪福齐天。

其三，什么叫“极乐”？这是一个有争议的词。也许有人会认为，极乐，就是快乐到了极点、极至，没有任何苦难。其实，这又是一个误区。极乐是一种精神层面的感受。物质享受即使到了极至，如果精神层面的境界上不去，反而会感觉乐极是苦、乐极生悲，再多的幸福也是忧虑和烦恼。只有精神境界上去了，才能居高临下，有比较，有情趣，有知恩惜福的感受。比如中国工农红军当年爬雪山，过草地，每天苦行军，还要打仗，吃的是树皮、草根，可谓“辛苦受尽，命似悬丝。”可是，崇高的信仰和坚强的意志，却使他们始终怀着对于幸福的憧憬，对于自由解放的向往，对于革命胜利的信心。正是这种“极乐”的心态，铸就了红军的精神，夺取了全国的胜利。毛泽东在陕北瓦窑堡会议上讲到长征时说：“自从盘古开天地，三皇五帝到如今，历史上曾经有过我们这样的长征吗？十二个月光阴中间，天上每日几十架飞机侦察轰炸，地下几十万大军围追堵截，路上遇着了说不尽的艰难险阻，我们却开动了每人的两只脚，长驱二万余里，纵横十一个省……”这里也有一组数字：十二个月，二万余里，纵横十一个省，还有红军每人的两只脚。红军从东边出发，一路西行，后又北上，最终又东回。如果说，《西游记》中的“西游”，是吴承恩笔下的神话小说；唐玄奘的《大唐西域记》是中国佛教史上的奇绩；那么，中国工农红军的二万五千里长征，则是在中国共产党领导下谱写的英雄史诗。这一历史征途中有多少个昼夜殷勤和昼夜不睡，有多少人用鲜血、用生命铸就了翻身得解放，建立新中国的“大乘”，无数革命先烈用信仰和理想书写的人格，用两条腿攀登的觉悟境界。

极乐者，觉悟也。没有觉，没有悟，再多的物质享受也品尝不出幸福的甜蜜。此时此刻，我心驰神往处，时而在孙悟空的“本路”上，时而在玄奘大师的西行途中，又时而在红军长征的雪山上、草地里，久久缅怀着远祖先民，缅怀着革命的先烈。缅怀又使我回到了现实，回到了现实生活中的每个昼夜，回到了平常生活的“日子”。此时，我心目中的“幸福王”，头上的紧箍圈早已“自然去矣”，但现实中的“幸福王”，头上依旧还需要一个“紧箍圈”，这个“紧箍圈”，既象征“日月运行”的大规律，也代表“日出而作，日入而息”的规则。现阶段，遵守规律和规则，才能使每个人都能自由发展，才能使每个人得到幸福。当社会上，自然界，一切人、一切众生都能自由发展，一切人、一切众生都能充分享受幸福时，人人都是觉者、悟者，人人都是幸福王时，头上的“紧箍圈”才会“自然去矣”。幸福在哪里？在我们每个人的每一个昼夜，每一个“日子”里。

由此可以推测到，约束孙悟空的紧箍咒（秘密语）就是四个字——昼夜殷勤。今天，我们要做幸福王，也需要这句“紧箍咒”——昼夜殷勤。如何做到这四个字？其实，这又回到“卷一”中说到的：“君子终日乾乾，夕惕若厉。”白天勤勤恳恳——修其身，夜晚（夕）“三省吾身”——修其心。这样，才能成为君子，才能成为“终日乾乾，与时偕行”的幸福王。

卷四

齐家治国的幸福王

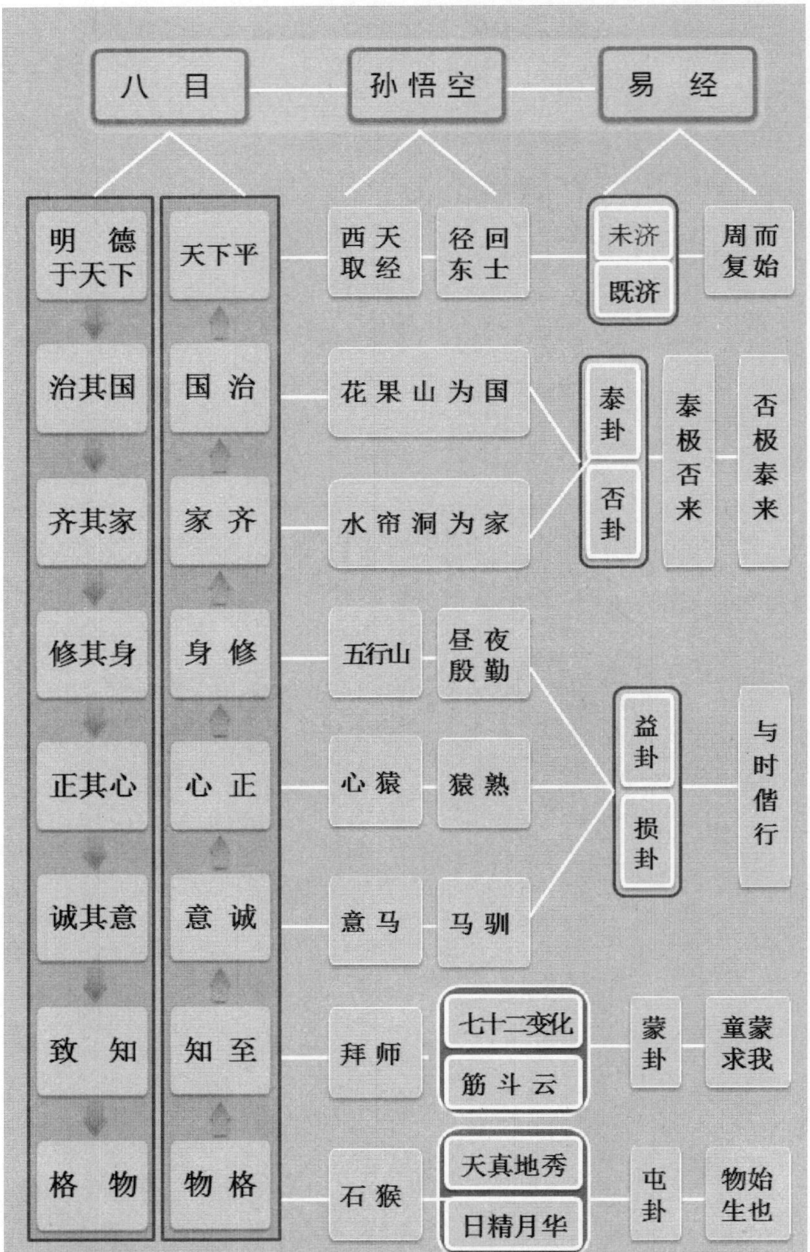

八 目
孙悟空
易 经
明德于天下
治其国
齐其家
修其身
正其心
诚其意
致 知
格 物
天下平
国 治
家 齐
身 修
心 正
意 诚
知 至
物 格
西天取经
径回东土
未济
既济
周而复始
花果山为国
水帘洞为家
泰卦
否卦
泰极否来
否极泰来
五行山
昼夜殷勤
心猿
猿熟
意马
马驯
益卦
损卦
与时偕行
拜师
七十二变化
筋斗云
蒙卦
童蒙求我
石猴
天真地秀
日精月华
屯卦
物始生也

卷首语

“八目”与“六龙”比翼齐飞

“修、齐、治、平”是修身、齐家、治国、平天下的简称，也是人们习惯上的一种称谓。出典为《大学》中的“八目”，原文是这样的：

古之欲明明德于天下者，先治其国，欲治其国者，先齐其家；欲齐其家者，先修其身；欲修其身者，先正其心；欲正其心者，先诚其意；欲诚其意者，先致其知，致知在格物。

物格而后知至，知至而后意诚，意诚而后心正，心正而后身修，身修而后家齐，家齐而后国治，国治而后天下平。

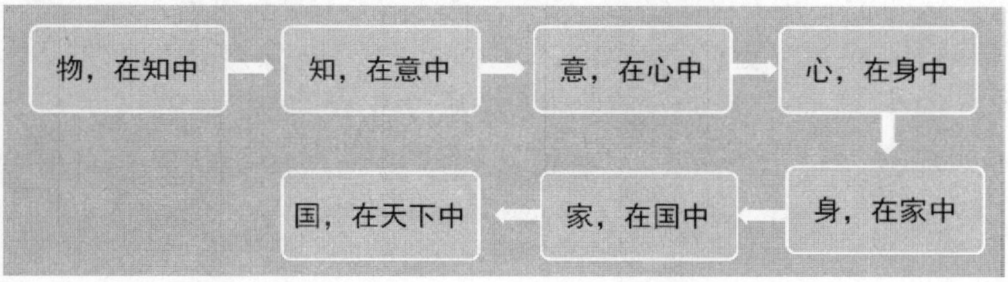

物，在知中
知，在意中
意，在心中
心，在身中
身，在家中
家，在国中
国，在天下中

这是孔子论述“大学之道”的八种次第，怎么又与《西游记》中的孙悟空有关系呢？其实有三个客观因素：一是孙悟空既是神话人物，又是现实人生的真实写照。现实的人生都曾有过齐家、治国、平天下的美好愿望，而要实现这一愿望，必然经历修身、正心、诚意和致知、格物这些过程；二是《西游记》书名本身就包含了这层含意，“西游”而又东归，既是空间上的穿越，又是时间上的穿越。这种穿越的过程中，无不包含着人生的愿望和实践；三是书中所描述的孙悟空，曾经有过这些美好的愿望和人生实践。譬如：他的母胎是一块石头，因为“每受天真地秀，日精月华，感之既久”，而孕育出一石猴——这即是“物格”；出生后“便就学爬学走”，“食草木，饮涧水，采山花，觅树果……”，又远道拜师求法——这便是“知至”；被如来佛压在五行山下五百年，“渴饮溶铜捱岁月，饥餐铁丸度时光”——名曰“身修”；奋不顾身，跳过瀑布飞泉，为群猴找到了栖身的水帘洞，自此便以水帘洞为家——名曰“家齐”；花果山七十二洞妖王拜猴王为尊，自此花果山安定有序——名曰“国治”；为教化南瞻部洲烦恼众生，尽殷勤保护唐僧从西天取经回到东土——名曰“天下平”；因保护唐僧取经有功，自此猿熟马驯，五圣成真——名曰“意诚”、“心正”。

应该说：格物、致知是缘起；诚其意、正其心、修其身是过程；治国、平天下是人生目标。

我们虽不能说，吴承恩是在演绎《大学》中的“八目”，但我们可以说，孔子的“八目”论述，则是对人生命运的演绎。不但在古代，即使在科技高度发达的现代，这种演绎依然可以与现实对号，与每个人的幸福人生对号。甚至可以这样说，即使是西方哲学巨匠们的著作中，也能随处对号入座。譬如海德格尔的《存在与时间》中有一个“在世界之中”的思维模式，又简称为“在之中”，依照这一模式，描述一下“修齐治平”，可以这样说：物在知中（感知），知在意中，意在心中，心在身中，身在家中，家在国中，国在天下中。这是一种东西方融会贯通的空间模式。孔子的“八目”就成了这一空间的人生回归线，遵循这条回归线，便可以演绎各自的幸福人生。如果说，仅仅从文字上很难理解《大学》中的“八目”，那么，对照幸福的人生足迹和履历，对照孙悟空一生中的幸与不幸，应该读得明白。下面，我们就一起来读吧。

第十八章

格物——天真地秀，日精月华

孙悟空的“格物”和“物格”有非同寻常之处，他是从石头中生出来的。这块石头也是非同寻常的：

“其石有三丈六尺五寸高，有二丈四尺围圆。三丈六尺五寸高，按周天三百六十五度；二丈四尺围圆，按政历二十四气。上有九窍八孔，按九宫八卦。四面更无树木遮阴，左右倒有芝兰相衬。”

这段话既描写了这块仙石的规模和特殊之处，又描写了其外部的环境。那么，它的内部变化呢？

“盖自开辟以来，每受天真地秀，日精月华，感之既久，遂有灵通之意。内育仙胞。一日迸裂，产一石卵，似圆球样大。因见风，化作一个石猴。五官俱备，四肢皆全。”

如果说，这是孙悟空从格物中脱胎而出的殊胜之处，那么，这种殊胜对于万物，乃至每个人都是平等的、寻常的。“格物”的本义为“徦物”，意思是“来于物”。郑玄注《大学》云：“格，来也。”孙悟空是从石头里“格”出来的，其实，人类都是从自然中“格”出来的。所以要“格”，无非是明白自己的来历——原来我们都是自然中物。每个人的人格又是如何从“格物”到“物格”的呢？恩格斯在《自然辩证法导言》中有段描写非常形象，也发人深思。我们一起来欣赏这段描述：

“不知又经过了多少万年……产生了第一个细胞……最初发展出来的是无数种无细胞和有细胞的原生生物……在这些原生生物中，一些渐次分化为最初的植物，另一些渐次分化为最初的动物。从最初的动物中，主要由于进一步的分化而发展出无数的纲、目、科、属、种的动物，最后发展出神经系统获得最充分发展的那种形态，即脊椎动物，而最后在这些脊椎动物中，又发展出这样一种能够意识到自然界的脊椎动物，这就是人。”

恩格斯这段话里描述了人类的“格物”和“物格”是从细胞→原生

生物→植物→动物→脊椎动物→高级脊椎动物→人，这样渐次进化和演变的，古人名之曰天地造化——创造和进化。从这一造化过程中可以看出，在天地万物之中，人是最幸运的，享受到的天地间的福惠是最为殊胜的。从这个意义上说，人是宇宙间的“幸福王”之一。

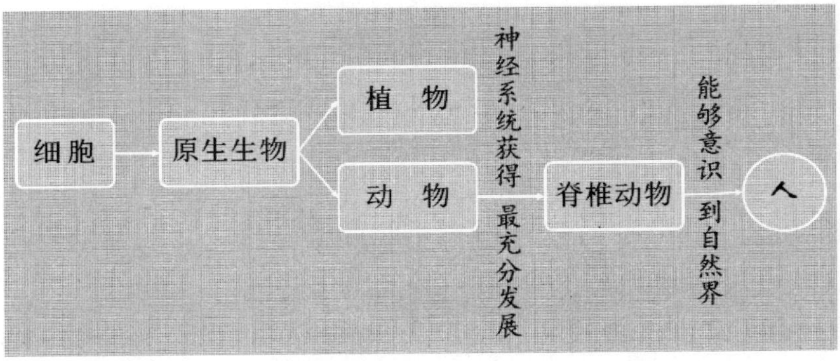

人类的命运是在一次次进化的大突围中实现的，人类的幸福也是在一次次大突围中创造出来的。应该说，从第一个细胞的产生，到“能够意识到自然界的脊椎动物”，其中每一次突围都很重要，同样关键。

这里，我想与大家讨论的是其中最关键的一句——“最后发展出神经系统获得最充分发展的那种形态”。这句话是一种特殊的语法结构：全句的主语是承接上文的，应该是指“生物”或“原生物”。古希腊哲学就是从研究地球上的原生物开始的。主语是“生物”，谓语是“发展出”，宾语应该是“那种形态”。有意思的是，这个宾语前有一组定语：“神经系统”——“获得”——“最充分发展的”，也可以简化为：“神经系统获得发展的”。当人类的神经系统（以脊椎为主轴）获得最充分的发展时，人类便开始明显区别于其他脊椎动物的思维了。因为人的思维，不仅仅要动脑，而且要用心。

这个心，不是心脏的心，而是小心。所谓“小心”，即指两肾之间有一个代谢的空间，中医名为命门，即为“小心”。所以有词曰“小心翼翼”，小心的两翼是两肾。小心是起什么作用的呢？为什么我们常说要“小心”、“小心谨慎”、“小心翼翼”呢？这是一个呼→息→吸的过程，同时，又是聚精会神的过程。这一过程是同时完成的：首先，腹部张开，使二肾产生吸力，吸引自然界的外气从鼻孔进入，通过气管而沉入下丹田，再由下丹田上升

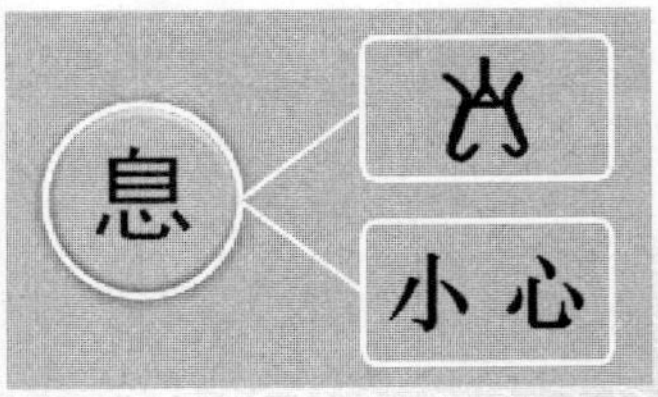

到命门（即小心）作短暂休息，也叫休养生息。也就是从这里开始由吸转型为呼，这一转型阶段叫作“息”（也叫“长”）。“息”字，上为“自”，自的本义为鼻子；下为“心”，即小心。外气从鼻孔进入小心，稍事休整、休养，休养的目的是为了生息。

何谓生息呢？刚才讲了，二肾在腹部扩张的时候产生了吸力，外气吸至小心时吸休止了，肺便开始呼，同时又是“小心”在吸。吸什么呢？吸二肾中的元精。生物所以名为“生”，因为生物带有先天的元气，有元气才有生机。植物的元气藏在种子胚胎里；动物的元气藏在精子和卵子里，受精后形成元精藏于肾中，所以人的肾为先天之本。肾中有水，水养着气，气养着精。当吸进来的外气在命门（小心）中休息时，小心与两肾紧密配合，二肾呼出元精，小心吸入时化为微细状的津液汇聚于气。小心与肾一呼一吸的过程叫“生息”，是在刹那刹那间完成的。

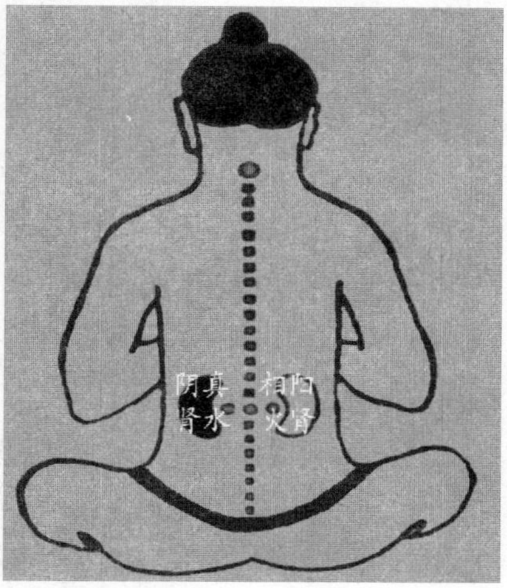

刹那之间能够完成这么复杂、这么重要的任务吗？是的。这就是时间产生的爆发力。空间上，物质的基本粒子越小，产生的爆发力越大（如核反应）；同样，时间上，单位时间越小，产生的作用力也越大。现实生活中，大凡搞研究、发明、创作的科学家、发明家和艺术家的创作灵感，乃至学生解答数学题，往往最关键、最重要的灵感，都是在一刹那间产生的。有时这一刹那间的灵感闪现所产生的创造力只能用无限来形容。所以说，我们的创新力、创造力来自自身的能量开发和发挥。

再接着来描述呼吸过程。当小心中的气经过休养生息后，肺便开始形成呼的态势。肺在上部产生“呼”力，引小心中的气上行至肺，肺细胞充氧后，又在呼力的带动下将气输入血脉和神经系统，上行于囟门（脑门），脑细胞及时充氧而产生活力——思维力，又可名为神思。

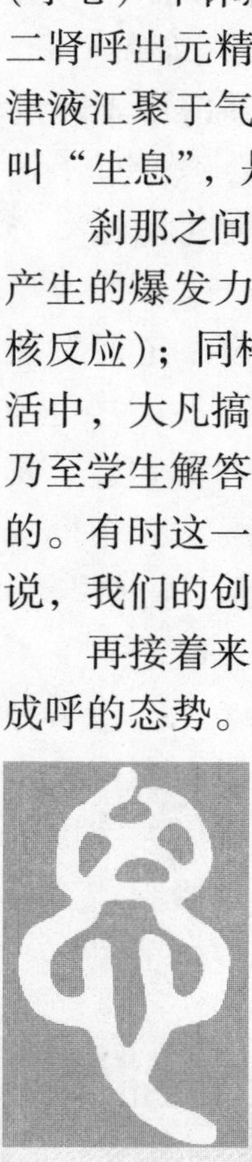

再看“思”字的原创形态：

思，篆体写作，上为囟（囟门、脑门），下为心（小心、命门）。上通脑门，下通命门。实际上，囟门和小心就是两个关键的窍门，小心（命门）聚两肾之元精，

囟门会五官之元神，中间运行作功的是元气，合称为精、气、神，这一过程就叫聚精会神。在这一状态中的思维叫作一心一意。一心，即小心生息而输送氧气；一意，则指大脑工作产生思想。这是一个简单描述的思维过程，也就是恩格斯说的“神经系统获得最充分发展的那种形态”。

现在要讨论的问题是：“最充分”。神经系统获得了“最充分发展”，那么，我们的思维系统“获得最充分发展”了吗？为什么天才与愚昧之间天远地隔？为什么孔子曰“唯上智与下愚不移”？关键的问题是不是“最充分发展”这五个字？用今天的话可以这样说：最充分地挖掘、发挥和拓展。所以，生理学家常说，人类大脑的发展还有很大的潜力。我在这里要说的是：人类从“格物”到“物格”，其实这个“物”不是格外在之物，而是格自身之物，这个“物”的基本形态就是吸气化精，聚精化气，息气化神。万物之生长在于一呼一吸，“生生不息”之机在于“息”，也就是在于“气”。所以，我们的学习、工作、养生、养心、养神，时时都要调整好一呼一吸，而平常心就是小心（命门）休养生息状态。休养为静，生息为动，一静一动，一张一弛，时时配合着一呼一吸，绵绵不断，犹如一部发动机，火花塞不断打火，燃气缸内持续燃烧，能量源源不断。

小心（命门）时时保持休养生息的状态，就是平常的心态；有了这种平常心态，烦恼不起，怨恨不生。心态好，状态就好，时时保持这种心态和状态，命运就会在正常运转，也叫吉祥转，又叫幸福转——既能万事遂意，又能逢凶化吉。这又叫“止于至善”，“知止而后有定，定而后能静，静而后能安，安而后能虑（思维），虑而后能得（德）”。上德之得为人生之大得，其德者，得之而心不虚，心安理得，这才是一种真幸运、真享受。其享受者，“物格”也。否则，得任何物都不能受益，不能得享受。禅者问：什么是道？答：平常心是。一颗平常心便是从“物格”中得到的“道”。说得通俗一点，叫味道、门道——精、气、神“生生不息”之道。

由“格物”到“物格”，这是人生突围的第一道幸福之门。人也是自然中物，但人能出于物，而高于物，又驾驭物，这正是人类命运大突围的先机，也是人能享受幸福的主体感受。人开始直立行走了，开始制造工具了……人成为万物之灵长了——人便成为创造和享受幸福的主体了。

第十九章

致知——殷勤求法

格物可以致知。知，智也。《周礼注疏》云："运物谓之知（智），通物谓之圣。"对物的运用称为智者，而对物的通达、贯通则为圣贤。所以，《周礼》曰："知（智）者创物。"运物、通物、创物，都可以称为"格物"。那么，格物如何致知（智）呢？我们从孙悟空的出生可以得到某种启发。

孙悟空的"致知"和"知至"，一是天生的本能，也许是人类在几十万年的命运大突围中形成的遗传基因，而这种遗传，其实也是一种"致知"的过程。孙悟空出生后，"在山中，却会行走跳跃，食草木，饮涧泉，采山花，觅树果"。我们平常人也是这样，出生后便会哭，会吸奶，会笑，会爬。这种"致知"的本能，是为适应环境以便生存而产生的本能。生存是"生"的第一步。其他生物都具备这种生存的本能。

还有一种知识和能力必须依靠后天学习才能获得。孙悟空只身渡海，不远万里，到西牛贺洲拜须菩提为师，学了七十二般变化、十万八千里筋斗云，目的是为了长生不老，不受阎王老爷管。这样，不但能生存下来，活下去，而且活得快乐，活得幸福，活得健康。这正是人类区别于其他生物的地方。

所以，"致知"是为了提高生活质量，为了活得幸福；同时又是从积极、主动、乐观向上的生活中获得"知至"。这两句话中，前一句是无庸置疑的。人们从小就开始学习知识，而且活到老，学到老，一个不言而喻的目的，就是为了提高自己的生活质量，希望通过学习，生活得更轻松愉快，更有意义。那么，后一句话能不能达成共识呢？我看未必。甚至有人会置疑：所谓"积极主动，乐观向上"是不是杜撰的生存条件呢？难道不是任何一种生活都能获得"知至"吗？其实这个问题不需要我来回答，孙悟空的言行便是标准答案。

他跋山涉水，远道拜师求法，但是师父七年不出门，而是“命大众（师兄们）引孙悟空出二门外，教他洒扫应对，进退周旋之节”。学些“言语礼貌，讲经论道，习字焚香，每日如此。”闲暇时，还要“扫地锄园，养花修树，寻柴燃火，挑水运浆。”应该说，这就是孙悟空七年中的学习生活。那么，他又是什么样的生活态度呢？他厌烦了吗？急躁了吗？从后文中可以看出，显然没有。不仅如此，他还从中大为受益。以前他虽贵为水帘洞的美猴王，每日里只知道“朝游花果山，暮宿水帘洞，合契合情，不入飞鸟之丛，不从走兽之类，独自为王，不胜欢乐。”自这次拜师求法再回花果山后，不但能成为七十二洞的山大王（总经理），“每年献贡，四时点卯……把一座花果山造得似铁桶金城。”后来又放权给四个老猴，“将那安营下寨，赏罚诸事，都付与四健将维持。他放下心，日逐腾云驾雾，遨游四海，行乐千山。施武艺，遍访英豪；弄神通，广交贤友。”他这种管理能力，这种武艺和神通，都与这七年的学习生活有关。

前后对照，如果没有这七年的基础科目（日常处事）的学习，很难想像他日后对花果山七十二洞的管理和统领会是什么样的情景。他在西牛贺洲，不但向师父须菩提学了七十二般变化、十万八千里筋斗云，同时还在与师兄们共同生活的二十年间长了不少见识，练了不少基本功。试想一下：如果他在开始的七年中，埋怨师父不教他长生不老法；如果他觉得天天与众人一起学不到真功夫，那么，这七年他就是生活在怨恨、枯燥和急躁中，这种生活态度（心态）如何“致知”？又何来“知至”？

再看他第一次听师父“说一会道，讲一会禅，三家配合本如然”，他竟然听出了“师父妙音处，喜不自胜”。所以，须菩提决定因材施教，单独教他七十二般变化，后来又教他十万八里筋斗云。其他师兄问他是“那世修来的缘法？”他回答说：“一则是师父传授，二来也是我昼夜殷勤，那几般儿都会了。”大家分析一下，孙悟空的生活态度，是消极的还是积极的？是悲观还是乐观？是不是任何一种生活态度都能“致知”？我想大家早已有个明确的答案了。

从孙悟空“致知”几则平凡的案例中，我们可以得到许多启示。其实，任何一种环境，任何一种团队群体，都是知识的课堂、学校，时时、处处都向我们展示知识的方方面面，我们能不能获取它，关键在于我们是否适应了这些环境，是否融入到了这个群体和团队，是否有一种积极主动、乐观向上的生活态度。知识要用心灵去获取，只有乐观向上的心态，才能产生摄取知识的灵动和力量。

其实，我们每个读过书的人都有这样的体会：在学校学习期间，一则是向老师学，向书本学；一则是同学之间互帮互学。许多知识是在校园的知识氛围和同学间的交流氛围中获得的。所以，我常想：教育者应该多在学习环境中多多开拓一些“致知”、“知至”的空间。

这里不妨再重复一次：“致知”是为了提高我们的生活质量；我们可以从积极主动、乐观向上的生活中获得“知至”。“致知”的知，有三义：一为感知，即凭感觉器官获得的感性认识，如手的触摸、运作，会产生各种手感，所以手能感知到凉热、厚薄、软硬等；一为知识，即经过判断、推理，使感性认识上升到理性认识，譬如，手感布的厚薄，便能辨别布的质量优劣，手感土质松软或粗硬，能判断出土质的肥沃与贫脊等；一为智，智者的感知即为知识，仅凭眼、耳、鼻、舌、身五种感觉器官对外物的感受，第一感知便能直接与理性的知识接轨，不需要再判断，再推理。其中有经验，有思辨等。但仅凭经验，只会形成保守的思维模式，无法应对事物的变化；而思辨则能与时俱进，随机应变，左右逢缘。孙悟空最终成就了佛的果位，当然是上上智，但他的上上智也是从当初的感知累积和修行的结果。可见，由“致知”到“知至”，是幸运的第二次突围，即人生中第二道幸福之门。人能“知”而至“智”，这也正是区别于其他生物的关键所在。

第二十章

诚其意——意马归根

“意诚”的孙悟空

物→知→意，这是一个由物到人，由物质的人到精神的人进步的过程。孙悟空的“意诚”表现在以下几个方面：

其一，拜师求道之诚。

当他终于寻访到“灵台方寸山，斜月三星洞”时，孙悟空“看勾多时，不敢敲门”；当须菩提派了童子出来招待他时，他“上前躬身道：‘仙童，我是个访道学仙之弟子，更不敢在此搔扰。’”当他随童子入洞时，他首先“整衣端肃”；当他终于见到了师父须菩提时，他“倒身下拜，磕头不计其数，口中只道：‘师父，师父！我弟子志心朝礼，志心朝礼！’”

其二，弼马温敬业之诚。

当玉帝分派他做个“弼马温”时，他上任伊始，便“查看了文簿，点明了马数”。然后分工：本监中典簿分管征备草料；力士官分管刷洗马匹、扎草、饮水、煮料；监丞、监副负责辅佐催办……而他自己，则是“弼马温昼夜不睡，滋养马匹”。花果山上的美猴王，既是总经理，又兼董事长，到这里做一个小主管，一点也不偷懒懈怠，竟然能做到“昼夜不睡”，这种敬业精神源于他的“意诚”。诚意是敬业的基本素质。

其三，西行路上的诚。

当他被唐三藏从五行山下救出来时，“只见那猴早到了三藏的马前，赤淋淋跪下，道声：‘师父，我出来也！’”接着又描写道：“却说那孙行者请三藏上马，他在前边，背着行李，赤条条，拐步而行。”昔日大闹天宫要与玉帝争位的齐天大圣，今日竟是“赤淋淋跪下”，“赤条条，拐步而行”。这种天尊与地卑的落差，显示的不是沮丧、潦倒，更不是堕落，而是一种悔过的诚意，一种革面的诚意，一种“退藏于密”之后，“以此洗心”的意诚。

当他三次识破白骨精的变幻之身时，唐僧慈悲心受到了极大的伤害，执意要赶走孙悟空。可悟空仍有留意，唐僧则越发恼怒，滚鞍下马来，叫沙僧包袱内取出纸笔，即于涧下取水，石上磨墨，写了一纸贬书，递于行者道：“猴头！执此为照，再不要你做徒弟了！如再与你相见，我就堕了阿鼻地狱!”行者连忙接了贬书道：“师父，不消发誓，老孙去罢。”他将书摺了，留在袖中，却又软款（委婉柔和的语气）唐僧道：“师父，我也是跟你一场，又蒙菩萨指教，今日半途而废，不曾成得功果，你请坐，受我一拜，我也去得放心。”唐僧转回身不睬，口里唧唧哝哝的道：“我是个好和尚，不受你歹人的礼!”大圣见他不睬，又使个身外法，把脑后毫毛拔了三根，吹口仙气，叫：“变!”即变了三个行者，连本身四个，四面围住师父下拜。那长老左右躲不脱，好歹也受了一拜。

即便是师父错怪了悟空，即便是悟空降妖有功，悟空有一百个理由与师父讲条件，即便是唐僧对他如此恩尽义绝，但是，悟空一颗诚挚的心却骂不退，辞不退。这种诚意中，既有对师父的忠诚不二，又有对保护取经人同往西方、同修正果的真诚。

临走时，他仍是依依不舍，又吩咐沙僧道：“贤弟，你是个好人，却只要留心防着八戒言语，途中更要仔细。倘一时有妖精拿住师父，你就说老孙是他大徒弟。西方毛怪，闻我的手段，不敢伤我师父（仍是口口声声称‘我师父’）。”唐僧道：“我是个好和尚，不题你这歹人的名字，你回去罢。”“那大圣见长老三番两次，不肯转意回心，没奈何才去。你看他——噙泪叩头辞长老，含悲留意嘱沙僧……你看他，忍气别了师父，纵筋斗云，径回花果山水帘洞去了。独自个凄凄惨惨，忽闻得水声聒耳，大圣在那半空里看时，原来是东洋大海潮发的声响。一见了，又想起唐僧，止不住腮边泪坠，停云住步，良久方去。”说实话，每次读到这里，我都是泪花闪烁，心里哽咽，一次次为这种真诚所感动。

当他得知唐僧又遇到了妖魔时，毫不犹豫要去救师父。花果山上群猴对他口称“大圣爷爷”，要他留下来。他说：“我保唐僧的这桩事，天上地下，都晓得孙悟空是唐僧的徒弟。他倒不是赶我回来，倒是教我来家看看，送我来家自在耍子……待我还去保唐僧，取经回东土。功成之后，仍回来与你们共乐天真。”这番话同样表明他的忠诚。

经过东海时，他又特意下海去“净净身子”。八戒不理解，说：“忙忙的走路，且净什么身子?”行者道：“你那里知道，我自从回来，这几日弄得身上有些妖精气了。师父是个爱干净的，恐怕嫌我。”“八戒于此始识得行者是片真心，更无他意。”

当他解救师父时，师父却“被妖术魇住，不能行走，心上明白，只是口眼难开。行者笑道：‘师父啊，你是个好和尚，怎么弄出这般个恶模样来也？你怪我行凶作恶，赶我回去，你要一心向善，怎么一旦弄出个这等嘴脸?’”孙悟空这番话，显然不是嘲笑师父，更不会有丝毫的幸灾乐祸的报复心态，只是师徒间的诙谐和默契。

当孙悟空为师父退了妖术后，“长老现了原身，定性睁睛，才认得是行者，一把搀住道：‘悟空！你从那里来也?’”沙僧其中经过陈述了一遍。“三藏谢之不尽道：‘贤徒，亏了你也，亏了你也！这一去，早诣西方，径回东土，奏唐王，你的功劳第一。’行者笑道：‘莫说莫说！但不念那话儿（指紧箍咒），足感爱厚之情也。’”

孙悟空无论那般诚意，都是感天动地，至诚，至真！

昼夜殷勤

读过几段原著之后，我们都被感动了。孙悟空虽然高傲，也确实有功，但对唐僧依然是“师父”“我师父”的称呼，言说不离“师父”，心里有师父，这种诚意，连猪八戒都被感动了。从他们师兄弟之间的关系看，要感动八戒可不容易。

感动之余又将怎样呢？又要问问为什么：孙悟空的诚意是如何做到的？评估诚意有没有量化标准？我给企业讲课，常说两句话：人人都自我表白，我为人最有诚意；没有谁会说，我这人什么都有，就是缺少诚意。但是，人人都不会轻意相信他人的诚意。为什么会这样呢？因为诚意很难量化。那么，诚意有没有量化标准呢？其实也有。

诚者，天之道也

天道酬勤

勤者，诚也

勤者，成也

诚者，自勤也

诚（勤）者，人之道也

《中庸》：“诚者，天之道也；诚之者，人之道也。”又“诚者，自成也。”何谓天之道？天之道即日月运行之道。太阳西下了，她会说：“明天我还会回来。”月圆又月亏了，她会说：“下个月十五我还会与你团圆。”春天过去了，她会说：“明年我还会春回大地”。日月运行的承诺几万年、几十亿年从来没有失信过。这是自然界的至诚，所以说："诚者，自成。"

又何谓"人之道"？人道法于天道。韩愈说："天道酬勤"。天道不奖酬仁、义、礼、智、信（诚），唯独"酬勤"。因为仁、义、礼、智、信（诚），要以勤为本。一个"勤"字缺失的人，其它的品德都是虚伪的，便没有落实处。譬如：日月运行形成了时间，时间对每个人都是平等的、公正的，但是，勤者与不勤者对于时间的珍惜和利用则相差很大。勤者珍惜时间，时间变成了金钱，化成了功德，金钱和功德就是对勤者的奖酬。不勤者得不到，不是天道不公，而是自己不勤、不诚，不诚则不成，"诚者自成"。

孙悟空的诚意也是建立在"勤"字上的吗？是的。他有句经典的名言："昼夜殷勤"。在西牛贺洲拜师求道时，须菩提因材施教，教了他七十二般变化，十万八千里筋斗云，其他师兄都问他"那世修来的缘法？"他实话实说："一则是师父教授，二来也是我昼夜殷勤。"这不是虚言诳语。师父教授他七十二变化后，他"当日起来打混，暗暗维持，子前午后，自己调息"；他回到花果山后，带领七十二洞"日逐家习舞兴师"；在弼马温任上，"昼夜不睡，滋养马匹"；保护唐僧西行路上，更是"炼魔降怪"，从不懈怠，始终谨记当初观世音菩萨的那句嘱咐："尽殷勤保护取经人。"相比较，猪八戒则是懈怠不勤的典型，与孙悟空和沙僧的"昼夜殷勤"形成了鲜明的对比。

前文，我反复说过一句话：孙悟空的神通广大我们学不到，他的"昼夜殷勤"人人都能学得到。实际上，"昼夜殷勤"正是"天之道"，也是人之道："日月运行，一寒一暑"，是天之道；"日出而作，日入而息"是人之道。只有做到"昼夜殷勤"，才能与时俱进，才为真正的"意诚"，"诚者自成"。

可见，由"诚其意"到"意诚"，是命运的第三次突围。人不但有主观意识，还能由意识指导实践，重新认识客观，把握客观，主观能动性地顺应客观。

可以说，一个得到"勤"字评估和认可的"诚"字，就是创造幸福的第一学历、第一职称，也是享受幸福的第一资历。我没有享受到上大学的福报，但是，我用几十年自强不息的一个"勤"字，获得了一份由广大读者和讲座听众共同颁发的"毕业证书"。几年来，享受到了登上北大、清华、复旦、中山等高校讲台的幸福，享受到了许多大学生每年教师节给我发短信表示问候的欣慰。每当我睡梦中品尝这种用"勤"字换来的幸福时，梦中都会笑醒，醒后又会流泪。

第二十一章

正其心——心猿成真

“心正”的孙悟空

如何才能“正其心”？何谓“心正”？有没有量化标准？先看“正”字甲骨文的写法——。《说文解字》：“正，是也。从止、一，以正。”《新编甲骨文字典》：“从（止），口（丁）声。十干支中的“丁”字，甲骨文写作，像从上俯视之钉子形；为足形，足指向口（手）以示正。或曰口表示城邑，足所以走向城邑。”可见，甲骨文的原创有三种形态：一是足（止的本义为足）；一为口，无论是丁，还是城邑，都可以理解为目标；一为行动、行走要以前方的目标为正。目标正了，路线才正，行为才正。心中有目标，有抱负，心态才正。所以说，“正其心”先要正其“的”（目的）。

孙悟空人生中有没有目标？他的目标是什么？他的目的达到了吗？孙悟空第一次的主观意识是忧患意识，忧患有阎王老子那天来索取性命，所以要求长生不老之法。于是，他不远万里拜师求道为的是“长生不老”。须菩提问他求什么道？他七年了仍未忘记初衷，回答还是“求长生不老之道”。师父连讲四种法术，他连问四次“可得长生？”不得长生，他连说四次“不学！不学！”学法回来，他上天入地，依然不忘追求这一人生目标。

他的这一人生目标最后实现了吗？如来佛为他加升的大职果位是“斗战胜佛”。成佛了，便是真正“得长生”了。因为佛的境界“不生不灭”，也就是无生无死，永远超出了生死轮回。所以说，孙悟空从他的第一次主观意识产生（第一念）时起，就未改变过初衷，始终不忘这一目标（人生的目的）。西游路上，他不辞辛劳，对唐僧忠贞不二，对西行取经，坚定不移，这就是他“正其心”的实践，最后目的达到了，功成行满见真如了，这就是孙悟空的“心正”。

孙悟空是如何做到“心正”的呢？实际上还是一个“勤”字。“欲正其心者，先诚其意”，补上一句：欲诚其意者，先勤其体。我们不要只羡慕孙悟空的神通广大，重要的是学习他的“昼夜殷勤”。人人做到了“昼夜殷勤”，人人都能神通广大。能做到这一点，世上也就没有做不到的事了，也就没有达不到的目的。

当然“勤”也不是蛮干，也要巧干。我从十几岁起就读书、写作，特别是近十几年来的写作量更大。我是怎样劳逸结合的呢？一是身体不适（主要指大脑疲劳）时不蛮干，立即放松、休息；一是找不到感觉时，不硬写，立即放下，再去读读书，抄抄经，逛逛书店，聊聊天，看看电视，甚或去郊区泡泡温泉。边玩边找感觉，实际上是在培养感觉。感觉找到了，身体状况也好了，精神头上来了，这时，说干就干，有时深夜起床笔耕至旦，三、五千字，可以一气呵成。这样，又有工作效率，又勤了体，诚了意，也正了心，与人生的目标一步步走近。我深深体验到：诚者，自成；正者，自正。

观心与自在

整个《西游记》，第七回是关键，一个“心猿”贯彻全篇。也就是说，我们一天的生存需要吃饭、喝水、睡觉、学习、劳作、一呼一吸……这些活动都离不开心猿。你这个心猿熟没熟？如果你这个意就像放电影一样念念不断，那是意马在那里奔腾不息。有人盲目地要求自由，无法无天，这不是一个真正的自由自在。真正的自由自在是什么状态？“从心所欲而不逾矩”，从心所欲——自由；而不逾矩——自在，二者不可偏废。不像孙悟空那样大闹天宫。他为什么会犯错呢？因为他只要自由，而不懂得自在。

观，我们今天叫观点、世界观、价值观、幸福观，包括观察问题的方式、方法、角度等。实际上，一个“观”字包含的内容很多，这里我们可以把复杂的东西变得简单一些。观，有两种：一为客观，一为主观。认识世界是以客观为第一性，还是以主观为第一性？认识问题，处理问题，如果从主观出发，那就会本末倒置。如果从客观出发，就能够透过客观的现象看本质，并由此形成自己正确的主观，主观是第二性的。以客观为依据，这是看问题的观察点。你的观察点在哪个地方？观察点不要放在个人的主观愿望、主观感情、主观意气上，不是自己想怎样就怎样，如果把观察点放在这个上面就错了。观察点必须放在客观存在上，而且还要落实到客观存在的本质上，仅仅停留在表面上、停留在表象上还不行，要坚持实事求是。既要以客观存在为第一性，又要发挥主观上的能动性和积极性，这就是科学观。

但是，仅有科学观还不行，还要有科学方法。什么叫科学方法？例如：主观上有假设，有假说，有猜想，有想像，乃至于幻想，这些东西都是可以的，不是说这些东西是好的或者是坏的，不是！科学需要这些主观上的猜想、假设，例如歌德巴赫猜想。但是它本身是不是科学的呢？你的假设、你的猜想、你的想像能不能成立呢？不是靠凭空猜测，无端想像，这不行！必须到客观存在的现实中去反复实践、去验证、去求索、去论证，像陈景润那样去证明。而且，这个结论不是一个人说了算：在空间上，要大多数人能认可；在时间上，要用时间来考验，用历史来说话，这样才能评判是能成立还是不能成立。假设猜想本身虽然不是科学，但是通过它可以去证伪，这是一种科学求证的途径。譬如，陈景润证明歌德巴赫猜想，只证明到了“2+1”，还差一步“1+1”，还有待后人去证明。这就叫既济、未济，这就叫“无成有终”（《易经坤卦》），用时间来检验。方法论是什么？就是“既济、未济”，“无成有终”。可见，《易经》与佛教的教义，与马克思主义都是相通的，是可以融合的。这才是科学方法。

同时，还要有科学的态度，何谓科学态度？对就是对，错就是错。对了，个人说了不算，要让大家来说，让历史来说，不能由个人来说；如果错了，要服从真理。这才是科学态度。反之，如果认为：我是权威，我有美国文凭……我说了算。这不是科学态度。我们对待所有问题，都要坚持科学的观点、科学的方法、科学的态度，这才是一种科学精神。这些东西我们能看得见、摸得着、做得到，它不是一个模糊的概念、不是模糊的定义、不是一个模糊的名词。它是客观存在的，必须由客观来证明。

心猿与科学

什么是科学观？什么是科学方法？什么是科学态度？什么是科学精神？讲到这里，我又要回头讲第一思维、第一反应、第一决策。有人说，这个“第一”不科学。为什么？就凭第一反应，没有推理过程、没有决策过程、没有验证、没有检验，是你自己主观上想当然，这科学吗？这个我们要搞清楚，否则谁都会去指责释迦牟尼佛：你是唯心主义者。指责慧能：你主张顿悟，顿悟不顿悟你说了不算，顿悟没有通过科学检验。如果通过科学检验，衣钵应该传给谁呀？传给神秀上座，他是科学的，他讲究渐悟，你这个顿悟不符合科学。如果这样，又走向另外一个极端。真正的悟，是在漫长的科学验证过程中体验来的，即使是一刹那间的第一反应、第一思维、第一判断的东西。有没有验证的过程？有验证的过程。这里面我们看三个方面：

其一，从时间上看。看起来第一思维是刹那之间，但是这个刹那之间是以他漫长的修炼时间为前提的，而且是一个科学修炼的过程，这个一刹那是长期验证、判断、推理的修炼和积累，是水到渠成，瓜熟蒂落。

其二，从思维过程上看。有人说，一刹那之间没有思维的过程，连想都没想，更别谈验证，是不假思索，张口就说。其实错了！就在刹那之间，思维的过程全反应出来了。就像一个小学生做四则混合算术题，开始时必须有过渡式，哪一步都少不了，而且要慢慢地、认真地计算。这个时候的时间和过程是可以感知的。但是，当这些都很熟练的时候，到了高中、大学的时候，可能他看一眼这道题，得数就出来了，他不需要那些运算的过渡式。但是，你不能否定他没有这个过程，他这个得数是从运算过程中来的，只是他是在刹那间就反应出来了。他为什么反应敏捷？是他长期练习的结果，他太熟练了。我的一位朋友的女儿，小学五年级时就做到了这一点，她参加全国数学竞赛多次获奖，所以高中毕业时学校保送上清华。

这里有一个不可忽略的环节：此时他看一看题目就能在第一反应中得出答案，其过程所以能在刹那间完成，除了对解题过渡式的熟练以外，还有一个更重要的因素：此时，随着知识面的扩大，人生阅历的增加，各种知识、概念、推理已经融会贯通了。此时所用的过渡式，也许超越了原来所学过的、反复练过的模式，而是更为简明、巧妙、独特的解题法，这一点不可忽略。所以说，这个过程是有的，从时间上、结果上都能看得出来。我曾经问过这位朋友的女儿这个问题，她的回答很简单，也很实在：老师讲过渡式的时候，我就觉得根本不需要那么复杂。她有她的方法，是什么方法又一时说不上来。

其三，从主观与客观上看。如果强调第一思维、第一反应，这不是以主观为第一性吗？这不是违背了客观第一性吗？这不是凭着自己的经验来的吗？一个真正觉悟的人，他的思维已经回到了客观本体上，又与客观本体融为一体了。他的举止动念都没有离开客观，都在客观存在之中。同时，客观存在的万事万物，万千变化的宇宙世界，到了他这个本体里面，就变得非常地简单，他已经把一万把钥匙变成一把钥匙了，甚至于不需要钥匙了。就像《易经》，它把宇宙万物的各种现象、各种变化简约成一阴一阳，由一阴一阳又简约成一个道，所以“一阴一阳之谓道”。你看，他得道了，他什么都在道中。他无论怎么去看问题，怎么去处理问题，都不会违背客观，因为他抓住了客观的本体（实质），而且由复杂变成了简单。

像我们现在，经常把一个简单的东西看复杂了。如果说一个东西很简单，有人就不相信：哪有这么回事呢？怎么这么简单呢？没有人相信。现在年轻人听课，大多数习惯于听由简单到复杂的课，认为越复杂越有学问。只有极少数人在用悟性听课，并且追求那种把复杂变为简单的讲座。这是我多年来的体会。所以，很多东西都颠倒了。这些颠倒了的东西可不可以呢？可以。有人会问，这种颠倒是不是坏事？不是坏事。在如来佛眼里，他会看出：这是好事——虽然你把这个东西颠倒了，但是只要给你机会，给你时间，总有一天你会再颠覆回来的。在《易经》思维里，这种颠倒是既济阶段。一旦过渡到了未济阶段，每个人自然就会明白，会自我再颠覆，回归到本体上。这叫识自本性，回归本性。所以，今天有人倡导颠覆思维，就是这个道理。但是这种颠覆思维不要千篇一律，更不能强制，不能勉强，要顺其自然，因事、因时而用，每个人的思维由简单到复杂，再由复杂到简单的颠覆要由每个人自我去经历，去体验。

我们今天有很多的例子，某些企业恨不得新员工一上岗就是万能的，学生一学什么就什么都会，不对的全部打叉，不给机会，不从本源出发，只从表象出发，这就是方法问题了。这种方法科学不科学？当然不科学，不是科学用人。

我经常说，对于孩子（包括婴儿、幼儿、儿童、少年乃至于青年）要大胆给机会。大人们只要把握住两点：第一是孩子的安全。如果他去玩电、玩火……去玩那些危险的东西，你当然要去制止、去防范、去规范；第二，不要让孩子撒野。大人首先要做到自己不说粗话，身体力行，做出好的榜样，从正面去影响孩子，让孩子们的心灵有一个净化环境。虽然有安全问题的不要让孩子去玩，但是又要把握分寸：孩子锻炼身体，这时候不要怕他受伤，要放手，只要他不是自己一个人在那里玩。参加体育锻炼，学校里有老师指导，你要相信老师，要相信学校。在道德防范方面，要给孩子机会，有时候孩子的缺点都要当作优点来看。孩子有不好的习气，甚至于犯了错，这时候我们要宽容。我们要看到，这是一个过程，要让孩子去体验。通过体验，我们才能自觉地去引导孩子，让他慢慢地自己否定自己、自己反省自己、自己纠正自己。

可见，由“正其心”到“心正”，这一过程是命运突围的第四步。这一步主要从心态上找到突破口。心态，是一个大的心理课题，也是一门大的社会课题。前文反复讲心态，后面还要专题讲心态。今天就讲到这里。

这门社会课题放在“幸福”这个课题上，又显得格外重要。譬如：对于我们国家的发展和进步，十三亿人都享受到了幸福感，为什么有人却在那里唯恐天下不乱？这就是心不正、意不诚、德不厚、福不至。广大人民在庆幸，极少数人在“几声泣沥，几声抽泣”，自招不幸。当然，这只是少数人。即便是极少数，也是中华民族中的一分子，我们大多数人在“诚其意”、“正其心”、“修其身”，并且能“齐其家”。这样，一定能感化这少数人，以多带少，和谐社会，和谐社会中的每一个群体。和谐是幸福指数中最有份量的。珍惜幸福，就要珍惜和谐，处处注意营造和谐的氛围。

第二十二章

修其身——能屈能伸

何谓“修其身”？这是个泛泛的话题，人们不知讨论过多少遍了。这里我不想人云亦云，只想说说个人的体验，从三个方面来说：

其一，大丈夫能屈能伸

《易经·系辞传下》曰：“往者屈也，来者信（伸）也，屈信（伸）相感而利生焉。尺蠖之屈，以求信（伸）也；龙蛇之蛰，以存身也。”古人还有一句格言，叫做：“大丈夫有起有伏，能屈能伸。”还有一句话说：拳头收回来（屈），是为了更有力地第二次出拳。再看“屈服”一词的本义，是穿衣服时必须先屈肘，肘不屈，双手伸得笔直，衣服是无法穿上的，所以要先屈肘，也就是人们常说的：我服了你。服，即指衣服。这是原创时的一种穿衣形态。后人引申为人格、尊严及原则上的屈服之义。屈与伸，原本是一种自然形态，也是一种生活中常见的形态，后人从中引申出为人处世的哲理。孙悟空每次见玉帝从不跪拜，他也能屈伸吗？其实，他也能屈能伸。

孙悟空开始只是一只普通石猴，每日里与群兽为伴、为友，此一屈也；一日，“时来大运通”，成为水帘洞美猴王，此一伸也。

远道拜师求长生不老法，此二屈也；回到花果山后成为七十二洞的山大王（总经理），先是指挥“习舞（武）兴师”，后又“遨游四海，行乐千山”，此二伸也。

被招安做了弼马温，“昼夜不睡，滋养马匹”，此三屈也；大闹天宫，要与玉帝争位，此三伸也。

被压在五行山下五百年，此四屈也；五百年后保护唐僧去西天取经，功成行满，此大伸、大信也。

这里有个“信”与“伸”字的通用需要说明。上文引用到《易经·

系辞传下》中那段文字，屈伸写作屈信。古文中，“信”又与“伸”通用。为什么能通用？因为屈是为了伸，伸时就是兑现屈时的心愿，所以“伸”写成“信”，叫做信守承诺。能屈便一定能伸，大屈必有大伸。也可以说，大屈是为了大伸。

2008 年底，美国的金融危机危及全球，中国人立即转身，企业全面调整，由国外市场转向国内市场。这是中国三十年改革开放大伸之后，来了一次大屈的机遇。此次大屈，是为了今后三十年再大伸。这既是一种事物发展规律，又是智者顺其自然，借力发力的策略。这是“身修”的第一层含义——大丈夫能屈能伸。

其二，身段柔软

所谓“身段”，是借戏剧、舞蹈的柔软身段来比喻为人处世的变通法则。孙悟空在水帘洞已是美猴王，有群猴拥戴。但他远道拜师求法时，对一樵夫施礼：“老神仙，弟子起手。”起手，是出门在外常行的一种礼貌规矩，是指双手打拱作揖。此时，他不但行礼，而且自称“弟子”；当他见到须菩提派出门接待他的童子时，他“上前躬身”，称童子为“仙童”，自称为“弟子”。在与众师兄相处七年中，也从不摆架子，完全是一个弟子和师弟的身段。后来，他不但成为花果山的山大王，而且有七十二般变化，十万八千里筋斗云，还有如意金箍棒。但他在弼马温任上，与其他同事相处，也从不显示自己的本领，更不盛气凌人，而是昼夜不睡，亲自滋养马匹。西游取经路上，每遇妖魔时他才显示自己“莫大的手段”，而与常人相处时却从不卖弄本事。这种柔软的身段，毫无半点忸怩作态，完全出自他的本性和本色。这正是值得我们学习的最关键之处。他从来不讲究低调，而是该高调时高调，对玉帝也只唱个大喏；该低调时低调，对樵夫也行大礼。他这种作为、身段，一是出于事理，二是出于本心。事理该怎么行事便怎么行事，当徒弟时就规规矩矩做徒弟。心里怎么想，就怎么说，怎么做，从不口是心非，装模作样。如理不亏，如心不亏。这是“身修”的第二层含义——身段柔软，保持本色。

其三，平衡为拜

孙悟空一生只拜过哪几种人呢？出生时拜过四方，这是拜四方天地，拜天地也等于拜父母，因为他是天地所生；求道时拜须菩提为师：“倒身下拜，磕头不计其数”；被唐僧从五行山下解救出来时，对唐僧“赤淋淋跪下，拜了四拜”；第一次开小差，离开了唐僧，被龙王提醒后，回心转意，回返时遇到了观世音菩萨，慌忙在云中施礼（此时他已皈依了佛门，向菩萨施礼，显然要下拜）；唐三藏师徒四人到了西天灵山大雄宝殿前，“对如来倒身下拜。拜罢，又向左右再拜。”拜了如来佛，又拜了菩萨和罗汉。除此之外，孙悟空从未拜过任何人。特别是对玉皇大帝，每次见面他都是唱个大喏。孙悟空为什么只拜佛、菩萨，拜天地、父母，拜师父，而从不拜玉帝，不拜神仙呢？人们习惯于一种思维：认为他这是对封建皇权的藐视和挑战，对封建制度的叛逆。其实，这种理解实在太肤浅，也太偏颇。

《西游记》全书贯彻了中国儒、释、道三家整体思维理念，这种思维理念中，礼拜、崇拜有平等义。《荀子·大略》曰：“平衡曰拜。”衡，为横木。古文“拜”字，写作𢪱，一手在上，一手在下。杨雄说：“拜从两手下。双手作揖的同时身子鞠躬，故曰‘从’。”譬如，中国人常用的“谢”字，就是这一形态的写照：口头言谢的同时，身子鞠躬，双手执礼。“身”是“躬”字之省，“寸”即手腕下的寸口（寸、关、尺），代表双手（古文以“寸”代表双手，𠂇表示左手，又表示右手）。“寸”，为寸口脉博，血脉通心，又表示心中的诚意。于是，一个“谢”字所描述的，既有言行一致，又有心口如一、表里如一。含义既生动，又丰富。

为什么说古人的礼仪有平等、平衡之义呢？先从《西游记》中的含义说起：佛法平等，尊卑不二，贵贱不二，圣凡不二。为什么这样说呢？前文已经说过，佛是觉悟的人，圣贤是超凡脱俗的人。佛与众生，其实就在一念之间，一念悟即佛，一念迷即众生。二者之间虽有境界的差异，但终归平等。再说老师与学生之间，即教与学的关系，尊师与重教平等，不重教者得不到学生的尊敬。还有一层意思，师不爱，徒不敬，徒不敬则师不爱，敬与爱有平等义。父母与子女之间同样，父不慈，子不孝；子不孝则父不慈。孝与慈也有平等义。再譬如官与民也是平等的，百姓见官说：“你是我们的父母官”，官对百姓说：“你们是我的衣食父母”。这就是官与民的平等义。中国人民解放军与人民之间有拥军爱民的光荣传统，军与民之间，“爱”与“拥”有平等义。军队是人民的子弟兵，军队的宗旨是为人民服务。所以，平等、平衡者可以礼拜，而玉帝高高在上，孙悟空在他眼里始终是个爱闹事的刁民，没有平等之意，所以孙悟空见他时，感受不到平等相待的信息，二者间有一种距离感，所以他从来不拜，只是唱个大喏。

现实生活中本来就是这样：为人显示权贵、高傲，在别人眼里越发显得低下；为人显示谦卑、恭敬，在别人眼里越发显得高尚和崇高。其实，这是东方与西方、古人与现代人相同的社会心理——人际间的心理平衡感。人际交往时，人们往往在乎这种平衡感和平等意识。而这种平等意识从来不是要求绝对平均主义，而是道义上的平等。

这一点与前二者本是一回事，显示出来的是一个人的身份和身段，意识中却互相传递着一种隐形的信息：一是个体的身份与身段有此一时、彼一时的区别和变通；一是群体中相互之间的此尊彼卑，此卑彼尊的平衡和平等。所以，“修其身”应在这种为人处世的微妙之处下功夫——始终保持自身的平衡，又保持与他人的平等。

现代企业，上上下下是平等还是不平等呢？从组织结构上看显然是不平等的，老板是老板，员工是员工。但是别忘了，公司上下也有平等的一面。无论是董事长、董事，总经理、部门经理，还是普通员工，即使是一位清洁工、门卫，都有三种平等的责任和义务：一是对自己负责，二是对工作（单位）负责，三是对社会负责。

古人云：“人不为己，天诛地灭。”这句话虽然太绝对，但也不能绝对地否定。如果每个人都不能为自己，那怎么能为他人和社会呢？但因为太绝对，所以还要补上一句：如果人人只知道为己，也会天诛地灭。因为每个人的生存和生活，都不是个体的人所能独自承当的。所以，每个人都要对他人负责，为社会尽义务。企业里的每个人，都要对企业负责，对社会负责。如果一个员工只顾个人利益，只为个人负责，而不懂得为企业负责，更不为社会负责，那么，公司就会对他进行批评、教育、处罚；反之，如果公司老板只对个人利益负责，而不为员工负责，不想为社会负责，那么，员工就会炒老板的鱿鱼，频繁跳槽。无论是谁，只对个人利益负责，都会破坏那种应有的平衡。一个既对自己负责，又对公司和社会负责的员工或基层干部，与老板的责任感，与公司利益一致无二，那么他的工作表现和业绩就会得到认可，肯定会得到奖励和升迁。一个公司老板，不仅对自己负责，而且对公司和员工负责，对社会负责，那么，他的每项决策和措施出台，都会得到员工们的理解和拥护。这就是公司内部人人平等的一面。十几年前，我在研究《易经》的同时，就在琢磨“企业的崇拜文化”这一课题，就是从这一角度立意的。应该说，这项研究有一定的现实意义。

一次，著名的音乐指挥家滕矢初先生在王府井书店签名售书，他对每一位读者都一样谦恭和亲热。这使我再一次生出一种感受：崇拜是双向的。地位有高低，成就有大小，但每一份崇拜的诚意应该是平等的。如果只接受他人的崇拜，而不尊重他人，这种崇拜就是单向的、不平等的，与崇拜的本义不符。再譬如，佛教中讲护法。我曾在几次佛教场所讲过自身的体验：人人真诚学佛，一定会有菩萨护法。同时，每一位学佛的弟子都是护法者。为谁护法？佛、菩萨要我们这些凡夫护法吗？佛菩萨的本怀是普度众生。所以，我们都是为众生护法（也是为自己护法）。如果只想菩萨为自己护法，自己却不为众生护法，这就是行单行道，不是平等法。所以，也得不到菩萨的护法。志愿做大护法、大守护，自己才能得到大护法。今天社会上各种志愿者也是大护法，为谁护法？为社会、为大众护法。所以，他们的精神受到社会的尊重，他们的利益也会得到大众的维护。这也是双向的，他们的愿是平等的，他们所依的法是平等法。这是“身修”的第三层含义——平衡为拜，互相崇拜。

可见，由“修其身”到“身修”是实现幸福人生的第五步，这一步要从“修”入手。上述只讲了修身的三个方面，如果再联系前文讲过的“法身”、“化身”和“报身”，便会明白：修身的目的是为了身有承担，有承载。有承担，便能积功累德；有承载，就能厚德载福。

第二十三章

齐其家——以水帘洞为家

何谓“齐其家”？当然要从“家”字说起。说来也怪，“家”字与“牢”字都是宝盖头，宝盖头表示房子。房子里有豕（猪）为“家”，房子里有牛为什么叫做“牢”呢？“豕”与“牛”区别那么大吗？其实，“牢”字的原创本义并不是牢狱的“牢”，而是指养牛的牛圈。不是普通牛，而是经过挑选，预备作为祭祀时牺牲（祭品）的牛。古代祭祀时要用三种牺牲，称为三牲。哪三牲呢？一是牛，供天子祭祀所用，称为太牢；二是羊，供诸侯、三公祭祀所用，称为少牢（或写作宰）；三是豕，普通百姓家祭祖时所用。所以，百姓家家都要养猪（豕），春节祭祖“还年”时，用木盆装上猪首、猪腰、猪脚、猪尾，配上鲤鱼等，作为上等祭品。《十三经注疏》说：“三牲牛、羊、豕具为一牢。”

这样说来，“家”字并不是简单的文字符号了，它所承载的也不仅仅只是这个字的音、形、义，而是具有中国特色的“家”文化。这种“家”文化包含两种含义：一是对祖先的纪念和传承，一是家庭饲养业的传统习惯。这两种传统习惯一直沿袭至今，今日长江流域的广大乡村中，仍然保留有这种传统，一是春节前，家家年宰（宰猪），用猪头“还年”祭祖；一是家家习惯养猪，猪与主人（特别是家庭主妇）有很好的感情。二三十年前，农家养猪还习惯养在灶前，以柴火当“床”，与主人为伴。

当我们透过“家”字的个体魅力，追溯到古代远祖先民的“家”文化时，再来理解“齐其家”就有感性认识上的想像空间了。

“齐”字甲骨文写作、，繁体写作“齊”。《说文解字》：“齊，禾麦吐穗上平也。象形。”段玉裁注：“禾麦随地之高下为高下，似不齐而实齐，参差其上者，盖明其不齐而齐也。”意思是说，田间地势有高有低，但麦秆都是一般齐。“齐”又作“剂”字用。《集韵》：“齐，和也。”《周礼》：“八珍之齐”，即“八珍之剂”，八种味道互相调理、调剂、调

节，其味更美，营养更丰富。八种食物的份量、味道和营养成分不均等，有差异，但相互调剂（齐）后，则“似不齐而实齐”。味道更美，营养更丰富，故称为“八珍”，实为“八齐”。

每个家庭中的成员组成，上有父母，平辈有弟兄姐妹，下有儿女，表面上看似不齐，有父父子子、夫夫妇妇、兄兄弟弟等人伦之序。但是，同样有“齐”的一面。

《易经·家人卦》“彖”曰：“家人，女正位乎内，男正位乎外，男女正，天地之大义也。家有严君焉，父母之谓也。父父、子子，兄兄、弟弟，夫夫、妇妇，而家道正，正家而天下定矣。”家以“正”为齐。

“男女正，天地之大义。”以男女与天地同语，是不是太夸张？《易·系辞传》曰：“日月运行，一寒一暑。乾道成男，坤道成女。”因为日月运行，便有天地——这是天道；《易·序卦传》曰：“有天地然后有万物，有万物然后有男女，有男女然后有夫妇，有夫妇然后有父子，有父子然后有君臣，有君臣然后有上下，有上下然后礼义有所错。”“有上下”，看似不齐，“然后礼有所错”，错，即参差相错。参差为不齐，相错相综又能变不齐为齐。因为“错”就是调剂和平衡，就是“齐”。懂得了天地之大义，便懂得男女之正的道理。大道理明白了，如何和睦家庭，处理家庭事务，就不会盲从。这就叫处理“家事”放眼国事、天下事。男女之位要与天地正。再说一句：家以“男女正”为齐。

“家道正，正家而天下定。”以“齐”字甲骨文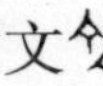（麦穗）为喻，如果说一个家庭像一棵麦子，那么，一个国家就像一亩田、乃至一大片田野的麦子。麦穗壮实后，风吹来容易倒伏，一棵麦子中有十几杆相互依赖就能抗倒伏，一片田的麦子相互依存，大风吹过，只见麦浪滚滚，蔚为壮观。所以，汉语中“家”与“国”合称为“家国”、“国家”，所以又说“保家卫国”，“国盛家兴”。

《易经》是中国群经之首，人称博大精深，但又是“百姓日用”，“使民宜之”。“齐家”的道理，在这里仅一个“正”字和一个“定”字就描述得明明白白，清清楚楚。为何说“家道正”而能使“天下定”？定者，一屋之正也，从宀，从正。一屋，既指一家，又可指一国。所以，一个“定”字，就把“齐其家”形象地描绘出来了。

再来看看孙悟空是怎样“齐其家”的。

显然，孙悟空是以花果山上的水帘洞为家。第一，水帘洞这个“洞天”、“福地”，是他冒着危险探寻到的；第二，他因此而成为水帘洞的美猴王（一家之长）；第三，他每次从天上或西游途中回花果山，都是以水帘洞为家；第四，也是更重要的一点是，他为水帘洞的群猴们谋得了安定和福祉。

如果说西方人时间观念比较突出，相比较中国人“家”的意识则比较强烈。尽管家庭成员参差不齐，尽管每个家庭与其他家庭相比，有许多无法比拟的地方，但是有一点是共同的——家的亲情和温馨，安定和自在——这是其它任何地方也无法替代的。所以，中国人无论走到哪里，离家多远、多久，“家”的牵挂和思念常在心头。这种“家”的意识就是一种内在的“家齐”。正是这种“家齐”的观念，承载了中国上下几千年的道统、政统和传统，同时也维系了五十六个民族的统一与和睦。

可见，由“齐其家”到“家齐”，是实现幸福人生的第六步。这一步中，“家”与“定”联起来理解，更有想像和操作的空间。家是幸福的主要载体，每个年轻人都在梦想建立一个幸福家庭。孙悟空有幸福观，也有创造幸福的责任感和使命感，所以他不但能与家庭成员幸福同享，而且不断为这个家开拓新的空间，拓展幸福的外延——友好邻居，和睦花果山七十二洞；又广交贤友，和睦花果山外围的友好邻邦；这样又拓深了幸福的内涵——长治久安。

第二十四章

治其国——戈在内，不在外

显然，要讲“治其国”，先要从“国”字讲起。“国”字的繁体写作國，内为“或”（域），外为“囗”。囗，读作围，回环周匝的意思。“国”字从“囗”，表示疆域封界。古代在封界上植上社树（社稷的社），这种社树名为“丰”。以丰为界，故为封疆。所以，邦国的“邦”也从“丰”。《说文解字》：“或（yù），邦也。从口从戈，以守一。一，地也。”这里的“口”代表城邑、都邑。一，代表国土；戈，代表守卫城邑和国土的军队。其中有三层含义：第一，国家的象征，一是国土，二是都邑，三是军队，四是疆域；第二，国家的中心是都邑；第三，军队的作用主要是守卫疆土和都邑，布置在疆域之内，而不是驻军或出兵于外。这种造字的本义表示的是什么？一目了然。显然，这是一种爱好和平的民族意识和传统观念。

那么，简化后的“国”字是否丢弃了这一内涵呢？国，从囗从玉。一是“玉”与“域”同音（yù）；二是玉生于土，代表国土；三是玉有纹理，可以代表有序的社会伦理。这种造字构形更含蓄，更中道，也更中和。

孙悟空会治国吗？当然先要问他有没有治国的经历。当孙悟空从西牛贺洲回到花果山，水帘洞被水脏洞的混世魔王占据，他夺回了水帘洞，维护了水帘洞这个家的尊严和安宁。接着，他天天排营，训练群猴，惊动了满山的怪兽。于是，花果山七十二洞妖王，“都来参拜猴王为尊。每年献贡，四时点卯。也有随班操演的，也有随节征粮的。齐齐整整，把一座花果山造得似铁桶金城。各路妖王，又有进金鼓，进彩旗，进盔甲的，纷纷攘攘，日逐家习舞兴师”。

当他从东海龙王那里讨来定海神针作兵器——金箍棒，他一路变化，忽然长高万丈，“上抵三十三天，下至十八层地狱”，“慌得那各洞妖王，都来参贺”。

回到花果山后，“遂大开旗鼓，响振铜锣，广设珍馐百味，满斟椰液萄浆，与众饮宴多时。却又依前教演”。七十二洞教演完毕，他又放权给四个老猴，“将那四个老猴封为健将，将两个赤尻马猴唤做马、流二元帅，两个通背猿猴唤做崩、芭二将军。将那安营下寨，赏罚诸事，都付与四健将维持”。

他自己又要做什么呢？“他放下心，日逐腾云驾雾，遨游四海，行乐千山。施武艺，遍访英豪；弄神通，广交贤友。此时又会了个七弟兄，乃牛魔王、蛟魔王、鹏魔王、狮驼王、猕猴王、狨王，连自家美猴王七个。日逐讲文论武，走斝传觞，弦歌吹舞，朝去暮回，无般儿不乐。把那万里之遥，只当庭闱之路，所谓点头径过三千里，扭腰八百有余程。”

原来，他是花果山的山大王（总经理），现在又当起了董事长兼外交部长。他“遨游四海”是为花果山拓展海外发展空间，“遍访英豪”是为花果山周边的睦邻友好，也就是为花果山的长治久安，他早已未雨绸缪。

他上天做了一百多年“齐天大圣”，回到花果山界，“但见那旌旗闪灼，戈戟光辉，原来是四健将与七十二洞妖王，在那里演习武艺。”依然秩序井然，国土平安。

如果说，把花果山比作一个国家，孙悟空亲自为王（国王、山大王）的时候，七十二洞步调一致，众志成城，和谐相处；他离开一百多年后，这里的一切依旧，依旧是统一、安定、和谐的大好局面。孙悟空把这个国（山）治理得如此之好，真正是治国的天才啊！

从“国”（國）字原创时的思维形态，到吴承恩笔下孙悟空治国（山）的经历，有两个共同点：第一点，“國”字中虽有“戈”字代表军队和武力，但不是侵略他国，而是为了守卫自己的国土安全；孙悟空教习七十二洞习武兴师，但从未出兵侵犯过他方国土；第二点，“国”字外围的“口”，代表疆界上的社树，古人以社树为界，而不是布置军队和武力；孙悟空每日“遨游四海”、“行乐千山”，不是寻滋闹事，而是“遍访英豪”、“广交贤友”，目的是通过这种外交手段睦邻友邦。而这两点又汇集在一点：治国的第一要务是国土的完整和安全，以此才能保障国民的安定和幸福，才能发展和进步。

《左传·隐公六年》曰：“亲仁善邻，国之宝也。”《周礼》中有“掌交”一职，即负责外交礼节，“使和诸侯之好，达万民之说（悦），掌邦国之通事而结其交好。”可见和睦邻邦，是中国人的传统。

今天，我们生活在一个和平的年代里。所谓和平年代，虽说没有战争，但国与国之间，各种争端和摩擦还是难免的，解决这些争端和摩擦的方法当然不是靠武力和军事，而是依靠外交。不仅需要理性的、巧妙的外交手段，更重要的，是一个执政党的大智慧。为什么这样说呢？仅以最近发生在朝鲜半岛上的军演为例：美国与韩国联合军事演习，美国的航母不顾中国的严正抗议，公然开进了黄海，直逼我们的国门。此时，我国领导人保持清醒的头脑，理智地应对，既不与美韩起舞（武），尽可能地不去扩大事态。但同时，国内有的军区也在练兵。但这种演习不在国境之外，更不在他国国门外耀武扬威，而是防卫于国门之内。保持着“國”字的传统意识，坚持和平外交，提倡对话而不是对抗，这就是最好的例子。

这种大智慧，建立在一个民族的传统文化大背景上，这个民族的传统就是渴望和平，并且能千方百计地促进和平。《易经·系辞传上》曰：“动静有常，刚柔断矣。”国与国之间的争端和摩擦是正常的，这是社会发展和事物发展的规律，所以，一个“常”字是我们传统的认识论；面对争端和摩擦，如何决断呢？或刚或柔，或刚柔并济，或以柔克刚，所以说，一个“断”字，是我们传统的方法论。但无论是那种方法，最终目的是“礼之用，和为贵”。

这一节是讲“治其国”，为什么专讲这些呢？一是“国”字的原创之义和吴承恩笔下的孙悟空睦邻友邦的治国（山）经验达成了共识；再则，这也是人之常理，国家的国防有保障了，国人再也不会受外族侵略了，然后才有可能坐下来安心谈自己穿衣、吃饭的家事。所以，治国如齐家，齐家如治国。对外要睦邻，家里要和睦，和则两利，斗则俱伤。日本侵略了我们八年，我们连要求战争赔偿一事都免了，还有什么摩擦不能和解的呢！更何况我们是一衣带水的邻邦。古文“邻”字写作，从二邑，从文。二邑（口）代表两个氏族、两个邻邦；文，代表文化。两个国家和民族之间因为文化相通而成为邻邦和友邻。更何况中日文化同根同源，这是我们世代友好的传统基石，孔子曰：“德不孤，必有邻。”

可见，由“治其国”到“国治”，是实现幸福人生的第七步。每一次命运的突围，就是一次命运的升华；每一次命运的升华，也是一次幸福指数的提升。

第二十五章

平天下——以文化平天下

“天下”一词，在先秦诸子经典中频繁出现。《老子》中出现五十八处，譬如：“以其不争，故天下莫能与之争”，“清静为天下正”；《论语》中有十八处，譬如：“舜有天下，先于众”，“天下之民归心焉”；《易·传》中还有一句：“圣人南面而听天下。”诸如各种“天下”之义，无非两种：一指普天下，即今日所说的世界；一指国家。《大学》中的“平天下”与“治其国”形成先后因果次第——“国治而后天下平”——显然是指普天下。

那么，吴承恩笔下的“天下”又是什么概念呢？第一回第二段中说：“……世界之间，遂分为四大部洲：曰东胜神洲，曰西牛贺洲，曰南赡部洲，曰北俱芦洲。”

其实，这是印度佛教的说法，“四大部洲”又称为“四天下”。据印度神话传说，海中有座须弥山，四周为海，海中有洲，各有人居住。所以，今日仍有海内与海外的称谓。

《西游记》中的“平天下”又是怎样的说法呢？这要从如来佛说起。第八回中有这样一段描述：

（如来）对众言：“我观四大部洲，众生善恶，各方不一。东胜神洲者，敬天礼地，心爽气平；北俱芦洲者，虽好杀生，只因糊口，性拙情疏，无多作贱；我西牛贺洲者，不贪不杀，养气潜灵，虽无上真，人人固寿；但那南赡部洲者，贪淫乐祸，多杀多争，正所谓口舌凶场，是非恶海。我今有三藏真经，可以劝人为善。……我待要送上东土，叵耐那方众生愚蠢，毁谤真言，不识我法门之旨要，怠慢了瑜迦之正宗。怎么得一个有法力的，去东土寻一个善信，教他苦历千山，远经万水，到我处求取真经，永传东土，劝化众生，却乃是个山大的福缘，海深的善庆。谁肯去走一遭来？”

当时有观世音菩萨主动接受了这道法旨，去大唐找到了唐僧。又让孙悟空等人保护取经人。原来，唐僧去西天取经具有如此重大的意义——为了教化一方百姓。从西方到东土，从西牛贺洲到南赡部洲，这就是吴承恩笔下的“天下”图。而这一切，都是如来佛一手策划好的。

结果如何呢？第九十八回，唐僧师徒四人历经十四年，终于到达了西天灵山大雄宝殿见到了如来佛。此时，如来佛对三藏曰：

“你那东土，乃南赡部洲。只因天高地厚，物广人稠，多贪多杀，多淫多诳，多欺多诈；不遵佛教，不向善缘，不敬三光，不重五谷；不忠不孝，不义不仁，瞒心昧己，大斗小秤；害命杀牲，造下无边之孽；罪盈恶满，致有地狱之灾；所以永堕幽冥，受那许多碓捣磨舂之苦，变化畜类。有那许多披毛顶角之形，将身还债，将肉饲人。其永堕阿鼻，不得超升者，皆此之故也。虽有孔氏在彼，立下仁义礼智之教，帝王相继，治有徒流绞斩之刑，其如愚昧不明，放纵无忌之辈何耶！我今有经三藏，可以超脱苦恼，解释灾愆。三藏：有《法》一藏，谈天；有《论》一藏，说地；有《经》一藏，度鬼。共计三十五部，该一万五千一百四十四卷。真是修真之径，正善之门。”

如来在这里说得很清楚：以此三藏经论，可以“超脱苦恼，解释灾愆”，“修真”、“正善”——显然，这就是吴承恩笔下“平天下”的含义。

那么，这“三藏”经论为什么能“平天下”？如来佛接下来对“三藏”内容又有详细介绍：

“凡天下四大部洲之天文、地理、人物、鸟兽、花木、器用、人事，无般不载。”

原来，其中内容并不是我们主观上担忧的那些非理性的东西，而是天文、地理、人事等。用今天的话说，既有自然科学方面的内容，又有人文方面的内容。今日东、西方从小学到大学的教材，不过如此而已。我们终于明白了，如来佛不是用迷信的东西来迷惑东土百姓，而是传给东土自然科学和人文科学全套的教材——一种东、西方的文化交流（当然不是今天所说的东西方概念）。也就是《大学》所说的：“欲明明德于天下者”。所谓“明明德”，也就是认识客观世界的哲学思辨和科学实证。

前文说的“治其国”，首先要卫其国，守其土。孙悟空用于守卫的方法，一是家里练兵以防；二是对外以文会友以和。这里讲的“平天下”的“平”，同样不是“武平”而是“文平”。何谓“文平”？即以文化平定天下。《三藏》经论中有天文、地理、人事等各种学科的知识，这就是人类古老文明和文化的结晶。所以，当唐僧取经回到大唐后，朝野百姓迎接的是经书和唐僧，对神通广大的孙悟空和威力无比的金箍棒并不感兴趣。

如何以文化平定天下呢？历来有几个误区：

一是多元与同化。如果认为：以文化平天下，是以某一文化同化其他文化，变多元文化为一元文化，那么，人类文明和文化就会枯竭，走向自我消亡。世界文化是多元的，唯有多元结构的文化，才能引导社会的进步和发展，才能众彩纷呈，绚丽多彩。文化大革命中，林彪集团和“四人帮”把马克思主义教条化，凌驾于中国传统文化之上，实际上是孤立和架空马克思主义，混淆马克思主义文化的多元性；改革开放后，学术界又掀起一股文化保守主义思潮，打着弘扬传统文化的旗号，要求“儒化”中国，主张成立“儒学院”，由熟读经典的儒生来治理中国，这同样是将儒家文化凌驾于多元文化之上，实质也是孤立和架空中国传统文化（参考《马克思主义研究》2010 年第 5 期第 15 页）。其实，从以毛泽东为首的第一代中央领导集体开始，早就开始了马克思主义“中国化”和“大众化”的理论研究和实践。党的十六大以来，又提出了“不断开拓马克思主义理论发展的新境界”，“开展中国特色社会主义理论体系宣传普及活动，推动当代中国马克思主义大众化。”

改革开放以来，人们又在争论：中国是全盘西化还是全盘儒化？这同样是文化“单元化”，一种文化同化另一种文化的极端思潮。实际上，尽管有“文化大革命”十年的干扰和荒漠，但中华民族传统文化的发展主流，依然保持着“国学为根”、“马学为体”、“西学为用”的基本模式，而且越来越明朗化。“文化多元”与“平天下”之间，始终保持着一种“和而不同”的基本平衡。那么，支撑这种发展模式平衡的支点是什么呢？

《易经·系辞传》引用孔子的话说：“天下何思何虑？天下同归而殊途，一致而百虑，天下何思何虑？”何谓“殊途”？文化多元化就是殊途。何为“同归”？人类历史上各种文明、各种民族文化，都是人类智慧的结晶，而智慧的思想基础是理性。理性有两个方面，一是对世界的认识，譬如天文、地理、人物、鸟兽、花木等自然学科；一是人类的社会实践活动，譬如人事、人伦、人文等社会学科。前者是以客观世界为第一性，后者是充分发挥人的主观能动性。在这一“同归”之处，古今中外不约而同，又“和而不同”。恩格斯说过：“马克思的整个世界观不是教义，而是方法。”什么方法？列宁归纳为一句话：“对具体情况作具体分析。”毛泽东归纳为更简明：“实事求是。”邓小平说：“毛泽东思想的精髓就是实事求是”。

譬如：马克思主义哲学，被称为学说、主义。是什么学说呢？是“最一般规律的学说”。中国传统文化中的哲学，称之为道。什么道呢？《老子》开篇便界定为“常道”。所谓常道，也就是人之常理、人之常道；物之常理、物之常道；天之常理、天之常道。用西方的话说，也就是“最一般规律”，即普遍真理。最一般，就是普遍，也就是“常”。何谓常呢？孔子说：“一阴一阳之谓道。”（《易经·系辞传》）这句话是从人们天天观察日影中归纳出来的。日月投射到地面有影，影子随着日月运行而移动，形成大道两旁，一边阴，一边阳。移者，易也；易者，变也。影子移动而生变化，名曰“变易”；这种阴阳移动的变化，天天如此，年年如此，一万年、一亿年都是如此。同时，又有不变的规律，名曰“不易”；但是，变也好，不变也好，无非一阴一阳而已，名曰“简易”。于是，从具体道路的“道”，又抽象出三易之道。这种“三易之道“，听起来很高深，很玄妙，但在我们日常生活的方方面面又无处不有这种“三易之道”。一阴一阳，无非一动一静，一柔一刚，一吉一凶，一失一得等等而已。“使民宜之”，“百姓日用而不知”，这就是常道，就是普遍真理，也就是最一般规律。

荀子说过：“天下无二道，圣人无两心。”《金刚经》云：“一切贤圣皆以无为法而有差别。”何谓无为？与无为相对的是人为。人为，是以人的主观意识任意所为；无为，是自然而为。何为无为法？是指充分发挥人的主观能动性，遵循其自然法则的为。

以上说了这么多，说来说去还是一句话：以文化平天下，既保护人类文化的多样性、多元化，又可以殊途同归，同归于文化原创时的理性——遵循客观规律，发挥人的主观能动性——这就是古今相通、中外相融的普遍真理、最一般规律——天之常道，人之常道。

《六祖坛经》云：“普见化身，不离自性。”化身，既指狭义的人身，又指广义的万物变化之身（相）；自性，既指狭义的人性——“人之初，性本善”，又指广义的自然规律。“普见化身”，随时随地所见到的万事万物的变化，包括日月的影子，以及影子移动的变化，都离不开自然界最一般的普遍规律，譬如“日月运行”规律；又可以说，日常与万事万物的变化打交道，都用唯物辩证法这面镜子去观照、去分析、去判断，就像日常用钥匙开锁，不从表面开，而从锁心处开。万事万物的万千变化都有自己的“锁心”，这个“锁心”则是万事万物的“自性”。自性在内，不在外。外表千变万化，各各不同，而锁心都有共同的规律，即事物的本质、本体，故名“自性”。所以说：“普见化身，不离自性。”

这把钥匙，能开天下所有的锁心。这也就是《大学》中讲的“明明德于天下者”。何谓“明”？何谓“德”？何谓“明德”？第一个“明”是以人为主体的“明”，是指人对万物的认识；第二个“明”则是指客观万物的呈现和表象。那么“德”呢？既指万物变化的规律（物的德性、特性），又指人透过事物的表象，理解和掌握了内在的规律。“德”从“道”中来。第一个“明”强调人的主观能动性；第二个“明”强调物的客观存在。

《六祖坛经》说：“应用随作，应语随答。”答案在哪里？在日常应用之中，在每个人的“锁心里”。这句话省略了主语，主语是谁？是主观能动的人，是“明明德”的人。又省略了宾语，宾语是什么？借《大学》的话说，是“明德”，也就是说，认识了“明德”的人应用明德，随作明德。由于认识到了（明了），所以可以得心应手地“随作”、“随答”。可见，惠能大师讲的同样是自然与社会最一般规律。吴承恩笔下的《三藏》经论，讲的是自然科学和社会科学，应该说，这也是自然与社会最一般规律的百科全书。孙悟空保护唐僧取回这些经典，教化南瞻部洲的民众，自然就是以文化平天下了。

可见，由“欲明明德于天下者”，到“天下平”，是实现幸福人生的第八步。这不但是个人命运的至高、至大和至尊，也是社会共命的至大、至尊和至高，这是人类最理想的境界，也是幸福天下的最高境界。儒家的“大同世界”，释家的“极乐世界”，马克思主义的“共产主义”都是这一崇高目标的不同表述，表述虽异，但目标一致——都是“欲明明德于天下”者。

结语

家、国、天下都在幸福中

本卷所述的“八目”出自于《礼记》中的《大学》篇。作者是孔子的学生曾参，但开篇的“三纲”、“八目”则是引用孔子的言论。

所谓“大学”，是相对于“小学”而言的。古代自商、周时代起便有官学，官学又分为小学与大学。小学的教学内容主要是识字，根据字形、字音，辨析字义、词义，以至于句义和文义。大学的教学内容主要是通达于道义，故曰“大学之道”。

何谓道义呢？道有三道。《易经》明确界定为天之道、地之道和人之道，也包括前文所说的“三易之道”（变易、不易、简易）。用今天的通俗说法，分为自然之道、社会之道、人身之道。为什么可以这样表述呢？

因为人身，同样是自然界中一物，其五官、五脏，以及毛发须眉、手足躯体，都是在自然界中自然形成的。譬如，胎儿出生时，头发就是螺旋状。这是因为胎儿在母胎中倒立，头与地球相对，地球的旋转力形成了胎儿发际的螺旋状。其实，人身每一个器官的结构、功能，以及相互之间的组织系统，与自然生态无不一一相应。这就是佛经中所说的：“一物一数”、“一沙一界，一界之内，一尘一劫”。

社会也是这样。社会是由人际关系组织而成的，是根据各种血统、生活环境、生活习惯（人文）、地理位置等，分为不同的体系、不同的民族。而这些民族和群体，与自然界的生态系统和种群结构，又无不一一相应。

由于物事与人事道义相通，所以，古代圣贤的各种表述相通。上述说了，《大学》开篇的“三纲”、“八目”是孔子所云。再看《易经》中的卦序排列，是周文王所为。文王演绎《周易》，为什么要这样排列呢？从道义上有什么样的说法呢？文王本人没有交待，但孔子有个说法，他为文王的六十四卦卦序作了一篇《序卦传》。不妨与“八目”作一对照：

《易经》开篇七卦为：乾、坤、屯、蒙、需、讼、师……

《序卦传》开篇曰："有天地，然后万物生焉。"乾为天，坤为地，天地首先定位。接下来说："盈天地之间者唯万物，故受之以屯（屯卦）。屯者，盈也；屯者，物之始生也。"屯卦有二义：一为草木始生。始生之义，屯读若菌；一为草木充盈。充盈之义，屯读若囤。与"八目"中的"格物"而"物格"相应。

《传》曰："物生必蒙，故受之以蒙（蒙卦）。蒙者，蒙也，物之稚也。"蒙卦有二义，一为蒙昧，混沌之状，一为启迪、启蒙（亦曰教化）——与"八目"中的"致其知"而"知至"相应。

再往后序，则生出歧义来了：

《传》曰："物稚不可不养，故受之以需（需卦）。需者，饮食之道也。"稚的本义是指细嫩的禾苗，物始生后的形状。需卦，是指对物质的需求，又称之为物欲，欲念生而意生，意生而种种心生。

《传》曰："饮食必有讼，故受之以讼（讼卦）。"讼卦，是指纷争、争讼，这是由物欲引起的。

《传》曰："讼必有众起，故受之以师（师卦）。师者，众也。"由于纷争而兴师动众，乃至于战争（师，即军队）。

……

《大学》中的"八目"与《易经》中的卦序之义，"屯"（物格）、"蒙"（致知）之后便产生了分歧。"八目"继而为"意诚"、"心正"和"身修"；而《易经》卦序之义为物欲→纷争→兴师。如果说孔子的"八目"是一种幸福美好的愿望和对理想社会的憧憬，《易经》中的卦序排列之义，则是对客观现实的直接描述。古代生产力落后，这种为争夺食物而发生纷争的事时有发生。今日世界，科技发展了，有了先进的生产力，相比较而言，物质极大地丰富了。但是，人口增多了，人们的物欲需求膨胀了，各国之间的摩擦和冲突，都是围绕自然资源的利益之争。

这样说来，孔子的理想社会就不能实现吗？客观现实中的物欲纷争就无法改变吗？《易经》给出的方法是平衡思维，上经三十卦是在"泰"与"否"之间追求平衡。通俗来说，就是在通泰与阻塞中追求平衡，犹如十字路口的红绿灯，红灯停为"否"，绿灯行为"泰"，停与行都是为了交通通畅和安全。通畅也需要阻塞来节制，有节制才能维持相对的平衡。

下经三十四卦则是在"损"与"益"中追求平衡。有先损后益，有先益后损，益中有损，损中有益。其中"井"卦䷯则保持无损无益（即无渗无溢），"节"卦䷻则表示起某种调节和节制作用，保证损也不过，益也不过，始终保持“损益盈虚，与时偕行”、“凡益之道，与时偕行”。与时偕行，即今日所说的与时俱进。要做到这一点，只有在损与益中把握损益有度或无损无益的平衡。

你们会提出质疑：这些与“八目”中的“意诚”、“心正”、“身修”……有什么关系呢？

先说“意诚”。《中庸》曰：“诚者，天之道也”，“诚之者，人之道也”。上经所表示的“泰”与“否”，是天之道，两卦都是由乾卦和坤卦重合组成的，乾卦象征天，坤卦象征地；下经所说的“损”与“益”，则是人之道，损卦是由艮卦和兑卦重合组成的，益卦是由巽卦和震卦重合的。“艮”与“兑”，象征少男与少女；“震”与“巽”，象征长男与长女。无论是“诚其意”还是“意诚”，都是在“天道”和“人道”中寻找平衡点。

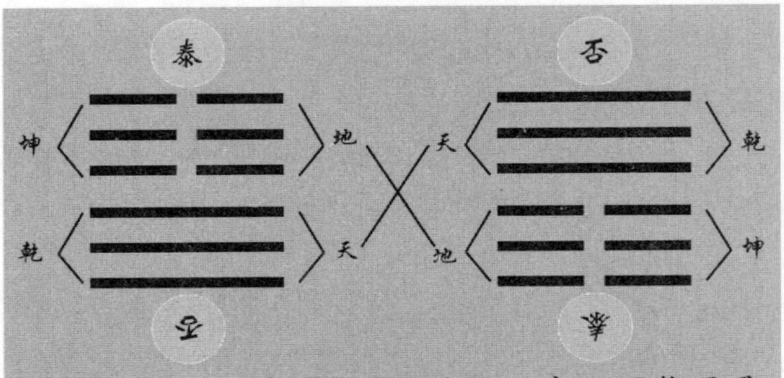

地天交，万物通　　地天不交，万物不通

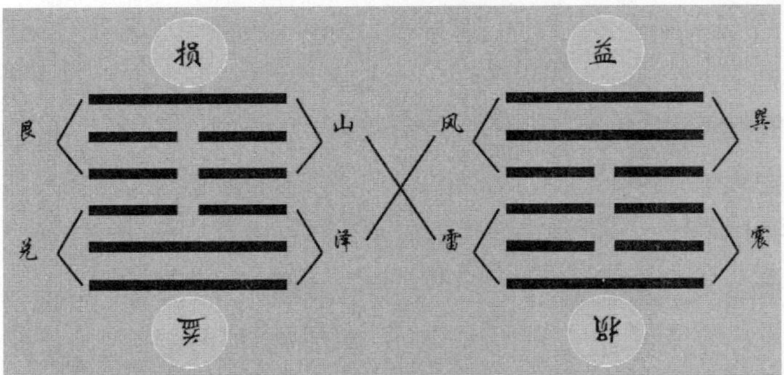

损上益下　　损下益上

再说“心正”。上经末二卦为坎䷜、离䷝，为水火；下经末二卦为既济䷾、未济䷿，为水火既济、火水未济；再看上下经倒数第三、四卦，上经为颐䷚、大过䷛，下经为中孚䷼、小过䷽。颐䷚与中孚䷼为大离☲之象，为火；大过䷛与小过䷽为大坎☵之象，为水。可见，上下经末四卦均为坎☵、离☲之象。坎☵之中为阳爻，为中而不正（第二爻应为阴爻之位，故为不正），离☲之中为阴爻，为中正（第二爻为阴爻，故为正）。中间一爻正与不正相互交替，既对立，又统一，平衡则在对立与统一之间的某个节点。中正，既是天之道，也是人之道。中正，又被称为中心。

至于“身修”、“齐家”、“治国”和“平天下”，这里难以一一详述。从上述的对照中，也许能得出一个简单的结论：《大学》中的“八目”是实现理想社会和幸福人生的次第，这种次第只是主观意识上的，表现为一种主观上的有序。而客观现实则是一种无序的稳态。为什么说是无序呢？不言而喻，客观现实是一个变化的世界，难以预测和不确定性。同时又是有规律的，事物在变化中发展，又呈现出一种可以预测的稳定性。也就是说：无序是事物变化的表象，稳态是事物发展的必然规律。于是，又可以这样说：只看事物变化的表象，便会影响我们的思维，使人产生或保守、或宿命的消极因素；把握住了事物发展规律，便能驾驭变化，从变化中找到突破口，实现命运的突围。

如果仍有不能理解的地方，不妨将先天八卦图与后天八卦图作一对照游戏，从游戏中，便能恍然大悟，原来“无序的稳态”是这么回事，认识了它，便找到了命运突围和幸福人生的门径。

如何才能透过无序的表象，看清有规律的稳态呢？《易经·系辞传》中有一句话描述得清清楚楚：“一阴一阳之谓道。”如何理解这句话呢？2007年，我在东莞移动“名家讲坛”上专题讲了这个主题，这里重复一下，以供参考：

道是什么意思？道就是道路。“路”字，是“足”字旁一个“各”字。足，行也。各，人在路上走，阴阳各一半（一边阴、一边阳）。你的影子上午在西边，到了下午就在东边。这就是“一阴一阳之谓道”。这样讲还是肤浅。

我们常人是“百姓日用而不知”——不知道。为什么我们只知道这个影子在变化，但是我们不知道它变化的过程？为什么讲三易？易者，移也。它在移动，在移动中间而生变化，然后抽象为理。哪三个理？第一个是变易，影子移动带来种种的变化。植物的生长难道不也是在一阴一阳的变化中生长的吗？假如只有白天，只有阳，我们能生存吗？万物能生存吗？是不能生存的。正是因为有了阴阳消长、昼夜交替、寒暑往来，这个世界才这么丰富多彩，所以才有万物“和而不同”、“和其光，同其尘”。“和”，是共同一个地球、共同一个宇宙，但是又丰富多彩、众彩纷呈。

这又出现第二个理，这种变化是怎么变的？它又有不变之理。这个影子是怎么移动的？有上午和下午的变化；有白天和黑夜的变化；也有晴天和雨天的变化。但是它又有不变的规律：天天如此，月月如此，年年如此；北京和西藏如此，东半球和西半球如此。前年我们到藏区去，在海拔4500米高原上生活了9天，那里是甘孜地区的石渠县，海拔比拉萨高出1000多米，被称为生命的禁区。我们感觉，当地的环境很多都与北京不一样，但是唯独一阴一阳是完全一样。

再就是简易，一阴一阳又可以引申到一动一静、一刚一柔、一起一伏、一明一暗、一吉一凶、一祸一福、一失一得等等，既对立又统一。公元前600多年以前，古希腊的哲学之父泰勒斯，把人类从神话思维时代一下子引入到理性的思维时代，哲学产生了。但是，古希腊的哲学开始萌芽的时候，还没有对立统一，他们对自然界的认识还停留在“水”、“气”、“火”等单一的元素上。而中国，早在伏羲时代就有了对立统一的思维意识。

伏羲的家乡、大地湾文化遗址的第一期文化，根据考古确认，是在公元前6220年。我去过4次，体验了4次，为了研究《易经》而一次次地寻找伏羲当年的踪迹。从那个时代起，就已经有了一阴一阳这种对立统一的思维萌芽。当你登上天水卦台山的时候，看到眼前是六十平方公里的一个大盆地，中间是一条渭河，绕成一个大写的“S”型，一个生动的太极图呈现在我们视野的时候，你就会感受到：大自然是如此的生动，我们的文字是如此的苍白。

所以，这个道是什么道？是书上那个“道可道”的“道”吗？不是，道在天地之间，道在自然之间。现在从小学到大学，你体验了多少蓝天白云？你体验了多少青山绿水？你体验了多少鸟语花香？除了文字还是文字，除了意识还是意识，除了概念还是概念，概念越多思维越乱。今天有我们的思维体系吗？有我们系统的思维方式和行为方式吗？所以，我们一面学习知识理论，一面要思考这些问题。

本卷的“卷首语”借用海德格尔“在之中”的思维模式，描述《大学》中的“八目”模式，即：物在知中，知在意中，意在心中，心在身中，身在家中，家在国中，国在天下中。那么，天下在什么中呢？应该说，天下在人心中。心中有天下，才会有国家；心中有国家，才会有家庭……这样，才会有家的温馨感、国的安定感、天下的责任感，才能感受真正的幸福感。这样，幸福在家、国、天下中，家、国、天下都在幸福中。

卷五

因果链中的幸福王

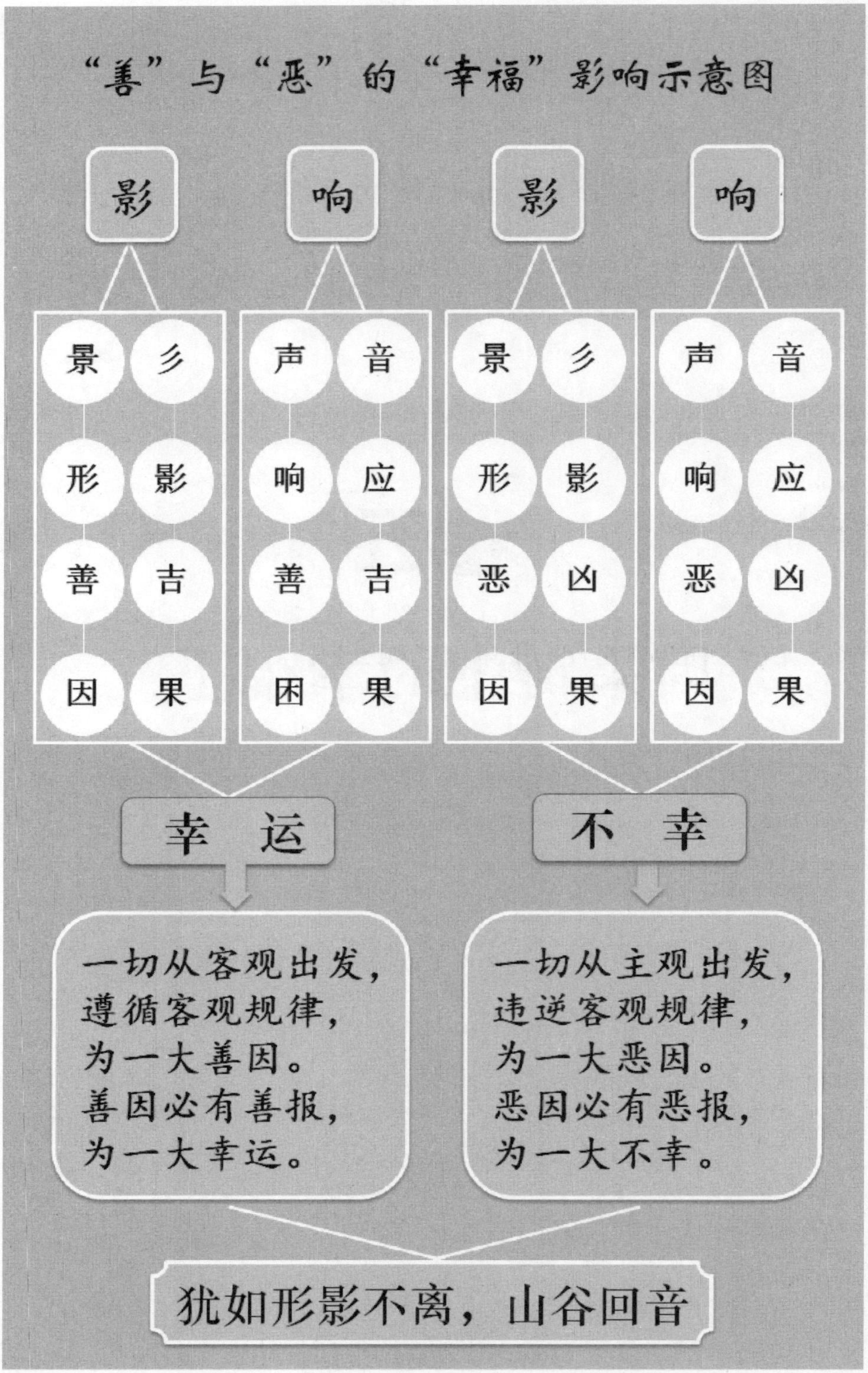
影
响
影
响
景 彡
形 影
善 吉
因 果
声 音
响 应
善 吉
困 果
景 彡
形 影
恶 凶
因 果
声 音
响 应
恶 凶
因 果
幸 运
不 幸
一切从客观出发，
遵循客观规律，
为一大善因。
善因必有善报，
为一大幸运。
一切从主观出发，
违逆客观规律，
为一大恶因。
恶因必有恶报，
为一大不幸。
犹如形影不离，山谷回音
“善”与“恶”的“幸福”影响示意图

卷首语

人生幸与不幸的因果链

记不清从哪个年代起，中国人对“因果”一词开始躲躲闪闪了，似乎一提及“因果”就会惹来迷信、唯心的嫌疑。其实，这种现象也不仅此一例，致使有些人们早已熟悉的语词都被无故地扫进了文化的垃圾堆。不知这是文化的悲哀，还是历史的幽默？我则认为，这是一种社会理性的集体缺失。

本卷为什么要以“因果”为主题呢？难道“因果”也与“幸福”有联系吗？是的。横向来比较一下中国“四大名著”中的故事结局及主要人物的命运，不难看出：唯有《西游记》的结局是大圆满，也唯有《西游记》中的孙悟空，虽然经历了许多不幸，但最终却能“吉而免凶”，甚至大难不死，以大成功、大福报而成就了觉者的人格。那么，《水浒传》、《红楼梦》和《三国演义》中的主要人物的结局，为什么在幸运中又最终遭遇大不幸呢？他们的人生中，虽然开始有吉，而最终又未能免凶呢？这其中有没有因果关系？答案要在对比中去寻找。所以，本卷中又要涉及到《水浒传》、《红楼梦》和《三国演义》，以及宋江、刘备、贾宝玉和林黛玉等等。下文先从“因果”一词说起。

“因果”一词，既有西方哲学范畴的“因果链”、“因果性”；也有佛教的“因果报应”；其实，中国传统文化中，也早已有了“因果”观念。下面一一作个简单的介绍：

《易经·坤卦》云：“积善之家，必有余庆；积不善之家，必有余殃。”所以，中国人传统观念中，流传着一句耳熟能详的话，叫做“善有善报，恶有恶报”。再说说佛教的“因果报应”说，这是佛教基本教义之一。《无量寿经》云：“善恶报应，祸福相承。”《涅槃经》云：“善恶之报，如影随形；三世因果，循环不失。”前句说有某种原因，必然会有某种结果，这种因果报应如影随形，无处不在；后一句说，现世的富贵与贫贱，是前世所造善恶诸业的因而所受的果。今生的善恶行为，必然导致来生或福或祸的报应。

对佛教这种“因果报应”说，该不该痛批呢？那么，怎样批判才能使人们信服呢？让我们先来看看西方哲人和中国古人是怎么说的。

“因果链”一词，是休谟提出来的。休谟是18世纪英国的哲学家、历史学家和经济学家。他认为“因果链”是自然现象之间相互联系的一种形式，并认为，所有自然科学和历史科学都建立在因果关系上。因此，人性科学也必须深究因果关系的本性、来源和根据。他认为：一定的原因必然产生一定的结果，有因必有果；反之，一定的结果，必然是由一定的原因所引起的，有果必有因。因与果这种必然的联系形式，就叫因果链。

《尚书》是中国先秦《五经》之一，称为《书经》。书中《大禹谟》篇有这样一句话：“惠迪吉，从逆凶，惟影响。”这是大禹的话。先作一个注释：惠，顺也；迪，道也。意思是说，顺乎道义的行为就能得到吉祥；反之，违逆道义的行为必然凶险。顺道者吉、逆道者凶，就像物体的形体与物体的影子一样，也像声音的回音响应一样。这句话很明确，如果说吉与凶是结果，那么，顺道与逆道便是因。这种因果反应，就像日常生活中的如影随形，音声响应一样，毫厘不爽。换句话说，人们的日常言行举止，乃至大的举措，是否符合道义（客观规律），势必会影响到事情的结果。影响是客观存在的，吉凶也是客观存在的，吉祥不是老天恩赐的，凶险也不是上帝惩罚的，全都是自己所思所言、所作所为造成的必然结果。

由此说来，再回到佛教的“因果报应”一说，可以看出：这种善恶报应的观点，是建立在客观之上的，是唯物的。之所以造成“唯心”的误会，一是“善”、“恶”概念不清楚；二是“三世”界定不明确。

何谓善？何谓恶？不同的文化，不同的时代，不同的背景，都有不同的标准。其实，《尚书》中那句话，已经给出了一条普世标准：大凡顺乎客观规律（道义）的思想和言行都是善；反之，违逆客观规律（道义）的思想和言行都是恶。这里似乎又缺乏一种衡量“道义”的标准，其实也很简单：一切有益于社会大众的都是合乎道义的，反之，一切有害于社会大众的都是违逆道义的。用古人的话说也许更明确：所谓“道”，就是天意；所谓“义”，就是民意。顺乎天意和民意就是道义。再说得明确一点，所谓天意，是指自然的客观规律；所谓民意，是指民众的客观现状和主观愿望。

再说说“三世因果”。所谓“三世”，即前世、今世和来世，人们仅从字面上去读，把一个“世”和“生”以生死为界而错解了。其实，“世”，只是一个时间概念，而“生”则是人生中的过去、现在和未来。譬如年轻人大学毕业时22岁，为今世（今生），已经过去的22年为前世（前生），未来几十年的人生则为来世（来生）。这样理解，既有以生死为界的“三世”含义，同时，又有客观人生中的“三世”这样两种界定。无论依不依生死为界，其实都是一个时间上的分段审视而已。关键问题是主观上的认知，从客观存在出发就打破了迷信；从主观意识出发就陷进了迷信的困惑之中。

本卷重点分析了《西游记》中的因果关系，同时又将《水浒传》中的“天意”与“人意”、《三国演义》中的“大义”与“小义”、《红楼梦》中的先笑而后哭等引为案例，体验一下三位作者笔下的因果报应，以及宋江、刘备、宝玉与黛玉的悲剧，是哪种因、哪种果。这些因果故事对今天的现实生活有哪些启迪？哪种因果中才会有真正的幸福人生？如果说幸与福是善果，那么，什么是善因？如果说不幸与祸是恶果，那么，什么是恶因？追求幸福的人生，首先不能盲目，要理性，这就要求我们先要明白幸福链中的因果链。

有人把生活比作网络，而网络正是由无数条有形、无形的线相互链接的。历史像一条链，中国传统以六十年为一节点，六十年中又有三十年河东、三十年河西一说，三十年是一节点。人生也像一条链，中国传统以十二生肖为一节点。回顾一下人生，从过去的历史链和人生链中，可以找到某种节点的规律，由此而向后推测，即可预测未来的历史链（后文“总结语”中有专题叙述），而预测的原理就是因果规律。

第二十六章

乾坤必有私与天下为公

《西游记》中又是如何描述因果反应的呢？孙悟空是怎样从“因果”中突现命运突围的呢？这种因果链中，有哪些幸福因素呢？

第八回中，观世音菩萨奉如来佛法旨，去东土大唐寻访取经人，途经五行山时，压在五行山下的孙悟空五百年来第一次见到了菩萨，犹如见到了救命恩人。书中有菩萨与孙悟空的一段对话，还有一首诗。先来读读这首诗吧：

人心生一念，天地尽皆知。善恶若无报，乾坤必有私。

人心生一念

诗中首句说“人心生一念”，这是指哪一念呢？是善念，还是恶念？让我们来听听菩萨与大圣之间的对话：

孙悟空睁开火眼金睛，认出了观世音菩萨，高叫道：“……万望菩萨方便一二，救我老孙一救！”

菩萨道：“你这厮罪业弥深，救你出来，恐你又生祸害，反为不美。”

大圣道：“我已知悔了。但愿菩萨大慈悲指条门路，情愿修行。”

菩萨闻得此言，满心欢喜。对大圣道：“圣经云：‘出其言善，千里之外应之；出其言不善，千里之外违之。’你既有此心，待我到了东土大唐国，寻一个取经的人来，教他救你。你可跟他做个徒弟，秉教伽持，入我佛门，再修正果，如何？”

大圣大声应道：“愿去！愿去！”

于是，“那大圣见性明心归佛教，这菩萨留情在意访神僧。”

上述这段对话，不是一般的台词，而是凡圣之间的对白，仔细品读，有许多发人深醒的东西。

首先，从孙悟空一句“我已知悔了”说起。孙悟空被压五百年了，整个身子被紧紧的压住，只能“运用呼呼之气，手儿爬出，可以摇挣”，每天饥餐铁丸，喝饮铜汁……除此之外，只有呼吸和思维有充分的自由。呼吸能维持人的生命，而思维则能转换人的生机。大凡经历过逆境、险境的人都能深切地体会到这一点：当生与死、绝望与希望紧张“谈判”的那种日子，一种思维就是一种心态，一种心态就是一线生机。而那种时刻，一线生机即是一片光明，乃至一生一世的辉煌。大难不死，必有后福，就决定于这时的一念生机。

这五百年中，孙悟空想了些什么呢？我们可以想像：他想得最多的，应该是如来佛对他的一劝、二激、三赌、四骂和五压，一幕幕地重现当时的情境，检讨到底错在哪里？由此自然会想到如何才能得救？得救后该怎么重新为人？我们不妨这样想像：比如我们日常生活中无意中发错了脾气、说错了话、痴迷时做错了事、得意忘形中丢失了贵重物品，当时是糊涂的，但事后往往追悔莫及，一遍遍地反思和检讨。那么，孙悟空这五百年的反思、检讨的结果如何呢？从他对观世音菩萨的表态中，可以看出有三点：一是“我已知悔了”；二是“情愿修行”，皈依佛门；三是口称“我佛如来”，而不是去找如来佛算帐。他不但知悔了，而且知恩了、知法了。由迷转悟了。诗曰“人心生一念”，可见这一念也是经过一番痛苦的检讨和忏悔而来的，所以说“天地尽皆知”，也可以说，天地被感动，连菩萨都被感动了。可见，“知悔”是人类文明史上第一大非物质文化遗产。一个人能知悔，可以回头是岸，从头再来，反之则是执迷不悟，苦海无边；一个民族知悔，则能托起一个民族新的生机和希望，反之则是历史的负罪，越背越沉，甚至会把子孙的未来挤压成畸形。有人反思后不是知悔，而是寻机报复，怨恨更深，不难预料，其后面的人生之路依然是危机四伏。不知悔，永远在迷途之中，在抱怨、消沉和仇恨的地狱里，“千万亿劫，求出无期”。只有“知悔”，才能在一念的当下便出离苦海，离苦得乐。所以说，这一念，“天地尽皆知”。一念知悔，必有后福；一念抱怨，必有后殃。

天地尽皆知

天地有知吗？天地能感知到什么呢？上文讲到孙悟空不但知悔了，而且知恩、知法。这似乎应了古人常说的那句话：天知、地知、你知、我知，你我代表万物之间的彼此，天地万物尽皆知。用哲学家的说法，人“知”是人的主观意识，天地“知”是客观存在的。当主观意识与客观存在相应时，天地自然皆知了。天地知人心，人心知天地，知天地便是“知天命”。孔子曰：“五十而知天命”（我到六十才“知天命”）。可见这个“知”字来之不易。孔子用了五十年，孙悟空用了五百年。中华民族的文明延续了五千年，我们“知天命”了吗？这是一个有趣的思考命题，我总觉得吴承恩是带着这一命题写孙悟空，写唐僧取经，留下这部历史名著《西游记》。此时此刻，如果采访吴承恩，问他：“你认为什么是天命?”他会微笑着简明地回答：“日月运行是天命，随着‘日出而作，日入而息’天天西游则是知天命。”如果用今天的哲学观点精炼分析，“天命”是客观存在，或曰客观规律，“知天命”是人们的理性思维，或曰主观意识。

再回到本卷“因果”主题上来又如何理解呢？其实又很简明：“知”是悟、是觉，不知则是迷。迷是因，因为迷而下地狱；觉是果，因为“知”而成佛。换种说法：迷是果，因为不知而迷；知是因，因为知而离苦得乐。再把话说白一点：迷则不知，知则觉。这里所说的“知”与“智”相通，因为知而智，因为智而觉。二者都是一种思维，一种心态，一种命运。因为“知”的思维，才有“觉”的心态；因为“觉”的心态，才能成就觉者的幸福。

孙悟空说“我已知悔了”，是一种“知”的心态，也是一种“智”的境界。境界提升了，自然出离了地狱。本来是“千万亿劫，求出无期”的无间地狱，孙悟空一个“知悔”便“求出有期”，五百年便能得救，观世音菩萨满心欢喜答应救他。这里有个极妙的伏笔。什么伏笔呢？在吴承恩笔下，菩萨救人不是无条件的，而是有条件的。什么条件呢？就是一个“知”字，你知罪、知悔、知恩、知法，我就答应救你。其实，这不是吴承恩笔下的虚构，现实中，只有“知”（智者）才能得救。不知者仍然是个迷，菩萨想救你也无可奈何，暂时救出来了，下次还会下地狱；从有形的地狱中救出来了，无形的心态依然是怨恨、消沉和沮丧，依然是“求出无期”。今日许多善男信女拜观音，求官、求财、求寿、求名、求利，能不能达到“有求必应”的愿望呢？自我鉴定的标准还是一个字：“知”。请自己问自己：我是“知”，还是不知？知者“有求必应”，不知者“求出无期”。菩萨还教给我们一个要诀：“观自在”。时时观照自己的心态，自在不自在？知者得自在，不知者迷，不自在。时时观照，时时自在，你也就成了“观自在菩萨”，与菩萨平等了。

比如病人，祈求菩萨大慈大悲保佑他早日消除病痛，“方便一二，救我一救”。菩萨便会与他讲条件：“你知了吗?”“知悔了吗?”“知天命了吗?”此时的菩萨是谁？是大夫。大夫说，你好好配合医药治疗吧。怎么配合？就是“知”，烦恼越少，知得越多；恐惧越小，知得越快。什么是病根？什么是病因？是迷，不知悔，不知天命，所以会生起怨恨心、嫉妒心、烦恼心。什么是病愈的因？心地清净，身心爽快，无烦无恼。这种心态就是“知”的心态。

再比如：有位大贪官去求签问卜，得到的判辞是：关关难过关关过。他暗自庆幸：关关能过。这不是“知”，而是迷。因为迷而贪，因为贪而执迷。为什么这样说呢？这句“关关难过关关过”中的“关”与“过”其实是一种因果链。因是“过”（错过、罪过）；果是“关”，被关。“被关”与“难过”，以及“关关过”——关关都是过往的罪过的果。是谁“关”他？是他自己，因为痴迷而把自己关进了“贪婪”的心魔圈子里。直到真的被关进监狱时，他心里仍然惦记的是钱。因为一个“钱”，又生出种种企图掩盖“过”和“关”。一层罪过一重关，关关有难、有过，关关都是罪过。这句签文应该这样理解：对于不知而痴迷不悟的人，是关关都难过，因为关关都是以往的过错和罪过。对于知罪、知悔者来说，则是关关过，因为一念知悔，关关都能过。

我的师父上人是位禅宗祖师道场的老和尚，他从来不给弟子测签。我曾冒昧问过师父为什么？师父说，众生抽签都想抽上签，都不想抽下签。抽到上签就以为万事大吉，以为菩萨会给他送来福报；抽到下签就以为运气不好，是命中注定，求菩萨也保佑不了，心里忧闷不乐。所以，他极力反对弟子抽签，更反感弟子请他测签。几乎每一次他都是一句话：不用我给你测，明白因果就是上上签。现在回想起来，师父这句话是他在几十年坎坷人生中悟出来的。他在省政协会上发言，每次都要说句“要明因果”。什么叫明因果呢？比如抽签、测签，其实，签不是果，也不是因，那是外在的东西。内在的因在求者的心态上，必然的果在求者的行为上。时时保持一种“知”的心态，必然会有“智”的状态，也必然会有“智”的结果，其实这是最容易做到的，也是最明白、最容易自我把握的事。由于因果错位，心态乱了，行为也就乱了。不明因果便不明事理，事情的结果必然混沌不清。谁之过？

天地尽知，知罪、知悔、知恩、知法，便是知天命。同样道理，假设签上尽知，而求者不知，还是不相应，求又何益？所以，诗中说：“善恶若无报，乾坤必有私。”

乾坤必有私

世俗的观念是善有善报，恶有恶报。但现实生活中的表象并不是人们所想像的那么简单、那么直接、那么立竿见影。所以，人们常常会抱怨“善恶无报”。这里说“善恶若无报，乾坤必有私”。一个“若”，是一种假设；一个“必”，是一种肯定。假设与肯定之间形成了一种逻辑关系，这是哪种逻辑呢？其实，这是一种因果逻辑。“善恶若无报”，是一种假设的结果，如果这种假设成立，那么，其原因必然是“乾坤必有私”。从字面上理解，就是说“乾坤”为主语，乾坤怀有私心、私的观念。这是在各种古代经典讲解中常见的“直译”法。其实，这种字面上的“直译”、“直解”，是一种勉强敷衍的“夹生饭”。那么，应该如何理解呢？这要从全诗的结构上去寻找理解的扣子和扣眼。这首诗的“扣子”是“乾坤”，“扣眼”是“天地”。为什么这么说呢？《易经·系辞传》开篇就说得很清楚：

天尊地卑，乾坤定矣。

这里的“天地”是指客观外在世界的天地，这里的“乾坤”是代指天地，换句话说，乾坤是人们主观意识中的天地。这两句话可以这样说：天地若有尊与卑的区别，那是乾坤上的界定。意思是说：天与地本无尊卑。客观的天在外（大气层），地在内（地球），只有内外，没有高下，也就没有尊卑。那么，这个尊卑是怎么形成的呢？是人主观上形成的。人站在地球上，视力有局限性，感觉不到天在外，地在内（大气层包裹着地球）。日常感觉到的，是天在上，地在下。于是，便人为地分出上为尊，下为卑，即天为尊，地为卑。所以说，“天尊地卑”不是客观存在的形态，而是人们主观感觉到的（定矣）。这种认识只是感性认识，是认识的初级阶段。只有当人们的科技素质提高后，即使不到太空去观察地球和大气层，也能凭借理性的思维想像，认识到天地原本无尊卑。这时，感性认识就上升到了理性认识。由此可以看出，《易经》中所说的“乾坤”是用来代称“天地”的，而不是客观存在的天地，是人们主观上的认识。而主观上的认识往往有局限性、片面性。

同样道理，“善恶若无报”这种假设是不成立的，这种假设是从主观上的一种不“知”、不明——所以说是一个“私”字。那么，乾坤又何以有“私”呢？指的又是哪种“私”呢？

刚才讲了，乾、坤是作《易》者用来代指天地的（代词、代称、代表），同时，又可以代指男女、父母、刚柔、动静、阴阳等。也就是说，乾、坤不是客观存在的天地，而是人们主观上想像的“天地”。客观存在称为“公”，主观意识（想像、愿望）称为“私”。怎么这么说呢？凡是客观存在的，比如一棵树，它展现在每个人面前的表象是公开的、透明的，谁都可以任意观察。但它留给每个人脑子的印象（私），乃至从这棵树各个方面的“象”中抽象出来的“象”，却千差万别。所以，评价这棵树时，便会出现意见分歧——这就是人的主观（私）。虽然客观上是同一棵树，或同一件事，但主观上，你有你的意见，我有我的意见；你有你的观点，我有我的观点（即观察点）。这就是客观为“公”，主观为“私”的原因。客观是公正的，主观则带有局限性和偏见。

回到“善恶若无报”这一句上来分析。这里用了一个“若”字，就是把“善恶无报”放在一个假设的语境中，而本意显然是为了证明“善恶必有报”。为什么说，“善恶若无报”这句假设是主观上的“私”呢？从客观存在的现实生活中，善与恶并没有明显的标记，甚至会以假象出现。善与恶都有其隐蔽性、重叠性和双重性。所以，对于现实中的善恶是非，常常出现意见分歧。客观上是善的，有人主观认为是恶的；客观上是恶的，有人主观认为是善的。这样，就会造成“善恶无报”的乱象。再则，善报因果报应，有其自身特定的时间规律，有的是现报，而大多数则是后报。现报看得很清楚，而后报，时间有长有短，很难看到。这就是主观上的局限性，于是便带来认识上的误区，认为善恶无报，甚至抱怨“老天不长眼”。这就是“私”的涵义。这里说明了一个道理，就是前文所说的明因果。如何明？这里的回答是，从客观公正出发就能明，从主观偏见出发就是迷。迷则私，明则公。所以，吴承恩以四句诗形象地描述了这一因果报应的客观规律。

君子的言行

再看观世音菩萨是怎样开导孙悟空的。“菩萨满心欢喜”，运用《易经·系辞传》中一句名言来开导他。那句名言说：“出其言善，千里之外应之；出其言不善，千里之外违之。”而原文中，这句话的前面还有一句：“君子居其所”。显然，全句中，“君子”是“出其言”的主语。意思是：君子足不出户，其言行为善，千里之外都会得到响应；反之，君子言行不善，则千里之外也会受到谴责。也就是：善有善的反馈，恶有恶的反馈。即使是科技高度发达的现代，这种善恶有报的现象也是常见的。比如今日因特网上网民们言论自由，各抒已见，但评判善恶大致有个公认的标准。如果某人有件善举，立即会受到广大网友的热评和赞叹；如果某位名人即使说出一句过头话，或某种瑕疵，都会遭到网上毫不留情的批评。

所以，《易经》原文中接下来这样说："言出乎身，加乎民；行发乎迩，见乎远。言行，君子之枢机。枢机之发，荣辱之主也。言行，君子之所以动天地也，可不慎乎？"孔子把君子的言行比作"枢机"，比作处世为人的枢纽和机关。机器的"枢机"一开动就会运转，机动车辆的"枢机"一发动就会奔驰，枪炮的"枢机"一扣动就会发射弹药……这些都不能轻率地随心所欲，都要慎之又慎。君子的言行，每次发动都会发乎一人之身，而关系到民众的利与害；同时，也关系到君子本人的荣与辱。所以说，君子的言行"动天地也"。

吴承恩所说的"天地尽皆知"，是从"人心一念"上来说的，其实，君子的一言、一行，都是心生一念的果，念是因，言行是果；言行之发是因，"加乎民"、"荣誉之主"是果；"出其言善"是善因，"千里之外应之"是善果；"出其言不善"是恶因，"千里之外违之"是恶果。《易经·系辞传》中这段话讲的是什么？显然是讲善恶必有报，讲的是明因果。观世音菩萨用这句话来开导孙悟空，显然是告诫他：五百年的磨难是恶有恶报，今日的"知悔"是善因，日后必有善果。反思过去，教他"亢龙有悔"，知悔而能回头，回头即生智慧——这是一大善因缘，所以才有日后的大圆满。

当然，《西游记》中讲到因果的地方还有很多，这里只举这一例，其余大部分留给广大读者诸君们去讨论，去领悟，相信会有更多的心得和发现。

第二十七章
《水浒传》的寓意——天意与人意

从书名说起

读《水浒传》也能明白因果，这要从书名说起。《水浒传》这个书名有没有讲究？作者在书名里面有没有安机关？这里面有没有底牌？有几层底牌？作者写一百零八将，写梁山泊英雄好汉，是为了告诉我们什么？我们共同来分析一下《水浒传》这个书名。

“水浒”一词，是从《诗经》里面来的。在《诗经·大雅·绵》这一篇中，写周文王的祖先由东向西迁居的事。诗的原文是：

“古公亶父，来朝走马，率西水浒，至于岐下。”

意思是：周文王的祖先一大早就率领他的部落，骑着马，浩浩荡荡沿着渭水河向西行，到了岐山脚下安下新家。所以，今天陕西宝鸡北面的岐山，就是当年周文王他们家的发祥地，学术界把它称为“周原”。书名用了这一古典，多不通俗。

水浒，本义是指水边的意思。水泊，是指湖边，也是指水边。那么，叫《水泊梁山》不是很好吗？为什么要叫《水浒》？用“水浒”这个词，既不通俗，又没有直接关系，这样的书名与内容不是有点格格不入吗？作者为什么还要用这个书名呢？他要告诉我们什么？

我们要明白一个问题，汉语有一个特点：就是汉字谐音的妙用。字音相谐，其意就会相同或相近。汉字是表义文字，但是在音、形二者之间，字形是间接表义，而字音则是直接表义。因为人类历史上，人直立行走后便开始了简单的思维；有了思维，然后便有表达思维的口头语言；很晚很晚以后，才有记录口头语言的文字。所以，字音比字形更能表意。

那么，“水浒”与什么词谐音？大家自然会想到：水浒——水火也。水与火有什么特性？这里面又有什么含义？《尚书·洪范篇》曰：“火曰炎上，水曰润下。”火向上炎成为火焰，焰、炎也是谐音。水向下润，向下渗透。水和火，一者向上，一者向下。所以有一句俗话，叫水火不相容。

水润下，火炎上	《尚书》
水流湿，火就燥	《易经》
燥万物，莫熯乎火烧	《易经》

水火不相容，这与《水浒传》里面讲的梁山泊英雄好汉的故事有什么内在联系？有什么寓意？我们来看看《水浒传》讲的故事，它讲的是什么？从头到尾，它所突出的是哪两个字？大家一看就知道，是忠与义。水与火就是比喻忠与义的。火炎上，象征忠（忠是对上），表示忠诚、忠心。那么，水润下呢？正好象征的是义，义是一种平民意识。

这样说，是不是又有点牵强，是一种附会呢？我们还是用原著来说话。

是天意，还是人意？

故事发展到原来的梁山泊寨主晁盖中箭身亡后，宋江坐上了第一把交椅，成为梁山泊的新寨主。宋江一上台，他的第一项举措是把晁盖命名的“聚义厅”改为“忠义堂”。晁盖只是聚义（汇聚），大家都是绿林好汉，就是一个义；但是宋江讲究的是忠与义，而且讲究忠义两全。

我们来看原著第七十一回的标题：

“忠义堂石碣受天文，梁山泊英雄排座次。”

应该说，这一回是整个故事的转折点。也就是说，重新排列了座次以后，以前的聚义就转为了忠义，因为从地下挖出来的石碣（碣是指圆顶的石碑）上有两句话：

“替天行道”，“忠义双全”。

这是核心的句子，不是随便说的，我们读的时候可不能把它忽略了，认为这是作者随便写的一句话，那只不过是石碣上的碑文，这里很关键。碑文不仅仅有一百零八将的排座，上面还写有“替天行道”，他们替天行道了吗？“忠义双全”，他们忠义双全了吗？后面的结果是什么？到底是天意呢，还是宋江的人意？是客观存在，还是主观意识？历史证明，天意灵了吗？宋江他们真的是替天行道、忠义双全了吗？如果说是人意，那么宋江主观上的愿望实现了没有？这就很关键了。读到这个地方，我们就要问这些问题。天意？人意？还是民意？

那么，最终的结果是什么呢？我们再来看看结尾的第一百回。从结构上看，开头和结尾，这是很重要的。中国人作文，讲究有好的开头和好的结尾，要首尾呼应。有好的开头，没有好的结尾，或者结尾离题万里，那就是虎头蛇尾了。考试时，一篇文章，结尾不扣题，就跑题了，那是要扣分的，甚至于不得分。

最后作者点题了没有？是如何点题的？故事在向前发展。宋江主观上的愿望，按石碣上的天意来说，就是要忠义双全，所以他千万百计想着朝廷招安，结果也真的被招安了。被招安以后，他们为朝廷打了许多胜仗，立下了赫赫战功，似乎也是替天行道了。当然，这个替天行道、这个天意与民意是不是相符，那又是另外一回事了。就中国的传统来说，天意就是民意，民意就是天意，与民意不相合的就不能称之为天意，我们读《左传》、《国语》都能读出这些东西来。

有的人讲传统经典，总是围绕一个勾心斗角、阴谋诡计去讲，似乎我们中华民族的历史主流都是勾心斗角的，连孔子的学生一个个都是要阴谋的老手，先秦诸子都成了一帮搞阴谋诡计的谋士，难道这是历史的主流吗？既然不是历史的主流，为什么要去把它肆意放大？为什么对主流的东西视而不见呢？这不对。所以我建议，我们读《左传》、《国语》、《史记》、《三国志》的时候，要看历史的主流，而不要用放大镜去看那些勾心斗角、阴谋诡计的东西。那不是我们中华民族的历史主流，更不是我们当今社会的主流。我们看问题要客观，要理性。如果只看支流，把支流放大而看成是主流，而对主流视而不见，这不是理性，也不符合历史客观，这是一种自我扭曲的心态，误人误己！

忠与义能否两全？

宋江他们虽然已经有赫赫战功了，但是结果又怎么样呢？显然，他们的结果是一个悲剧，是一个破局。当初梁山泊的一百零八位英雄，战死的战死，走的走，被害的被害。那么，宋江本人的最后结局又怎么样呢？他是不是忠义两全了？我们看看第一百回是怎么写的。

第一百回是写宋江之死，标题是：

“宋公明神聚蓼儿洼，徽宗帝梦游梁山泊。”

这个标题有意思，前面是英雄好汉、一百零八将汇聚在梁山泊，最后又聚在哪？聚在蓼儿洼。山和洼有区别：水泊梁山多么有气势，威震天下；现在呢？聚在蓼儿洼，只剩下了宋江、李逵、吴用和花荣四人，又是何等凄惨和悲凉。即使宋徽宗想要褒奖宋江，可竟然只能在梦游中见上一面。

宋江是怎么死的？不是战死的，而是被高俅、杨戬两个奸臣害死的。这里有两首诗，先把其中两句提出来：

第一句：**“不容忠义立家邦”**；

第二句：**“可怜忠义难容世”**。

这两句诗点题没点题？两句诗里面都有“忠义”二字，都有一个“容”字（“不容”和“难容”）——水火不相容，忠义也不相容。这两首诗是在什么情形下写出来的？

自古权奸害善良，不容忠义立家邦。
皇天若肯明昭报，男作俳优女作倡。

当徽宗准备要奖励宋江，赐他御酒时，奸臣高俅和杨戬正好找到一个机会，于是密谋划策，借用御酒来谋害宋江。他们在御酒里下了毒药，这毒药不是喝下去当场毙命，而是半个月以后才死。二人很是得意，所以作者以诗作证，诗中巧用“不容忠义立家邦”点题。

半个月后药酒发作，宋江果然死了，又以诗为证：

受命为臣赐锦袍，南征北伐有功劳。
可怜忠义难容世，鸩酒奸谗竟莫逃。

“不容”表现出一种愤慨，“难容”表现的是一种无奈和悲哀，再次点题。

你们看，“可怜忠义难容世”。前面是“不容”，这里是“可怜”，又进了一层了。第一百回是关键的结构，这个结果叫结局；关键的人物——宋江是关键的人物、主要的人物；关键的事件——宋江之死。他不是一般的死：宋江对朝廷有功劳，反被朝廷害死，就连皇帝的本意都被改变了，被篡改了，这是主要的事件。这时，不是一首诗，而是两首诗，恰好安排在一件事的两个关键的节点上。这是不是点题？是不是点睛之笔？

这里作者告诉我们的是什么？水浒者，水火也；水火者，忠义也。水火不相容，忠义不能双全。再回顾第七十一回中石碣上的文字：“替天行道”、“忠义两全”。是不是前后呼应？这不是说得很明白、很清楚吗？读到这个地方，难道我们就可以一带而过，认为作者写这么两首诗是写着好玩，是卖弄自己的诗文，卖弄自己的文笔，是这样吗？不是的。读书读不出关键的字眼，只是看着热热闹闹、打打杀杀，那就不是读书了——读了半天，你不知道他在说什么。那你的心得呢？你的体会呢？你的收获呢？要多打几个问号。

当然，我们又要回过头来再问为什么：为什么忠义不能两全？水和火真的不能相容吗？我们先来分析一下水和火。从性质上看，水和火是不相容的：一个炎上，一个润下。但是在客观实用中，水火不是不相容，它们有很多相容的地方。例如：当火成了灾的时候，我们可以用水去扑灭火——这是一种抑制，相生相克（水克火），这个相克不是坏事。有人把五行相克当成坏事，把相生当成是好事。实际上，生多了也不行，生多了也会成灾！西方属金，金生水。像新疆，雪山上的雪融化成水，水多了，又成了水灾。这个时候要克制，相互之间要有一个抑制的东西，这个抑制又有什么不好呢？事物之间始终要保持一种平衡。

自然万物五重造化

重浊之物下降而土生
土成块质坚而金生
金氧化分解而水生
水滋润草木而木生
木为燃料附着而火生
火还草木为炭而土再生

生和克的关系，并不是说，克就是坏，生就是好，这是事物发展、变化的一种规律、一个环节。有时候要生，有时候要克。只有生，没有克不行；只有克，没有生也不行。是生，还是克？二者相互之间要保持一种平衡，保持一个度——此一时彼一时也。

度，是从时上来说的。锅里面有水，锅下面有火：火旺，水就能沸腾，这又是好事。没有一定的温度，水达不到沸点也不行，需要火来加热升温，要借助火，这是一个条件，所以叫生火做饭，即为生；但是火一过，水就会烧干，锅就会爆炸，那也不行，又要釜底抽薪，这叫克。

现实生活中就是这样：相生相克。相，相互，相对。相互之间的关系，互相维持，而不是互相反制；也不是相生就是亲，相克就是疏，甚至是敌——没有亲疏关系。克和生也是相对而言的，不是绝对的。绝对的生不行，绝对的克也不行。无论是生也好，克也好，都要适宜，这是水与火的关系。譬如生活中的夫妻关系，一个性格内向，一个性格外向；一个柔，一个刚，相敬如宾的夫妻正是这种“和而不同”的逆差效应。二人情投意合就是相生，生活中相互克制、牵制就是相克。相克是为了相生，是为了生活继续延伸、生生不已，幸福的日子就是这样过的。

天意，为何不遂人意？

那么，忠与义是不是也是这种关系呢？同样是这种关系。忠义能不能双全？要不要双全？忠与义要双全，也可以双全。那么，宋江为什么没有实现自己这个美好的愿望呢？“忠义双全”，这是石碣上面写的，似乎是天意。实际上，宋江一心想招安，他也是想忠义双全，所以说，这是他的主观人意、主观愿望。那么，天意也好，人意也好，人人都讲究一个万事如意，为什么这件事就不能如意呢？

我们不妨来看看原著中这个机关是怎么安的。对比刚才讲到的宋江最后结局，怎样？只剩下四个人汇聚在蓼儿洼，那是很悲哀的了。但是前面第七十一回，也是一个转折点。如果把全书故事打成两截，宋江招安的故事就是从这一回开始的。开始作者是怎么写的？我们不妨看一下原文：

话说宋公明，一打东平，两打东昌，回归山寨忠义堂上，计点大小头领，共有一百八员，心中大喜。

宋江“心中大喜”，喜的是什么？“宋江自从闹了江州上山之后，皆赖托众弟兄英雄扶助，立我为头”，一喜也；“今者共聚得一百八员头领，心中甚喜”，二喜也；“自从晁盖哥哥归天之后，但引兵马下山，公然保全。此是上天护佑，非人之能。纵有被掳之人，陷于缧绁，或是中伤回来，且都无事。今者一百八人皆在面前聚会，端的古往今来，实为罕有”，三喜也（这一喜与后文正好形成对比）。

你们看，这是不是对比？一百八员南征北战，打来打去，战了东平，又打东昌，打了那么多仗，负了伤的竟然也好了，被俘掳去的也回来了，一百八员毫发未损，“公然保全”。宋江说这是上天保佑，把这种结果的因归于老天。那为什么后面老天不保佑了？为什么说这是一个转折点？最后为什么成为一个破局，成为一个悲剧？宋江你不是立了功，战功赫赫吗？不是连皇帝也赐了御酒吗？不是赐了锦袍、衣锦还乡了吗？为什么还是个破局，连自己的性命都没有保全？难道老天后面就不保佑了吗？其中的因果是什么？

如果从宋江改“聚义厅”为“忠义堂”开始，先有大喜（三喜），最后则是大悲。先喜而后悲，这是一个对照，非常明显。既然你是“替天行道”的，应该符合天意的，这里面讲了一个“公然保全”，与“忠义双全”连起来了。“公然保全”，用其它词语不可以吗？前面一百零八将都保全了，后面却没有保全：人没有保全，忠义也没有双全，“替天行道”，“忠义双全”，这到底是天意，还是人意？

这里有一个民意的问题，这个民意很重要，不懂得民意是不行的。人意，是指个人的主观愿望，或者是帝王的愿望；而民意呢？是大众的共命。共命，就是共同的命运，也就是古诗《击壤歌》中所表达的：同一个世界，同一样日出、日入，同一样作息，同一样饮食，这就是共命。民意，就是指共命。用今天的话说，是广大人民群众最根本的利益，是核心利益。国家的利益，就是一个国家人民的共命。

以上讲了宋江认为“替天行道”就是人顺天意，就能“忠义两全”。结果，天却不遂人意，忠义不能两全。这是哪种善恶果报？从文字表面上看，似乎存在一种因果关系，但具体的事、具体的人，乃至具体的时代，要作具体的分析。分析的本义是用“斤”（斧）把“木”分解，又名剖析。剖析的原理就是透过表面现象，看其内部的本质。人事的本质是什么？人事的本质不是孤立的，它的背景是一个社会，一个时代。所以分析宋江的因果报应时，离不开当时的社会。当时的社会和时代是怎样的情形呢？又是怎样一种因果关系呢？再看下文讲到的“无事”与“有事”。

“无事”与“有事”

《水浒传》第二回开篇有处两段之间的巧妙衔接，也可以称之为机关，先请读原著第二回中的第二自然段和第三自然段的开头：

仁宗天子在位共四十二年晏驾，无有太子，传位濮安懿王允让之子，太祖皇帝的孙，立帝号曰英宗。在位四年，传位与太子神宗天子，在位一十八年，传位与太子哲宗皇帝登基。那时天下尽皆太平，四方无事。

东京开封府汴梁宣武军，一个浮浪破落户子弟，姓高，排行第二。自小不成家业，只好刺枪使棒。最是踢得好脚气球。京师人口顺，不叫高二，却叫他做高毬。后来发迹，便将毬那字，去了毛傍，添作立人，便改作姓高名俅。这人吹弹歌舞，刺枪使棒，相扑顽耍，颇能诗书词赋。若论仁义礼智，信行忠良，却是不会。只在东京城里城外帮闲。因帮了一个生铁王员外儿子使钱，每日三瓦两舍，风花雪月，被他父亲开封府里告了一纸文状。府尹把高俅断了四十脊杖，迭配出界发放……

“天下尽皆太平，四方无事”，就是《论语》里面说的“邦有道”，“天下有道”。说明这是一个太平世界，国泰平安。但是，说过“天下太平，四方无事”，接下来说什么呢？既然无事，也就无事可说了，小说刚一开篇便无事可说了，那还有这本《水浒传》吗？接下来介绍谁？介绍高俅了，大段大段地介绍——高俅出场了。前面讲“四方无事”，高俅一出来就有事；前面讲“天下尽皆太平”，高俅一出来就不太平，这是不是对比？现实生活中常有这种事，好好的气氛突然被人搅局了，都觉得晦气，何况国家大局呢！读书读到这个地方，你能不拍案叫绝吗？

为什么开篇要这么衔接？上一段还在讲皇帝传位，一代、一代地传，交接都很顺利：天下无事，朝廷无事，百姓也无事，天下都太平。寥寥一段文字就把几代天子的事说完了，把天下大事、几百年历史表述清楚了。因为“四方无事”，自然无事可说。然而，笔锋一转：“且说……”接下来就以大量的篇幅讲高俅，介绍这么一个泼皮干什么？意图非常明显，就是告诉我们：天下无事，高俅出来就有事；天下太平，高俅出来就不太平。这样开头与结局的两句诗是不是首尾呼应？皇上赐给宋江御酒，本当无事，但是高俅与杨戬一耍阴谋，便出了人命关天的大事。为什么？高俅是奸臣，朝廷怕的就是有奸臣。

最后，宋江死在谁手里？不就是死在高俅和杨戬手里吗？为什么忠义难两全？为什么天意和人意都不能如意？原因是什么？谁在当道？奸臣当道。《大学》结尾有一段描述：

“小人之使为国家，菑（灾）害并至。虽有善者，亦无如之何矣！此谓国不以利为利，以义为利也。”

这段话中就有因果关系：国家灾害是果，小人当道是因；“以利为利”是恶因，“以义为利”是善因。

读《水浒传》，从头到尾就读这几个关键节点，再去看那些热热闹闹、打打杀杀，就全明白了。为什么要打？为什么晁盖早不死，晚不死，偏偏在那个时候死？为什么晁盖不能寿终正寝？为什么晁盖要让位给宋江？读读这些你就知道了，这些都有安排。历史是历史，小说是小说，小说是作家的文艺创作，小说是源于生活而高于生活，它要告诉人们什么？

回过头来我们再问一问，水与火都有各自的功能，它们都能相生相克，都能在天地万物之间发挥各自的功能，都有自己的用武之地。水火是双全的，水火是相容的，那么，忠义能不能双全？忠义能不能容世？忠义能不能立家邦？孔子在《论语》里，反复强调“邦有道”与“邦无道”的关系，道理非常简单：邦有道，忠义能双全，能容世；邦无道，忠义难双全，难容世。为什么这么说？

天意、民意与人意三者之间有一种因果组合的关系。什么是人意？简单地说，就是每个人主观上的意愿，这里特别强调的是执政者的主观意愿。执政者的人意，既要顺从天意，又要顺从民意。同样，民意也要顺从天意，与天意相违则不能代表民意。

那么，何为天意呢？譬如建国之初，国家制订第一个“五年计划”，要优先发展工业。当时有人提出农民问题，革命战争年代依靠的是农民，建国了却要优先考虑工业，而不是发展农业。当然，这是一种民意，也代表了当时客观上的民意，但是这种民意又有违天意（历史阶段的客观存在）。因为当时中国的工业太落后，连一台拖拉机也不能制造。如果不优先发展工业，“一穷二白”的落后面貌至今也难以改变，农民的贫困始终不能解决。比如一个家庭，本来贫困，一旦有了一笔小小的财富时，家长（父母）首先考虑到家庭的长久富裕，于是与子女们商量，先不图过小日子，而是先谋一份事业。全家人先不分财，而是先共事，事业兴旺了，全家人便共同富裕了，而且是长久的富裕。治国也是如此，执政者就像当家人，不但要从大局出发，还要从长远考虑，这样，才能既顺从了天意（客观规律），又顺从了民意。

在人意与天意、民意这条因果链中，既有幸福的果，也有不幸的果。如何才能“吉而免凶”？如何趋吉避凶？这就是人意（主观愿望），既要符合天意，又要符合民意。其实，民意就是天意。古人云：得民意者，得天下。也可以说，得天下者，得幸福。1949 年，中国人民从此站起来了，得天下了，从此生活慢慢好起来了。中国的改革开放，第一句口号就是鼓励一部分人先富起来。这里“先”与“后”的关系，其实就是时间和阶段性的因果关系。

第二十八章

《三国演义》的喻意——大义与小义

从“桃园三结义”说起

关于三国的记载，有陈寿的《三国志》，他是从历史的角度去记叙的。像《左传》为传，《史记》为记，《三国志》为志，这都是指历史类的文献。但是我们这里讲的是《三国演义》，它是一本小说，是文学体裁。所谓演义，与哲学名词“演绎”有区别，因为它不是严格的历史演义，而是文学角度的演义。尽管历史事件是真实的，人物是真实的，但是许多事件、情节、故事的安排，都加上了作者大量的文学创作和虚构。《三国演义》的书名开宗明义地告诉读者：我讲的不是历史，不要把它当作历史教科书，这是演。演戏也是演——表演。演戏，要有一个主题，有一个戏剧的脉络，有一个贯穿始终的主线，它的主线就是“义”。演的是什么义呢？这个义是怎么演的呢？

打开《三国演义》，第一回就是“宴桃园豪杰三结义”。

次日，于桃园中，备下乌牛白马祭礼等项，三人焚香再拜而说誓曰：“念刘备、关羽、张飞，虽然异姓，既结为兄弟，则同心协力，救困扶危；上报国家，下安黎庶。不求同年同月同日生，只愿同年同月同日死。皇天后土，实鉴此心。背义忘恩，天人共戮！”誓毕，拜玄德为兄，关羽次之，张飞为弟。

桃园，是张飞家的后花园。后花园全是桃树，故名桃园。这个“三”也很有意思：三国、三结义，这里有三个人。哪三人？就是刘备、关羽、张飞，简称刘、关、张。这三个人虽然出生在不同的地方，这一次也是初次见面，但是他们为了国家，都想尽一份匹夫之责，他们都有一种忧国忧民的志向，他们有一个共同的目标，志同道合促使他们走到了一起，所以三个人一见如故，当即就在桃花园里祭拜天地，歃血为盟，结拜兄弟。

那么，这个结义结的是什么义？我们来看他们的盟词，也就是誓言，这个词里面讲到义了吗？讲到了，讲了两重义：一重义是，“上报国家，下安黎庶”，这是为国为民的大义，是国家和民族的大义；第二重义是，“不求同年同月同日生，只愿同年同月同日死”，这是指小义，是三个人的小义，也就是我们今天讲的哥们义气。这种哥们义气，如果放在大义这个背景下，这种哥们义气是值得倡扬的。但是，如果仅仅是哥们义气，那就是另外一回事。

刘、关、张三人歃血为盟，下这么一个决心，准备“同心协力，救困扶危”，那么，他们这个誓言、这个愿望实现了没有？结果怎么样呢？大义和小义伸张没有呢？我们可以先来看一看《三国演义》的结尾。

结尾用了一段诗文，实际上是一个归纳、总结，其中总结刘、关、张桃园三结义是这样说的：“楼桑（指刘备的家乡，那里有一棵大桑树，以此而称名）玄德本皇孙，义结关张愿扶主；东西奔走恨无家”。这是指当初他们到处投主，投靠来投靠去，都没有自己的地盘。“将寡兵微作羁旅”，都是寄人篱下。这是他们前一段时间的概括。“南阳三顾情何深，卧龙一见分寰宇”，这显然是指三顾茅庐、隆中对策。可见这也是一个转折点，这个转折点以后又怎么样呢？“先取荆州后取川”，川是指四川。“霸业图王在天府”，天府之国也指四川。此一段是刘备最得志的时期。“呜呼三载逝升遐，白帝托孤堪痛楚”，这又是另外一番情景了。“孔明六出祁山前，愿以只手将天补；何期历数到此终，长星半夜落山坞！姜维独凭气力高，九伐中原空劬劳；钟会邓艾分兵进，汉室江山尽属曹。”这当然是刘、关、张先后死去之后的事了。

这一大段诗文，已经把刘、关、张三人从桃园三结义到最后的结局，做了高度的概括和回顾。这个概括非常有意思，它有阶段性。这种阶段性，就像是多生多劫的“劫”：开头结义是一劫，结局也是一劫。既然三人歃血为盟（结义）了，就要干一番事业，这一番事业就是一大劫。那么，最后这一劫过去了没有？这一劫是凶，还是吉呢？

三人结义之后，开始情况不如人意，大家都很清楚：当刘备去与袁术会盟时，其他来会盟的都有几千兵马，他们就三兄弟。最后，凭着关羽温酒斩华雄，捞回了些地位和面子，否则什么都没有。这以后，他们今天投靠这，明天投靠那，到处寄人篱下，所以这一段时间很不顺利。

但是，刘备的聪明之处在哪个地方？他知道，自己虽然得了关、张，只是有勇，但是谋呢？他就是缺少智谋，怎么办？所以他三顾茅庐，三请诸葛亮。刘备值得称道的地方就在这里，他不但知道自己缺少什么，而且做到了三请，他有这样的耐性，所以请到了诸葛亮。两人在卧龙岗（隆中），经过一番计谋，确定了三国鼎立的国策和宏伟规划。

从那以后，刘备要什么有什么，求什么得什么：想借荆州，荆州借到了；想要益州的地图，张松送来了。最后称了帝。

但是，这个阶段很快就过去了。刘备刚刚在四川（蜀）称帝，东吴就来索还荆州，因为当初借荆州时，刘备和诸葛先生都立了字据，约定得了益州（四川）后即还荆州给东吴。但是刘备和诸葛亮又不肯还，这就使得关羽左右为难。关羽无奈，只能忠于其主，使得关羽父子两人遇害。关羽遇害以后，张飞为了给二哥报仇，也丢了性命，竟然命丧于自己的手下。刘备为了给两位弟弟报仇，竟然不顾百官的劝谏，连营七百里攻打东吴，阵亡了很多将士，最后不得不在白帝城临终托孤。这以后，虽然诸葛亮鞠躬尽瘁，死而后已，姜维也很努力，但是，蜀最后仍然归于魏了。

标题埋伏笔

这是一个简单的故事梗概，但是从这个故事梗概里面，我们能看出作者是在演义吗？他不也是讲故事吗？实际上他是在演义。这个义是怎么演的？作者在哪个地方点题了呢？在哪个里面埋下了伏笔，布设了机关，暗藏了底牌？这就要有一种全局观，有一种统揽全局的战略眼光。

请读第三十八回。读《三国演义》，没有读通第三十八回，就等于不懂得演义是如何演的，就等于这一本书没有读通。第三十八回标题是：

定三分隆中决策，战长江孙氏报仇。

这个标题很有意思。中国古代的小说体裁有一个特点：是章回体。从全篇来说，它分多少回，每一回里面又分章。大多数情况下，都是一回分为两章，这两章之间有内在联系。这个内在联系，有的不明显，有的特别明显。这一回里面的两章，就不是一般的内在联系了，因为全书演义的主题、点题、机关就在这一回里面，我们先看这个标题中两个关键词：“隆中决策”与“孙氏报仇”。

这两章讲了哪些事呢？前面一章讲“定三分隆中决策”，显然是讲“隆中决策”。是谁在决策？是两位大丈夫：一位是刘备，一位是诸葛亮。当时魏、蜀、吴三国还没有形成鼎立的局面，但是诸葛亮在卧龙岗，不出门竟然能知天下大局，能在家里纸上谈兵，一个人演绎兵棋推演（兵推），布出了天下大局。从这里看得出，刘备借助了诸葛亮，诸葛亮又借助了刘备。刘备有自己的宏愿，有“匡扶汉室”的抱负；诸葛亮也有自己的报负，他有这样一种大智慧，他也想依仗一位明主以展示自己的才华。可以想像，这个“隆中对策”是惊天动地的，是波澜壮阔的。

那么，与这一件事相对应的，有内在联系的是什么呢？“战长江孙氏报仇”。战长江是指东吴在孙权即位以后，按兵不动，先广纳天下贤士，并且在长江上布防。当然这也是为后面刘备七百里连营埋下了一个伏笔，应该说是一个陪衬之笔。但是真正的核心、真正的机关又安在哪一段？安在“孙氏报仇”这一段。孙氏，是指孙权的弟媳徐氏夫人。孙权的弟弟，叫孙翊。这一段讲了什么呢？我们看原文，希望细细品味这段文字：

“却说孙权弟孙翊为丹阳太守，翊性刚好酒，醉后尝鞭挞士卒。”隐患有二：一是性刚，一是好酒。酒性发作，性情愈加刚烈。“丹阳督将妫览、郡丞戴员二人，常有杀翊之心，乃与翊从人边洪结为心腹，共谋杀翊。”进一步交待事因和人物关系，为后文铺垫。“时诸将县令，皆集丹阳，翊设宴相待。”交待具体的事因。“翊妻徐氏美而慧，极善卜易”，这两句是一个极巧妙又不起眼的题眼，是全书的点睛之笔。“是日卜一卦，其象大凶，劝翊勿出会客。翊不从，遂与众大会。”妻子“极善卜易”，但信则灵，不信则不相应，连自己的丈夫都不相信，终是一种无奈。“至晚席散，边洪带刀跟出门外，即抽刀砍死孙翊。妫览、戴员乃归罪边洪，斩之于市。”孙翊被杀，边洪是凶手，但不是主谋。历史上，主谋者借凶手杀了对手，再杀凶手，一是嫁祸于人，二是杀人灭口。“二人乘势掳翊家资侍妾。妫览见徐氏美貌，乃谓之曰：‘吾为汝夫报仇，汝当从我；不从则死。’”杀其主，谋其财，还要占其妻，能得逞吗？“徐氏曰：‘夫死未几，不忍便相从；可待至晦日，设祭除服，然后成亲未迟。’览从之。”徐氏委婉应对，巧与周旋。主谋妫览奸险、毒辣，却不识徐氏的机智和冷静。

“徐氏乃密召孙翊心腹旧将孙高、傅婴二人入府，泣告曰：‘先夫在日，常言二公忠义。今妫、戴二贼，谋杀我夫，只归罪边洪，将我家资童婢尽皆分去。妫览又欲强占妾身，妾已诈许之，以安其心。二将军可差人星夜报知吴侯，一面设密计以图二贼，雪此仇辱，生死衔恩！’言毕再拜。”为除奸贼，依赖贤臣。徐氏的“慧”，也许不在于“极善卜易”，而在用人。“孙高、傅婴皆泣曰：‘我等平日感府君恩遇，今日所以不即死难者，正欲为复仇计耳。夫人所命，敢不效力！’于是密遣心腹使者往报孙权。”孙翊有仇敌，也有心腹。但同是心腹，边洪被奸人所用，而孙高、傅婴仍为主公所用。

“至晦日，徐氏先召孙、傅二人，伏于密室帏幕之中，然后设祭于堂上。祭毕，即除去孝服，沐浴薰香，浓妆艳裹，言笑自若。妫览闻之甚喜。至夜，徐氏遣婢妾请览入府，设席堂中饮酒。饮既醉，徐氏乃邀览入密室。览喜，乘醉而入。徐氏大呼曰：‘孙、傅二将军何在！’二人即从帏幕中持刀跃出。妫览措手不及，被傅婴一刀砍倒在地，孙高再复一刀，登时杀死。徐氏复传请戴员赴宴。员入府来，至堂中，亦被孙、傅二将所杀。一面使人诛戮二贼家小及其余党。”看似徐氏在兑现当初的承诺，其实是不动声色，滴水不漏。整个行动干净利索，不留遗患。“徐氏遂重穿孝服，将妫览、戴员首级，祭于孙翊灵前。”徐氏不仅仅“极善卜易”，也极善用计。先除孝服，“浓妆艳裹”，这是为了蒙蔽贼人。除了二贼，为夫报了仇，依然穿上孝服，继续为夫守孝。不仅“慧”，而且“惠”。

“不一日，孙权自领军马至丹阳，见徐氏已杀妫、戴二贼，乃封孙高、傅婴为牙门将，令守丹阳，取徐氏归家养老。江东人无不称徐氏之德。后人有诗赞曰：

“才节双全世所无，奸回一旦受摧锄。庸臣从贼忠臣死，不及东吴女丈夫。”

为何如此赞叹？又为何称曰“不及东吴女丈夫”？影射谁不及？

从这700字的原文可以看出，这是一件家常事，是孙氏的家务事。孙翊虽然是一个太守，但是他脾气暴躁，好饮酒，饮了酒以后就鞭策部下，所以部下对他怀恨在心。他的妻子孙氏，也叫孙夫人。她本人姓徐，又叫徐氏。她嫁给了孙翊，就叫孙氏。徐氏是一个什么样的人呢？书中用了七个字：“美而慧，极善卜易”。注意，这是智慧的慧。难道是以妇人之慧衬托大丈夫之慧？

“隆中决策”与“极善卜易”

这个里面我们要多问几个为什么：

其一，前一章讲诸葛亮隆中对策，并没有提到他会不会《易经》，会不会占卜，只字未提。国家的大决策是从哪里得来的？是不是占卜得来的？是不是通过《易经》算卦算出来的？这里没有说（不需要这个）。后面讲一个女子（一个平凡的女子），有一个“美而慧”也就足矣了，已经是最高的夸赞了——不仅漂亮、美丽，而且有智慧，而不是一般女人贤惠的“惠”。为什么还要来一个“极善卜易”？这个“极”是什么意思？既然是“极善卜易”，为什么连她自己的丈夫都不相信她？这是怎么对比的？

其二，诸葛亮是军师，神机妙算，上算天文，下算地理，难道不懂《易经》？只字不提。一个平凡女子懂得《易经》，而且“极善卜易”。极，即极至——无人可比了。难道连诸葛先生都无法与之相比吗？同一个时代“极”者只有一人，徐氏是“极”者，诸葛先生往哪里摆？作者这一个“极善”的含义是什么？难道不发人深思吗？

其三，孙翊和徐氏这两个人，在《三国演义》几百个人物里面，是重要人物吗？从全书来看，孙翊这个名字出现两次，第一次是在讲他父亲孙坚的时候，介绍孙坚有三个儿子：孙策、孙权、孙翊。这只是一带而过，提到孙翊是自然的，因为他是孙坚的儿子，不可能不提他。第二次，就是这个地方提了一次，余下就无从提起了（只出现两次）。而徐氏呢？仅此一次而已。

其四，从人物关系上来说，在整个《三国演义》故事中，徐氏不是重要人物。如果要说重要人物的话，这一章里面还讲到吴太太，就是孙权、孙翊的母亲，孙坚的夫人。这一章讲到东吴的老太太去世了，这是不是大事？她在去世之前留下遗嘱，这是不是大事？这比第三个小儿媳妇要重要多了。她留下遗嘱，提及的是周瑜的事，把国家大事托嘱给他，这比起家庭报仇的家事大多了吧？但是，这一回的标题并没有提及吴老太太，不以吴老太太遗嘱作为题，而是以“孙氏报仇”作为题。这里面又有一个大问号。

其五，这一件事在整个《三国演义》的故事情节里面是可有可无。但是，作者不仅仅要写这一段，同时还要把它放到标题上去，还要与隆中决策同日而语，相提并论，孙氏这个人可有可无吗？她还要与刘备和诸葛亮这两个人物对比，这很奇怪。从人物、从事件上来看，这种不可同日而语的对比，有这个份量吗？作者的意思在哪个地方？这个机关安在哪个地方？这个底牌藏在哪个地方？实际上，它的机关就是大义和小义，它的底牌也是大义和小义。

其六，一般常情，一个小女子与大丈夫两者不能同日而语，这里却成了比例。把不成比例的东西写成了比例，这就是机关，就是底牌，就是“演”的妙笔。意思是说，刘备你要匡扶汉室，诸葛亮你要三分天下，那你们就不要忘记当初的大义。你们的愿景规划主要是大义：国家的大义，民族的大义。所以，你以大义为重，一切都很顺利：该得的得了，要什么有什么。但是最后刘备要给二弟报仇，这也无可厚非；张飞给二哥报仇，也无可厚非，但是刘备你不顾劝告，不顾将士的生死，不顾国家的安危，一意孤行，意气用事，是为了什么？大义早就丢在一旁，只是想着一个“同年同月同日死”，只想着这一个小义——报仇！报仇！报仇！

孙氏是为丈夫报仇，是为家事。她是一个弱女子，不仅为丈夫报了仇，还保住了自己的贞洁和尊严，可赞！可叹！但是，一个大丈夫肩负的是国家君主的使命，并且早有为国为民的盟誓在先，为什么也只知道为个人报仇？《易经·恒卦》里面有一句话：“妇人吉，夫子凶。”妇人这样做，是一个吉，她做得对，世人赞叹她是“东吴女丈夫”；但是，你是夫子，是男子汉大丈夫，更何况刚刚称帝，正要大展宏图，履行当初的决策，你这样做就是一个凶。为什么说是一个凶？你看，七百里连营，伤了多少将士？最后逃命，如果不是诸葛亮预先给他设计好了，可能连命都难保，最后不得不在白帝城托孤。以此为转折点，原来所得的又都失去了（得而复失），最后连自己的江山也失去了，阿斗甚至不得不向魏俯首称臣。

再则，得与失之间就是大义与小义了，这是一个对比。这个对比，联系到《恒卦》的爻辞，都说中了。《易经》是讲预测的，但是它是理性的预测。为什么说是理性的预测？有很多事，要分开大义和小义、全局和局部、国家利益和个人利益，国事与家事，也就是共命与个命的关系，这些都要分开，这就是理性。你有这个理性，还要预测吗？全在你的预料之中。你保持这种理性，你始终知道你肩负的是大义还是小义。正如前文引用《尚书·大禹谟》中那句话：“惠迪吉，从逆凶，惟影响。”顺乎道义就是大义。反之，违逆了道义就是小义。什么时候伸张大义？什么时候伸张小义？你要考虑自己是什么身份。你把这个都看得很清楚，这就是理性。你有这种理性，无论是什么结果，无论是什么事情发生，你都不会错——都在你的理性之中，也就是在你的预测之中，还需要“极善卜易”吗？无论是大义面前还是小义面前，都能持守一种理性，这才是“慧”——真正的智慧。只为个人报仇而忘了大义，算不上智慧；智慧用于大义，便可以利于天下。

诸葛亮的隆中决策依赖的是理性预测，他读《易经》读出的是理性和智慧，而不是那种小的技艺（占卜的技巧），他不需要这个。对国家大局他了然于心，这是一种大的智慧，是一种理性支撑的智慧。这是一种高层的思维、高层的预测、高层的决策，这才真正是叫极善卜易——“善为易者不占”。他不需要占，他是善为易者；徐氏是极善，她还要占。她占卜，灵是灵了，但是丈夫不听她的。不听的结果是，丈夫遇害了。这里又有一层对比：当初徐氏为丈夫占卜本来灵验，但丈夫不听，结果遇害，几乎家破人亡；后面，诸葛亮为刘备出兵报仇，也作了理性的分析和劝谏，刘备同样是不听从，结果兵败东吴，白帝托孤。这不就是对比吗？几重的含义都在里面。

作者的匠心

这一段读下来，难道我们不为作者这么一个不动声色的巧妙构思而惊叹吗？在这里，作者为读者藏了这么一层底牌，安下这么一个机关。我们要感谢作者，否则就平淡无奇了，只是讲讲故事，只是打打杀杀，只是计谋，甚至于只有空城计、借东风、三顾茅庐这些脍炙人口的故事。只有这些东西，而这些只是表面上的东西，是局部的东西。

这一章回中，大的运笔，表现在标题上，表现在人物和事件的对比上；小的伏笔，暗藏在“极善卜易”、“不及东吴女丈夫”等字里行间。这不是随意之笔，而是独具匠心，妙笔点题，是不是这样？读出作者的匠心了吗？

余秋雨先生说，莎士比亚的剧本都有两难结构。《三国演义》里面也有两难结构，大义和小义之间就是一个两难结构。像《水浒传》里面，忠和义也是一个两难结构。正因为是两难结构，它就有多重构架：面上的东西普通人都能看得懂——哎呀！好玩。那些故事情节确实好玩，但是千百年来人们还在研究，不断去研究，还有丰富的内涵，它是一层、一层的迷雾和蕴涵。今天我们揭开了这一层，后面还有没有呢？我只能捅破这一层窗户纸，后面的底牌还多得很。我们现在只会在桌子上打麻将、翻底牌，但是读书的时候呢？我们也要会翻底牌。你能翻开书中一层底牌，那就有意思了。读书要读到这个份上，那种乐、那种味道比打牌要有趣得多。我从不打牌，但是我天天在书中摸底牌，其乐无穷。可以说，就像孔子听到韶乐以后，余音袅袅，“三月不知肉味”，其乐无穷。

当然，还有人抱着另一种观点，说作者是四川人，所以他突出写刘备，是张扬刘备而贬低曹操，从这里看似乎看不出这种思想倾向。我们读书，老是有一种先入为主的猜测，而不从文本出发，不从原著的字里行间去摸底牌，只凭主观臆测，只凭主观的感情那是摸不准的。我们要放下这些先入为主的东西，客观地去读原著，不要抱住那些陈见不放。

诸葛先生的尴尬

原著中还有另一层对比，也许更隐秘。我们不妨再来读一段原著，看看刘备对待诸葛先生前后的态度。先看隆中对策时刘备对诸葛亮的态度：

在三十八回里面，他对诸葛亮的态度如何？原著上是说："玄德闻言，顿首拜谢。"自此，"玄德待孔明如师，食则同桌，寝则同榻，终日共论天下之事。"能得到这样一位军师，当然是高兴得不得了，但是，是不是自始至终都是这样呢？诸葛亮在刘备的心目中，始终是这么一个份量，始终言听计从吗？再看关、张二位先后死去，刘备执意亲领大军报仇，诸葛亮力谏时如何？

我们看第八十一回，写刘备执意要亲自出兵，为弟报仇，原著是怎么说的？先写赵云谏曰："国贼乃曹操，非孙权也。今曹丕篡汉，神人共怒。陛下可早图关中，屯兵渭河上流，以讨凶逆，则关东义士，必裹粮策马以迎王师；若舍魏以伐吴，兵势一交，岂能骤解。愿陛下察之。"赵云晓之以大义，刘备听得进去吗？先主曰："孙权害了朕弟；又兼傅士仁、糜芳、潘璋、马忠皆有切齿之仇：啖其肉而灭其族，方雪朕恨！卿何阻耶？"赵云又说："汉贼之仇，公也；兄弟之仇，私也（赵云都明白了）。愿以天下为重。"话说得够明白了，应该说常人也明白这个简单的道理。刘备怎么就公私不分呢？先主答曰："朕不为弟报仇，虽有万里江山，何足为贵？"刘备把话说到这份上，可见早已忘记大义了。

再看诸葛亮的规谏。诸葛亮来劝谏应该是有份量了吧？他已经苦谏了很多次，但是刘备不听，所以带大家一起去教场。当下孔明引百官来奏先主曰："陛下初登宝位，若欲北讨汉贼，以伸大义于天下，方可亲统六师；若只欲伐吴，命一上将统军伐之可也，何必亲劳圣驾？"也讲得合情合理。"先主见孔明苦谏，心中稍回。"有一点回心转意了。"忽报张飞到来，先主急召入。飞至演武厅拜伏于地，抱先主足而哭。先主亦哭。"张飞一闹，他心又乱了，所以他又执意要伐吴了。此时，张飞只有一句话："陛下今日为君，早忘了桃园之誓！二兄之仇如何不报？"如果再回到第一回，张飞与刘备初次见面时的一句话是怎么说的？刘备"当日见了榜文，慨然长叹。随后一人厉声言曰：'大丈夫不与国家出力，何故长叹？'"说这话的是谁？正是张飞。如果此时也这样说，有多好啊！可惜此一时，彼一时呀！

这时学士秦宓上奏劝阻，刘备不但不听，反而要将他推出斩首。在这种情况下，孔明不得不上表来救秦宓。诸葛亮亲自上奏章，他不只是口说。这个地方又很明确：口说没有作用，奏章是管用的，书面文字比口说要慎重得多，更郑重其事。

奏章是怎么说的？“臣亮等窃以吴贼逞奸诡之计，致荆州有覆亡之祸；陨将星于斗牛，折天柱于楚地。此情哀痛，诚不可忘。但念迁汉鼎者，罪由曹操；移刘祚者，过非孙权。窃谓魏贼若除，则吴自宾服。愿陛下纳秦宓金石之言，以养士卒之力，别作良图，则社稷幸甚！天下幸甚！”这讲的都是伸张大义。奏章“但念”一转，“迁汉鼎者”是谁？提醒刘备清醒：别忘了当初“桃园三结义”时的天下乱象，所以，群雄奋起，桃园结义。同样是对天盟誓，怎么只重兄弟小义，而不顾为国为民的大义呢？

刘备看完是什么态度？“先主看毕，掷表于地”，把诸葛亮的奏章扔到地上。他怎么说？“朕意已决，无得再谏！”读到这个地方我在想：即使不论当初的盟誓，不提当初的“三顾茅庐”、“隆中决策”，即使诸葛亮只是一普通大臣，但作为一国的君主，亦不至于“掷表于地”。这一掷，将二人的情谊、当初的盟誓都抛置于地。更有甚者，同时也将诸葛先生的尊严和威信弃置于地。理智丧失到如此地步，还能亲自带兵吗？还能冷静、理性用兵吗？情何以堪？国何以堪？

这里不妨先看一下结局：第八十五回“刘先主遗诏托孤儿”，也就是人们通俗说法的“白帝托孤”。当刘备一意孤行，执意用兵，致使七百里连营成火海，报仇未成义遭败。这一回开头便这样叙述：“先主奔回白帝城，赵云引兵据守。忽马良至，见大军已败，懊悔不及，将孔明之言奏知先主。先主叹曰：‘朕早听丞相之言，不致今日之败！’”

再回到战前的情形。众大臣的劝谏，无不是晓以大义，而刘备为什么半句都听不进去呢？原来他此时心里只有小义，只有“报仇”。不是为国为民，匡扶汉室，而是“与兄弟同享富贵”。当然这也是在情理之中。但是，大家劝谏，并不是说要你无情无义。赵云劝，诸葛亮劝，众官都劝，难道这些人是无情无义的吗？不是吧？他讲：“今朕为天子，正欲与两弟同享富贵。”你看，只是为了同享富贵。如此狭隘的小义心肠表露无遗了。

从这段原文我们能看得出来，作者演什么义，前后贯通，首尾呼应，讲得非常清楚：刘备你早就丢了大义，心里只有一个小义，连诸葛亮的话都听不进去，赵云在百万军中救阿斗，这一份情义也没有，何况他们也讲得那么合情合理，你全然听不进去。这里是不是与第三十八回中，孙翊不听徐氏的劝阻而丧命前后呼应？是不是机关？是不是将刘备与“不及东吴女丈夫”对比？前前后后，层层都有扣。

第一回和最后一回、第三十八回和第八十一回这几个地方连起来读一读，想一想，这些问号、这些底牌、这些机关都是前后贯通的，再来读其中的故事、情节、对话、人物的心理活动、景物描写、人物性格等等，那就纲举目张了，你就知道：第三十八回为什么要用“孙氏报仇”衬托“隆中决策”，为什么要突出孙氏的“慧”和“极善”；你就明白：三十八回是全书的枢机，“孙氏报仇”是为刘备报仇作的铺垫。你读出了这些就大不一样了，就等于多了一面镜子，就等于你在作者写书之前与他在一起讨论，一起长夜不眠。

我读《三国演义》，主要是从这几回、这几个地方、这几个点、这几个“劫”（节）中读出了味道，知道这几个“劫”是怎么回事，知道这个“劫”有大义和小义，也就是有共命和个命。有没有慧命？慧命在哪个地方？这是我们每一个人自己想像的空间。

第三十八回读到此处，似乎已经说完了。其实，还有许多重要内容都与这一回有内在的联系，这是作者的有意安排，也可以说，这种安排不是画蛇添足，而是客观规律中的因果相续。接下来再作些引申和分析。

《孙子兵法・火攻第十二》曰：“夫战胜攻取，而不修其功者，凶。命曰费留。故曰：明主虑之，良将修之。非利不动，非得不用，非危不战。主不可以怒而兴师，将不可以愠而致战。合于利而动，不合于利而止。怒可以复喜，愠可以复悦；亡国不可以复存，死者不可以复生。故明君慎之，良将警之。此安国全军之道也。”

这段文字通俗易懂，一看就明白，可惜刘备用兵却不懂兵法，其实这只是兵法中的常理。当人失去理智时，最不懂的就是常理。这也就是孙子将此段文字放在《火攻篇》的用意。外火可以制敌，心火必然克己。有学者说：“用火攻敌时，将领必先具备‘仁与忍’的战争哲学修养，并把握战争哲学的‘危’字诀，知危持危，戒之，慎之，备之。”刘备的心火，最终招致被东吴火攻。这是巧合，还是必然？

为小恨而起重兵——孙坚

我读《三国演义》，始终围绕第三十八回追根寻源的。第三十八回中那句赞叹孙氏的诗很有意思：“不及东吴女丈夫。”上文已经讲过，从第三十八回内容来看，显然是折射刘备为报仇而忘大义的过错。那么，从全书内容来看，还有没有其他影射呢？还影射谁不及这位“东吴女丈夫”呢？不是别人，而是孙翊的父亲、徐氏的公公——孙坚。借用孙坚之弟孙静的劝谏说，就是影射他“为一小恨而起重兵”，最终中箭身亡一事。第七回中有这样的描述：

经过是这样的：袁术向刘表借粮被拒绝，便联合孙坚联手攻击刘表。孙坚收到刘表的书信后说：“刘表昔日断我归路，今天不乘此时报仇，更待何年？”“昔日”又是怎么回事呢？

起因在第六回，孙坚意外地得到了传国玉玺，起异心离开袁绍集团，以为能独得天下，便向袁绍（袁绍当时为十七镇太守讨伐董卓的盟主）称病回江东，“一心别图大事”。袁绍致书荆州刺史，要他截住孙坚，夺下玉玺。刘表奉命拦截，虽然有过一场恶战，这也是情理之中的事。像这样的争战，在当时常有发生，算不得什么大事。如果与曹操父亲和家人被杀的仇恨相比，的确只能算是“小恨”而已。但是，孙坚对刘表一直怀恨在心。在他认为，刘表要截下他的“传国玉玺”，几乎坏了他的大事，所以成了大恨。

孙坚的弟弟孙静在他出征前劝谏说：“今董卓专权，天子懦弱，海内大乱，各霸一方，江东方稍宁，以一小恨而起重兵，非所宜也。愿兄详之。”

孙坚说：“弟勿多言。吾将纵横天下，有仇岂可不报！”

程普劝谏说：“袁术多诈，未可准信。”

孙坚却说：“吾自欲报仇，岂望袁术之助乎？”意思是说，即使没有袁术相约和相助，我也要单独起兵报此仇。孙坚执意出兵攻打刘表，其结局怎么样呢？第七回中是这样表述的：

徐氏是孙坚的三儿媳，为丈夫报了仇，并且维护了自己的贞洁和尊严，这显然是值得称赞的；但孙坚身为江东太守，仅为一区区小恨而起重兵，并丧失了自家性命，显然是极不值得的。这里说一句孙坚不及儿媳妇，仅仅是一种讽刺，还是一种对世人的警示？讽刺只是一种手段，目的在于警示。所以，从这一层意义上看，“孙氏报仇”这一段看似可有可无的叙述，“不及东吴女丈夫”这句诗，不仅仅是影射刘备和孙坚，应该说，是在影射世人的报仇乃至抱怨的心态。因为书是写给世人看的，而不是写给刘备和孙坚看的。刘备为小义而舍大义的报仇心态，孙坚为一小恨而起重兵的心态，都是世人的反面教材。

从人物关系、人物地位，以及故事结构上来看，孙氏报仇与孙坚报仇，这一正一反似乎不成比例，然而，艺术的效果往往在这种不成比例中找到比例的平衡点。这里的比例平衡点在哪里？在“演义”的关键处：有时小义中能见大义，有时大义却被小义所遮障。大义与小义、平凡与伟大、弱女子与大丈夫、可赞与可惜、喜剧与悲剧……等等，都归于一种主要原因，即理智与利令智昏的区别上。也就是说，理性是平衡大义与小义的杠杆。读了这些章回和段落，掩卷沉思，是不是这么回事？现实生活中面对这类事例，我们如何保持理性和冷静？

接下来，我们不妨借鉴一下另一位“三国”人物——曹操，他有没有报仇的类似经历？

先朝廷而后私仇——曹操

第十回后一章是“报父仇曹操兴师”。事情的缘由是这样的：

曹操刺杀董卓未遂，董卓广出布告，四处捕捉曹操，其父曹嵩及全家逃进陈留（开封）的瑯琊山中避难。后来，董卓被诛，曹操被汉献帝封为镇东将军，在兖州招贤纳士，威名日重。于是致书父亲，其父率一家大小四十余口，带从者百余人，车百余辆，径往兖州而来。经过徐州，徐州太守陶谦正想结纳曹操，苦无事由，于是借此盛情款待曹父一家，并派都尉张闿带五百军士护送。谁料中途大雨骤至，投宿在一古寺。深夜，张闿陡起不良之心，唆使兵士杀了曹嵩及其全家，劫走所有财物。当曹操闻知此事时，怎么样呢？

书中写道：“操闻之，哭倒于地。众人救起。”这种杀父之仇与灭门之恨，远远超过了刘表拦截孙坚的“小恨”，也超过了刘备三兄弟的仇恨。这种精神上的突然打击，是常人难以承受的。所以，曹操切齿曰：“陶谦纵兵杀吾父，此仇不共戴天！吾今悉起大军，洗涤徐州，方雪吾恨！”当时，曹操的谋臣（如荀彧、郭嘉等）、诸将无一人劝阻。为什么？古代，杀父之仇，不共戴天；为父报仇，天经地义。

于是，曹操身穿缟素，率领兵马，杀奔徐州，中军竖起白旗二面，大书“报仇雪恨”四字。曹军紧紧围住了徐州城。

陶谦只得央求北海太守孔融出兵解围，孔融又请刘备同往相助。刘备首先想到从中和解，于是致书曹操，信中曰“……愿明公先朝廷之急而后私仇，撤徐州之兵以救国难，则徐州幸甚！天下幸甚！”那么，曹操看了刘备的书信以后，他又是什么态度呢？

“曹操看书，大骂：‘刘备何人，敢以书来劝我！且中间有讥讽之意！’命斩来使，一面竭力攻城。”

此时郭嘉劝谏曰：“刘备远来救援，先礼后兵，主公当用好言答之，以慢备心，然后进兵攻城，城可破也。”其实，郭嘉的本意中还有一层“以慢操心”之意，抓住机会，暂缓进兵。那么，曹操正在气头上，他听得进这种劝谏吗？他能理解郭嘉的谏言吗？

书中说：“操从其言，款待来使，候发回书。”这三句话中有几层含义：一是曹操能听从郭嘉的谏言，立即冷静下来；二是从“命斩来使”转为“款待来使”；三是从大骂刘备到准备给刘备回复书信。这前后是一百八十度大转弯，而且转得及时，转得果断，没有半点迟疑。这种气量和胸襟是常人难以企及的。

接下来，曹操是继续攻城还是退后呢？

曹操与郭嘉“正商议间，忽流星马飞报祸事。操问其故，报说吕布已袭破兖州，进据濮阳。”曹操率大军围攻徐州，兖州空虚，被吕布钻了空子。

此时，“操闻报大惊曰：‘兖州有失，使吾无家可归矣，不可不亟图之！’”

郭嘉借此机会再次劝谏曰：“主公正好卖个人情与刘备，退军去复兖州。”

“操然之，即时答书与刘备，拔寨退兵。”曹操再一次依计而行，毫不犹疑。并且先回信给刘备，再拔寨退兵。试想曹操，如此大恨、大孝在身，竟能如此理性和冷静，从善如流，从容进退。这是常人难以做到的。

可见，曹操或听谏，或不听谏，并不凭个人情感，并不因私仇家恨而意气用事，而是从大局考虑，始终不忘“兴义兵，为百姓”的大志。

如果将曹操这种以大局为重的理性和冷静，与孙坚和刘备对比，显然，作者在褒曹操而贬孙、刘（当然，历史事实暂且不论，这里只是小说）。从客观上说，似乎也不是有意地褒谁、贬谁，因为，书中人物的大是大非，要从全书来看，而不仅仅依此一事作为唯一的评判标准。

这里只将曹操与刘备做一个对比，这是历代争议的两个人物。因为他们既是历史人物，又是小说人物。这里仅从小说的角度来对比：从为国家、为民族的大局来看，曹操为天下三分后的统一（包括魏、晋两朝）创下了基业，应该说有功于社会的进步和发展；从为民方面，刘备从来没有伤及过无辜百姓，每到一处都受到老百姓的拥戴。譬如第二十回中写道：曹操杀了吕布，“大犒三军，拔寨班师。路过徐州，百姓焚香遮道，请留刘使君（刘备）为牧（徐州太守）。”刘备在徐州地区屯兵时间虽然不长，但已深得民心，这在当时“天下大乱，各霸一方”的时代，是极少见的。可见，刘备在这方面早已胜人一筹。而曹操为报父仇出兵时，一路上，曹军“所到之处，杀戮人民，发掘坟墓”，可谓伤天害理，罪莫大焉！可见，曹操有大功，也有大罪；刘备有大过（未听劝谏而七百里连营），但无罪孽。两人的功过是非，要客观地分析。

再回到第三十八回“孙氏报仇”一段叙述中，孙翊不听其妻劝阻而丧命，徐氏巧妙为夫报了仇，对此书中已有公论。对比刘备、孙坚与曹操三人的“报仇”，显然读者心中早已有了公论。何为公论？从事实出发，客观地评论，而不是仅从个人情感出发，主观地褒谁、贬谁。今日评价“三国人物”，应该持哪种心态呢？作者的笔下早已把握了分寸。

指天发誓的“因果报应”

书中有几处典型的誓词，这里举三例：

第一回“桃园三结义”，其中有一段经典誓词：

“念刘备、关羽、张飞，虽然异姓，既结为兄弟，则同心协力，救困扶危；上报国家，下安黎庶。不求同年同月同日生，只愿同年同月同日死。皇天后土，实鉴此心，背义忘恩，天人共戮！”

在这一盟誓的前面，作者事先安排了一个故事，还隐藏了一句誓词。故事是这样的：黄巾军首领张角，原本“是个不第秀才，因入山采药，遇一老人，碧眼童颜，手执藜杖，唤角至一洞中，以天书三卷授之，曰：‘此名太平要术，汝得之，当代天宣化，普救世人；若萌异心，必获恶报。’角拜问姓名。老人曰：‘吾乃南华老仙也。’言讫，化阵清风而去。角得此书，晓夜攻习，能呼风唤雨，号为‘太平道人’中平元年正月内，疫气流行，张角散施符水，为人治病，自称“大贤良师”。角有徒弟五百余人，云游四方，皆能书符念咒。次后徒众日多，角乃立三十六方，大方万余人，薪六七千，各立渠帅，称为将军；讹言：‘苍天已死，黄天当立；岁在甲子，天下大吉’……遂一面私造黄旗，约期举事……”

再看第六回，孙坚意外喜得传国玉玺。袁绍闻悉，劝其交出玉玺，孙坚指天为誓曰：“吾若果得此宝，私自藏匿，异日不得善终，死于万箭之下！”当刘表奉袁绍之命拦截孙坚索要玉玺时，孙坚再次起誓曰：“吾若有此物，死于万箭之下！”

现在，我们来分析一下这三处誓词。

其一，得与失，福与祸。刘备得关羽、张飞，张角得天书，孙坚得玉玺，三个“得”有几个共同点：一是偶然所得，意外之喜；二是可遇不可求的难得；三是得而复失，祸福相依。为什么会这样呢？刘备得了关、张二员大将，对他的宏图大志可谓如虎添翼。可惜，最终因为小义而毁了大义；张角得了天书三卷，依此书而能呼风唤雨，这也是老天授命。可惜，后来张氏三兄弟都战死沙场，威风一时的黄巾军只是昙花一现；孙坚得到了传国玉玺，主观上以为是老天授意，他命中该作天子，日后要登临帝位。可惜，他帝梦未醒，便命丧于万箭之下。这不正应了《老子·五十八章》中那句话“祸兮福之所倚，福兮祸之所伏”吗？其实，这些都只是事情的表象，那么，事情真相和本质性的东西是什么呢？再看下面的分析。

其二，因果报应，毫厘不爽。中国人有句古话：善有善报，恶有恶报，不是不报，时候未到。上述三处誓词，似乎都应验了这则古代格言。孙坚两次指天发誓，都是同一句话：“若……死于万箭之下。”结果完全应验了这句毒誓；张角誓词，书中虽未明写，但是可以推想。那位老者的警示：“当代天宣化，普救世人；若萌异心，必获恶报。”即是张角的誓词。因为老者授书，交换的唯一条件就是对这一警示的认可和承诺。老者这四句话，就像一纸契约，双方点头为约。以守约为誓，违约必然受到惩罚或报应。结果同样毫厘不爽，因为他们已“萌异心”，所以，张角死后(死因不详)，被掘棺“戮尸枭首”；刘备与关羽、张飞的桃园三结义，歃血为盟，同样是指天为誓，特别是最后两句：“皇天后土，实鉴此心，背义忘恩，天人共戮!”其结果似乎也是一种应验。

书中还有两则因果报应值得一读：一是“恶有恶报”的例子。曹操的父亲及其一家四十余口被陶谦部下所杀，对于陶谦来说，实属一种误会。这正应验了此前曹操误杀吕伯奢一家的恶有恶报；曹操杀吕伯奢一家，陶谦害了曹操一家，前后两者都是误会，而非有意。

另一则是善有善报。如果要问孙坚为什么会得到玉玺呢？书中有这么一段描述：

董卓挟持汉帝迁都之前，对洛阳古都大开杀戒，甚至连陵寝、太庙都惨遭劫掠。孙坚率军赶到，首先做了几件善事：一是“救灭宫中余火”，“令军士扫除瓦砾”；二是“凡董卓所掘陵寝，尽皆掩闭”（亡灵抛尸于野是伤天害理的极惨之事）；三是“于太庙基上，草创殿屋三间，请众诸侯立列圣神位，宰太牢祀之。”是夜，孙坚正在“按剑露坐，仰观天文”

时，有军士发现“殿南有五色毫光起于井中”，结果从井中得到一锦囊，“内有朱红小匣，用金锁锁着。启视之，乃一玉玺：方圆四寸，上镌五龙交纽；傍缺一角，以黄金镶之；上有篆文八字云：‘受命于天，既寿永昌。’”此处作者有意安排了这一善有善报的时间巧合。这种因果报应，到底是迷信还是理性？

也许你们会说，因果报应是迷信，是唯心论。是的，因果报应有唯心的一面，也就是迷信的一面。但是，什么事都不要极端，都不要绝对化。其实，因果报应有它的另一面，这两方面表现为两种思维方式。这里不妨以孙坚为例，做一具体分析：

一种思维方式，是把孙坚得到玉玺作为因，与后来他“死于万箭之下”的结果链接，直接与这个因挂钩；或者认为，孙坚指天为誓是因，由于发誓而应证了，灵验了。这两种思维方式是不是唯心？是不是迷信？先不下结论，再与另一种思维方式做一比较，结论自然就有了。

另一种思维方式则认为，孙坚“死于万箭之下”的结果，直接的因不是孙坚偶然得到玉玺这件事，也不是他指天为誓这件事，而是他的心态，因为他偶然得到玉玺而起异心。所谓“异心”，即心态起了变化。什么变化呢？上一节已经讲到，袁术约孙坚攻打刘表，孙坚立即响应。程普劝谏曰：“袁术多诈，未可准信。”孙坚则说：“吾自欲报仇，岂望袁术之助乎？”他的弟弟孙静劝谏曰：“……以一小恨而起重兵，非所宜也。”孙坚则说：“吾将纵横天下，有仇岂可不报！”“忽一日，狂风骤起，将中军‘帅’字旗竿吹折。韩当曰：‘此非吉兆，可暂班师。’坚曰：‘吾屡战屡胜，取襄阳只在旦夕；岂可因风折旗竿，遽尔罢兵！’”

孙坚为什么执意要“以一小恨而起重兵”？换句话说，为什么要报这个仇？直接原因不仅仅是玉玺本身。如果他未起异心，只将玉玺当作国宝，自然是“君子坦荡荡”，不会记下大恨。恰恰相反，正是由于他存心“别图大事”，贪国之公器为私器，所以“小人常戚戚”，怀恨在心，报仇心切，所以听不进规劝，也不顾战场的规则，冒然出兵犯了兵家之大忌。这与刘备“七百里连营”有相似之处。

孙坚为什么口出狂言：“吾将纵横天下”？其因同样是因得玉玺而起了异心。因玉玺上书有“受命于天，既寿永昌”八个大字。自此，他就迷上了这种“天意”，即将前途命运全部寄托在这上面，任何客观上的“小恨”与“重兵”，袁术的“多诈”，他全然不顾，心中唯有“别图大事”这一主观愿望。他回答程普、孙静和韩当时，三句话都有一个“岂”

字："岂望"、"岂可"。一切仅凭个人的主观愿望作判断，意气用事，一意孤行。

本来，"岂可因风折旗竿，遽尔罢兵"一句，如果放在其它情况下，应是很有理智的一句话，但是孙坚此时说出这话，却正好说明他失去理智。现实生活中常有这种情形：听其言，理由充足，无可挑剔；观其心，则利令智昏。被某种假象冲昏了头脑的人，往往自以为是，完全听不进他人的忠言逆耳，一意孤行，甚至搬出常理来冒充有理。

再看他闻报敌营中"有一彪人马杀将出来，望岘山而去"时，竟然"不会诸将，只引三十余骑赶来"。这正是他过于自信、报仇心切的表现。

由此可见，孙坚"死于万箭之下"的恶果，表面上是他"指天为誓"的恶因。其实，直接的因不在他的誓言，而在他的心态，因为他偶得玉玺而起异心，主观上产生了幻想，遇事不是从客观出发，而是一意孤行，全然失去了应有的理智。

所以，他指天为誓不是因，而是起了异心为因。因为心有所想，必有所言、所行。这样分析，我们就透过"死于万箭之下"的誓言，看到了最终"体中石、箭，脑浆迸流"的实质——因果报应的真相——也就是这件事真正的前因后果。我们常说，某某人老是强调客观，而不从主观上找原因，说的就是这种因果关系。主观违背了客观就是异心，失去理性的主观意识就是异心。

我们再去读刘备不听诸葛亮、赵云等众臣苦谏时的所言、所行，也就明白了：刘备的恶果，同样是他失去理智的心态所致，而不是他当时的誓言。

孙坚为什么会起此异心呢？作怪的还是孙坚思维的因果错位：他误认为得玉玺者便能得天下。因果错位，导致了他心态上的异心。

试想：孙坚、刘备能保持一种平常的心态、冷静的头脑，一切从客观出发，而不是从主观出发，不是意气用事，能像曹操当时那样，理性地倾听劝谏，从大局出发，从长计议，这样，即使当初的誓言有多么毒，也决不会酿成如此严重的恶果。这是一个再普通不过的常识、常理。违背了客观就是反常，反常的心态必然酿成反常的恶果。

这里要说明一点：有人不按常理出牌，这不叫反常，而叫超常。判断"非常"的标准是：从客观出发的非常为超常；从主观出发，违背了客观规律的非常，则为反常。

在延安时期，黄炎培曾经向毛泽东说过一种中国历史的"因果律"：

"我生六十多年，耳闻的不说，所亲眼看见的，真所谓'其兴也浡焉，其亡也忽焉'。一人，一家，一团体，一地方，乃至一国，都没能跳出这周期率的支配力。大凡创业初期都能聚精会神，没有一事不用心，没有一人不卖力，也许艰难困苦，只有从万死中觅取一生。既而环境好转了，精神也就慢慢放下了，有的因为历时长久，自然地惰性发作，由少数人发展为多数，待风气养成，虽有大力无法扭转，并且无法补救。历代王朝如何，国民政府又如何，'政怠宦成'者有之，'人亡政息'者有之，'求荣取辱者'有之。总之都没能跳出这个周期律呀。中共诸君从过去到现在，我略略了解了的，就是希望找出一条新路，来跳出这个周期率的支配。"中国共产党能不能走出这种历史的"因果"阴影呢？毛泽东马上回答："我们已经找到新路，我们能跳出这种周期率。这条新路，就是民主。只有让人民来监督政府，政府才不敢松懈。只有人人起来负责，才不会人亡政息。"

毛泽东的回答，其逻辑建立在一条最普通的常识、常理上，即得民心者得天下，失民心者失天下。历代帝王（包括原本是普通民众的刘邦和朱元璋）得了天下便忘了人民，这才是失去天下的直接的因。中国古人说，马上得天下易，马下治天下难，这"马上"与"马下"只是表象上的因果关系，而不是本质上的因果关系。当本质上的因与表象上的因应合时，必然导致失去天下的结果。所以，毛泽东在西柏坡七届二中全会上及时提出了"两个务必"，正是为了防止这种本质上的因。

由此可以看出，因果，既有唯心、迷信的一面；又有客观、合理的一面，关键在于思维方式是从客观出发，还是从主观出发。换句话说，就是将"果"与那种"因"链接。是与表象的因链接，还是与本质的因链接？前者是唯心，后者才是理性。由此可见，理性的思维方式多么重要。

这里为什么要说得这么多？这难道也是《三国演义》的主题吗？是的。《三国演义》为什么要在第三十八回中安下这么一个机关，藏下这么一张底牌？其艺术的大手笔就在这个"演"字里：作者不仅仅在大义与小义之间演绎，同时也在客观与主观、表象与本质、状态与心态、因与果、常与非常、幸与不幸……之间演绎，而且演绎得左右逢缘，合情合理。我想：其艺术的魅力不正在这里吗？

从以上的分析中能得出这样的结论：从理性上明因果，就能带来幸福，"吉而免凶"；反之，则虽吉而不能免凶。

第二十九章

《红楼梦》假语真事——先笑后哭的寓意

人们一提起《红楼梦》，自然会想起贾宝玉和林黛玉，这是书中两个主要人物。翻开第一回，两个人物同时出场了，但是不叫宝玉、黛玉，而是另有名字。宝玉原为赤霞宫神英侍者，黛玉原本是西方灵河岸上一棵绛珠草，因神英侍者日日以甘露灌溉，遂脱却了草胎木质，得化人形，修成为绛珠仙子。

当渺渺真人正与空空道人议论着这两个“蠢物”的故事时，被甄士隐（将真事隐去之意）于梦中听得明白，于是近前施礼打听：

“士隐因说道：‘适闻仙师所谈因果，实人世罕闻者。但弟子愚浊，不能洞悉明白，若蒙大开痴顽，备讲一闻，则洗耳静听，稍能警醒，亦可免沉沦之苦。’二仙笑道：‘此是玄机，不可预泄者。’”

甄士隐一心想明白这段因果，二仙又故弄玄虚。其实也并非故弄，世事因果的确难以说得明白，所以《红楼梦》所说的这段因果，却是曲曲折折，扑溯迷离，我们不妨来体验体验：

由“梦”说开去

《红楼梦》是中国人家喻户晓的一本名著，也是世界名著。这里我先围绕一个“梦”字，谈谈我读《红楼梦》的个人心得，因为“梦”中也有因果。

曹雪芹写的这个梦，是哪一种梦？梦有两种，一种是夜有所梦；还有一种是白日做梦。睡梦又有两种，一种是日有所思，夜有所梦，这是一种直接反射；还有一种是无所思而有所梦。

朱熹有一个说法。他说，有所思的梦不算梦，无所思的梦才叫梦。测梦、测梦，无所思的梦才值得测。就是说，这种梦境不要说思，见都没见过，更没有经历过，这才叫梦。但是，根据弗洛伊德的研究，从心理和生理这个角度来看，这两种梦都是有所思的，都是由思引起的。日有所思，夜有所梦，这是直接的。而无有所思这种梦是间接的。

这种间接是什么意思？就是说，这种梦境虽然没有直接经历过，没有直接思考过，但是由于你的经历和思考，会折射、反射、投射出另外一种情境，与你的思还是有联系的。它不是空穴来风，万事万物都是相互联系的，各种信息无时无刻不在相互交叉、渗透和影响，只是你没有直接地感觉到：如果说我从来没有想过，从来没有见过，这只是一种显象（表象），而隐象则不是这样！在现实生活中，我们能经常体会到这一点。

也就是说，同样都是梦，而且各种梦都有预兆：有的预兆是近期的，有的预兆是远期的；有的预兆是零碎的，有的预兆是整体的；有的预兆是明显的，有的预兆是隐形的……当然，随着事物的变化，有的预兆也会跟着改变，不能说它没有预兆，梦都有预兆。

这种预兆，列专题研究的话，其中有很多复杂的东西。尽管我们没有研究，但是我们可以去设想，运用我们的思辨去推测。因为，对于现实生活中的种种现象，我们能够说得出所以然的，只是其中的极少数。即使我们说出了所以然，有的也并不准确，还有误解。如此说来，我们对现象、对万事万物、对客观世界的了解是很微渺的，是极其有限的，至少目前是这样，而且绝大多数我们还处于未知阶段。即使在科学领域，我们已经了解的也不是很多，也是在初识阶段，刚刚开始认识客观世界，而没有认识到的则太多、太多，否则我们的科学就到头了，再也没有发展空间了。

科学家首先需要有一个思辨的头脑，然后才去证明它。没有思辨的头脑，便不知道证明什么，便找不到目标，找不到课题。要想找到课题，找到目标，找到研究的方向，那就得靠思辨。前人的思辨往往是后人去证明、去追求、去应证的课题，需要一代接一代的去研究和追求。这是从狭义上来讲的梦，是睡着了的梦。

我们再从广义上来说白日梦，就是说，你醒着的时候是不是梦呢？这也是梦。这个梦有两种：一种是理性的，譬如我们经常讲的理想、愿望、追求、志向、愿景等等；还有一种是非理性的，例如幻想、空想、妄想，乃至于胡思乱想……这些都是非理性的。总之，这些都是梦，因为这些都是未来的事，目前还没有成为现实。

在现实生活中，我们经常讲美梦成真、梦想成真，往往这两个词是褒义的，它是理性的梦想。而痴心妄想、白日做梦，则是非理性的。但是，这两种梦和上面讲的那种梦都是与思有联系的，所以这两种梦都是与人的思维分不开的，它的根源是人日有所思，所以夜有所梦。所以有人说，睡着了说梦话，大白天也说梦话，是说两种梦都有共同特点——它折射出的梦境与每个人的思维有着千丝万缕的联系，都源于人的思维。人们对于幸福的憧憬和追求也是一种梦想，而且这种梦想与每个人的日常生活朝夕相伴。哪种幸福的梦想能梦想成真呢？显然只有理性的理想、理性地追求，像孙悟空那样“昼夜殷勤”。再则，梦给人一种不现实的感觉。这种现实与不现实，就像《金刚经》上讲的：“一切有为法，如梦幻泡影。如露亦如电，应作如是观。”如是观，即应该这样认识。如何认识呢？一切从客观存在出发。主观意识是思维活动的结果，违反了客观就是虚妄。所以，无论哪一种梦都与思离不开，只不过有些是显形的，有些是隐形的；有些是自觉的，有些是不自觉的，大多数是潜意识的，但都是一种意识。

八万四千种心态

这个思（人的思维）具体显现在哪些地方？很直接地显现在我们现实生活中人的心态、人的心理。讲到心态，讲到心理，这里又要重温一下《坛经》里面的一句话。慧能大师在东山得到顿教之法，这个“得法之因”是什么？是一种侥幸，还是一种宿命？或是五祖弘忍大师的恩赐？都不是。《坛经》里讲得非常清楚：“惠能于东山得法，辛苦受尽，命似悬丝。今日得与使君官僚，僧尼道俗，同此一会，莫非累劫之缘，亦是过去生中，供养诸佛，同种善根，方始得闻如上顿教得法之因。”其中第一个因就是“辛苦受尽”。辛苦，同样一个“苦”字，有不同的结果：一种是苦海无边；一种是离苦得乐。佛教的缘起，就是因为众生苦海无边，所以佛菩萨发心来普度众生，使众生出离苦海，离苦得乐。

那么，怎样才能离苦得乐？这里面就有一个心态的问题。无论做什么事，要保持一种感恩的心态、虔诚的心态、敬业的心态、厚德载物的心态，用这种心态老老实实去做，无论什么事你都能做好。做好了，就有进步。有进步，在各个方面都能得到提升，包括个人的地位和待遇。实际上，这就是苦中有乐，就能出离苦海（烦恼之海）。反之，每做一件事，抱着一种无奈的心态、被动的心态、消极的心态，只能是越做越烦、越做越累，那当然做不好。现在做不好，永远做不好，当然是苦海无边——到头还是一个“苦”字。可见，两种苦不一样，因为心态不一样。

有一些读者或朋友经常给我们来信，或上门做心理咨询，我每次回答都是一句话：这是一种社会心态、社会心理问题，不是一个人的问题。上次我给一位读者回复，我就直接跟他这样讲。我们虽然从来没有谋过面，他只是读过我的书，但是他提出来的问题完全是社会心理问题，不光是他一个人的问题。也就是说，一种心态、一种心理，对于一个人来说，关系到他生活的质量、家庭的和谐和幸福。对于一个社会来说，则关系到社会的安定和发展。

那么，回到《红楼梦》里面，曹雪芹何所思？《红楼梦》里面的人物又何所思？他们在想些什么？他们又是哪一种心态？这些人物各自的心态又说明了什么问题？为什么可以用一个“梦”字来概括？我们从这些问题入手来读《红楼梦》。

大多数人都说，《红楼梦》是谈情说爱的，只有男女情长，只有宝玉、黛玉、宝钗之间的三角恋爱关系。还有人认为，这是四大家族的兴衰，从而折射出封建社会的兴衰。又有人说，这是通过贾宝玉的反叛精神，对科举考试、封建社会制度进行批判。实际上这些只是一种读法，我们不能说这种读法错了，从哪儿入门都可以。

为什么？佛法有八万四千法门，为什么有八万四千法门？因为人的心态有八万四千种：你有一种心态，佛就给你开一种方便法门；有一把锁就有一把钥匙。所以，无论你从哪个角度入手去解读都可以，都无可厚非，不要互相排斥、互相褒贬。我认为，应该是互相采纳、互相借鉴、互相参考，而不是骂架、排斥。我们可以争论，但是争论的目的是为了把问题辨明，而不是为了打架，搞得势不两立。

现实生活是多面的，你不能一个人包打天下，你想把方方面面都看到，那不可能！对于一棵树，你只能看到这棵树的某一面。“盲人摸象”这则寓言，并不只是指盲人，其实我们都是盲人（对于客观世界还有诸多的盲点），我们每个人摸象也只能摸到其中的一个局部，无论讲它像什么，都是对的——都是一个局部。局部合起来，才叫全部。这个全部，靠一个人包打天下不行，所以大家要团结起来、联合起来，要合作，道理就在这个地方。一个人不能称之为社会，也不能称为家庭，更不能称为天下。万物的物种也是这样，都是一个循环链条、一个生态链，离开了某一个链接点，生态链就会出问题，人类的生存都会出问题。每个人的观点就是每个人的梦，人生本身就是一场梦。每一种心态都会折射到梦境里，或日有所思，夜有所梦，或白日做梦，都是心态的直接或间接的反应。在人与人之间的梦里，是你中有我，我中有你。

从“笑”字说开来

有人把《红楼梦》里那么多林林总总的人物叫做众生态——社会的各种心态、各种形态、各种人物性格都表现出来了。我认为，这个说法比较形象。既然是众生态，你想把一个人全部描画出来、解读出来，那不可能，只能是大家来合作。所以，我从我这一个侧面找到一个下手处——从一个“笑”字入手。

其一，《红楼梦》第三回里面贾宝玉与林黛玉第一次见面，有七个“笑”字。再看第九十六回、九十七回、九十八回里面，贾宝玉与林黛玉见最后一面，有九个“笑”字，分手后又有三个“笑”字。以“笑”字开头，以“笑”字结尾，这是什么安排？这个“笑”里面有什么东西？人生的笑也很奇怪，大家都知道唐伯虎点秋香，是很典型的“三笑”。《红楼梦》里初次见面有七个笑。请读原著：

宝玉看罢，因笑道：“这个妹妹我曾见过的。”贾母笑道：“可又是胡说，你又何曾见过他？”宝玉笑道：“虽然未曾见过他，然我看着面善，心里就像是旧相识的，今日只作远别重逢，未为不可。”贾母笑道：“更好，更好，若如此，更相和睦了。”宝玉便走近黛玉身边坐下，又细细打量一番，因问：“妹妹可曾读书？”黛玉道：“不曾读，只上了二年学，些须认得几个字。”宝玉又道：“妹妹尊名是那两个字？”黛玉便说了名。宝玉又问表字。黛玉道：“没有表字。”宝玉笑道：“我送妹妹一妙字，莫若‘颦颦’二字极妙。”探春便问何出。宝玉道：“《古今人物通考》上说：‘西方有石名黛，可代画眉之墨。’况这林妹妹眉尖若蹙，用取这两个字，岂不两妙！”探春笑道：“只恐又是你的杜撰。”宝玉笑道：“除《四书》外，杜撰的太多，偏只我是杜撰不成？”

贾宝玉和林黛玉初次见面，当时贾母在场，贾母向宝玉介绍：这是林妹妹。所以这七个“笑”字里面，有贾母的两个“笑”，有宝玉的四个“笑”，还有探春的一个“笑”。

第九十六回中，黛玉要去看宝玉，但是在半路上碰到了傻大姐。傻大姐说露嘴了，把宝玉要与宝钗成婚的事说了出来。所以，黛玉说：“我问问宝玉去。”但是他们两人一见面，却没话说，只有九个“笑“字，我们来看原文：

黛玉笑着道：“宝二爷在家么？”袭人不知底里，刚要答言，只见紫鹃在黛玉身后和他努嘴儿，指着黛玉，又摇摇手儿。袭人不解何意，也不敢言语。黛玉却也不理会，自己走进房来。看见宝玉坐着，也不起来让坐，只瞅着嘻嘻的傻笑。黛玉自己坐下，却也瞅着宝玉笑。两个人也不问好，也不说话，也无推让，只管对着脸傻笑起来。袭人看见这番光景，心里大不得主意，只是没法儿。忽听着黛玉道："宝玉，你为什么病了？"宝玉笑道："我为林姑娘病了。"袭人紫鹃两个吓得面目改色，连忙用言语来岔。两个却又不答言，仍旧傻笑起来。

袭人见了这样，知道黛玉此时心中迷惑，和宝玉一样，因和紫鹃说道："姑娘才好了，我叫秋纹妹妹同着你搀回姑娘，去歇歇罢。"因回头向秋纹道："你和紫鹃姐姐送回林姑娘去罢，你可别混说话。"秋纹笑着，也不言语，便来同着紫鹃搀起黛玉。那黛玉也就起来，瞅着宝玉只管笑，只管点头儿。紫鹃又催道："姑娘，回家去歇歇罢。"黛玉道："可不是，我这就是回去的时候儿了。"说着，便回身笑着出来了，仍旧不用丫头们搀扶，自己却走得比往常飞快。紫鹃秋纹后面赶忙跟着走。黛玉出了贾母院门，只管一直走去。紫鹃连忙搀住叫道："姑娘往这么来。"黛玉仍是笑着随了往潇湘馆来。

开始是袭人出来接待黛玉。黛玉笑着道："宝二爷在家么？"说了这么一句话，那时候还没有与宝玉见上面。那么，两人见了面又是怎样呢？黛玉看见宝玉坐着，也不起来让坐，只瞅着嘻嘻的傻笑。黛玉自己坐下，却也瞅着宝玉笑。两个人也不问好，也不说话，也无推让，只管对着脸傻笑起来。忽然听着黛玉说道："宝玉，你为什么病了？"宝玉笑道："我为林姑娘病了。"唯有这一句对话（这也是他们俩最后一句对话），其余都是相对无语，只有傻笑。

最后二人分手时，"那黛玉也就起来，瞅着宝玉只管笑，只管点头儿。"黛玉走的时候，"说着，便回身笑着出来了。"黛玉回潇湘馆时，"黛玉仍是笑着随了往潇湘馆来。"以上共有九个"笑"字。这九个"笑"字说明了什么？此时的作者真的笑得出来吗？

这些"笑"字有什么特别之处呢？我认为有两个"关键"，一是关键的人物：宝玉、黛玉和宝钗三个关键的人物（后面的"笑"与"哭"与宝钗有关系）。前面的七个"笑"和后面的十二个"笑"，为什么偏偏发生在这三个人物身上？这些安排难道不值得我们去思考？

其二是关键的时间。初次见面和最后一面，这是不是关键的时间？这一前一后是作者的有意安排。如果读不出这些东西，我就觉得欠了一些东西。试想，如果把这个"笑"写在其它地方，可能就没有这么多文章了，但是它偏偏安排在第一次见面和最后一次见面。

读书、读书，就是要引起我们的思考，我们的思考必须是独立的思考。西方人都说，现在中国经济发展了，国力也增强了，缺的是什么？缺失的是年轻人自己的独立思考。这种独立思考的缺失还表现在读书上，一味追求通俗易懂，只想听故事，乐一乐，都不愿读点难懂的，多想一想。

四个“笑道”

我们再来分析开头七个“笑”字，首先从心态和心理上分析。前面这七个“笑”字里面，我想重点分析其中的四个“笑道”。

林黛玉与贾宝玉一见面，两个人是什么样的感觉呢？黛玉一见宝玉，便吃了一惊，心下想道：“好生奇怪，倒象在那里见过一般，何等眼熟到如此（似曾相识）！”当然，黛玉才十三岁，而且是一个女孩子，再加上她的性格，加上她的处境（刚刚来到贾府），她只能将话放在心里。那宝玉呢？

宝玉看罢，因笑道：“这个妹妹我曾见过的。”

贾母笑道：“可又是胡说，你又何曾见过他？”

宝玉笑道：“虽然未曾见过他，然我看着面善，心里就像是旧相识的，今日只作远别重逢，未为不可。”

贾母笑道：“更好，更好，若如此，更相和睦了。”

宝玉是留不住话的，心里有话就说。宝玉看罢，因笑道：“这个姊妹我曾见过的。”那么，与黛玉这个话连起来，黛玉是心里话，他却是脱口而出。应该说，这两人的话都是实话实说，为什么说是实话实说？似曾相识，其实我们每一个人都有过这种经历，不只是他们两个人。譬如航天专家孙家栋的夫人回忆说，她第一次见到他（孙家栋）时，就觉得似曾相识。这是真实的故事，也是普遍现象，不是特殊的，不是个别的，这是一般规律，所以说是实话实说。

尽管宝玉是实话实说，但是贾母是怎么认识的呢？贾母笑道：“可又是胡说，你又何曾见过他？”这句话也有一半是实话实说：“你又何曾见过他？”他们两个确实没有见过面。虽然没有见过面，但是“似曾相识”这一点却不能说他是胡说。“可又是胡说”，虽然是笑着说的，但是这话说得很重。作为宝玉，他是一个孩子，才十四岁，但是他心里并未掀起波澜。如果按照我们今人的浮燥心态，会掀起什么波澜？你当奶奶的，当着客人（这个天上掉下来的林妹妹）的面，骂我胡说，而且这个语气很重——“又是胡说”，说明我是常胡说。奶奶你已经对我抱有陈见了，我在你心目中是一个胡说八道的孩子，是不受信任的：一是让我面子上过不去；二是表明我不受信任，这样就会形成逆反的心态。

今天，父母与孩子之间，老师与学生之间，上级与下级之间，乃至于同事之间，很容易产生这种逆反的心态，经常会产生这种莫名其妙的误解。那么，贾宝玉有没有受到影响呢？他浮燥了没有？他心里起波澜了没有？我们来看原文。宝玉笑道：“虽然未曾见过他，然我看着面善，心里就算是旧相识，今日只作远别重逢，亦未为不可。”

这一番话是什么意思？是解释，是进一步实话实说，而且还是笑着说。可见，他没有起逆反的心态，没有起波澜，没有浮燥，没有主观上的那些意气用事：你这个奶奶怎么这样呀？在林妹妹面前，我面子往哪儿搁呀？这些东西他都没有去想，他还是以一颗平常心，很耐心地解释，而且说得合情合理：“未为不可”。他首先承认这是客观现实，他一开口就很客观（我确实没见过她），他又再进一步解释：“然我看着面善。”面善就是面熟，对她有好感。“心里就像是旧相识的”，解释得很清楚：只是“像是”，说得合情合理。“今日只作远别重逢”，这有什么不可以呢？他是“只作”，并没有痴迷，没有钻牛角尖，入情入理。

你看，他说得合情合理。这么一个孩子，面对这个客观的现实，实话实说，说起来有层次、有分寸，没有浮燥的心态，没有一些顾及面子的意识，没有只想到自己，没有跟上一级、跟父母辈产生逆反的心态。宝玉这种平常的心态，可以说这是一种天真无邪的心态，一种本善之心，“人之初，性本善”，没有受污染，没有因为贾母斥责他“又胡说了”而影响他的心态。

贾母反被他影响了，回到平常的心态，回到理性的状态了。所以，贾母笑道：“更好，更好，若如此，更相和睦了。”她也觉得自己失言了（错怪了），于是借梯子下台阶。

如果借用《易经·乾卦》的爻辞来说，宝玉是“乾卦”初爻的潜龙，“潜龙勿用”。勿用是什么意思？他心里没有起波澜，没有浮燥，还保持着那种天真的心态，保持着那种潜龙的心态。潜龙的心态，就是一种天真、一种淳朴、一种本善。那么，贾母呢？好比上爻的亢龙了，“亢龙有悔”：哦！我说错了，错怪你了，我知悔了，所以连说了两个“好”，给自己找了一个台阶，借着这个台阶下来了。这是宝玉给贾母铺的台阶，是孩子给大人铺台阶，而不是大人给孩子铺台阶，大人顺着孩子的台阶下来。这四个“笑道”有一个冲突，一个台阶。冲突是大人引起的，孩子没有理会，反而给了大人一个台阶，缓解了冲突。

你们看，《红楼梦》仅仅是写谈情说爱吗？仅仅是写对封建制度的一种反叛吗？不仅仅是这些。看得出来，这里面是写生活：写生活的心态，写社会的心态——众生态嘛。而且，这里面是写人之常情、人之常理、人之常道，所以叫社会心态，值得我们今天借鉴。

先笑而后哭

我们再来分析一下“哭”字。这个哭也很有玄机，前面两个人初次见面先是笑。笑过以后宝玉主动问黛玉（那是宝玉主动问的，不是林黛玉主动发话）：“妹妹可曾读书？”第一句话就是问她读书的问题。第二是问她的表字：有名，有没有字？宝玉问了以后，给她取了一个字，而且说出了来历。第三问呢？

接下来，第三句话就问她：“可也有玉没有？”当黛玉实话实说，说她没有玉时，“宝玉听了，登时发作起痴狂病来，摘下那玉，就狠命摔去，骂道：‘什么罕物，连人之高低不择，还说‘通灵’不‘通灵’呢！我也不要这劳什子了！’吓的众人一拥争去拾玉。贾母急的搂了宝玉道：‘孽障！你生气，要打骂人容易，何苦摔那命根子！’宝玉满面泪痕，哭道：‘家里姐姐妹妹都没有，单我有，我说没趣；如今来了这么一个神仙似的妹妹也没有，可知这不是个好东西。’”这是宝玉的哭。

一个“哭”字就够了，怎么还“满面泪痕”呢？这是真哭，是真伤心。他的伤心有道理：第一个，家里这么多姐姐妹妹都没有，我一个人有，没有趣味。第二个，像这个神仙般的妹妹都没有，说明这东西没用。你看他有两个理由，为这个伤心？这就是傻呀。这个傻是什么？这个傻里面有本善的东西。

再来看看最后见面以后，众人为林黛玉的“哭”：

黛玉与宝玉见完最后一面，黛玉从宝玉房间出来，一路是笑着回到潇湘馆。她的丫环陪着她却是一路哭回了潇湘馆。这里面写了多少“哭”字？我做了一下统计，有二十八个“哭”字。是哪些人哭呢？有她的丫环紫娟哭，有李纨哭、袭人哭、宝钗哭、贾母哭、王夫人哭，更有宝玉哭。这里面写李纨和紫娟“哭的死去活来”，写贾母“哭得泪干气绝”，写宝玉的哭，一处是“哭得死去活来”，一处是“哭得气噎喉干”，还有一处是“嚎啕大哭”……写了这样二十八个“哭”字。但是奇怪的是，林黛玉本人一个“哭”字都没有，而且一滴眼泪都没有。“李纨轻轻叫了两声，黛玉却还微微的开眼，似有知识（觉）之状，但只眼皮嘴唇微有动意，口内尚有出入之息，却要一句话一点泪也没有了。”他人在哭的时候，其实读者也在哭。我相信，作者写到这里早已哭成泪人了，但是作者笔下的黛玉自己只有三个“笑”字，“一点泪也没有了”，这个里面不能不说作者用笔着墨的独具匠心。

“真事隐去”

现在，我们不妨读一读小说开卷的那段话：

此开卷第一回也。作者自云：“因曾历过一番梦幻之后，故将真事隐去，而借‘通灵’之说，撰此《石头记》一书也。故曰‘甄士隐’云云。故曰‘贾雨村’云云。更于篇中凡用‘梦’用‘幻’等字，是提醒阅者眼目，亦是此书本旨。”

刚才我们问了很多的为什么：为什么宝玉和黛玉第一次见面是先笑后哭？为什么他们最后一次见面也是先笑后哭等等这些问题，是什么意思？作者在开头就开宗明义，说得很清楚：作者的意图是把真事隐去。我们刚才分析的时候，揭开了他的底牌（傻的心态）。作者把这些真实的东西隐去了，目的是什么？他讲得很清楚，是“提醒阅者眼目”。今天的读者都是阅者，阅读时不要仅仅看表面的东西，要找到节点。本书的节点，就是这个“笑”和这个“哭”。

那么，为什么笑？为什么哭？这里面有什么意味？这就是本书的本旨。作者的本意、作者的宗旨是什么？作者的真实意思是什么？为什么写这个梦？他已经讲得很清楚，开头就开宗明义说清楚了。有哭，有笑，才是梦。为什么哭？这里面既有虚假的表象，又有真实的隐情。作者精心虚构这么一种先笑而后哭的情节，难道只是男女之情的哭笑吗？我认为，显然还有更深的内涵。其实，人生、生活都离不开哭哭笑笑。先笑后哭是悲剧，先哭后笑是喜剧。这才是作者要说的真事。

“真事隐去”这句话，又是从哪里来的呢？是从《易经》里来的。《易经·系辞传下》里面有一段话是解释《易经》中的卦辞、爻辞的：“其称名也小，其取类也大。其旨远，其辞文，其言曲而中，其事肆而隐。”“事肆而隐”，真正的事隐去了。正是这一句的出典。

宝玉与黛玉——咸卦

作者开头就用《易经》中的话来点题，是不是说写《红楼梦》的作者懂得《易经》呢?《红楼梦》与《易经》有没有关系呢?可以说，从先秦诸子百家到后来的四大名著都有《易经》的影子。也就是说，这些学者都是读过《易经》的，行文时自自然然地用上了。

那么，书中还有哪些与《易经》有关呢?这里想揭示宝玉、黛玉、宝钗三人之间的关系，与咸卦和旅卦的卦象非常吻合。先从咸卦说起。

我们来分析一下曹雪芹的笔下是如何取卦（卦象、卦理）的。大家知道，《易经》有八个卦，象征八种自然之象，这八个卦分别象征天、地、雷、风、水、火、山、泽这八种自然现象。另外还象征人伦关系。例如，乾卦☰象征父，坤卦☷象征母，震卦☳象征长男，巽卦☴象征长女，坎卦☵象征是中男，离卦☲象征中女，艮卦☶象征少男，兑卦☱象征少女。阳爻为男，阴爻为女，长、中、少则是根据爻位来分的。

照这样来说，宝玉称黛玉为林妹妹，他们两人即是少男少女，少男是什么?是艮卦☶。少女呢?是兑卦☱。这两个本卦怎么排呢?有一个外卦和内卦的关系，当然是黛玉排在外卦，宝玉排在内卦，因为黛玉是寄居在贾府的。以贾府为内，黛玉是府外之人——外来妹。黛玉是兑卦，为外卦；宝玉是艮卦，为内卦。这么一排正好是咸卦䷞。

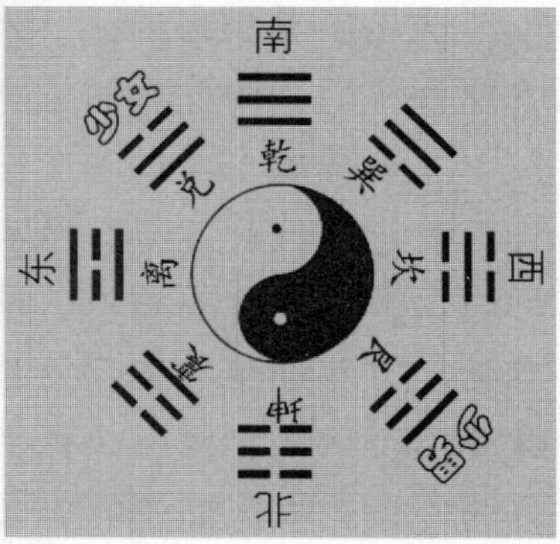

再从先天八卦图的方位上看，与宝玉和黛玉的出生地正好相应。宝玉为艮卦☶，居西北；黛玉为兑卦☱，居东南。对照先天八卦图，二卦相对。再看江苏省地图，宝玉出生在金陵（南京），黛玉出生在姑苏城。第一回是这样交待的：“这东南有个姑苏城。”姑苏，即今苏州市吴江县。南京与吴江，正好与先天八卦图上的方位对应：南京居西北（宝玉出生地），姑苏居东南（黛玉出生地）。

咸卦是什么意思呢?“咸者，感也。”咸卦讲感应。很明显，是说少男与少女的感应。来知德在他的序文开头说：“乾坤者，万物之男女也；男女者，一物之乾坤也。”揭示了一个万物与一物的关系。所以他说，《易经》六十四卦分上经和下经，上经以乾卦和坤卦为首卦，这叫天地为首，为开始（天地初开）。那么，下经呢?以咸卦和恒卦为首卦，讲男女。咸卦是少男娶少女，恒卦是长男长女（成熟了，成家了）。贾宝玉与林黛玉正好为咸卦——少男少女之间的感应。

咸卦里面有什么？咸卦的六个爻，初爻、二爻、三爻、五爻和上爻的爻辞都是“咸其……”：初六是“咸其拇”，是指感应到拇指、脚趾；六二是“咸其腓”，感应到脚肚子；九三是“咸其股”，感应到臀部；九五是“咸其脢”，脢是指背，背心对应前胸；上六是“咸其辅颊舌”，感应到下巴、脸颊和舌头。独独只有九四爻没有“咸其……”，而是说“憧憧往来，朋从尔思”。“憧憧往来”，是男女之间感应时的往来（没有感应则无往来）。“朋从尔思”，相互之间有感应才叫从，有了感应才会相从，没有感应就不会相从，两个人之间有一个顺从、随从的关联。正因为这样，说明他们的梦是相同的：孩子有孩子的梦，大人有大人的梦，这里面很清楚。

我们今天教育孩子，老是用大人的心态、以大人的评判标准、按大人的要求去教育孩子，这往往错了。2011 年 5 月，石家庄东风小学三年级一班 42 名学生集体写了一封致家长的信，他们在信上是这么说的：

“亲爱的爸爸妈妈们：我们知道你们的所说、所做都是为了我们好，但是你们可知道我们有好多、好多的话想对你们说……不要让我们学成书呆子，给我们一点时间，不要光拿我们跟别人比。考试考不好，我们需要更多谅解。不要吵架，家庭要和睦。”

这是孩子们写的话，发表在《光明日报》5 月 6 日的头版头条，几天中都有评论，而且都是正面的，肯定的。

宝玉和黛玉他们两个能够想到一块，正因为这样，所以宝玉不认为他有宝玉，他就有优势，就高人一等，就可以以此为荣耀，享受一种优惠的待遇，不是！他不离群，他还保持那种本色，他觉得：他一个人有，大家没有，没有趣味。他是这种本善的心态，认为像林妹妹这样神仙一般的妹妹都没有，他自己一个人有，有什么意思？这个东西没有用。这是一种天真的心态，大人懂不懂？不懂。贾母懂不懂？不懂。今天我们讲朋友，什么叫朋友？“朋从尔思”，能“从你思”者才是叫朋友。同样的梦想，同样的心态，同样的评判标准，同样的世界观、人生观，这才叫真正的朋友，才叫真正的志同道合。

有人讲，做人要低调一点。我并不欣赏“低调”这个词，我要求自己本色一点，做到本色，保持自己的本色。他人能不能理解是他的事，他人能不能接受也是他的事。我保持我的本色，保持我的本真和诚恳。即使我错了，也错不到哪里去。保持低调，本身就有点作假，有点虚伪，虚伪里面就有掩饰。因为有低调就有高调，你心里高调，故意做出一个样子，这就是低调？这是假的东西。

如果说低调是一种谦卑和谦虚，但谦虚也要有谦虚的资本。这种资本，既有外在的仪表，更有内在的学识和修养。否则，谦虚就是假的，这种低调也是假的。所以，即使低调，也不要过。处处都用低调，这不可以，还是多一点本色。即使要掩饰自己，也要从本色出发，而不是从计谋出发，从手段出发。从计谋出发，从手段出发，无论是哪种低调都有水分，都是虚伪。

宝玉与宝钗——旅卦

后面这个“笑”和“哭”又属于哪一卦？这一卦当然是宝玉与宝钗的关系。宝玉和黛玉最后为什么分手了？为什么竟然只有傻笑，无话可说了？黛玉后面只有笑，哭不出来了。为什么会出现这种局面？个中缘由，是宝钗要嫁给宝玉，黛玉已经知道了这个信息。当然，这不是宝钗本人的问题。黛玉来了，宝钗也来了：既生瑜，何生亮？既来了一个黛玉，为什么又来一个宝钗呢？宝钗也不是贾府的人，她是薛姨妈带来的。如果没有宝钗，不是很好吗？不就没有这些事了？所以现实生活就是这样，就这么巧合，就这么复杂。然而，巧合是客观存在的，复杂却是人为的。如果没有贾母、王夫人、凤姐一手包办、策划了这桩婚事，也不会发生这些事。这个梦就是奇怪，想成的成不了，不想成的大人们要给孩子凑成。什么叫感情？感情这个东西它似梦非梦，但是婚姻呢？梦中没有的有了，硬性地凑合。因为这样，所以牵扯出一个宝钗。当然，我们不能说宝钗要为此事负责任，不是！

那么，宝玉和宝钗他们两个结合又是什么卦呢？我们看，宝玉还是少男，还是艮卦☶。宝玉称呼黛玉为“林妹妹”，所以黛玉是少女；称呼宝钗“宝姐姐”，那么宝钗就是中女了，中女是离卦☲。宝钗也不是贾府的人，也是从外面来的，所以它也只能放在外卦，与艮卦一组合，就是旅卦䷷。为什么是旅卦？旅是羁旅。黛玉也好，宝钗也好，她们都是羁旅在贾府的，都不是贾府的人：一个是送来的，一个是带来的，所以是旅卦。

为什么是先笑后哭呢？《旅卦》上九爻的爻辞是怎么写的？“鸟焚其巢，旅人先笑后号啕。”旅人，指羁旅之人。怎么来解释这句话？似乎这里面句句都对上了。“鸟焚其巢”，谁是鸟？林黛玉就是鸟——林中之鸟。

“焚其巢”，这个巢是她自己的窝（窝就是自己栖身的地方）。她孤身一人栖身在贾府，唯一的知心人是宝玉，唯一的依靠是与宝玉的爱情，唯一的爱情信物是诗稿。爱情破裂了，这个窝也就不存在了，诗稿也就成无可信之物了。最后焚的是什么？焚的是书稿。这个书稿是什么？是她与宝玉之间的爱情表露，这也是她唯一的精神寄托、感情寄托，这是她的巢，是她精神上的巢、心灵上的巢、感情上的巢一下子破灭了，只能烧掉了。“鸟焚其巢”，就是焚书稿了，“巢”与“稿”谐音。利用谐音是汉语的特征之一，也是古代文人墨客们常用的奇思妙笔。

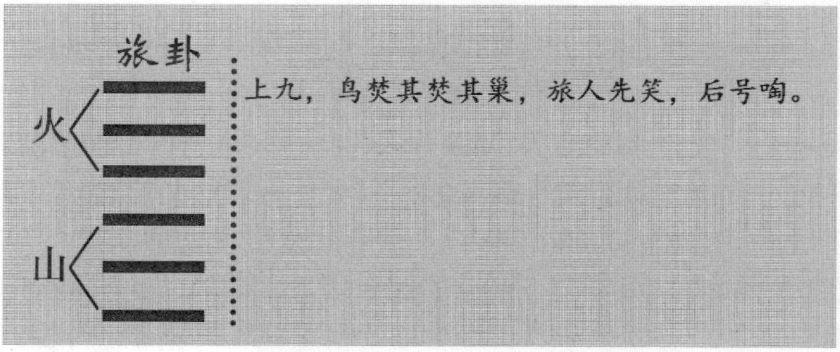

“先笑后号啕”，你看，前面有九个“笑”字，再加上后面林黛玉的三个“笑”字，有十二个“笑”字，再加上第九十八回中宝玉、凤姐等人的八个“笑”字，合计有二十个“笑”字。“后号啕”，有二十八个“哭”字。

我们不去断言作者是模仿《易经》来写的，但是我们也不要断言不是。为什么对应上了呢？我们只能这样理解：作者熟悉《易经》，所以自觉不自觉地用上了。这是写文章的人都能体会到的。

这个“笑”和“哭”也是一种心态。笑从心态中来，哭也是从心态中来。笑是一种心理上的反应，哭也是心理上的反应。但这里有一个先后的关系，这个先后说明了心态的变化。现实生活中有人说，看谁笑到最后。笑到最后的是喜剧，那哭到最后的呢？是悲剧。《红楼梦》本身就是悲剧。所以，“旅”卦上九爻那句爻辞后面是“丧牛于易，凶”。“丧牛于易”折射的是什么？是不是贾宝玉最后离家出走一事？一个“凶”字就印证了贾府的悲剧。整个《红楼梦》的结局，用一个“凶”字并不为过。为什么？这是心态。由于心态，引起了一种势态。看起来是个人的势态，实际上又是家庭的势态，家庭的势态又折射出社会的势态。所以，人的心态很关键。

无论哪一种梦都是一种心态。所以，无论我们做什么样的梦，你认为这个梦很好，或者很恐怖，或者觉得不如意，你都把它放下，守住你的现实生活，守住你当下的生活，天天保持一种好心情，时时有一种好心情，这才真正叫好梦——吉祥之梦。就是实实在在地过日子，老老实实地保持一种理性。

这样说是不是高调呢？有没有依据呢？其实，这是我的人生体验——无论是哪种梦境，都是人生经历或外界在心态上的折射反应。这种折射就像是某种信息的直接影响。信息来了，你在乎它、纠缠它，等于打开了密码盒，接收了它，它就会起作用，就会产生应验，就会来纠缠你。如果你不在乎它，当下就放下它，等于关闭了密码盒，接收不到这一信息。所以，无论是凶是吉，与你再没关系。醒了，就老老实实地善待生活，这就是理性。梦，蒙也。只能蒙蔽那种理智不清醒的人，有理性、有智慧的人是蒙不住的。

曹雪芹时代的思维方式

读到这里，我们还要思考。还有底牌，还有窗户纸没有捅开，作者在这里面还安了机关，还有玄妙，我们继续探讨下去。

我们看看，曹雪芹笔下的梦，也就是他笔下的众生态，与我们今天的梦、今天的众生态作一个比较。也许有人会说，我们今天的生活方式、生产方式，是曹雪芹时代无可比拟、无法想像的，已经远远超越了、前进了、发展了、腾飞了，把曹雪芹那个时代远远地抛在后面了。如果曹雪芹再世，看见满世界的人都在打手机，用手机发短信，他也会看得眼花缭乱，目瞪口呆，他也会觉得自己远远落后于这个时代，也会觉得自己被淘汰了，成了自己笔下的刘姥姥了。

这是生活方式和生产方式的比较，但是思维方式呢？曹雪芹时代的思维方式和我们今天的思维方式相比，又有多大距离呢？又进步了多少呢？我们来分析原文，分析第三回，林黛玉初次走进贾府，见到了贾母，贾母身边有王夫人。我们来看看他们初次见面时的情形：

贾母见黛玉虽然只有十三岁，但是很懂事，一见面就要行拜见之礼。贾母则是心肝儿肉叫着大哭起来。为什么？作为一个老人，自己的女儿已经去世了，唯独留下了这么一个外孙女，这种感情是自然的。

黛玉虽然年龄小，但是言谈举止不俗；身体、面庞虽然瘦弱，但是有一种自然风流的体度。贾母知道她的身体有不足之症，有先天不足的地方，所以问她吃什么药。连王熙凤见到她，也是问她吃什么药。这是贾府的人的习惯思维——什么病都是吃药上前，认为药是灵丹、是万灵的。还是黛玉回答得很实在。为什么说她是一种本真、一种天真？你看她回答贾母是怎么说的？

黛玉道："我自来是如此，从会吃饮食时便吃药，到今未断，请了多少名医修方配药，皆不见效。那一年我才三岁时，听得说来了一个癞头和尚，说要化我去出家，我父母固是不从。他又说：'既舍不得他，只怕他的病一生也不能好的。若要好时，除非从此以后总不许见哭声，除父母之外；凡有外姓亲友一概不见，方可平安了此一世。'疯疯癫癫，说了些无稽之谈，也没人理他。如今还是吃人参养荣丸。"

她这一席话都是实话实说，说明她先天不足。王夫人看在眼里，惦在心里，所以她说出了如下两番话：

王夫人这两段话是很有意思的。第一段话，王夫人跟黛玉说："我不放心者最是一件：我有一个孽根祸胎，是家里的'混世魔王'，他今日因庙里还愿去了，尚未回来，晚间你看见便知了。你这以后不要睬他，你这些姊妹都不敢沾惹他的。"

后面又有一段话。王夫人笑道："你不知道原故：他与别人不同，自幼因老太太疼爱，原系同姊妹们一处娇养惯了的。若姊妹们一日不理他，他倒还安静些，他纵然没趣，不过出了二门，背地里拿着他两个小幺儿出气，咕唧一会子就完了。若这一日姊妹们和他多说一句话，他心里一乐，便生出多少事来。所以嘱咐你别睬他。他嘴里一时甜言蜜语，一时有天无日，一时又疯疯傻傻，只休信他。"

你们看，这里面话里有话：王夫人连说两次，把自己的宝玉贬了两次，难道王夫人不心痛自己的宝玉吗？母因儿贵，古时候人都有这种封建意识。女人有一个受全家人宠爱的儿子，她的身价就提高了，作母亲的当然有地位，特别是在这样的家族中，母因儿贵便显得格外突出，她为什么把自己的宝玉说成是"孽根祸胎"、"混世魔王"、"疯疯傻傻"？我们来看看她为什么这么说。

首先，我们可以想像到，王夫人作为宝玉的母亲，她考虑问题很现实，首先是儿子的婚姻大事（他的父亲贾政为他考虑的是仕途和家族的荣辱，这就是父母有别）。今后宝玉和黛玉混在一起，他们年龄又相仿，所以她提前就有担忧：一是黛玉可能会把宝玉带坏，不好好读书；再一个，如果宝玉娶了她，她的身体又有先天不足症，岂不误了宝玉？你看，王夫人就有两个担忧了，其实就是她开头说的“不放心者最是一件”。虽然没有明写，但是这两段话句句都是提醒（甚至是告诫）黛玉不要理宝玉：“不要睬他”，“不要沾惹他”。而且讲得很清楚：姊妹们一日不理他，他还很好，聒唧一会子就完了，他很规矩。如果见面一闹，他就疯疯傻傻。这已经说得很清楚，叫林黛玉不要与他闹，不要惹他。意思是说，你不要把他带坏了。这既是她的担忧，也是对黛玉的预警。再一个，就你这个身体，我也不能收你做媳妇。这就为后面留下了伏笔。为什么王夫人和贾母执意要娶宝钗？难道贾母就没有想到这一层吗？肯定也想到这一层了，她们都有这样的想法。今天科技进步了，做父母的这种“儿女情结”依然未改。

还有一方面，就像写戏剧，黛玉进门时宝玉不能在场，如果他们俩一开始就见面，王夫人的这些话就没法安排了。这时候支配他不在身边，一句话就安排好了——王夫人说：你表哥宝玉跟你舅舅一起上庙还愿去了。你看，一句话就把他支配了、安排了，正好打了一个时间差。于是，大段大段地用来铺垫，铺垫谁？铺垫宝玉，铺垫二人最终的命运（此时就开始铺垫）。大段大段地写这些人物的心态：贾母是什么心态，王夫人是什么心态，王熙凤是什么心态，然后黛玉与宝玉相互间留下了什么印象，为后文第九十六、九十七、九十八回埋下了伏笔。这一段描写正好给出了一个时间差，很像是戏剧家笔下人物先后出场的精心安排。

这里面还有更重要的一层，非常明显。我们看到，贾宝玉在大人眼里，包括在他亲生母亲眼里是什么？是“混世魔王”，是“孽根祸胎”，是“疯疯傻傻”。在贾母的眼里呢？是“又胡说”，可见宝玉不受信任。为什么？王夫人说了：“我不放心者最是一件：我有一个孽根祸胎，是家里的‘混世魔王’。”这就是不受信任。但是另外一面，贾宝玉又是全家的宠儿，贾母“又极溺爱，无人敢管。”不仅仅是贾母宠他，实际上连贾政打他，难道不也是一种宠爱吗？这也是一种宠爱，是恨铁不成钢，对他寄托了很大的期待，他是全家的小皇帝。其他几个兄弟有他这种待遇吗？连严肃的家教都戴有色眼镜，只对有出息、有希望、受宠爱者严。其他兄弟在“宠”和“严”两方面都远不及宝玉。在全家，他的待遇、他的地位是中心的中心。

这是事物的两个方面。在大人的眼中，贾宝玉一方面是小皇帝、小宠儿，另一方面是不受信任，是“孽根祸胎”、“混世魔王”、“疯疯傻傻”，让大人最不放心，与大人的期待和要求相差太远。

再回到今天，我们对80后、90后（二十世纪八十年代、九十年代出生的），乃至于今天的少年、儿童、婴儿，不也是一样吗？一方面这些孩子都是宠儿，为他们花钱如流水，对他们宠爱有加。另一方面，家长、老师、社会对80后、90后的孩子又有多少信任感呢？好在一个四川汶川大地震涌现出一大批英雄少年，北京奥运会的年轻志愿者为世人所称道，一大批大学生“村官”，显示出新时代的本色……给了大人们一个个响亮的回答，否则我们今天仍然还是不相信80后和90后。回到现实，我们对自己的孩子还是不信任的多。所以，这是一个反差。这种反差的心态，与曹雪芹时代的那种心态相比，进步了吗？拉开距离了吗？几乎是一种重叠，几乎是一种模式，毫无二致！是不是这样？生活方式进步了，思维方式却依然如故。

宝玉不爱读书吗？

贾府的大人们都认为宝玉不读书，特别是贾政对他的严厉，就是因为这一点使他失望。宝玉真的是这样吗？真的是不爱读书的“混世魔王”吗？真的尽是“胡说”吗？

首先我们要看看宝玉见到黛玉，第一句话问的是什么？不是问：“你喜欢吃什么？”也不是问：“你喜欢玩什么？”而是问：“妹妹可曾读书？”这就证明，在他心中，读书是第一位的。他喜欢读书，不是不读书的孩子，不是浪荡公子。如果他自己不爱读书，怎么会问“妹妹可曾读书”呢？这是他与黛玉见面的第一句话呀。

其次，宝玉又问黛玉表字（古人有名，又有字）。黛玉道：“没有表字。”宝玉笑道：“我送妹妹一妙字，莫若‘颦颦’二字极妙。”这时候作者又把探春请出来，让探春发问：你给她取一个字，字颦颦，有出处吗？意思是说，是不是你自己胡说的？是你自己主观臆造的？以探春作代表，表示众人对宝玉同样持有不信任的成见。探春是宝玉的亲姐姐，姐姐如此，何况他人。宝玉说，是《古今人物通考》上说的。你看，他读过不少书，连书名也说得出来——《古今人物通考》，这本书很好，即使在今天，这也是一本好书，是值得读的。他不仅说得出书名，还能背出原句：“‘西方有石名黛，可代画眉之墨。’况这林妹妹眉尖若蹙，用取这两个字，岂不两妙！”不仅背得出原句，还能即兴运用，信手拈来，可见熟读程度。探春笑道：“只恐又是你的杜撰。”你看，还要追问，还是不信任。

宝玉笑道："除《四书》外，杜撰的太多，偏只我是杜撰不成?"这一句话又说明了他读过《四书》，否则他怎么能得出这个结论呢？如果他没有读过，他怎么能说：除了《四书》以外，其他的都是杜撰的呢？这就可以看得出来，他不仅读过书，还能分清《四书》是源，其他书是流。《四书》是古代科举考试的教科书，宝玉并不叛逆，他不但读了，而且爱读，他认为只有《四书》不是杜撰的。可见，他是个善于读书的孩子，这句话里已经交待得清清楚楚。

他还是一个十几岁的孩子，贾府上上下下都说他不读书，而且不读正书，这里面作者把真事隐去了，把两种梦交叉重叠让我们来读，读出几个层次的梦，不是让你读一种梦。而在我们现实中，有多少种梦？有多少种心态，就有多少种梦。有多少种梦，作者就有多少种心理描写。我们读出来了吗？要用哪种心态去解读？

这里面还有一个东西：黛玉是先天不足，宝玉是先天有余，他们两个互补——宝玉名"宝玉"，出生时又带来一块宝玉，其他人都没有。很多东西作者都安排得非常的巧妙。小说写到这种程度，不用挖空心思去想，随手就写出来了。好的文学作品，一定是生活的艺术品，生活中的妙、绝、奇，它样样都有。就像一块好的玉石，根据它的纹理去琢磨、去雕琢，就会左右缝缘。你没有想到的，雕刻师都会给你雕琢出来，妙就妙在这个地方。作者能写成这样，是他把社会看透了。再一个，他有这种文学功底、语言功底去表达，去描述，所以前后互相印证。

读出这些是非常有意思的。一个先天不足，一个先天有余，正好以有余补不足，这是《老子·七十七章》中讲的"天道"："天之道，损有余而补不足。人之道则不然，损不足以奉有余。"看来曹雪芹不但熟悉《易经》，也熟悉《老子》。贾母、王夫人为宝玉和宝钗包办婚姻，施行的是人之道，而非天之道。宝玉与宝钗结合，是"宝有余"。所以，从这里面又读出一种心态。不足之症与先天有余是对比，不爱读书与善读书是对比，笑与哭是对比，宠爱与不信任也是对比。我们再看下面一种对比。

刚才讲到，宝玉第一是问她有没有读书，第二是为她取字，第三是问她"你可也有玉没有?"黛玉说没有玉，所以他就把玉仍在地上痛哭。他这一哭，贾母怎么样？"贾母忙哄他道：'你这妹妹原有这个来的（她也有这个玉），因你姑妈去世时，舍不得你妹妹，无法可处，遂将他的玉带了去了：一则全殉葬之礼，尽你妹妹之孝心，二则你姑妈之灵，亦可权作见了女儿之意。因此他只说没有这个，不便自己夸张之意。你如今怎比得他？还不好生慎重带上，仔细你娘知道了。’说着，便向丫鬟手中接来，亲与他带上。宝玉听如此说，想一想大有情理，也就不生别论了。”这又是一种对比。是什么样的对比？

上一段，宝玉说一句：“这个妹妹我曾见过的。”贾母马上来一句：“可又是胡说。”你骂孙子胡说，并且是“又是胡说”，说明常常骂他胡说。这两段话其实还在一个时间段，还在宝玉与黛玉第一次见面这一情境之内。刚一转身，你自己是不是在胡说？他说了一句傻话（孩子话），你就哄他，胡说得像模像样。局外人听起来，简直象是大白天说梦话。宝玉和黛玉呢？都是在实话实说，心里想什么就说什么，唯独大人们都是在胡说。王夫人是不是胡说？是不是讲了心里话？我的孩子是“混世魔王”，是这样吗？是讲给你林黛玉听的，这也不是真话。贾母哄宝玉，这是大白天说梦话，全是假话，这是不是众生态？这是不是再明显不过的对比？

这里还有一点不可忽略：上述所说的宝玉和贾母的四个“笑道”；宝玉问黛玉“可曾读书”；宝玉为黛玉取字，被探春连连质问；宝玉问黛玉可有玉，又抛玉于地；贾母哄宝玉等，这一连串的答、问、行为，就像同一个时段里的五个特写镜头。分开来有分开来的情境，连起来有连起来的寓意和妙味，极富戏剧性。今天的电视剧导演读出曹雪芹这几组分镜头的描写了吗？

敬畏的心态

我们今天是不是也是这样？现在大家都有一个共同的认可，认可什么？孩子说真话，孩子不会说谎。大人最怕的是孩子，为什么？大人做错了事，想遮遮掩掩，往往要瞒着孩子，因为孩子知道了，他要说真话。

我时时在想一个问题。我们做父母的经常要求孩子要听大人的话，孩子对大人要有敬畏的心态。我觉得，我们做父母的对孩子也要有敬畏的心态。你自己敢不敢做坏事，敢不敢越轨？会不会被孩子瞧不起？如何时时、处处、事事都能对得起孩子的尊敬？你首先要考虑一下，为孩子们树立什么榜样？孩子们原谅不原谅？接受不接受？这绝对是相互的、是双向的。当父母的有这种敬畏心态，做子女的也有这种敬畏心态，双方的敬畏心态结合起来，我觉得这样才叫和谐，否则就会逆反。逆反的结果是，给个人造成不必要的烦恼，给家庭造成不必要的纠纷，给社会造成不必要的事端。

读到此处，我生出一种想法来：作者恰在此处点题了，正应了第一回中的那首诗：

“满纸荒唐言，一把辛酸泪。都云作者痴，谁解其中味。”

这把“辛酸泪”是因，还是果？可以说，既是因，又是果。这种因果中孰为善，孰为恶？又可以说，既有恶，又有善。

如果小说到此戛然而止，是一种什么味道呢？这又是一种什么样的梦呢？此时黛玉走了，宝玉的灵魂也跟着走了。接下来的梦，是走回了太虚幻境，还是回到了现实？发人深思！这种发人深思的东西，还是留给一代代的读者去品味，在生活中去续写吧！

曹雪芹给我们揭示了这么多梦，描述了这么多梦，这些都是人生百态（人生的种种心态）。他不是要把我们引入到这些梦中，而是要把我们从这些梦中唤醒，从非理性走进理性。“将真事隐去”，这个真事是一种本真、天真和本善。我们不但要尊重孩子们这种天真和本善，也要持守住自己的本善。以本善待本善，才是真和睦、真和谐和真幸福。

结语

“吉而免凶”背后的因果链

本卷讲幸福观与“因果”报应。因果，既有西方哲学家所描述的“因果链”，又有佛教的“因是报应”说。其实，这两重含义，《易经》中早有表述。

先从“因是报应”讲起。《坤·文言》曰“积善之家，必有余庆；积不善之家，必有余殃。”这两句话与佛教经典中的“善恶报应”一说相似，都是说善有善报，恶有恶报。这里需要提示的是：“积”和“余”这两个字不能忽略，不能一读而过。“积”是积累、积聚，这是一个过程。如古人说的：不是不报，时候未到。所谓“时候未到”，就是指过程。

再接着往下读：“臣弑其君，子弑其父，非一朝一夕之故。其所由来者渐矣，由辨之不早辨也。《易》曰：‘履霜，坚冰至。’盖言顺也。”这段话紧接上两句话，就是解释“积”、“余”二字的。为什么这样说呢？

“一朝一夕”说的就是“时候”。不是不报，时候未到。多长时间呢？“一朝一夕”，朝朝夕夕，时时刻刻。再说一个“渐”字，说的就是候时、待时的过程，不是急风暴雨，而是渐次、渐进。渐，原创时的形态是：车工造车轮，先将圆木用水浸（故为“水”部），浸润后再以斧（斤）修饰，由浸→斫，这是一个渐次的过程。

以上两段话有什么来由呢？原来是解释《坤》卦初六爻爻辞的，“初六，履霜，坚冰至。”这又是一种渐次、候时的过程。当人们踏上了霜时，便感知到坚冰的季节快要到了。

“盖言顺也。”《坤》卦的卦德为顺。顺应，顺其自然。也就是说，这一“顺”字中含有警戒之义。顺，不是无原则地顺从、随顺，而是在顺应过程中要遵循规律，要有所早辨、早防，辨析由来之始，防其由来之初。这样，就不会有祸殃。讲到这里，一个“积”的过程就明白了。无原则，稀里糊涂地顺从，就会“积不善”之因，酿成不善之果。早辨

（发现），早防，顺应其必然规律，就会“积善”之因，就会消弭潜在的凶险。讲到这里，一个“余”字的含义也就明白了。“积”是前因，“庆”与“殃”是前因之果，同时又是后果“余”的因。那么，“余”就是后果了。所以，这句话应该这样说：

积善之家，必有庆，有庆必有余庆；

积不善之家，必有殃，有殃必有余殃。

也就是说，前因之果又是后果之因，因果相续，一环套一环，一链接一链——这就是哲学范畴的“因果链”说。说来说去，两种说法，一个道理，同一条规律。所以说，“盖言顺也。”顺，理也。人们对客观事物各有所表，但理是相通的。本卷《水浒传》中的“天意”与“人意”，《三国演义》中的“大义”与“小义”，《红楼梦》中的“先笑”与“后笑”，虽各有所表，但理上都是讲“因果报应”，讲“因果报应”这一哲学思辨的。再联系到《西游记》中的善恶报应，前因后果，其理同样是相通的。

从本卷对“因果”的分析中我们再次体会到，中华民族的历史是道统，同时也有政统。我们的历史主流不是勾心斗角，也不是阴谋诡计。我们不否认有这一面，但它不是历史的主角，不是历史的主流，也不是社会的主流。我们历史的主流、社会的主流、传统的主流是什么？是民族的本真、民族的本善，这是我们真正的传统。

什么叫传统？不需要定义，没有标准答案，只要回忆一下儿时的情景就会找到真实的答案：父母送孩子上学时，千叮咛、万嘱托：“孩子，到学校要听老师的话。”老师在学校也是谆谆教导：“同学们，回家要听父母的话。”老师们的话，倡扬的是人之孝道；父母们的话，传承的是人之师道。人之孝道和人之师道相统一，就是我们的道统，这个道统才是我们中华民族传统的主流。这是每个人命运的主流，也是中国人几千年来幸福观念的主流。这一主流中，既有因，也有果，因果相续，善恶有报。这不是迷信，既是客观存在的规律，又有主观能动性的发挥。

近代以来，八国联军入侵中国，日本侵略军的铁蹄践踏中国，但是我们没有亡国，靠的是什么？是什么在支撑？就是这种道统在支撑，就是这种社会心态的主流在支撑。今天我们在发展，在崛起，仍然要靠这种主流的支撑。

所以，我们要看社会的主流，不要把支流肆意放大；我们要看积极的一面，不要放大了消极的一面。看积极的一面，看社会的主流，是积善之因，所以必有余庆；看消极的一面，放大负面的消极因素，则是积不善之因，所以必有余殃。余庆即为幸福、幸运，余殃即为不幸、灾祸。这是实话实说。纵观历史，乃至检索每个人的人生，民族命运、个体命运的每一次幸与福，都是以这种本善的心态为支撑。本善为因，幸福为果，因果相续，既有道统，又有传统，合为中华民族的正统。

总结语

幸福的常态化是无序的稳态

总结语讲三个问题：

一、活得好，做得好，想得好——“三好”幸福不是梦

二、每个人的自由发展和一切人的自由发展——幸福王宣言

三、常道、常德、常态——幸福生活常态化

概　述

前文说过，本书围绕一部神话小说《西游记》，展示了一个中国人心中乃至现实中的“幸福王”。也许读完全文还有疑惑：“西游记”与“幸福”，“美猴王”与“幸福王”之间，到底有哪些有趣的内涵？有哪些现实生活的可参照？先作一简要的概述：

西游主要任务——西天取经。

取经项目总策划——西天如来佛。

取经项目总监——观世音菩萨。

取经项目总执行——唐三藏。

保护取经人总领队——孙悟空。

取经的总缘起——如来佛说：“我观四大部洲，众生善恶，各方不一……但那南瞻部洲者，贪淫乐祸，多杀多争，下所谓口舌凶场，是非恶海。我今有三藏真经，可以劝人为善。”

取经的目的——“永传东土”，“劝化众生”，令南瞻部洲人“超脱苦海，解释灾愆”，永受“山大的福缘，海深的善庆。”

我们要问：当年如来佛要劝化众生，使众生得到幸福，这一心愿达到了吗？今日，还需要这样的劝化吗？今日，中国人的福缘和善庆是有形还是无形？日常生活中又如何把握？这正是本结语要讨论的问题。

活得好·做得好·想得好——“三好”幸福不是梦

“活得好”、“做得好”和“想得好”这三个“好”，是从古希腊先哲亚里士多德的《尼各马可伦理学》一书中读到的。尼各马可，是亚里士多德父亲的名字，又是他儿子的名字，他位居二者之间，构成祖孙三代伦理组合。正是这种伦理组合，给了他体悟幸福的感受和灵感。他认为：幸福（英译 happiness）是三种不同形态的生活，即享乐的生活，政治的生活和思辨的生活。又界定为三种最高的“善”，即生活得好，行为得好和思辨得好（他认为最好的就是善）。又有学者直接译为：活得好，做得好和想得好。

我认为：活得好，是对生存环境的适应和满足——适者生存；做得好，是不断改善生存条件的满足和追求——自力更生；想得好，是不断开拓生存空间的追求和升华——精神变物质。如果再演绎，即为一无限循环的“幸福圈”：活得好→做得好→想得好→做得更好→活得更好……

再把孙悟空的幸福人生代入这一循环圈，也许能从中找到现实生活中真实的幸福感。

一、孙悟空活得如何？

1. 普通石猴的生活：

“食草木，饮涧泉，采山花，觅树果。”“夜宿石崖之下，朝游峰洞之中。”——活得自在；

“与狼虫为伴，虎豹为群，獐鹿为友，猕猴为亲。”——活得浪漫；

“真是‘山中无甲子，寒尽不知年’”——活在原始生态之中。

2. 水帘洞美猴王的生活：

“朝游花果山，暮宿水帘洞。”——“合契合情。”

“不入飞鸟之丛，不从走兽之类。”——“独自为王，不胜欢乐。”

3. 花果山上美猴王的生活：

“……七十二洞，都来参拜猴王为尊。每年献贡，四时点卯。也有随班操演的，也有随节征粮的，齐齐整整……”——活得有尊严；

“大开旗鼓，响振铜锣。广设珍馐百味，满斟椰液萄浆……”——活得滋润；

“放下心，日逐腾云驾雾，遨游四海，行乐千山。施武艺，遍访英豪；弄神通，广交贤友。日逐讲文论武，走斝（jiǎ，一种酒杯）传觞，弦歌吹舞，朝去暮回，无般儿不乐。把那万里之遥，只当庭闱之路，所谓点头径过三千里，扭腰八百有余程。”——活得轰轰烈烈。

4. 上天“齐天大圣府”的生活：

“不知官衔品从，也不较俸禄高低……只知日食三餐，夜眠一榻，无事牵萦”——活得自由自在，但无尊严，好在他“不知”，因为“不知”而不计较，因为不计较，则无烦忧；

“闲时节会友游宫，交朋结义，……普天星相，河汉群神，俱只以弟兄相待，彼此称呼。今日东游，明日西荡，云来云去，行踪不定。”——同样活得潇潇洒洒。

5. 五行山下五百年的生活：

“不怕寒暑，不吃饮食。饥餐铁丸，渴饮铜汁。”——受无间地狱之苦；

“头上堆苔藓，耳中生薜萝。鬓边少发多青草，颔下无须有绿莎。眉间土，鼻凹泥，十分狼狈；指头粗，手掌厚，尘垢余多。”——千万亿劫，求出无期。

二、孙悟空“做”得如何？

1. 水帘洞前，自告奋勇，瞑目蹲身，跳将进去，为群猴找到了一处遮风挡雨的“福地洞天”——自此“时来大运通”；

2. 向须菩提拜师学道时，先是耐得住七年的辛苦和寂寞，后是听得出师父讲课的“妙音处”，猜得破师父盘中之谜——能做到时时守息，昼夜殷勤；

3. 回到花果山，先是“逐家习武兴师”，后是“行乐千山，广交贤友”——井然有序；

4. 弼马温任上，“昼夜不睡，滋养马匹。”——以上为“做得好”；

5. 西游途中，一路上炼魔降怪，隐恶扬善——做得更好。

三、孙悟空是如何“想”的？

1. 在水帘洞，“独自为王，不胜欢乐”时，他想到了：“今日虽不归人王法律，不惧禽兽威服，将来年老血衰，暗中有阎王老子管着，一旦身亡，可不枉生世界之中，不得久注天人之内。”——忧患意识；

2. 花果山为王操练时，想到：“我等在此，恐作耍成真，或惊动人王，或有禽王、兽王认此犯头，说我们操兵造反，兴师来相杀，……如今

奈何?”——居安思危;

3. 太白金星来招安时，他“正思量要上天走走。”——走上步，想着下步的发展;

4. 酒后误撞进了太老君的炼丹房，他想起：“自了道以来，识破了内外相同之理，也要炼些金丹济人。”——济世的情怀;

5. 当如来佛来止住刀戈问话时，他口口声声说：“强者为尊该让我，英雄只此敢争先。”——一念迷时下了地狱;

6. 当观世音菩萨途经五行山下，孙悟空求菩萨救他一救时说：“菩萨，我知悔了。”——一念悟时出离苦海。

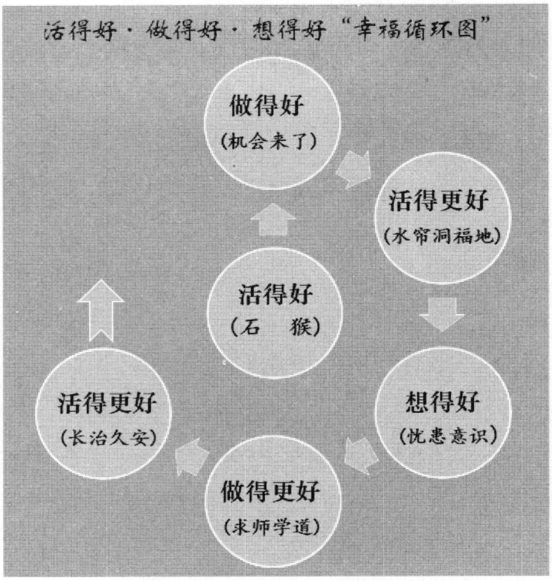

上述只是摘取了一些片段，相信大家对照原著还能举出更多的好段落来。这些只能做一个参考，参照一下每个人的现实生活，是否也能列举出自己生活中“活得好”、“做得好”、“想得好”这样“三好”的幸运呢?能不能以此作为日常生活中的一项主要内容，经常总结自我、记录自我、认识自我，并时时调整自我，升华自我呢?可以说，每个人生的“三好”记录，一定不是直线，而是象美妙曲谱的曲线——这是一条富有幸福感的曲线。接下来，我们的“曲线”还在延续。

联系到现实生活，我们如何才能“活得好”、“做得好”、“想得好”呢?我想用三个小标题来讲讲个人的体会：

1. 活得好——“宠”与“辱”;

2. 做得好——“做”与“作”；

3. 想得好——“信念”与“信条”。

活得好——“宠”与“辱”

“活得好”的外壳是物质生活的享受，内核呢？活得有尊严。那么，如何衡量尊严呢？老祖先们常用“宠”与“辱”来描述人生的平衡。换句话说，活得有尊严是一种内在的幸福感，这种幸福感其实又是一种平衡感。如何理解这种平衡呢？老祖先们有三种描述：

《老子·十三章》曰：“宠辱若惊，贵大患若身。何谓宠辱若惊？宠为下，得之若惊，失之若惊，是谓宠辱若惊。”

《新唐书·卢承庆传》云：“宠辱不惊，考中上。”

范仲淹《岳阳楼记》曰：“登斯楼也，则有心旷神怡，宠辱皆忘，把酒临风，其喜洋洋者矣。”

常人受宠则喜，大喜过望，即“受宠若惊”；受辱则忧，忧伤过度，即“受辱若惊”。就像杂技演员踩滚筒滑板，“受宠若惊”与“受辱若惊”，都是向某一边倾斜，难以把握平衡，所以胆颤心惊。叫做“宠辱若惊”。

常人受宠则喜，喜则不过；受辱则忧，忧也不过。不向两边过度倾斜，始终保持平衡，所以不惊、不怖、不畏，叫做“宠辱不惊”。

还有一种人，站在滚筒滑板上，左右晃动而不失衡，“从心所欲而不逾矩”。因为他早已超然于物外，“不以物喜，不以己悲”，“先天下之忧而忧，后天下之乐而乐”。在他的人生中，宠与辱早已达到了完美的统一，达到了和谐和平衡。这叫“宠辱皆（xié）忘。”

现实生活中，人们几乎天天都在与“宠”、“辱”打交道，人生旅途中，处处都是“宠”与“辱”在失衡与平衡中协调、把控。

一次，我乘坐国航班机，从《中国民航》期刊中读到一则周恩来总理的故事：周总理乘坐飞机，每次到达目的地机场，离舱之前都要去驾驶舱，向驾驶员们表示感谢和问候。驾驶员和乘务员们一见到和蔼可亲的周总理，一个个受宠若惊，激动不已……读到这里，我天真地想：等会儿下机之前，我也应该去前舱表示一声感谢。我又突然意识到，这是一种幼稚可笑的冲动。假如我真的这样做，人家一定会认为我是神经病，甚至会把我赶出舱门，这样，不是他们受宠若惊，而是我自取其辱了。这一宠、一辱，为什么截然不同？前者，周总理放下身段，与普通百姓平等相待，伟大与平凡在“宠辱若惊”的一刹那间保持了平衡，伟大提升了平凡，平凡衬托了伟大；而后者呢？我与乘务员们同为普通百姓，没有落差，相反则失去了平衡——无宠即辱，非彼“若宠”，即此“取辱”。这是一种奇怪的逻辑，但又是回避不了的现实。

孙悟空人生中的宠与辱、得与失也是显而易见的，前文重复得太多，这里不再赘述。但从中可以看出：人是活在“宠”与“辱”的失衡与平衡之间。“活得好”的幸福感，其实是一种“宠”与“辱”的平衡感。就像一个踩滚筒滑板的杂技演员，开始练习时，宠辱若惊；熟练了，则宠辱不惊；等到炉火纯青，上升到一种境界时，则宠辱皆忘。这既是杂技表演，又是游戏人生。

“做得好”——“作”与“做”

十几年前，我曾与几位北大的年轻人讨论过“做”与“作”。近几年，又曾先后在清华大学和北京和勤公司作过专题演讲。有人认为，现在的蓝领阶层属于做工者，白领阶层属于工作者。当然这会引起激烈的争论，有人会反对这种简单的划分。那么，“做”与“作”，“做工”与“工作”，到底区别在哪里呢？其实，“做”与“作”，表象上是两种不同的状态，但从本质上分析，则是两种不同的心态。

从表象上分，“做”，是一种简单的模仿和复制——“故”也，属于一种技术含量不高的体力劳动，更谈不上创造和创新，为社会提供的效益（单位效益）也是极其有限的；而“作”呢？则是一种复杂的脑力劳动——甲骨文“作”写作 ，本义为“起”的意思。也就是说，工作，属于一种智力劳动，靠的是创造性的发挥，而不是简单地复制。这样的劳动，必然能创造出数以十倍、百倍、千倍、万倍的经济效益和社会效益。

其实，这种对于“做”与“作”的认识，仍然是表面的，感性的，初级的。如果究其“做”与“作”的本质特征，又是怎样的情形呢？

现代年轻一代就业、上班，普遍感受到的是工作累、压力大。天天坐在电脑前，手握鼠标。不知道是人在操纵鼠标，还是程式化、格式化的软件在操纵人？显然，这是两种截然不同的工作状态，同时也反应了两种截然不同的心态。尽管都是脑力劳动，但并不能简单地划分谁在“做工”，谁在“工作”。

如果把每个“做工”者或“工作”者都比喻成一只轮胎，那么，工作（做工）状态就好比接受地面摩擦的外胎；而工作（做工）的心理态势，则好比承受重量的内胎。换句话说，承受重量的不仅仅是轮胎本身，而是内胎中的气体，气泄了，胎瘪了，支撑的力量没有了，即使没有载重负荷，也无法滚动、奔驰。可见，“做”与“作”、“做工”者与“工作”者，都是心态决定状态，有什么样的心态才有什么样的状态。

那么，工作（做工）的心态又有哪些区别呢？其实很简单：积极者必然主动，主动者必然敬业，敬业者必然充满热情，充满热情者，就像充足了气的轮胎；反之，消极者必然被动，被动者谈不上敬业，没有敬业的精神，便燃不起工作（做工）的热情，没有热情的人，就像一只气不足的轮胎。这样的态势，既会感到承受地面摩擦的疲累，又会感到承受负荷的压力，整天萎靡不振，甚至怨天尤人，牢骚太盛，心火过旺。正气不足，邪气乘虚而入，这叫虚火上头，既伤身体，又容易伤害他人。其实，疲累就体现在这些方面，压力也体现在这些方面，并非工作本身。

近几十年来，社会上常常流传一句话：苦不苦，想想红军长征两万五；累不累，比比革命的老前辈。今天的少年、青年一代，也能从电视中感受到：战壕里，已经疲劳至极、饥渴至极的战士，瘫软在掩体里，犹如一只泄了气的破轮胎，再也别指望他们能站立起来了。然而，只要枪炮声一响，指挥员一声号令，他们又一个个腾地一声跃起，再战斗、再冲锋、再拼搏，勇猛无比。这种力量是从哪里来的？这是一种精神，一种信念，一种斗志——这就是轮胎里的气力，这种气力顶起了“千斤顶”、“万斤顶”。

当代青年的精神和信念建立在什么之上？是建立在知识之上？还是建立在认识之上？几十年来的教育，是应试教育，说白了，其实是简单的，甚至是流水线复制式的知识教育，学校成了灌输知识的工厂，教材成了灌输知识的机器，教师成了灌输知识的工人，考试成了知识的破碎机（把知识的整体 1 分、2 分地破碎）。试问：这样的教育体系教育出来的青年，精神与信念从何建立？建立在知识上？知识早已被破碎。因为知识离开了产生知识的文化背景就会枯萎，知识离开了认识过程就会散架。如果说“知识”像一个个熟透的瓜，那么，滋养它的，则是“认识”这棵常青的藤蔓。

说到这里，又要考问什么是认识了。不要问了，“什么”、“是什么”问多了，就会被卷进知识的旋涡，晕头转向，连自己都不认识。苏格拉底在雅典的街头演讲时，面对一大群质疑者，只好大声地疾呼：“认识你自己吧！”认识自己，其实就是以自己为主体，主观能动性地去观察、认识外部的客观世界。每一个主体都是“做工”者，或“工作”者。照着已知的知识，简单地摹仿、复制，就是“做”；以已知的知识为依据，体验知识的原创形态、原创过程，享受这一认识的全过程，由知其然，到知其所以然；又由知其所以然，到知其然。这就是由“做”到“作”，又由“作”到“做”。这种，“做”与“作”原本不二（禅宗有“不二法门”），做工者也是工作者，工作者也是做工者。如何达到“做”与“作”不二的呢？我们这个主体在实践（做）中去认识（作），又在认识（作）中去实践（做）。于是，每个上班族，每个“做”与“作”的主体，都是认识的主体。凡是自我认识到的，必然表现积极，这种自我认识到的积极，必然主动，这种主动，必然敬业，这种敬业，必然热情洋溢——这就像充足了气的轮胎，奔驰向前，而不会疲累，没有压力感，只有成就感和幸福感。

这种幸福的感受中，蕴含着一种精神，一种信念。什么精神？什么信念？不是他人强加的，不是复制的，不是灌输的，不是被动接受的，而是自己在实践中主动认识的，是自我形成的，是独立自主的。同时，又是与时代、与民族、与人民大众，乃至与日月运行的天道、地道是合一的，完全吻合的，相应的。每个独立的人格，在“做”与“作”中成长、成熟，乃至炉火纯青——十三亿中国人，十三亿只充足了气的轮胎，共同承载着民族和时代的列车，永远向前。五千年的辉煌和文明，有你的一份，也有我的一份。因为你我都是做工者和工作者——其乐无穷，幸福无比！

想得好——“信念”与“信条”

这里，仍然沿用上文的轮胎来比喻。如果把“活得好”比作乘车的人，又舒适，又快速，多么的惬意；如果把“做得好”比作车轮滚滚向前，超越一重重障碍，追赶一个个目标，多么的神奇；如果把“想得好”比作轮胎里的气，那是一种什么样的“力”？“力”与“气”是怎样的态势？如果把这种态势比作“想”，比作人的思维，那又是一种怎样的情形？如果把这种思维，看作是一种信仰，那么，思维力所依托的是信念，还是信条？

多么有趣的比喻和想像，又要回到严肃的讨论上来。信仰是一种精神，无论是政治信仰，还是宗教信仰，都是一种精神信仰。但是，信仰者并非个个都是绝对纯正的正信，也不能保证个个都是绝对忠实的信徒。应该说，正信者心中必然有正确的信念，反之，心中只有条文，只会背书。

先以宗教信仰为例。假如一位佛教弟子手捧一尊菩萨像，在坑洼不平的山道上行走。突然身后响起摩托车的喇叭声，或自行车铃声。这位弟子是立即让道，还是坚持占居中间的道？此时让与不让，全在一念之间。有两种念头：一者犹如听到菩萨在耳边说："好路让给众生走。"因为菩萨的慈悲本怀是普度众生，信仰者以菩萨的慈悲为慈悲，以菩萨的本怀为本怀，以菩萨的心念为正念，这就是信念——以众生为念，念念有众生；另一种想法呢？对菩萨无比的虔诚和恭敬，认为菩萨只能走中间的正道，否则就是不恭敬。这种心态便是一种迷信，一种信条。正确的信念（正信），恭敬众生就是恭敬菩萨；迷信的信条，菩萨为尊，众生为卑，有尊与卑的分别心。该例并不是假设，而是我曾经的体验，当时，我真的像有了"天耳通"，似乎菩萨在悄悄地提醒我。其实，这种"天耳通"是一种正确的信念。有正确的信念就能得智慧，有智慧就能得六种神智通（前文已有表述）。

再以政治信仰为例。共产党人的信念是"为人民服务"，是"权为民所用、情为民所系、利为民所谋"，这是一种全心全意为人民服务的宗旨。党和国家的各项方针、政策的制订都是"以人为本"，都是从最广大人民的根本利益出发。各级政府的具体执行上，同样要贯彻、落实这一基本原则。心里想着人民的疾苦、人民的困难、人民的利益和要求，一切从人民出发。无论做什么事，怎么做，首先问问人民答应不答应，人民满意不满意，人民高兴不高兴。党中央决策层这样的表述方式，本身就是人民的语言，听起来亲切、易懂。这才是一个共产党人和执政党的正确信念。忠于人民就是忠于党，忠于党就要忠于人民。反之，则是信条，背政策条文，整天围绕完成 GDP 转。所以，就出现了诸如形象工程、面子工程之类的荒唐事；上有政策，下有对策，成了一些地方官员的计策……显然，这样的人，心中除了一个自私自利的可怜"小我"，连最基本的信条都没有。这种人的物质生活幸福吗？外表看，像似幸福。要问他们的内心，惶恐之极，空虚之极，那里还有一点踏实感？那里还有一点人格的尊严？财富不是贪来的，幸福不是白来的。几乎所有的正确信念都认可一条——劳动最光荣——这是马克思在《资本论》中论述价值增值的基本观点。

每个人的自由发展与一切人的自由发展
——新世纪“幸福王宣言”

孙悟空的自由发展

《共产党宣言》中有这样一段论述：“代替那……旧社会的，将是这样一个联合体，在那里，每个人的自由发展是一切人自由发展的条件。”马克思曾经说过，人类最初的土地（生产资料）为氏族、部落共同占有。那种社会形态，正是一种“每个人的自由发展为一切人自由发展不断创造条件”的联合体，实际也是生产资料的联合占有体制。换句话说，就是社会发展推动了社会的变革——即生产关系的革命，社会的变革又反过来推动了社会的发展（生产力的发展）。中国的改革开放正是在这种模式中发展的。

中国改革开放伊始，邓小平提出：允许一部分人先富裕起来，说白了，就是马克思说的，一部分人先自由发展。没有自由发展，就没有富裕。改革开放的目的，一是鼓励每个人自由发展，当大多数人思想还没解放，或条件不具备时，一部分人先自由发展，进而带动一部分地区（特区、沿海）先自由发展。二是中央集权，宏观控制，努力引导一切人、一切地区都在自由发展，共同富裕。由于生产资料掌握在国家手里，又有中央集权，所以能牢牢把握“每个人自由发展”和“一切人自由发展”的步调和节奏。同时，又能充分发挥万众一心、众志成城的社会合力、凝聚力。所以，中国人做到了：一方有难，八方支援！一方有喜，全国共庆！同时又做到了：建国之初，农民为发展国家工业先做出牺牲和奉献；工业发展了，逐步反哺农业。当初，工人优先发展，是为了发展工业；今日，农民得实惠，是为了协调发展、持续发展、和谐发展、科学发展。

中国人的“五行”思维

近现代以来的多场战争，其爆发的原因都是为了争夺地下的资源（生产资料）。与此同时，一些发展中国家及不发达国家，又何尝不在为了这些地下资源而发愁呢？各国的外交政策、国内经济的宏观调控，都是因为地下资源的争夺而产生了多层矛盾：一是掠夺与被掠夺，侵略与反侵略；二是环境保护与环境破坏和污染；三是能源节约与能源浪费。我每天阅读《人民日报》、《光明日报》、《参考消息》，收看电视新闻、评论，再联系到现实生活和农村生活的经历，我在思考这样一个问题：难道解决这些矛盾的方法，只有战争，只有恶性的竞争吗？难道经济全球化就是“有赢家，必有输家”的牌局吗？难道不能寻找到一种“有赢家，没有输家”的新思维、新模式、新途径吗？我想冒昧谈谈个人的想法：

这个想法要从中国的“五行”思维谈起。人类进入文明社会以后，东西方都在探索宇宙物质的起源。希腊的亚里士多德总结前人的理论，提出了“土、气、水、火”四大元素；印度先哲们则认为宇宙物质是由“地、火、水、风”四大组成的。正文中分析过，这二者其实很相近。气与风、地与土都是一回事。

再看看中国的“五行”：金、木、水、火、土。这里没有气（风），多了“金”与“木”。显然，金与木是以土为本，土下资源是“金”（矿物质）；地上资源是木（植物）。又可见，中国的“五行”是以人为本，“金”和“木”都是人类生存必不可少的资源。

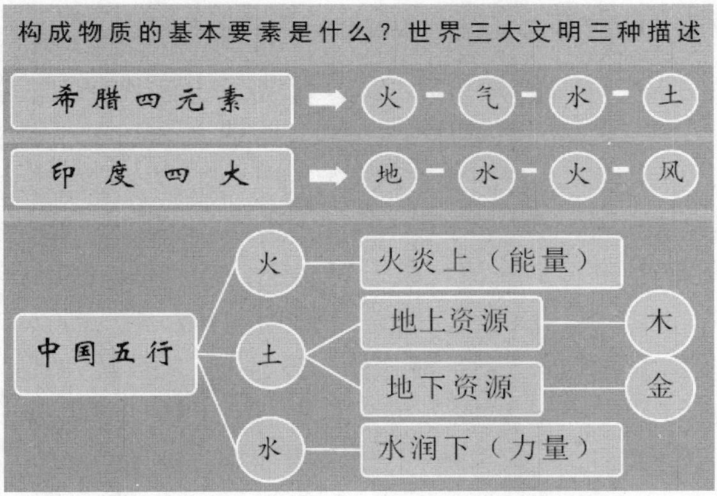

我们再来分析一下这两种资源的特点：其一，再生的周期有长有短，地下的“金”资源，再生周期长达几万年，乃至几亿、几十亿年；而地上的“木”资源，再生周期最长百年、十年、几年，大多数则是一年、几个月；其二，再生空间有大有小。地下的“金”资源全赖于地球有限的地层蕴藏，相较于人类越来越膨胀的消费需求，这种蕴藏量极其有限；地上“木”资源则是充分利用太阳能和大气层的空气，自由自主地进行光合作用，空间无限之大；其三，地下“金”资源（如煤炭、石油），从

开采、炼制加工，到利用，都会产生对环境破坏和污染的负作用，这种负作用越来越凸现，成本也越来越高，越来越阻碍人类的发展；而地上的“木”资源，从栽培、收获，到利用，除了人为的农药和化肥以外，其它自然生长形态，几乎都是正面影响——净化——净化空气、净化水质、净化土质，乃至净化社会、净化人心。这些都是显而易见的。

那么，地上“木”资源的发展能不能替代地下“金”资源呢？如何替代？比如风力发电、水力发电和太阳能利用，逐渐替代依赖煤炭的火力发电，这也是显而易见的，这里不想多说。我想说说建筑材料中的钢筋水泥，能不能回归于以木材结构为主的传统呢？比如改革开放以来三十多年的植树造林，林木的计划采伐也可以进入计划期了，不但是建筑的需要，而且也是造林者经济效益的要求。植树造林，一是为了保护环境，保持水土，同时也可以根据计划采伐而产生经济效益，以林养林。这样，既可以减少大量为造水泥而引起的山体破坏，空气污染，同时也可以减少地下铁矿的开采和竞争。

油桐与油漆的开发

再回顾一下中国古代 GDP 的结构。有经济学家考证到：中国在鸦片战争前 20 年（1820 年）的 GDP，比西欧 GDP 总和还多（包括他们的殖民地在内）。有人要问：那时中国没有工业，国民生产总值靠的是哪些产出呢？当然是农产品。从《尚书·禹贡》中可以看出，夏、商、周三代时期，中国盛产蚕丝、油漆、桐、铅、松、盐、珠、鱼、纤、缟、瑶、琨、筱、革、羽、贝、桔柚、锡贡，羽毛、榦、栝、柏、砺、砥（如砚）、砮、丹、楛、大龟，纩、絺，铁、银、镂，熊、罴、狐、狸、织皮，球、琳、琅玕，粟、米、秸服等等。其中，地上的“木”类资源所占比例最大。

这里仅以桐、漆为例。桐，可以榨炼桐油，常与漆配用，称为油桐和油漆。古代建筑、家俱、农具、弓箭、车子、舟船等，都需要桐油，或桐油配制的油漆作为涂料。这种涂料，既可以防虫蛀，防雨水侵蚀，坚固耐用，同时，散发的气体于人体无害，对空气没有污染。而今日普遍使用的涂料，包括印刷油墨，都散发一种对人体有害的气体，对空气的污染甚至是长期的。人们居住在这种环境中，等于在长期吸毒。阅读散发这种油墨味的读物（特别是报纸和盗版书），同样是在接受异样气体的刺激（一是对眼球的刺激，一是对皮肤，乃至内部器官的刺激）。即使电子读物，同样有辐射类的刺激，其危害甚至更可怕。如果开发油桐、油漆类的涂料和油墨，既可以保护环境、净化空气，有益于人体健康，同时，又可以充分利用地上的“木”类资源，增加农业产值。近几年来，我一直在关注这一问题，并在甘肃、安徽、广东等地做过随机调查。前年回家乡时，曾与县工商局、财政局领导交流过这方面意见，他们很感兴趣。

诸如油桐、油漆的广泛应用的产品开发，只是其中一例，广大的中国农村，象这样的产品开发，处处都有，取之不尽，用之不竭，遍地是宝。其主要材料，主要源于太阳能和空气，而极少一部分源于地下。如一棵大树伐倒干燥或烧成灰烬后，其体积、重量只是原来的十分之一左右，而其百分之九十左右的物质，则蒸发回归到了空气当中，这就是人们常说的“物质不灭定律”，那里来还到那里去。

这类地上“木”资源的开发利用，不仅可以满足国内需求，而且可以满足国际市场的需求。这种供求有三个优势：一是品牌、技术、价格及贸易规则的制订，都处于贸易的高端。而近三十年来的服装、玩具等出口产品，不但处于贸易的中、低端，而且也会影响他国的就业，所以，经常引发他国的反倾销等等方面的抵触和矛盾，而且中国长期处于国际贸易的中、低端，很难取得话语权，很被动。试想：如果今后的出口产品，全部是这种独一无二的高附加值的农产品，不难想像，中国人在国际商贸界，一定会获得应有的话语权和主导权。这样，农村既是一个全方位开放的“光合作用”工厂，同时又是一个就业、生产、消费的特殊空间。广阔的农村、广阔的市场，独一无二的产品，具有环保意义的高科技品牌。现有的涂料（油墨）加工厂也不需要破产，而是转型，生产各种具有现代科技含量的传统产品、农产品。

这样，大批大学生可以到农村这个广阔的天地里自由发展，既为自己创造幸福的生活，又为中国的农村、城市，乃至全世界创造环保、和谐、自由发展的幸福空间。人人都享受幸福，人人都是幸福王。用《易经》的话说，叫“见群龙无首，吉。”用《大学》的话说，叫“天下平”，用《西游记》中的话说，曰：“山大的福缘，海深的善庆”。用《共产党宣言》中的话说，曰：“全世界无产者，联合起来！”今日，联合起来，是不是进行暴力革命，搞阶级斗争？显然不是！而是自由发展，共同创造幸福。共同享受幸福！这样，天上蟠桃会的仙桃和琼浆玉液，就可以进入平常百姓家了。当年孙悟空“齐天大圣”也能美梦成真，人人都能洪福齐天，智慧至圣、科技至圣（而不是军事至胜）！这种美好的社会一定能实现，但不是一夜暴富式的实现，不是一个筋斗云十万八千里的“云路”上实现，而是天下百姓“昼夜殷勤”，脚踏实地，一步一个脚印地从“本路”上实现——科学发展，和谐发展。

常道·常德·常态——幸福生活常态化

人们的日常生活离不开道德的规范，比如孙悟空“昼夜殷勤”中的“昼夜”，就是天之常道，“殷勤”就是人之常道。但要做到日也殷勤，夜也殷勤，并且持之以恒，那么，古人所说的五常——仁、义、礼、智、信，也就常态化了。幸福指数标准各异，只有幸福的常态化，才能形成幸福的社会化、大众化，才能形成具有中国特色的幸福文化。

常　道

所谓“常道”，显然是从《老子》中引用来的。《老子》开篇说：“道可道，非常道。”这一句里包含了两个东西：一是常道，一是非常道。客观来说，应该是先有常道，然后才有与常道相对应的非常道。正文《卷一·第八章》中讲过客观世界的常道和非常道，这里再简单复述一遍。

所谓“道”，原创的本义是道路，即指人行走的道，以后又引申到天上日月运行的轨道。《易经·系辞传》曰：“日月运行，一寒一暑。乾道成男，坤道成女。”原来，远祖先民也是根据日月运行、地球运行轨道的日常现象中认识自然现象的。他们认为，一年中的寒暑往来，一天中的昼夜交替，都是日月运行而形成的。日来为阳，日往为阴。作《易》者，以乾卦☰代表阳，以坤卦☷代表阴；又称男为阳，女为阴。乃至白昼为阳，黑夜为阴；暑热为阳，寒冷为阴。由此又抽象出：动为阳，静为阴；刚为阳，柔为阴……这就是远祖先民关于“道”的原创思维形态。原来，“道”字的本义和诸多引申义是这样形成的。

那么，何谓“常道”和“非常道”呢？这个定义不要从主观上去寻找标准答案，还是从原创时的形态上去寻找远祖先民的思维轨迹——古人是怎么想出来的？古人想问题，与我们今天想问题一样，首先是从观察中去思考，观察的对象当然是与人们的日常生活息息相关的。什么东西与人们的生活关系最密切呢？自然是每天的“日出”和“日入”，古人称之为“天之道”。人们根据这一“天之道（自然规律）”，逐渐形成了自己的作息时间表：“日出而作，日入而息。”古人称之为“人之道”，也就是人们日常生活的规律（规律即道）。因为是日常规律，所以称之为常道。反之，便是非常之道。

譬如，《随》卦的“象辞”曰：“君子以向晦入宴息。”意思是，生活有规律的人，每天太阳落山后（向晦）便回家休息（入宴息）。这就是遵守常道的人，故称为君子。反之，如果有人违背了这一日常规律，每天“向明而入宴息”——天亮了才休息，这就违背了日常作息的规律，也就是违背了“常道”，就不能称为“君子”了。今日，有上晚班的，有搞创作“开夜车”的，有加夜班的，他们算不算君子呢？客观来说，他们算不得常规君子，但算得上非常规君子——因为他们虽然违背了日常的作息规律，但他们并没有违背道义上的规律，应该说，他们是超越常规、超越常道的君子。

回过头来说，又有两种情况属于非正常、非常规：一是身体、生理失去了某种平衡，昼夜颠倒，如婴儿的“吵百日”，大人的失眠症，这是一种病态，病人没有“君子”与“小人”之分。还有一种人，白天睡觉，晚上利用黑夜干不正当的勾当，危害他人，危害社会，这种人应该说是歹人、坏人，甚至会成为罪人。

哪种人是与“君子”相对的“小人”呢？指那种本来可以按正常人那样“日出而作，日入而息”，但是由于贪睡、懈怠，不能约束自己，放任自流，违逆了日常作息规律，胡乱混日子的人，这种人就称不上君子，而是小人。因为这种人不是积极向上的人生，办不成大事，最终只能是消极、渐渐堕落的人生。积极向上的人生为“上三道”，消极堕落的人生必然堕入“下三道”。这里所说的“上三道”，并非指人道、阿修罗道和“天道”，而是指人生的进步、成功、成就、美好的前程；同样，这里所说的“下三道”，也不是指畜生、饿鬼和地狱，而是指堕落、失落、失败，一事无成，可悲可耻，乃至犯罪。这里之所以强调这一点，是因为《易经》原文中“君子”一词警示了我们。如何警示的呢？看原文：

《象》曰：“泽中有雷，随；君子以向晦入宴息。”（《随》卦）

所谓“随”，是指随意、随便，随顺、随和……这些原本无可褒贬，问题是“随”过了头，便会随入下三道。“随”与“堕”二字相近，也就是说，“随”有两面：一是随“天之道”，遵守日常作息规律，包括客观世界的所有规律，这种人生自然是积极向上的人生，处处随和，事事随顺；反之，则是随入了“下三道”，把握不住日常作息规律，也就扰乱了所有客观规律，所以只会是消极堕落的人生。

近日有两位年轻人来家里作客，谈起这一卦中的“随时之义大矣哉”一句，他们侃侃而谈，把“随时”与“随意”作对比。他们认为：随时，是顺应自然，与时俱进，遵循客观规律；随意，则是随自己的主观意识，处事为人、工作学习都带着情绪，好意气用事、感情用事、患得患失。工作上随意，想怎么干就怎么干。特别是花钱随意，见好（hǎo）就好（hào）。再对比《西游记》中的孙悟空，前半生中就是这种随意性，所以遭遇了许多的不幸；后半生，“尽殷勤保护取经人”，一路上都是“随时”，所以能功成行满。

“泽中有雷”，这是“随卦”的卦象䷐。泽为兑卦☱之象，卦德为喜悦的悦。悦，表现于内为“乐” （yuè），有韵有律的音乐；表现于外为“乐”（lè）。《礼记·乐记》曰：“乐（yuè）胜则流”，内心喜悦一过便会溢（流）于言表，表现为快乐、欢乐。乐（lè）胜呢？那快乐、欢乐一过呢？便是纵乐，穷奢极乐，就会乐极生悲。这里所说的“流”、“纵”、“生悲”，都是“随”得太过而变成了“堕”。所以，“泽中有雷”，雷是警示。八卦中，象征雷的卦为震卦☳。震卦《象》曰：“君子以恐惧修省。”“以恐惧”，就是畏惧。由于畏惧而“修省”，自警、自律、自省，“吾日三省吾身”，反躬自省（修）。句前又是“君子”一词，为什么强调“君子”？因为“以恐惧修省”，只有君子能够做到。确切些说，能做到“以恐惧修省”的人才是君子。

那么，以什么作为“修省”的依据呢？就是每天“日出”、“日入”的天之道，“日出而作，日入而息”的人之道，简称为常道，又可名为日常生活中的作息规律，处事为人的游戏规则。在《易经·系辞传》中，孔子用一句精辟的话进行了高度概括：“一阴一阳之谓道。”从具象上说，即大道两旁，一边阴一边阳。这是日影移动的形态：上午和下午不一样，日出和日入时不一样，冬天与夏天又不一样——因为日影移动而生出这些变化。变者，易也。移者，易也。易者，移也。这叫变易之道；这种变易又有一定的规律。日影移动的规律：天天如此，年年如此，一万年、一亿年如此，东方和西方也是如此，这叫不易之道；但是，无论变也好，不变也好，无非一阴一阳而已，这叫简易之道。也就是说，从日月运行的“常道”中，又可以抽象、引申出“变易”、“不易”和“简易”这种“三易之道”。这原本是天之道，是天规、天则。人们又依据这种“天道”，把握日常生活和处世为人之道。如何把握呢？2007 年，应中央电视台“大家栏目”组之邀，为东莞移动作了一次演讲，主题就是讲《易经》的

"三易之道"，这里不妨复述一遍：

根据"日月运行"的"变易之道"把握日常处事，就会做到举轻若重。何谓举轻若重？日影移动，本来日日常见，却被忽视，视而不见，很少有人去关注日影的移动。懂得"变易之道"的人则不会忽视，他会从这种微妙的变化中看到日影移动的结果和规律，从微观中推理到宏观，由自然现象推理到社会关系，推理到处世为人，推理到工作、学习，乃至推理到健身、养生等等。这叫见微知著——也就是人们常说的"知道"，又叫举轻若重——这是行（落实到行动上），合称为知行——知行合一。知道了，明白了，就要付诸行动，知行合一才为得道，而不仅仅是知道。

由于把握了微观的"变易之道"（事物都是在悄悄地变化，从细微处发生的），于是便把握住了宏观的"不易之道"（不变的规律）——掌握了规律，便心中不慌，阵脚不乱，便能包揽大局，稳操胜券，这叫举重若轻。譬如福建著名的慈善企业家曹德旺，2007 年便预测到国际上经济形势变化的迹象，并在"董事长寄语"《一叶知秋》一文中做出了前瞻性预测，于是提前调整了公司的生产和经营。所以，2008 年，当美国华尔街金融危机波及全球时，许多企业阵脚大乱，经营失策，效益下滑。而此时，曹德旺的福耀玻璃工业集团股份有限公司的出口，不但没有减少，反而增长了。这就是先知、先觉，把握了先机，结果捷足先登，步步领先。他为什么能做到这一点呢？由于他把握了市场上时时都在变易的苗头和迹象，事前做到了"举轻若重"，所以，当细微的变化酿成了后果时，便能举重若轻，从容淡定。

那么，他又是如何做到"举重若轻"的呢？其实又是从简易处入手。他并没有把问题复杂化，而是看得很清楚：无非一阴一阳，一动一静；处理的方法：无非一刚一柔。《系辞传》开篇说："动静有常，刚柔断矣。"一个"常"字，是"作易者"观察事物的认识论——把万事万物的变化看作一个"常"——日常、平常、经常，所以也就有一颗平常心，以平常的心态处事，大事、小事都放在一个"常"的平台上来观察和分析；再则，一个"断"字，又是"作易者"处理日常事务的方法论——把大事、小事都放在一刚一柔，或刚或柔，或刚中带柔，或柔中带刚上来决断。刚，包括果断、快速、强硬等；柔，包括缓慢、低调、示弱等。

也许有人会说：你这样说，我还是搞不明白。如何才能明白呢？这不是高深的知识，而是处世为人的基本常识。如果没有人情味，没有情感，没有社会的责任心，我也搞不明白。我可以告诉你们：我之所以被曹先生感动了，这种感动是同一份责任心的同感——没有同感，也就无所谓感动。没有同感，不是同志，怎么能被感动呢？感动了，也就明白了。

我所明白的，是曹先生的大刚和大柔。他的大刚是什么？用他自己的话说："我们做每件事，都要经得起时间和历史的考验。""人贵在站正坐直，你遵纪守法，拥护、支持政府，你没有偷税漏税，没有走私，你怕什么？""办厂二十多年来，我没有向任何官员和银行送过一盒月饼。以人格做事。"当美国商务部对他的玻璃出口在美国市场上进行反倾销调查时，他敢于与美国官方打官司，而且赢了官司，交了朋友。美国商务部部长来中国时，点名请曹先生出席他的宴会，与他在宴席上"一笑泯恩仇"。他为什么敢于打这场官司？因为他严格遵守了国际贸易规则，一是合法贸易，二是质量过硬，所以他有底气。他的大刚还表现在生活方式的张扬上。他建了一处豪宅，有人去他家参观，他亲自介绍。记者问他：别人都不敢露富，你为什么不回避？不低调一点？他笑着说：我做经营，一不偷税，二不搞假冒伪劣，三不欠人款项，我为什么要怕？

曹先生这种大刚缘于他的大柔。他的大柔归结为"三不"：不偷税漏税，不玩假，不违法违规。他坚守法规和道德这两条底线，不敢越轨，这是他的大柔。所以，其他任何事他都敢作敢为，这是他的大刚。一句话，他的大柔就是严格遵守客观规律，遵守社会的法规法则。这一点做得好，所以他心里坦荡荡，想怎么做就怎么做，而且怎么做怎么对，怎么做怎么成。虽然未到古稀之年，但是他早就做到了"从心所欲，而不逾矩"，因为他早就"知天命"了。天命，即天之道。天道，即常道。

《易经》本是人为的符号、文字，所以，人在易中，易在人中。把《易经》当成占卜的工具，即易是易、人是人，人与易都不在道中，更不在常中，这种人生活、工作、处世为人都会出现异常、反常。可见，学《易》不是为了占卜，而是遵守日常之道——"日出而作，日入而息"。我常说，同一个世界，同一样日出、日入——这是天之常道；同一个世界，同一样作息——这是人之常道。日常遵守之，时时处处都是常道。是《易》之常道？还是你之常道，我之常道？天人合一，时空合一，"《易》与天地准"——人人都与天地准，日日都与天地准，这便是人人共同守护的常道。守常道者，君子也。岂止是君子，甚至可以为贤、为圣！至功、至伟！曹德旺先生就做到了这一点，可以说，他所做到的完全可以和孙悟空一比高低。如果论境界，我认为，曹先生起码已是"非想非非想处天"境界。此时，他只要万缘放下，当下就是佛的境界。如果说孙悟空我们学不到，那么，曹德旺先生的精神和境界，应该是人人都可以学到、做到的。

常　德

《易经》中有天德、龙德、君德、神明之德、“元亨利贞”四德，还有厚德、盛德、道德、崇德、成德、至德等等。那么，什么是日常生活中的常德呢？

《说文解字》曰：“德，升也。”“升”字虽然不难理解，但是如何升？升的过程和结果又如何？这些都是不好理解的。我们不妨先从“德”字的原创形态中去体验。

德，从彳，悳声。彳，既有人行走之义，又有人行道的含义。德，甲骨文写作，原本为“直”字，象眼目瞄准前方的目标。《说文》：“直，正见也。”可见，“直”与“德”的原创形态是对古代射箭的描述。古人重视射箭，射艺为“六艺”之一。天子、诸侯考核官员，选贤任能，有射箭比赛，并制订了专项的礼仪，称为“射礼”。《礼记》中有《射礼》篇。人们日常狩猎，乃至自卫，都离不开射箭。可见，“射”是古人生活、生产中的常态。所以，“直”与“德”以“射”为原创形态也就不足为奇。

那么，“射”与“升”又有什么联系呢？射，是平行向前，而不是立体向上。“升”又如何解释呢？其实，平行向前（正见）只是一种射发的状态。而“升”，则是指射发的心态。譬如开始学射发，就像小孩子玩游戏，凭借的是兴趣，是一个感官上的刺激——好玩；渐渐地，技术提高了，由兴趣上升为热爱，热爱得离不开，并且掌握到了一定的要领、诀窍和技术；再往后，技术娴熟了，达到一种百步穿杨、百发百中的程度，此时的心理状态已经是一种境界了。这一过程正是一步步提高、逐渐进步的过程，也就是“升”的过程，这一过程称为“德”。因为，同一个世界，同一样日出、日入，所以，同一个世界，同一样的天道和人道。道相同，万事万物的“德”也相通，射发之德（理、义）也正是万事万物之德（理），而且是“百姓日用之中”，有“使民宜之”之功（德）。所以说，在“正见”中“升”，在“百姓日用”中“使民宜之”，便是常德。

上述所描述的德行，可以归纳为兴趣阶段→技艺阶段→一种境界。如果换一种表述方式，还可以归纳为感性认识的小聪明→理性认识的大聪明→悟性认识的智慧。

毛泽东在《实践论》中说："马克思主义认为：认识过程中两个阶段的特性，在低级阶段，认识表现为感性的；在高级阶段，认识表现为论理的，但任何阶段，都是统一的认识过程中的阶段。……我们的实践证明：感觉到了的东西，我们不能立刻理解它，只有理解了的东西才更深刻地感觉它。感觉只解决现象问题，理论才解决本质问题。"

譬如"相"字，以人的主观之"目"观察客观存在之"木"，进而产生了"相"——表象、形象，乃至留给脑子里的印象——这种"相"的获得，只是凭感觉器官之一的眼目，通过观察而感觉到的属于感性认识。儿童对外界的认识都是这种认识，虽然也称为聪明，但那只是小聪明。

当"相"与"心"发生关系时，便是"想"的认识阶段。比如对各种树木进行比较、归类，形成各种有关"木"的概念。实践中，又常常运用这些概念进行判断和推理，于是产生了关于"木"的理论。这种思想或者是一种想像，通过想像产生了艺术和文学；或者是一种抽象思维，通过抽象又产生了理论和学问。所以说，"想"的阶段即为理性认识阶段。一般成年人对事物的认识，不仅仅是通过目睹、耳闻、触摸和品尝，更多的则是通过大脑用心去想一想。这也是一种聪明，而且是大聪明。

中国传统的认识过程不仅仅有感性认识和理性认识两种阶段，还有更高一层的认识阶段，这就是悟性的智慧层面，也称为一种境界。前两种认识阶段，是从儿时的小聪明上升到成人后的大聪明，从感性认识的低级阶段，上升到理性认识的高级阶段。那么，悟性的智慧又是怎样形成的呢？根据我个人的实践体验，我认为：当理性绵绵不断、打成一片时，智慧就产生了。理性是一种心理活动——想，表现于外便是理智。日常生活中，我们有时很理智，有时又会失去理智。心情好的时候，在顺利的情况下，能保持理智；但在不顺利的情况下，往往容易情绪冲动或低落，失去理智，不能理性地面对客观现实，只凭主观上的自我意识和情感。这样，尽管日常中有80%以上的时候能保持理智，保持冷静，能理性地面对客观现实，但关键时候往往患得患失，聪明一世，糊涂一时，这种认识上的波动和起伏算不得智慧。所以说，智慧是理性认识打成一片，任何时候、任何场合都不会失言，不会失策，不会失算，也不会失态。孔子"五十而知天命，六十而耳顺"，是由理性阶段向悟性阶段升华的表现，"七十而从心所欲而不逾矩"，则算得上靠得住的"智慧"层面。所以，《说文解字》曰："老，考也。七十曰老。"老者的境界是经过长期思考和考验累积而来的。古人说，三人同行，必有我师。又有古谚说：以老者为师。今日

二、三十岁的年轻人也能称老师，也是“考”出来的。

上述两种表述，一是借“射发”的德行描述人的“德，升”的状态；一是借认识的阶段性阐述“德，升”的过程。毛主席又说：“理性认识依赖于感性认识，感性认识有待于发展到理性认识，这是辩证唯物的认识论。”当然，我们也可以说：悟性认识（智慧）依赖于理性认识，理性认识有待于发展到悟性的智慧层面。这同样是辩证唯物的认识论。这样说，人们的认识过程是不是机械的、教条的呢？由感性→理性→悟性，是不是一成不变的公式呢？我们不妨回顾一下孙悟空的认识成长过程：

瀑布飞泉前，机会来了，他“瞑目蹲身”，纵身一跃，既有胆，又有识——可以说这是他本能的悟性；

天天纵酒欢宴时，他居安思危，享乐中生起一种忧患意识——这又是他本能的理性；

须菩提为众弟子“讲一会道，说一会禅”，他听得“手之舞之，足之蹈之”，听出了师父的“妙音处”——这是他的悟性在起作用。仅凭聪明是听不出妙音的；

师兄们问他学得七十二般变化，“是那世的缘法？”他回答说：“一则是师父传授，二来也是我昼夜殷勤”——这是他的理性；

他在众师兄面前变化松树时，“拼搏精神，卖弄手段”——其实是在卖弄小聪明；

他喝了蟠桃会上的仙酒，吃了太上老君的仙丹后，“一时间丹满酒醒。又自己揣度道：‘不好！不好！这场祸，比天还大；若惊动玉帝，性命难存。走！走！走！不如下界为王去也！’”——酒醒之后恢复了一点点理智；

他大闹天宫，叫嚷着要打上灵宵宝殿，要夺玉帝的宝座——完全失去了理智；

如来佛来了，首先止住刀兵，叫住他问话，并且一劝、二激、三赌、四骂，他仍然执迷于“强者为尊”，“我有天大的本事”，听不进劝，也猜不破如来佛盘中（手掌心）之谜。更有甚者，他一个筋斗云十万八千里，明明没有跳出如来佛的手掌心，但死不服输，还要再跳一次——这就是“聪明一世，糊涂一时”，而且糊涂之极。此时的心态，已是一个猴精的心态，“不当人子”；

被压在五行山下五百年，后被唐僧救出，并收为徒弟时，他“赤淋淋跪下……拜了四拜，急起身……去收拾行李，扣背马匹。”——此时，理智又完全恢复了；

他见到那顶“嵌金花帽”（观世音菩萨送的“紧箍帽”）时，向师父讨要戴上——这又是他见物起心而迷了心窍；

他成为斗战胜佛了，头上的紧箍圈“自然去矣”——他已大彻大悟了。

至于西行途中，降妖除怪时的情形更是一段有趣的过程，这里不一一赘述。总之，孙悟空这些德行，正好应证了人们的认识过程，是在反反复复中升的，而不是直线上升的。有人会问：这种德行是《易经》的常德吗？要回答这个问题，可以从以下几个方面来看：

其一，八卦有卦德：

乾卦的卦德为健。如：“君子终日乾乾”，“天行健，君子以自强不息”。孙悟空“昼夜殷勤”，这是他的“乾乾”之德；

坤卦的卦德为顺，为藏。如：“万物资生，乃顺承天”，“柔顺利贞，君子攸行”，“先迷失道，后顺得常”，“地势坤，君子以厚德载物”，“坤以藏之”。孙悟空对唐僧的忠诚，“殷勤保护取经人”，这是他的坤厚之德；

震卦的卦德为动。如：“震，动也。”“雷以动之”，“动万物者，莫疾乎雷”；

巽卦的卦德为入，为桡（吹拂使木披拂）。如：“巽，入也”，“桡万物者，莫疾乎风”；

坎卦的卦德为润，为陷，因陷而引申为险。如：“坎，陷也”，“雨以润之”，“润万物者，莫润乎水”；

离卦的卦德为丽，为燥，为附（依附，附着）。如：“离，丽也”，“离也者，明也，万物之相见，南方之卦也”，“燥万物者，莫熯（热）乎火”；

艮卦的卦德为止，为成，为终、始。如：“艮，止也”，“艮，东北之卦也，万物之所成，终而所成始也，故曰成言乎艮”，“终万物、始万物者，莫盛乎艮”；

兑卦的卦德为悦。如：“兑，说（悦）也”，“兑，正秋也，万物之所说（悦）也，故曰说（悦）乎兑”，“说（悦）万物者，莫说（悦）乎泽”。

其二，这些卦德是不是作易者闭门造车、主观臆造的呢？显然，这同样是通过观察和推理来的。我曾多次在各种《易经》讲座上这样描述《易经》：四只灯笼高高挂，眼观六路，耳听八方。所谓“四只灯笼高高挂”，是指眼、耳四窍高居五官之首。人们对外界万事万物的观察和感知、感受、感觉，用得最多的是眼、耳。对人们的日常生活影响最大的也是目所观的景与影，耳所闻的声音与回响——故称之为“影响”。

所以，八卦之象中，离卦之象为火，为日，为目，为心；坎卦之象为水，为月，为耳，为肾。水、火是形成万物的主要元素，日月是形成时间的主要因素；心是人身的主宰，肾是人身的本根。

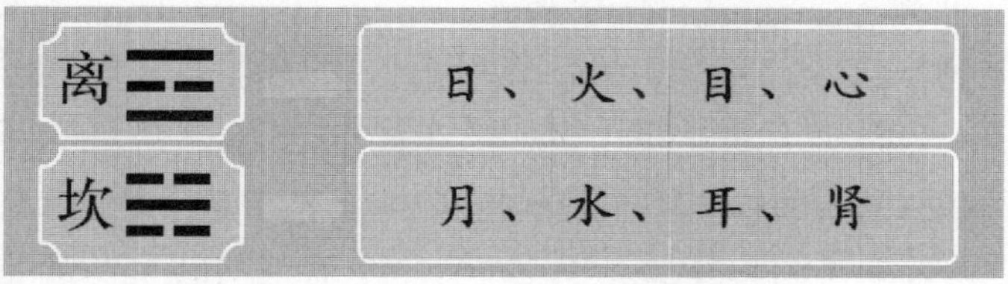

再看先天八卦图和后天八卦图，离、坎（目、耳）分别居东、西（先天）和南、北四正位（后天）。由此可见坎、离二卦在八卦中的重要性，同时也表明眼、耳在《易经》思维中的重要作用。所以：

眼观六路——观六爻之变化，即事物发展的六种过程和态势；

耳听八方——闻听八种自然之物象，即八卦之象：天、地，雷、风，水、火，水、泽。

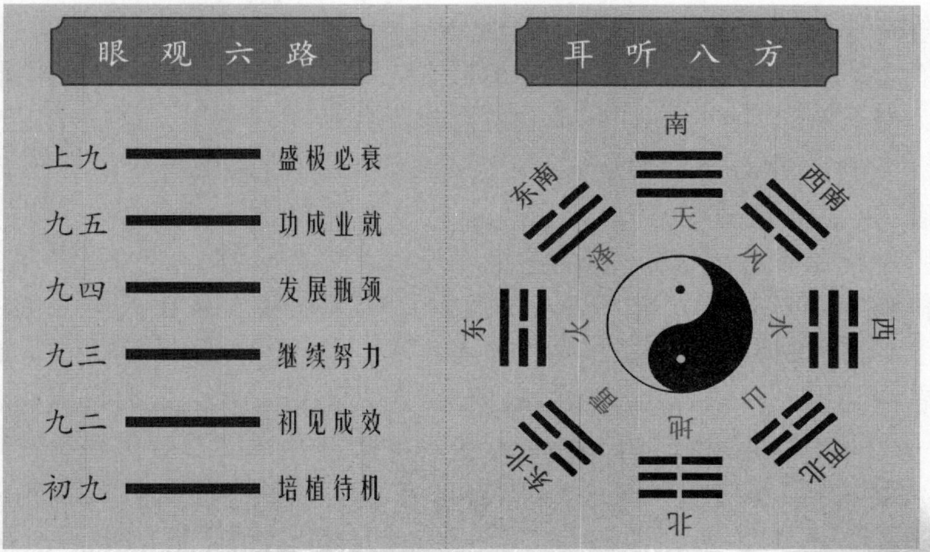

可见，作易者并不是仅凭主观臆想，而是唯物辩证，以客观存在为第一性，以主观意识为第二性。这种德行为理性。这种理性认识是从感性认识升华的，而这种感性认识和理性认识都是从实践活动中获得的——所谓“常德”，正是指这种实践活动，以及在实践中获得的认识，并以这种理性认识指导实践。

常　态

《易经》有太极之态、二仪之态、四象之态、八卦之态，有六十四卦之态、六爻“时乘六龙”、“见群龙无首”之态，还有“天地定位，山泽通气，雷风相薄，水火不相射，八卦相错”之态。“《易》者，象也。象也者，像也。”易象，有象之态；易数，有数之态；易理，有理之态。总之，《易经》每一卦、每一爻，无不是象，无不是态。

那么，《易经》的常态又是什么呢？上述讲到的“常道”、“常德”的“常”，都是指“日常”。也就是说，这个“常”离不开日月运行的这个“天之常道”，离不开人们“日出而作，日入而息”这个“人之常道”。所以，《易经》的“常态”同样是这种日常之“常”。日月运行之道就是日月运行之态，是自然之态；人们“日出而作，日入而息”，就是人们日常生活、生产、学习、工作的状态。这种日常之态，就是《易经》的常态。

有一点不可忽略，上述所讲的“常态”，似乎只是指事物的状态，而忽略了人的心态。客观存在的现象，是外部世界的状态、形态。自然界有自然界的形态，社会有社会的形态。而这些形态折射到人的内心世界，便会形成一种心态。各种心态会产生各种主观意识，这些主观意识又会影响人的心态，而人的心态又会影响人们生活、学习、工作的状态。

为什么围绕人说呢？唯物主义者所以称之为唯物，因为万物存在的主体是“以人为本”，以人为主观之体。也就是说，站在人这个主体立场上，去观察事物，分析事物，思考事物，乃至利用和改变事物。这种思考和利用，不是从自己的主观意识出发，不是凭着个人的情感和意愿为所欲为，不是这样！而是一切从客观事物的存在出发，从客观规律出发。观察的人是主体，被观察的物是客体。一切从客观出发形成的观念、观点（思想）称为客观；一切凭个人的感情、意气办事，称为主观。

譬如：《坤》卦“初六，履霜，坚冰至。”踏上霜了，便由霜降季节预测到寒冬季节将至。对“坚冰至”的推测和判断，不是主观想像的，也不是凭个人意愿想像的，而是依据地上的霜而推测的。这种推测，依据的又是千百年来，一代代祖先对自然界“日月运行，一寒一暑”这一客观规律的长期观察、认识和实践积累的。没有这一依据，凭空也无法作出推测。

这个例子说明了两点，一是客观事物是变化的，气候是变化莫测的。从表象上看，万千变化的自然界呈现出无序之态；同时又有另外一面，透过表象看本质，万千变化的自然界又有规律可循，人们在千百年的观察、体验中，总结出了“一寒一暑”这一规律，记载下二十四节气和七十二候。根据各种气候、物候，便可以预测天气和气候的变化。掌握了气候规律，就能合理地安排生活、生产和工作，这又是有序的稳态。这两种现象（态）合称为“无序的稳态”，如果把它称之为《易经》的常态，应该说是再确切不过了。

这里再引用美国保罗·海恩对上班车流的描述：

“早上8点，成千上万的人离开家，钻进他们的汽车，奔向各自的单位。他们都是自行选择路线，没有和别人商量。他们的驾驶技术不同，对风险的态度各异，礼貌程度也千差万别。纵横交错的路网构成了城市交通的动脉和静脉，当这些尺寸、形状各不相同的私家车在其中行驶或是进进出出的时候，又有形形色色的卡车、公共汽车、摩托车和出租车加入进来，就像一个什锦盒。人们驶向各自的目标，一门心思只顾他们自己的利益，这并不一定是因为人们都是自私的，而只不过是因为没有人知道别人想去哪儿……”

——上述所描写的，显然是一种无序的状态。

“然而，我们看到的却是平稳有序的车流，如果你从高空俯视，甚至会感到一丝审美的愉悦。下面所有独立运行的汽车，彼此首尾相接，车距狭小，然而并不碰撞，一旦有一点点空隙，旁边的车就会抓住稍纵即逝的机会突然并线，车距大的时候就加速，车距一小，就又慢了下来。高峰期的交通状况（或者任何时候的城区交通状况）确实是社会协作的巨大成果，而并非混乱与无序。”——摘自马昕、陈宇翻译的《经济学的思维方式》

——显然，这是作者以一种审美的心态感受到的稳态。

从这两段描述中，我们可以归纳出如下几点：

先分析无序之态：

1. 无序是客观存在的表象；
2. 无序只是没有关联的个体；
3. 无序之态是局部观察和感受到的。

再分析有序的稳态：

1. 有序的稳态是客观规律性；
2. 有序的稳态又有人的主观能动性的努力；
3. 有序的稳态是从全局观察和感受到的。

由此，我又想到了先天八卦图和后天八卦图。这是我于2007年应邀为美国埃森哲公司高级经理培训班上讲的主题，这里不妨引来再回顾一次：

我们看一下先天八卦图的方位：上为南，下为北，左为东，右为西。

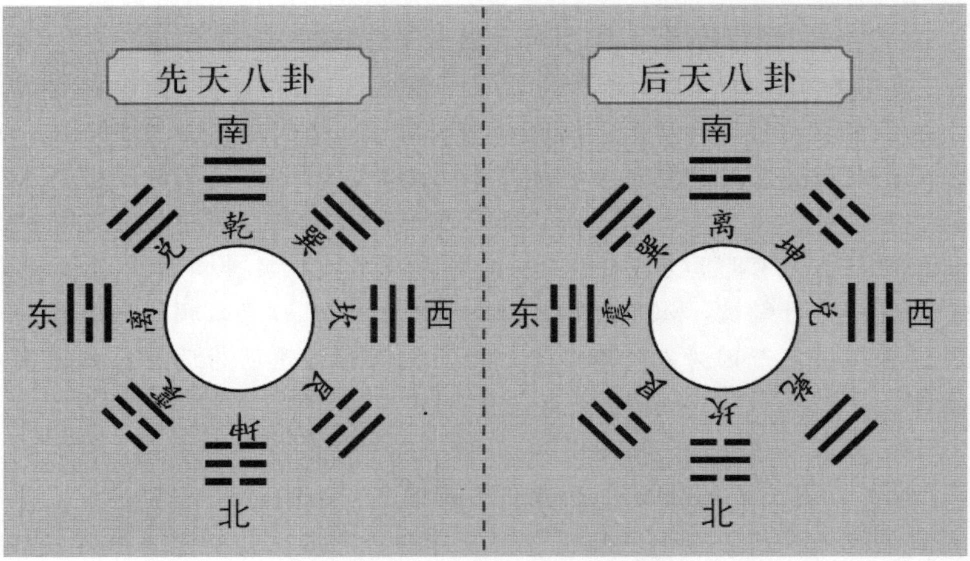

世界地图的方位与这个是不是相反？为什么上面是南？这是一个思维方式问题。我们老祖先观察问题，基本概念是：坐北朝南，面南而坐，背阴而向阳，向明而治。我们的房子要选择向阳的，办公室、办公桌选择方位也要面南。你们看故宫的布局，皇帝就是面南而治。古人就是这么一个基本概念、基本思维。这不是主观的，而是客观的。

先天八卦图上，上面是《乾》卦，乾为天，为父，为南；下面是

《坤》卦，坤为地，为母，为北——“天地定位”。

看一下四正位的关系。南、北是正位，是天、地之位，天和地是相对的。东、西方也是正位，是水、火之位，水和火又是相对的。

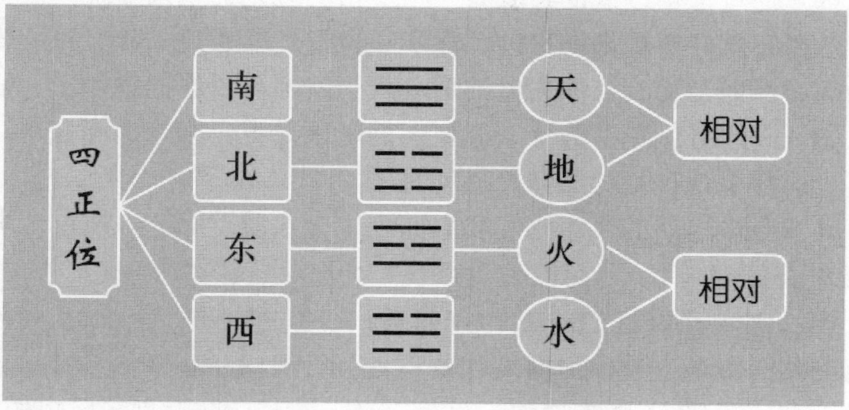

再看四隅位，斜着看：东北和西南的两个卦是雷和风，雷和风不是相对，而是相关：雷声震动，就会产生气流，就有了风；有了风，气流就会流动。再看西北和东南的两个卦，是山和泽（泽代表江、河、湖、海）。山和泽不是相对的，又是相关的：有山就有河，有山就有江；有高山就有深谷，有深谷就有高山——它们都是相关的。

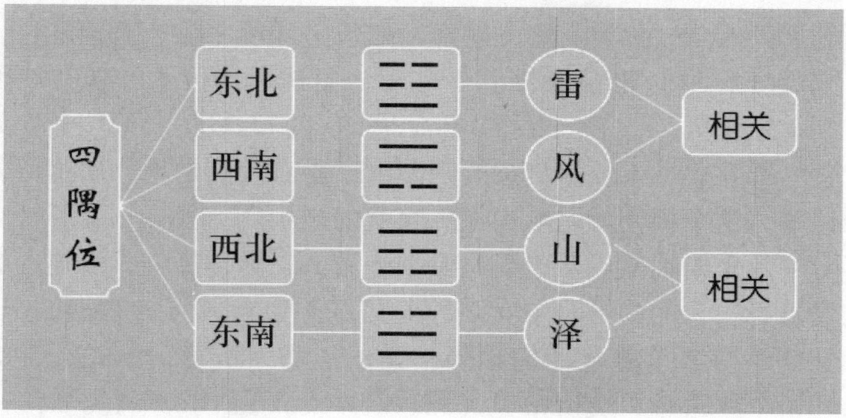

所以，四正位是相对的，四隅位是相关的，它们排列有序，这是先天八卦的规则。

再看后天八卦图。南北是火和水，火和水是相对的。但是其他卦的排列，是不是像先天八卦那样排列有序？不是，全打乱了。为什么会这样？

先天八卦能不能代表公司的一种战略、一种决策？我认为，应该有代表性。这是不变的，是有规则的。先天八卦是由太极演绎来的，它不是一下子形成的，而是有一个慢慢形成的过程，是客观形成的。同样，任何一种决策也都是通过评估过来的，它有一个严格的规则，是很严谨的。但是到了后天八卦，就好比规划的贯彻、落实和执行，如果每一步、每一事都按规划的那么严谨、那么有序去做的话，我想就不需要你们去做了，农民工都可以做——照着做嘛，为什么还要你们来领导呢？客观世界是千变万化的，不可能像主观规划的那样严谨和有序。

后天八卦难道真的无序吗？我们回到先天八卦。《乾》卦和《坤》卦的中间一爻变换一下。为什么？因为一旦到你贯彻、落实、执行的时候，你面对的是变幻莫测的市场，当你面对变化的时候，你要以不变应万变（总体规划、目标是不变的，市场是万变的）。所以，八卦图主轴上的子午线不能变。那怎么去应变呢？从卦的中间一爻变起——变革要从你内心变起，从企业内部管理入手，内因是事物变化的主要因素。《乾》卦的中间一爻（阳爻）变阴爻，即离卦☲；《坤》卦的中间一爻（阴爻）变阳爻，即坎卦☵。

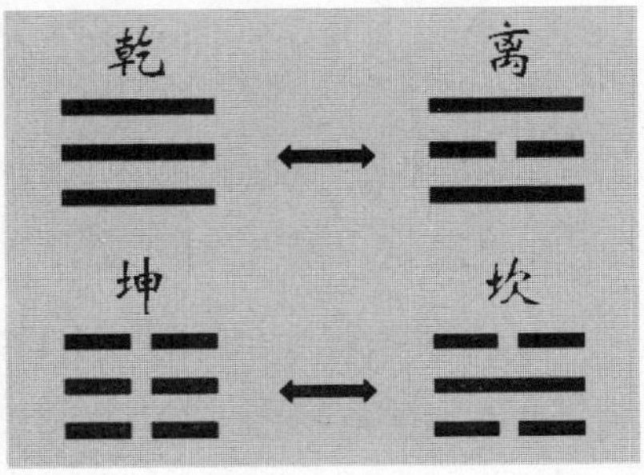

回到后天八卦，你看是不是这样：先天是父母之位、天地之位，到了后天，父母（乾坤）把孩子生养下来了，便退居二位了，现在该由孩子来当家了。三个男孩，三个女孩，谁来当家呀？谁接父亲的位置？谁接母亲的位置？都在争。不要争，按规则办事，自自然然是坎、离这两卦接替乾坤的位置，这个规则就是从中间一爻变的规则。

还有一个重要因素：从先天八卦图上看，长男、长女，少男、少女都依偎在父母身边，而中男、中女则远离父母，独当一面（东西）。也许正是这种独立的生活培养了他们独当一面的能力，所以，由先天转为后天时，南北子午线主轴，交由中男（☵）和中女（☲）来掌握。

再看东西这两卦是怎么变过来的。再回到先天八卦，我们看到，先天八卦图上。先天的《离》卦☲上爻阳变阴☳，为震卦；先天的坎卦☵初爻阴变阳☱，为兑卦。你看！变出来了。顺时针转，由外（上）而内（下），内为下，就像从太空看地球一样，你认为天在哪里？在上面？不对。在哪里？在周围。所以，内为下。我们就像站在地球中间看周围的天。有规律可循，有规则可依。

八卦的思维、《易经》的思维是什么思维？是不是一个对立统一？它是变之又变，在变化中间、矛盾冲突中间又去谋求新的平衡。先天八卦是一种思维体系，到后天八卦又是一种思维体系，它始终展示出发展空间、思维空间。

先天似乎是有序的，后天看似是无序的。但先天的有序是静态的，后天的无序又蕴藏有先天的秩序，虽然原本的秩序打乱了，但“天地定位”的基本规律转换成了“水火定位”的游戏规则。在运动状态下，火水即代表天地，离坎即代表乾坤，而乾坤（天地）则居于无为之位，把持着阴阳消长的两道关。阴阳消长的关把握住了，纷繁复杂的无序也就有了稳定的基本面，无论多少无序的变化和突发事件，乃至不确定因素，都会回到这个稳定的基本面上，都能找到各自有序的着陆点，重归于有序。

《西游记》是哪种“序”与“态”？

其实，《西游记》就是一部“无序”与“稳态”完美统一的经典教材。

先说“无序”的表象：

1. 孙悟空的心态就像七十二变化那样——多变，有时甚至是反复无常。《卷一·时乘六龙篇》所描述的，就是这种现象。他可以由“潜龙”跃为“田龙”，又回到“潜龙”；又由“潜龙”变化为“勤龙”、“或龙”，又一跃而为“天龙”、“亢龙”；而后又变成了“潜龙”，再变化为“勤龙”、“天龙”、“回龙”……

2. 唐僧西行取经途中，时时都会有灾难发生，步步都会有风险，不确定因素太多，危机四伏，灾难什么时候会降临？毫无规律可循。

但是，这种无序只是一种表象，仔细分析后你又会发现，无序之中又有秩序可循。如：

1. 孙悟空在“六龙”中来来去去，是由他的心态所决定的，他的心态又影响了他的状态。人的心态是有规律可循的，所以，人们调整状态，首先调整心态；

2. 西游途中的灾难、险阻是难以预测的，是无序的，但是，“日月运行，一寒一暑”的自然规律又是有序的。所以，《西游记》一开篇就详细描述昼夜之时——十二生肖；描述一年四季之时，元、会、运、世之时，仍以“十二生肖”分段描述。时间秩序在空间上表现为时节、节气、规律。《史记·历记》曰：“合符节，通道德。”有节、有律、有序，这又是一种时空合一的稳态（通道德）。

如果说《西游记》中的“时”是吴承恩虚构的，那么我们不妨回顾一下近代一百多年的历史和现实，真实地体验一下历史的“无序”和“稳态”。

从1840年以来，中国人经历了鸦片战争、八国联军和日本侵略者的入侵，经历了辛亥革命、军阀混战、三次国内革命战争。建国后，又经历了抗美援朝、农村社会主义合作化、城市工商业改造，以及大跃进、三年自然灾害、文化大革命，直到改革开放的拨乱反正，又重新崛起……这一百多年的血雨腥风和风云变幻，看似一部无序的历史。但是，这又是一部有序可循的周期循环史。

近代以来，中国人三十年经历一次思维大转换：1919年“五四运动”，中国人觉醒了，选择了马克思主义；1949年中华人民共和国成立，“中国人民从此站起来了”；1979年改革开放伊始，中国人“一切向前看”，开始用行动证明“发展是硬道理”；2009年，国际金融危机改变了世人的经济思考，中国人走上了“科学发展”的新长征。如果借用现代科技手段，把这段历史搬上电视、电影屏幕，搬上电脑视频，一定很精彩，很直观，很有规律。

上述分别从《易经》、《西游记》，以及中国近、现代历史三个方面分析了自然、社会的“无序”和“稳态”。从这些“无序的稳态”中，又折射出人的心态。是什么样的心态呢？下面再分别回顾：

1.《易经》折射出的心态，可以用《系辞传》中一句话：“书不尽言，言不尽意”，这里只能试举一例：

《屯卦》（第三卦）六二曰：“屯如，邅如，乘马班如。匪寇，婚媾。女子不字，十年乃字。”这里描述了一位求婚的男子乘马而来的情形，“屯如，邅如，班如”，远远望去，人们误以为来了贼寇，全村老少都很紧张，甚至准备自卫。走近时才知道，是来求婚的。女子从男子的状态中看出了他那种轻狂、浮躁的心态，所以不答应，十年后才嫁。

再看：“六四，乘马班如，求婚媾，往吉，无不利。”这一次仍然是“乘马班如”，前往求婚，女子答应了，一切顺利。为什么“六二”时与“六四”时前后截然不同呢？请看“六三”爻辞：

“六三，即鹿无虞，惟入于林中；君子几，不如舍，往吝。”这位求婚的男子第一次求婚被拒绝后，一心想表现自己，于是逐鹿进入了树林深处——这叫不放弃，他要创造条件去求婚；但此时又无向导，男子虽然年轻，却反应机智，果断舍弃——这叫懂得放弃。

女子从他“几”和“不如舍”的状态中，从他求婚的“不放弃”、逐鹿入林的“放弃”的自我把握中，看出了男子的“君子”心态：他有“不放弃”的决心，同时又懂得放弃，有适可而止的机敏。当初那种轻狂和浮躁的心态没有了，现在成熟了，愿意嫁给他了。所以，“求婚媾，往吉。”

2. 中国近、现代历史折射出来的心态：中国人经受了鸦片战争和八国联军的入侵后，犹如一头睡狮猛然醒悟过来，1911 年发生辛亥革命，推翻了两千多年的封建老巢，1915 年兴起了新文化运动，1919 年发生了“五四运动”，1921 年中国共产党诞生，1945 年抗日战争胜利，1949 年新中国成立，1978 年底吹响了改革开放的号角……在这一百多年波澜壮阔的民族命运大突围的奋争中，中国人的民族自尊、自强、自主的心态一次次在血与泪中洗礼，在屈与辱中自我抚慰。没有自尊和自砺就没有自强，没有自强就没有今日的自主、自信的幸福生活。

这种民族心态，为什么离不开一个“自”字?《说文解字》：“自，鼻也。”甲骨文写作 ，象鼻形。人们调整心态的方法，首先从调整呼吸入手，呼吸协调了，心态便平和了。也就是说，分析宏观要从微观入手。所以，在一百多年的奋争中，中国人总结出了一条经验：时时与国家和民族同呼吸、共命运。今日的改革开放，今后的科学发展，依然要秉持这种心态。

3. 《西游记》中所折射出的孙悟空的心态，又是怎样的呢？真要剖析孙悟空的心态，那可是一篇大文章。可以说，孙悟空的心态，是众生心态的典型代表。现实生活中形形色色的心态，几乎都能在孙悟空身上找到可比和参照。这里仅举一例，即可窥见一斑。

孙悟空被如来佛“轻轻的”压在五行山下，又以“六字大明咒”“紧紧的”压了五百年。五百年中，他只能“饥餐铁丸，渴饮铜汁”。直到唐僧来救他时，他“头上堆苔藓，耳中生薜萝。鬓边少发多青草，颔下无须有绿莎。眉间土，鼻凹泥，十分狼狈。”那么，此时的孙悟空是怎样的心态呢？是去找如来佛算账？他已领教了如来佛的功夫，不敢。是心里暗暗抱怨，伺机报复？应该说，这是愚昧小人的狭隘心态，孙悟空没那么小气，这是以小人之心度君子之腹。他到底是怎样的心态呢？请听他对唐僧说的那番话及那般行为。他自我介绍说：

“我是五百年前大闹天宫的齐天大圣，只因犯了诳上之罪，被佛祖压于此处。前者有个观音菩萨，领佛旨意，上东土寻取经人。我教他救我一救，他劝我再莫行凶，归依佛法，尽殷勤保护取经人，往西方拜佛，功成后自有好处。故此昼夜提心，晨昏吊胆，只等师父来救我脱身。我愿保你取经，与你做个徒弟。”

三藏道：“我自救你，你怎得出来？”

那猴道：“这山顶上，有我佛如来的金字压帖。你只上山去，将帖儿揭起，我就出来了。”

孙悟空被救出来后，是不是言行一致呢？

“只见那猴早到了三藏的马前，赤淋淋跪下，道声：‘师父，我出来也！’对三藏拜了四拜，急起身……就去收拾行李，扣背马匹……孙行者请三藏上马，他在前边，背着行李，赤条条，拐步而行。”

从孙悟空上述言行中，我们能看出孙悟空的心态是怎样的呢？

其一，他知悔了，承认自己“犯了诳上之罪”；

其二，表示自此不再行凶；

其三，愿意“归依佛法”，并口称“我佛如来！”

其四，愿意与唐僧“做个徒弟”，“尽殷勤保护取经人”；

其五，被救后，果然诚恳拜师，而且主动“收拾行李，扣背马匹”，“背着行李”，“拐步而行”。

也许有人会问，这样细细地分析孙悟空的心态，有什么现实意义呢？书读到这个地方，不要忽略了其中密藏的玄机，而且是大成功者的玄机。是什么玄机呢？我们不妨把孙悟空被压的五百年前后的情况对比一下，算一笔时间帐：

五百年前，如来佛应玉帝之邀来降伏妖猴。如来佛一到，首先止住刀戈问话。孙悟空口口声声要玉帝让位，并声称“强者为尊”。如来佛劝他说：“要夺玉皇上帝尊位？他自幼修持，苦历一千五百五十劫。每劫该十二万九千六百年。你算，他该多少年数，方能享受此无极大道？你那个初世为人的畜生，如何出此大言！不当人子，不当人子！”

算一下，玉帝苦修了两亿多年，前文已经说过。而玉帝所处的天道，只是凡者六道中的忉利天，与佛的果位相差有多远呢？我们先看两幅图：

图一：

十法界次第图

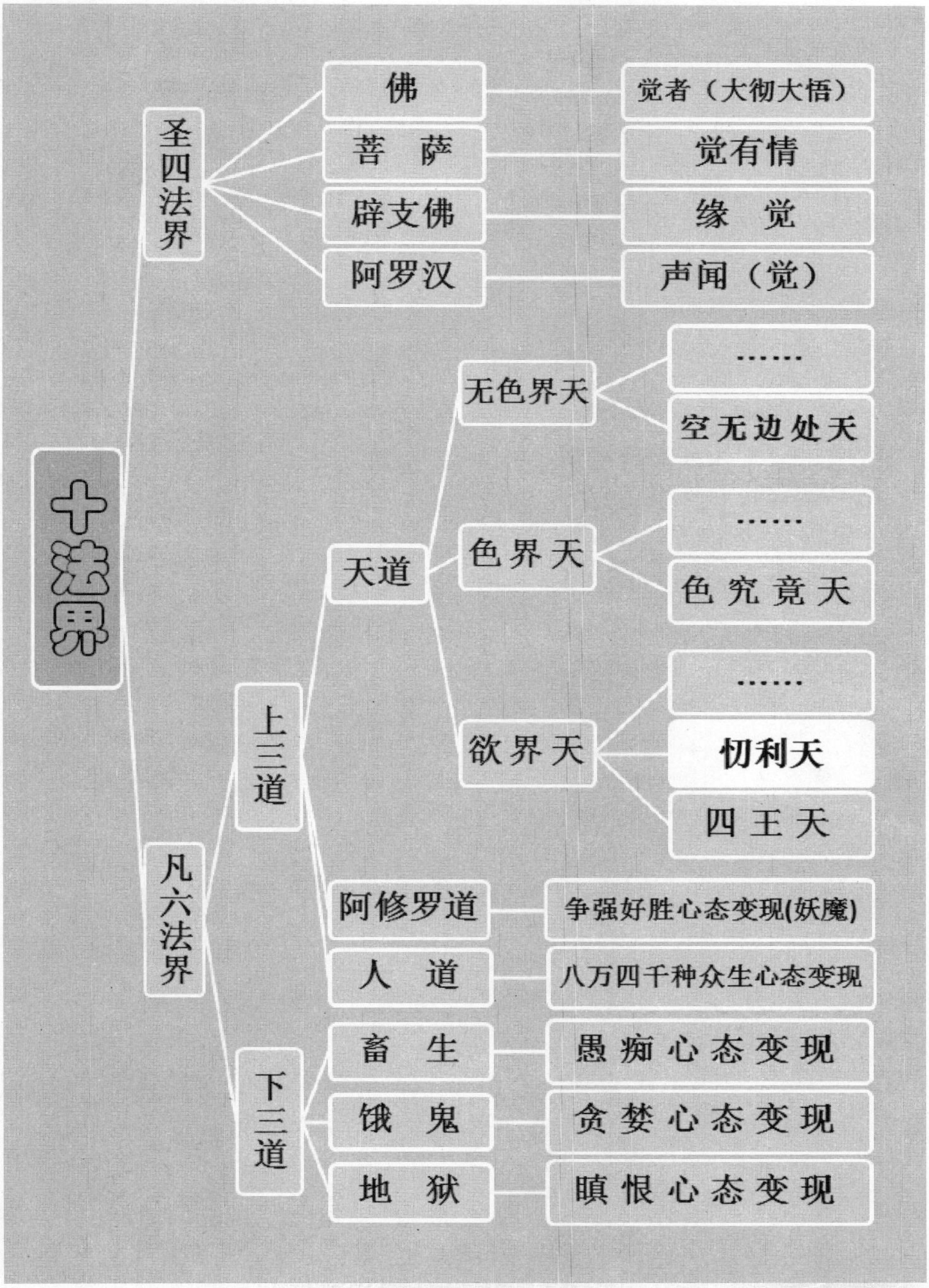
十法界
圣四法界
佛
觉者（大彻大悟）
菩萨
觉有情
辟支佛
缘觉
阿罗汉
声闻（觉）
凡六法界
上三道
天道
无色界天
……
空无边处天
色界天
……
色究竟天
欲界天
……
忉利天
四王天
阿修罗道
争强好胜心态变现(妖魔)
人道
八万四千种众生心态变现
下三道
畜生
愚痴心态变现
饿鬼
贪婪心态变现
地狱
瞋恨心态变现

图二：

天道二十八天界图

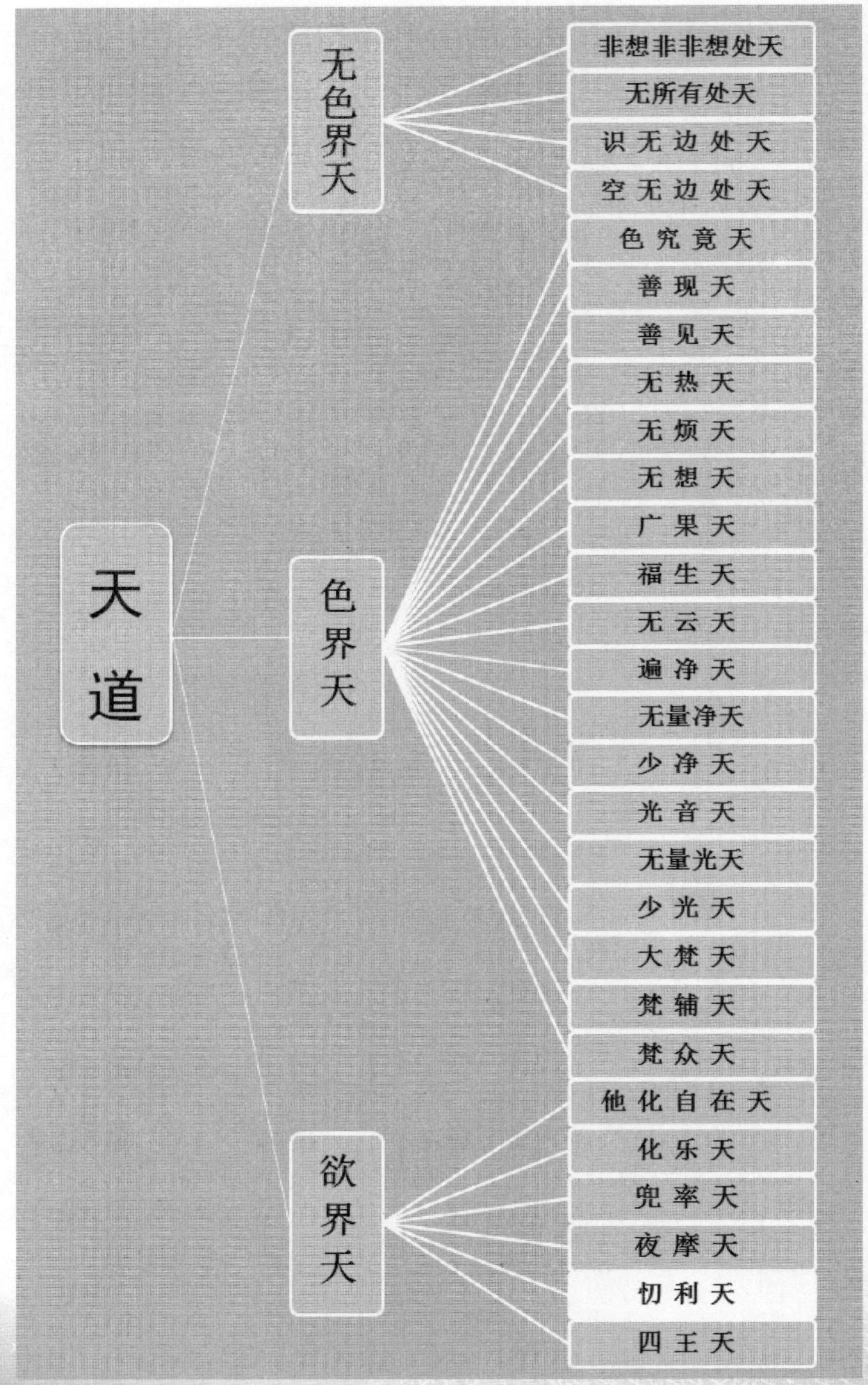
天道
无色界天
色界天
欲界天
非想非非想处天
无所有处天
识无边处天
空无边处天
色究竟天
善现天
善见天
无热天
无烦天
无想天
广果天
福生天
无云天
遍净天
无量净天
少净天
光音天
无量光天
少光天
大梵天
梵辅天
梵众天
他化自在天
化乐天
兜率天
夜摩天
切利天
四王天

从这两幅图中可以看出：

1. “十法界”分为两个大层次：一是凡者六法界，即人们常说的“六道”；二是圣者四法界；

2. 凡者六法界，既有生死轮回，又未能跳出“三界”外（欲界、色界、无色界）；

3. 玉帝管辖的忉利天，虽为“天道”，但是，既未跳出欲界，也只在欲界的第二层天，在二十八天中处于最低层；

4. 孙悟空后来成就的佛法界，居“十法界”最高层次，为觉者最高境界——大彻大悟；

5. 与圣者四法界的“觉”和“大彻大悟”相比，二十八天也只是聪明而已。而玉帝的聪明，还算不上大聪明。前文说过，小聪明是感性认识阶段，大聪明是理性认识阶段。玉帝在处理孙悟空的问题上，每一次都是凭着感性，缺乏理性，更谈不上智慧了。

从这两幅图所代表的意义上，又说明了以下几点：

1. 按照凡者六法界常规的修行次第，达到玉帝（又名帝释）的果位，要苦修两亿多年。按照这样计算，修“色界”的十八天，要修四禅定，即使修到了“无色界天”的最高一层“非想非非想处天”，仍是“有顶天”，要突破这一层顶，又非易事。由此看来，玉帝要成就“非想非非想处天”的果位，又不知道要苦修多少亿年；

2. 孙悟空被如来佛“轻轻的”压在五行山下后，只经过 514 年便成就了佛的果位。即使依照“圣者四法界”的常规次第修行，到菩萨果位已并非易事。而由菩萨修行成佛，还要经过三大阿僧祇劫（简称为“三劫”、“三大劫”、“三无数劫”），即指菩萨修行成佛的年数，要经历过去、现在、未来三大劫，要修六度万行（hén），还要修召感三十二相之福业。其年数无法计算，称为“阿僧祇劫”；

3. 原著中说，孙悟空在五行山下五百年中，“饥餐铁丸，渴饮铜汁”。《地藏王菩萨本愿经》说，堕无间地狱的人，“饥吞铁丸，渴饮铁汁”，“日夜受罪，以至劫数，无时间绝，故称无间”。可见，孙悟空堕入了无间地狱。

我们要问：孙悟空已经堕入无间地狱，“无有出期”，那么，为什么 500 年就有出期，又经 14 年便成就了斗战胜佛呢？他是怎么从凡者六道的最低层，一跃而升到圣者最高层的呢？其实，上述分析他的心态时已经讲到：他虽被压在五行山下，但他望见观世音菩萨时，高喊：“菩萨，我知悔了!”被唐僧救出后，又承认自己有诳上之罪，表示不再行凶，这是一；他遵从观世音菩萨的教诲，归依了佛，并口称“我佛如来”，并愿意“尽殷勤保护取经人”，这是二。由于知悔，悔者，回也。回者，慧也。慧就是悟。正如惠能祖师说的：“一念迷即是众生，一念悟即是佛。”说起来又是如此的容易，这叫易中之易——事物的本来面目（规律）就是简易，只是人喜欢攀比，喜欢故弄玄虚，简易的常道、常理弄得越来越复杂。这就成了易中之难。加上修行方法不从智慧中起步，而在小聪明中转圈子，这便成了难中之难。什么叫做难中之易呢？从“无间地狱”修行成佛的果位，为难。但是，孙悟空修行，一个“知悔”，一个知恩，便悟到了真正的佛法，一念悟便能觉，这叫难中之易。

这“难中之难”、“易中之难”、“易中之易”、“难中之易”，本是十几年前我在一次与出版界同行探讨选题时偶尔说出的四句话。当时我认为：道家修行出世间为难中之难，儒家修行入世间为易中之难，释家修行先入世间而后出世间为难中之易，修行方法从“悟”中入门，为易中之易。今天，我又从孙悟空的命运突围中悟出了新的内涵。

也许有人要问：这难中之易、易中之易，常人能做到吗？我手头上有一份《人民日报》（2011 年 1 月 11 日），第 4 版有一篇“人民论坛”文章，题为《一辈子做好一件事》（作者：郭震海）。现将有关内容摘录如下：

前不久，美籍华裔科学家丁肇中到中山大学访问。面对记者的一系列提问，他“一问三不知”。因为这 15 年来，他“只做了一件事”，那就是在宇宙间寻找反物质。

据丁肇中自己说，他 100% 的时间都在实验室度过，只做实验。跟他一起工作的有 600 多位教授。丁肇中的唯一要求是，只谈论与物理有关的内容，其他事情他都不了解。

从上述两段文字中，能不能看出丁肇中教授的人生境界达到了哪层天？我们来分析一下：他“一问三不知”，其实他不是不知，而是不想知，也不去想。与物理无关的事，他一概不想，这叫“非想”。但是，他不是完全不知、不想。这 15 年来，他只做了一件事，也就是只想一件事——“那就是在宇宙间寻找反物质”。这叫“非非想”，不是不想，而是只想一件正事。显而易见，他的人生境界已经达到了“非想非非想处天”。此时，如果玉帝见他，要称他为“至高至上的上上帝”。其实，他只用几十年时间就达到了。

再纵观古今中外的圣人、伟人，思想家、科学家、文学家、艺术家……几乎都达到了这种境界。陈景润为了证明“1＋2”，走路时头碰到一棵大树，还连说：“对不起！”可见他的心灵世界就是这种“非想非非想”的状态。这种心灵世界的状态就是一种境界。

所以说，“一念迷即是众生，一念悟即是佛”。“迷”与“悟”，就是两种截然不同的心态，是两种心灵世界，所以，迷者会遭遇苦难，悟者会享受快乐和幸福。苦难与幸福之间并非十万八千里，而是一念之间，一念悟，一转身。

凡是学术、研究、艺术、事业等方面的成功者，都能享受成功的快乐，因为他们的成功给社会和众人带来的是福报，是公共利益。这叫社会大众共享的福报。这种享受，才是真快乐，乃至极乐。而那种“迷”者，只能独自孤享物质和贪欲的快乐，而这种快乐是有限的、短暂的，甚至是可悲的。那种快乐中往往伴随着许多牢骚、忿懑和狭隘的算计。譬如，“人民论坛”这篇文章中列数了当今社会上的几种弊端：

在一些高校，一提到搞科研似乎就是为了写论文，写论文就是为了评职称。于是造假案、抄袭门、学术腐败案频频曝光，科研人员建立在专业知识之上的公信力和形象严重受损。有网民说，曾经，专家和教授是多么令人肃然起敬的称号，高校、研究所更是社会的精神高地和净土。然而，在学术丑闻频出的现实面前，这片高地和净土正面临被污染的危险。

这种人知悔吗？知恩吗？他们懂得珍惜和尊重吗？能像孙悟空那样，被处分后还能说声“感谢！”吗？他们能品尝到“知悔”后的幸福感受吗？

今天，有教授在课堂上对年轻学子们说：敢说真话，贬斥时政，是知识分子的使命。这话听起来振振有词，可惜他忘记了自己的身份。他不是大街上的流浪汉，他有身份，有向上提意见的正规渠道，不应该在缺乏社会阅历的学子们面前，把社会的支流当主流，把那些负面的、消极的东西肆意放大——这样会影响年轻人的心态，会使他们感到无望、无助和无奈，心理会扭曲，对社会产生抵制情绪，毕业后很难适应社会，甚至会被社会所抵制。

我多次在北大讲课时说：“你心里有多大的社会，社会就会给你多大的空间。”同学们每次听了都热烈鼓掌。许多同学毕业了，还愿意与我说心里话，并且相信我对他们的鼓励和开导是正面的。因为我心里始终有一个东西：“可怜天下父母心！”要对他们的父母负责，对社会负责！无论什么人，心态不端正，都会被时代所淘汰。这里，我再以一个“前”字来说明这个道理：

不行而进

“前”字，甲骨文写作，从止（足）在舟上。《说文解字》解：“歬（前），不行而进。”意思是，双脚站在船上，不须行走便能前进。由此，我又联想到孙悟空的“云路”。孙悟空一行来到灵山脚下时，有玉真观金顶大仙，奉如来佛之命，前来迎接。次早，大仙要送他们上山，孙悟空说：“不必你送，老孙认得路。”大仙道：“你认得的是云路。圣僧（唐僧）还未登云路，当从本路而行。”孙悟空说：“这个讲得是。老孙虽走了几遭，只是云来云去，实不曾踏着此地。既有本路，还烦你送送。”所谓“云路”，显然是指腾云——脚踏云朵，不用行走便能前进。这与足立船上，不行而进的意思相似。不过，我这里所说的“不行而进”，不是“云路”，而是本路。为什么说是本路呢?

我们中华民族好比一艘巨大的航船，炎黄子孙（包括海外华人）都乘在这艘船上，随着历史的进步而进步，随着时代的发展而发展。而极少数人只是站在船下观望，而不肯上船，所以早已被历史所淘汰。

纵观历史，中国虽然也是世界人口大国，但八国联军、日本侵略者并不惧怕人多，曾经肆无忌惮地在中华大地上任意烧杀掳掠，无恶不作。此时的中华民族，就像在大海浪涛中颠簸，势将倾覆的航船。此时，有人从船上溜下去，甚至钻进了侵略者的胯下，甘当亡国奴和汉奸。这种人，早已被历史的大潮抛进了人类的垃圾堆。当中国人民欢庆胜利、迎接解放之时，这种人只能在阴暗角落里“几声抽泣，几声凄厉”。此时，中华民族的精英们，四亿五千万同胞们，昂首挺立在航船上，与恶风险浪拼搏、奋斗。他们在拯救民族危亡的风口浪尖上，享受到了奋争的自豪，第一时间迎来了民族胜利的曙光。

今日，在四川汶川大地震灾难之时，中华民族普天同悲同忧，同舟共济，万众一心，众志成城；北京奥运会、上海世博会期间，中华儿女们同样是普天同庆，同喜，同乐。即使是此种时刻，依然有那么几个人，怀着某种莫名其妙的心态，成了局外人，竟然享受不到全民族的同悲、同忧，同庆、同乐。当中华民族这艘航船劈波斩浪，乘风向前时，他们被船尾的浪花抛弃在一溜溜的哀伤和悲叹之中。

我们是勇敢地乘上时代和民族这艘航船，与时偕行，不行而进呢？还是被大浪淹没，被历史所淘汰，被民族所唾弃，成为时代的局外人呢？其实，这全在每个人的心态里。近几年来，我常在各种讲座上多次强调过：看时代，看社会，乃至看执政党，都要看主流、看积极的一面，而不要只看支流、看消极的一面，更不能把支流和消极的东西肆意放大，以此混淆视听，蛊惑人心。这种人，即便不是别有用心，也是心术不正，心态扭曲。前者是客观地看问题，是理性的，明智的，是智者；后者则是从个人的主观意识出发，从个人的恩怨和得失出发，甚至是不长头脑，跟着他人人云亦云，说话、办事明显不够理智，自以为聪明，其实是愚昧。愚昧到什么程度呢？自己被历史淘汰了，还在那里自鸣得意，不以为然。

下面这些都是我的个人体验。

体验之一：我父亲得到平反离休的通知时，对我们说："冤假错案朝朝代代都有，我已老了，你们要报效国家。"这是一种报恩的心态。从那时起，他越来越年轻了，越来越健康了，写诗、作词，满腔热情地歌颂国家的发展。结果，他活到了 83 岁，比我的祖父、曾祖父们多活了 20 多年，改变了祖代活不过花甲的遗传。显然，感恩的心态，积极的心态，使他感受到晚年的幸福，这种幸福感又使他延年益寿。

体验之二：我经历过各种逆境和挫折，回过头来，我是越挫越勇——每一次挫折都要上一层台阶。假如我只看社会的支流，只看那些消极的东西，让这些东西留下心理的阴影，肯定会使我觉得这个时代难有作为。一种被扭曲的潜意识，必然会影响我的热情。但是，我不是这样。时代的主流，社会的进步，国家的发展，时时处处听到老百姓由衷的感叹……这一切，不断地放大着我的视野，放大了我的心量，拓展了我的空间——原本起点很低，却走在了《易经》研究的高层，赶上了"国学热"的新潮头。这不是我有什么特异的聪明和才智，而是放大了我的心态，同时放大了我的能量。所以我常说：好的心态，会使人的才能做乘法；而被扭曲了的心态，会使人的才能做减法。我相信，这是许多人的同感。

2009 年底，我回老家一趟，县政协主席、县委宣传部长和县教育局书记亲自为我精心组织了一次讲座。面对一百多位教师代表，其中有我的同事、同学，还有昔日的学生，我坦诚地说：当初，如果我和你们一样事事顺遂，今天也是一名中学教师，或是一名行政干部，甚或是一名农业技术人员，无论哪一行获得成功，我都知足了，也就不会奋斗到今天。现在，我还在象一名小学生一样，在"汉语原创思维"的研究中上下求索，自强不息。

如果把我的个例放大，也就不难理解孙悟空被如来佛压在五行山下五百年后，以一种知悔、知恩的心态，“尽殷勤保护取经人”，完成了取经任务后，仅仅14年，就从地狱的最底层一跃而成为斗战胜佛。这一跃，是一种命运的突围，是人生境界的自我超越，是时代主流的“不行而进”，是“终日乾乾，与时偕行”……与当初花果山水帘洞前的那一跃，既是一种延续，又是一种跨越。当初的“时来大运通”，既是无形的，又是看得见的。从表象上看，是一种无序的乱象；从心态上看，则能看到留在“西游”路上的一串串脚印——那是一天又一天，一月又一月，一年又一年。天天有个好心情，月月都有新业绩，年年都有大进步。“西游”，不是一人在游，而是和天下人一起，天天随着日出、日入而西游。这是一艘多么壮观、伟大的航船，这是一种多么声势浩大、气势磅礴的“不行而进”！

年轻的朋友们，在灿烂的阳光下，无论遭受何种挫折和打击，大胆地昂首挺胸，自尊、自强、自信地跨出每一步。当你踏上属于你的那块金砖时，回首顾盼，步步都是金砖。那时，你一定不会想到跳楼。你的脚下，你的眼前，一定是“更上一层楼”！

我曾经一次次地体验到这种“不行而进”的幸福感受：比如2008年北京奥运会期间，我三次去鸟巢观看奥运比赛，每次都激动地参与到那种万众一心的人浪和“加油”声中，特别是中国运动员获得金牌时，全体起立，望着冉冉升起的五星红旗，高声唱着国歌；2009年国庆六十周年期间，我有幸在人民大会堂，亲身经历大型音乐舞蹈史诗《复兴之路》的演出现场，一次次的激动，一次次的掌声雷动。2011年6月，在庆祝中国共产党成立90周年之际，我及全家又先后去鸟巢观看红歌晚会，去人民大会堂观看《我们的旗帜》大型文艺晚会，再一次感受到这种与时代、与民族、与全国人民一起“不行而进”的自豪和幸福。再比如，我天天阅读《人民日报》、《光明日报》和《参考消息》，天天都在体验，天天都在感受。

有一条被人们反复应证过的理由：人类的命运，要与日月运行同步；民族的命运，要与人类的命运同步；企业的命运，要与国家的命运同步；个人的命运，要与国家和民族的命运同步。历史，就是在这种同步中走过来的，今后还将这样走下去。这样的命运名曰幸运，这样的幸运名曰幸福。

当你挺立在国家、民族，乃至时代这艘伟大航船之上，即使是生活中的失落、失败、沮丧和忧伤，都蕴含有一种母亲的温暖、父辈的期待、师长的教诲，以及众志成城的力量。这是什么样的感受？这是一种民族的幸福感受，一种时代的幸福感受，一种与十四亿中国人同舟共济、不行而进的幸福感受！

中华文明五千年，打造了一块源远流长的幸福品牌。东胜神洲花果山上的美猴王，是名符其实的中国人幸福品牌的形象大使！

孙悟空能做到的，我们早已做到了。十四亿中国人，十四亿幸福王！

结尾还要回到“前言”所说的“幸福常态化”上来。什么是幸福的常态化？其实，这又涉及到美学的观点。什么叫美学？美学，又名感觉学。幸福，不是标准答案，也不是固定的公式。幸福，是一种感觉。感觉不同，所以审美观不同，对幸福的感受和理解也不同。比如衣着，中老年人以俭朴和传统为美，年轻人以品牌和时尚为美；比如居家，王宫大殿是一种美，豪宅别墅是一种美，农家小院也是一种美；再比如饮食，有人以大块吃肉、大碗喝酒为痛快，有人以小口轻酌为悠闲，有人则以粗茶淡饭为知足……到底美的标准是什么？幸福的指数如何统一呢？应该因人、因时而论，因日常的感觉而论。生活中感觉舒适、自在就是生活的美，就是一种幸福感，就是正常过“日子”（日子就是“昼夜”）。所以我认为：“时乘六龙”的“时”是标准，此一时、彼一时，时过境迁，感觉会随之变化。但有一点是可以统一量化的，即与时偕行。也就是与“日月运行”的“道”同行，随时、准时、应时、及时。时间像流水自由自在地流淌，人也像水流一样适应生活、适应大自然，如老子所云：“上善若水。”又如俗语所云：“水往低处流，人往高处走。”时时、处处、事事，年年、月月、日日、时时，都能感觉万事万物的美，也就能感受生活的幸福。这就是我从日日“西游”中感受到的常态化的幸福。

本书以《西游记》为讲本，讲述中国人会过日子的幸福秘史：

人人天天都在“西游”——日出而作，日入而息。

“西游”好比过日子——每天的烦恼好比八十一难。

会过日子，是中国人上下五千年的幸福品牌；

孙悟空，是这一品牌的形象大使。

人人都喜欢孙悟空。

昔日大闹天宫的美猴王，成了现实中会过日子的幸福王。

幸福在日子中悄悄度过，会过日子才能感受到幸福的辛酸苦辣甜。

辛卯年仲夏月于北京王府花园

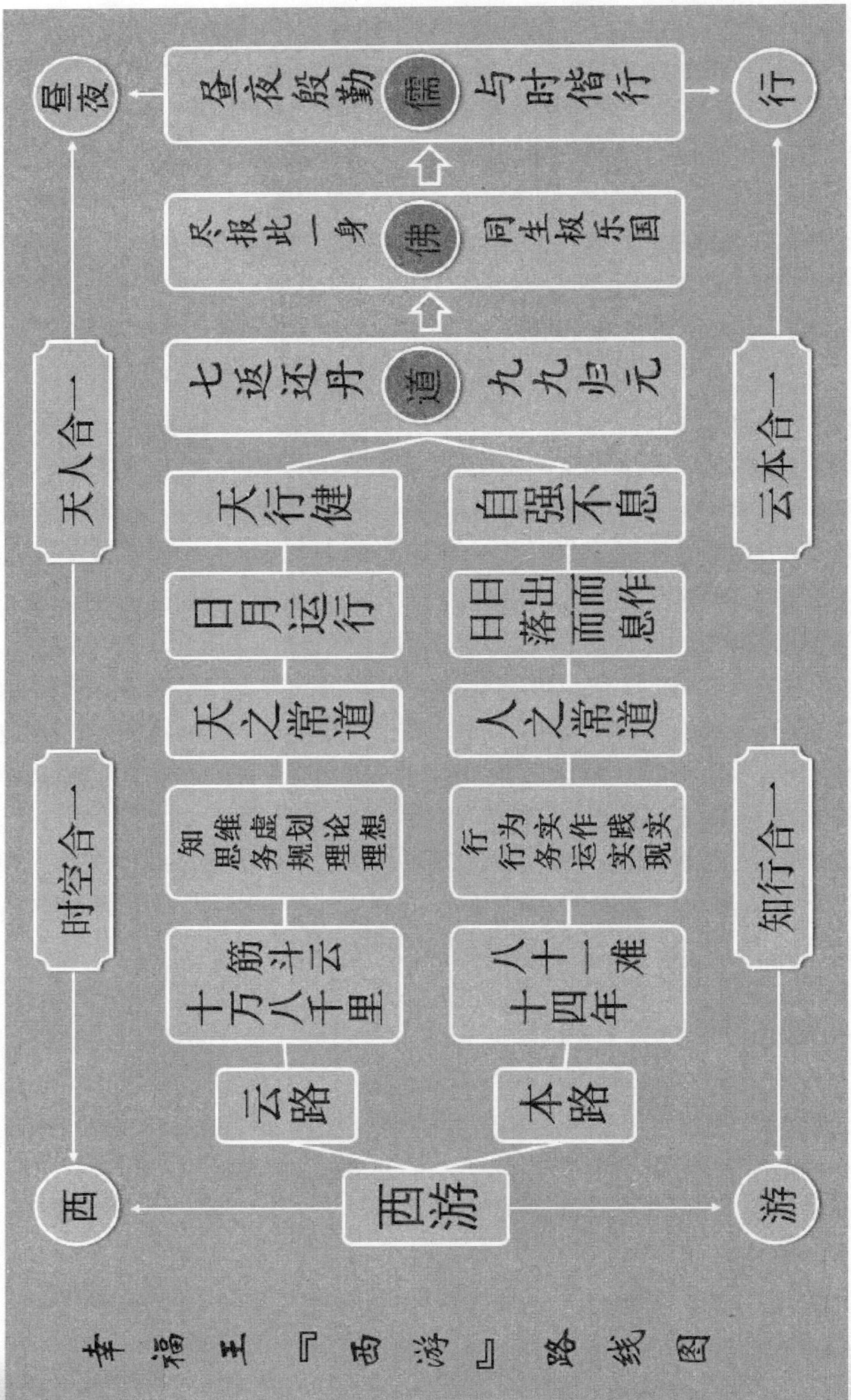
西
昼夜
游
行
时空合一
天人合一
知行合一
云本合一
西游
云路
本路
十万八千里
筋斗云
十四年
八十一难
知
思维
务虚
规划
理论
理想
行
行为
务实
运作
实践
现实
天之常道
人之常道
日月运行
日出而作
日落而息
天行健
自强不息
七返还丹
道
九九归元
尽报此一身
佛
同生极乐国
昼夜殷勤
儒
与时偕行

幸福王『西游』路线图

POSTSCRIPT

后 记

这本书稿有段漫长的经历：七年前，我发现《西游记》以《易经》作为开篇点题，书名“西游”和孙悟空人生的起伏，与《易经》中的“天行健，君子以自强不息”正好吻合。于是，从研究《易经》的角度，又读起了《西游记》，并发现了一个个“新大陆”。自2007年以来，我先后在北大及多家企业的几十次《易经》讲座上，都以孙悟空为案例讲《易经》，积累了一系列资料。2010年，从年初开始，我与殷珍泉、尹红卿、殷鉴一起集中精力，在几年来演讲的基础上又重新演讲一遍，录音整理成为书稿后，又经二十多次的反复讨论、修改，并向多位朋友一次次地请教。

有位出版社副社长，作为老朋友，多次对书稿提出技术性的修改意见。特别是北京郑冰建女士，不但在万忙之中一遍遍地阅读书稿，而且对书稿主题的最后确定和深化，发挥了一锤定音的关键作用。对这样的友情和坦诚，不是一个“谢”字可以表达的。因为他们也是读者，同时也是带着读者的感情，对书稿寄予热情的期待和鼓励。相信：书稿出版后，每一次读者的反馈，无论是褒是贬，我们都会共同分享，这份情趣也许远远胜过一句书面上的“谢忱”。也正是在他们的帮助和鼓励下，一年多来，我和子女们锲而不舍，一遍遍地修改。尽管每一遍修改之前，都像面临一段坎坷的征途，一次艰难的攀登，一个艰巨的工程，但每次修改搁笔时，都会有一种成就感，因为修改过程中，我自己也在品享着其中的愉悦。我相信：尽管书稿还有许多不尽人意之处，甚至还有多处谬误，当日后听到读者诸君的批评和指正时，同样是一种愉悦的分享。

自我们的拙作《易经的智慧》出版发行以来，八年中，收到来自全国各地、各行各业，以及大洋彼岸上千人次的读者来信、来电（电子邮件、电话、短信等）。特别是面对那些提笔书写传统信函的读者朋友，我却不能一一回复，因为我们一直在潜心于《汉语原创思维形态》的研究，思路的连贯，考证的艰难，使我难以中断日常的思考。这里，我不但要高声唱颂一句由衷的感谢，而且要一一奉寄一册这本拙作，即使有近千册，我也要关上房门，恭恭敬敬地签上名字，以表多年来的歉疚之情和沉甸甸的感激之意！尊敬的朋友们，请收下这份迟到的回复，期待您及您家人的指正！在这艘伟大时代、伟大国土的航船上，让我们携手屹立于船头，迎着风浪，不行而进吧！时代是属于我们的！未来是属于我们的后代的！借此向您们的孩子问好！我喜欢孩子！孩子们会使我们的幸福延续和升华！

当您收到这本拙作时，希望再次听到朋友般的诤言，痛痛快快的针锥！我常说："打"得起来的，才是可交的。作者与读者交朋友，不是面对面，而是心对心。只有一颗在字里行间达成默契的心，才不会听由时空的支配。再则，我们还可以在网络上见面，我虽然不上网，不会用电脑，但我已经接受朋友的建议：每个月在微博上与广大读者交谈一两次，以便能直接听到读者朋友的批评和指正。

我的微博是：http：//weibo. com/2143022885。

我的邮箱是：yhsh@ vip. sohu. com。

2011 年 5 月 28 日于北京